Steuerung ereignisdiskreter Prozesse

Hans-Joachim Zander

Steuerung ereignisdiskreter Prozesse

Neuartige Methoden zur Prozessbeschreibung und zum Entwurf von Steueralgorithmen

Hans-Joachim Zander
Bannewitz bei Dresden, Deutschland

ISBN 978-3-658-01381-3 ISBN 978-3-658-01382-0 (eBook)
DOI 10.1007/978-3-658-01382-0

Die Deutsche Nationalbibliothek verzeichnet diese Publikation in der Deutschen Nationalbibliografie; detaillierte bibliografische Daten sind im Internet über http://dnb.d-nb.de abrufbar.

Springer Vieweg

Gedruckt auf säurefreiem und chlorfrei gebleichtem Papier.

Springer Fachmedien Wiesbaden GmbH ist Teil der Fachverlagsgruppe Springer Science+Business Media (www.springer.com)

Um den gegenwärtigen Entwicklungsstand gebührend zu schätzen, muss man in die Vergangenheit zurückblicken.
Um Wege in die Zukunft zu weisen, muss man von den Unzulänglichkeiten der Gegenwart ausgehen.

Vorwort

Die rasante Entwicklung der Mikroelektronik hat zu gravierenden Veränderungen in der Steuerungstechnik geführt. Bis Mitte des 20. Jahrhunderts erfolgte die Realisierung binärer Steuerungen noch ausschließlich hardwaremäßig vor allem mittels Relais und Schützen. Diese kontaktbehafteten Bauelemente wurden ab Anfang der 1960er Jahre sukzessive durch kontaktlose Logik-Elemente mit Dioden und Transistoren ersetzt. In den 1970er Jahren hielt in steigendem Maße die Mikroprozessortechnik Einzug in die Steuerungstechnik. 1974 kamen in Deutschland die ersten speicherprogrammierbaren Steuereinrichtungen (SPS) auf den Markt. Heute lassen sich auf der Basis dieser Technik umfangreiche Steuerungen mit hoher Flexibilität und Zuverlässigkeit realisieren.

Die Veränderung der Realisierungsmittel spiegelt sich auch in den *Forschungsschwerpunkten* bezüglich des Steuerungsentwurfs wider. Bis Anfang der 1970er Jahre stand noch die Entwicklung von Verfahren zur Minimierung des Schaltungsaufwandes im Vordergrund, um dadurch Kosten zu sparen. Da die SPS-Technik eine softwaremäßige Realisierung komplexer Steuerungen zulässt, kam es nun vor allem darauf an, den Steuerungsentwurf effizienter und fehlersicherer zu gestalten. Inzwischen sind mit den steuerungstechnisch interpretierten Petri-Netzen (Steuernetzen) und darauf basierenden Verifikationsmethoden zur Erkennung von Entwurfsfehlern effektive Mittel zur Entwurfsunterstützung im Vorfeld der SPS-Programmierung mittels Ablaufsprachen verfügbar.

Da die Komplexität und Funktionalität von Steuerungen auch zukünftig weiter wachsen wird, muss weiterhin versucht werden, die Effizienz und Fehlersicherheit des Steuerungsentwurfs zu verbessern. Entsprechende Möglichkeiten zeichnen sich ab, wenn man die unterschiedlichen Vorgehensweisen beim Entwurf von Regelungen und Steuerungen vergleicht. Während es beim Regelungsentwurf üblich ist, zunächst ein mathematisches Modell der Regelstrecke zu erstellen, um auf dieser Basis auf systematische Weise einen geeigneten Regler zu bestimmen, erfolgt der Entwurf von Steueralgorithmen für Ablaufsteuerungen rein intuitiv, ohne dass Streckenmodelle bzw. Prozessbeschreibungen zugrunde gelegt werden.

Um das zu ändern, begann ich mich bereits Anfang der 2000er Jahre intensiver mit der Prozessbeschreibung und dem prozessmodellbasierten Steuerungsentwurf zu befassen. Als Ergebnis liegen zwei unterschiedliche Entwurfsmethoden für binäre Ablaufsteuerungen vor.

Bei der ersten Methode wird von einer formalen Beschreibung des zu steuernden Prozesses in Form eines Prozessalgorithmus ausgegangen, der unter Nutzung von allgemeingültigen Struktur- und Verhaltenseigenschaften, d. h. von der Generizität der Steuerstrecke erstellt und auf einfache Weise in den Steueralgorithmus umgesetzt werden kann. Diese „generische" Entwurfsmethode stellt eine Systematisierung des intuitiven Entwurfs dar.

Bei der zweiten Methode wird in Analogie zum Regelungsentwurf zunächst ein Prozessmodell der Steuerstrecke gebildet und mittels Prozessnetzen (prozessinterpretierten Petri-Netzen) modelliert. Aus den Prozessnetzen kann dann der Steueralgorithmus durch eine einfache Transformation in Form eines Steuernetzes generiert werden.

Ein Hauptanliegen dieses Buches besteht darin, diese beiden neuartigen Entwurfsmethoden in ausführlicher Form einem breiteren Leserkreis zugänglich zu machen und deren Handhabung unter Nutzung moderner Beschreibungsmittel und Fachsprachen für SPS an Praxisbeispielen zu demonstrieren.

Im *ersten Kapitel* erfolgt eine Präzisierung wichtiger Begriffe der Steuerungstechnik sowie eine Definition des Begriffes *„Ereignisdiskreter Prozess"*. Im Rahmen eines historischen Rückblicks wird die Entwicklung der Steuerungstechnik derjenigen der Regelungstechnik gegenübergestellt.

Im *zweiten Kapitel* werden die Wirkungsabläufe der verschiedenen Steuerungsarten im Vergleich zu Regelungen analysiert. Auf dieser Basis werden präzisere Begriffsdefinitionen der wesentlichen Steuerungsarten angegeben.

Das *dritte Kapitel* beschäftigt sich mit kombinatorischen und sequentiellen Steuereinrichtungen. Als Beschreibungsmittel für Steueralgorithmen werden neben Schaltfunktionen deterministische Automaten und steuerungstechnisch interpretierte Petri-Netze (Steuernetze) behandelt. In diesem Zusammenhang werden auch wesentliche Aspekte der klassischen Vorgehensweise beim Steuerungsentwurf einbezogen. Zu jedem Hauptabschnitt dieses Kapitels erfolgt ein kurzer Überblick zur historischen Entwicklung.

Das *vierte Kapitel* befasst sich mit einer allgemein angelegten Struktur- und Verhaltensanalyse von Steuerstrecken und einer sich daraus ergebenden Gliederung von Steuerstrecken in Elementarsteuerstrecken mit genau einer Steuergröße sowie einer Charakterisierung der Wesensmerkmale *ereignisdiskreter Prozesse*. Die Ergebnisse dieser Untersuchungen bilden die Grundlage für die Prozessanalyse, die Erstellung von Prozessalgorithmen für Ablaufsteuerungen und die Modellbildung ereignisdiskreter Prozesse. Aus diesen Betrachtungen resultieren zwei neuartige Methoden zum Steuerungsentwurf.

Im *fünften Kapitel* werden die Methoden zum generischen Entwurf und zum prozessmodellbasierten Entwurf an weiteren praxisorientierten Beispielen demonstriert. Insgesamt erstreckt sich die Palette der Beispiele von relativ einfachen Steuerungsaufgaben bis hin zum Entwurf einer „intelligenten" Aufzugssteuerung für zehn Etagen.

Mit den Kap. 2, 4 und 5 wird in diesem Buch Neuland betreten. Die präzisierten Begriffsdefinitionen, die Ergebnisse der Struktur- und Verhaltensanalyse von Steuerstrecken als Basis für die Prozessanalyse, die Betrachtungen zum Wesen ereignisdiskreter Prozesse sowie die Darlegungen zur Erstellung von Prozessalgorithmen und zur Modellbildung von Steuerstrecken führen zu einem tieferen Verständnis von Steuerungen, wie dies bisher in keinem Buch vermittelt wurde. Die vorgestellten Methoden zum generischen und zum prozessmodellbasierten Entwurf stellen neuartige Alternativen zum bisher praktizierten Steuerungsentwurf dar.

Das Buch wendet sich gleichermaßen an Lehrende und Studierende der Automatisierungstechnik, der Informatik, der Mechatronik, der Mikroelektronik, der Fertigungstechnik und der Verfahrenstechnik sowie an in der Praxis stehende Fachleute, die an alternativen und wirkungsvollen Vorgehensweisen beim Steuerungsentwurf interessiert sind. Auch für Entwickler von Anwendersoftware für SPS sowohl in der Industrie als auch im Hochschulbereich sollte das Buch von Interesse sein. Denn es zeigt Wege auf, wie sich SPS-Programmiersysteme durch neuartige Methoden so erweitern lassen, dass ein effizienterer Steuerungsentwurf ermöglicht wird.

Danksagung

Im Vorfeld und bei der Ausführung des Buchprojektes wurde ich von einigen Fachkollegen maßgeblich unterstützt. Allen diesen Kollegen möchte ich dafür herzlich danken.

Prof. Dr. Klaus Janschek, Dresden, hat mich in Diskussionen dazu inspiriert, mich intensiver mit der Problematik des prozessmodellbasierten Steuerungsentwurfs zu befassen. Die dabei erzielten Ergebnisse haben mich schließlich ermutigt dieses Buch zu schreiben.

Von Prof. Dr. habil. Werner Kriesel, Leipzig, erhielt ich zahlreiche wertvolle Hinweise bezüglich der Abfassung des Buches. Durch Dr. Rolf Schäbitz, Elpersbüttel, wurde ich in Diskussionen vor allem dazu angeregt, auf einen ausreichenden Praxisbezug zu achten.

Prof. Dr. Thomas Bindel, PD Dr. Annerose Braune und PD Dr. Dieter Hofmann, Dresden, haben mich bereits im Vorfeld tatkräftig unterstützt, indem sie unter Einbeziehung von Studenten die Entwicklung von Software-Tools und die softwaremäßige Erprobung von Algorithmen zum prozessmodellbasierten Steuerungsentwurf durchführten. Prof. Bindel hat außerdem alle Kapitel des Buches kritisch durchgesehen.

Nicht zuletzt danke ich meiner Tochter, Dipl.-Berufspäd. Diana Zander, für das Korrekturlesen des gesamten Manuskripts. Bedanken möchte ich mich auch bei Dipl.-Ing. (FH) Andreas Henschke, der mich bei diffizilen Formatierungsproblemen beraten hat.

Dem Springer Vieweg Verlag gilt mein Dank für die verständnisvolle und konstruktive Zusammenarbeit.

Bannewitz bei Dresden, September 2014 Hans-Joachim Zander

Inhaltsverzeichnis

Einführung 1

Die Automatisierungstechnik umfasst mit der Steuerungstechnik und der Regelungstechnik zwei Teilgebiete, die sich bis in die 1980er Jahre weitgehend getrennt voneinander entwickelt haben. Die Entwicklung der Steuerungstechnik verlief dabei jahrelang mehr in Anlehnung an andere Fachgebiete, wie z. B. der Fernsprechvermittlungstechnik und der Rechentechnik. Das hat sich auch auf die Begriffsbildung in der Steuerungstechnik ausgewirkt. Mit diesem einführenden Kapitel ist beabsichtigt, die Gründe für diese Entwicklung in einem historischen Rückblick aufzuzeigen und bezüglich der Begriffe eine gewisse Ordnung herzustellen, um so Unterschiede und Gemeinsamkeiten von Steuerungs- und Regelungssystemen besser erkennen zu können. Neu eingeführt wird der Begriff „Ereignisdiskreter Prozess".

1.1 Steuerung und Regelung als Grundfunktionen der Automatisierung

1.1.1 Ziel und Grundprinzip der Automatisierung

Ziel der Automatisierung ist es, Prozesse in technischen Einrichtungen (Anlagen, Maschinen, Geräten usw.) durch Steuerung oder Regelung als die beiden Grundfunktionen der Automatisierung so zu beeinflussen, dass sie weitgehend selbsttätig in einer vom Menschen vorgedachten Weise ablaufen, um dadurch

- komplizierte, schnelle oder unzugängliche Prozesse überhaupt beherrschen zu können, wie z. B. die Drehzahlregelung von Antriebsmaschinen oder den Betrieb von Antiblockiersystemen in Autos;
- bessere wirtschaftliche Ergebnisse zu erzielen, z. B. Qualität und Quantität zu steigern sowie Zeit, Energie, Material und Arbeitskräfte einzusparen;
- die Zuverlässigkeit, Sicherheit und Lebensdauer von Anlagen (z. B. Kraftwerken) durch Beseitigung der Auswirkungen von Störungen und Konstanthalten des Beanspruchungsniveaus zu erhöhen;

H.-J. Zander, *Steuerung ereignisdiskreter Prozesse*, DOI 10.1007/978-3-658-01382-0_1

- die Arbeits- und Lebensbedingungen durch Ablösen gesundheitsschädigender, gefährlicher, anstrengender oder monotoner Arbeiten zu verbessern (z. B. in Chemie-Anlagen).

Um Prozesse durch Steuerung oder Regelung beeinflussen zu können, müssen im Allgemeinen Prozessgrößen (z. B. Drücke, Temperaturen, Füllstände, Wege, Winkel, Drehzahlen, Zählgrößen) gemessen werden. Diesen Vorgang bezeichnet man als *Informationsgewinnung*. Die ermittelten Informationen über den Zustand der Prozessgrößen müssen durch Messsignale an eine Automatisierungseinrichtung geleitet werden (*Informationsübertragung*). In ihr erfolgt, gegebenenfalls unter Einbeziehung von Bediensignalen, eine *Informationsverarbeitung* (einschließlich *Informationsspeicherung*). Dabei sind gemäß einem vorgegebenen Steuer- oder Regelalgorithmus Stellsignale zu bilden und an eine Stelleinrichtung zu übertragen, durch die dann die Prozessbeeinflussung erfolgt, wodurch die Prozessgrößen (*Steuergrößen* oder *Regelgrößen*) gezielt zeitlich verändert oder konstant gehalten werden. Die Einwirkung der Stellsignale auf den Prozess bezeichnet man auch als *Informationsnutzung*. Das Ergebnis dieser Prozessbeeinflussung wird dann wiederum der Automatisierungseinrichtung über neue Messsignale rückgemeldet, um entsprechend dem zugrunde liegenden Algorithmus neue Stellsignale zu bilden. Durch diese *Rückkopplung* kommt ein ständiger *Informationskreislauf* zustande.

Das *Grundprinzip der Automatisierung* durch Steuerung oder Regelung ist also gekennzeichnet durch

- die selbsttätige Informationsgewinnung durch Messeinrichtungen,
- die selbsttätige Informationsverarbeitung in der Automatisierungseinrichtung,
- die selbsttätige Informationsnutzung über Stelleinrichtungen,
- den geschlossenen Informationskreislauf bzw. Wirkungsablauf zwischen Automatisierungseinrichtung und Automatisierungsobjekt aufgrund von Rückkopplung.

Neben dem Informationskreislauf zwischen Automatisierungseinrichtung und Automatisierungsobjekt existiert gewöhnlich noch ein zweiter geschlossener Informationskreislauf zwischen Automatisierungseinrichtung und dem Menschen als Bediener. In diesem Kreislauf erfolgt über die Leiteinrichtung eine Informationsausgabe von der Automatisierungseinrichtung an den Menschen und eine Informationseingabe vom Menschen an die Automatisierungseinrichtung.

Beide Informationskreisläufe sind in der allgemeinen Grundstruktur von Automatisierungssystemen in Abb. 1.1 veranschaulicht. Sie umfasst drei Teilsysteme, nämlich

- das Automatisierungsobjekt, d. h. den zu beeinflussenden *Prozess*, der in einer technischen Einrichtung abläuft und auch als *Strecke* bezeichnet wird,
- die *Automatisierungseinrichtung*, in die die zu entwerfenden Steuer- bzw. Regelalgorithmen als Vorschrift für die Prozessbeeinflussung zu implementieren sind,

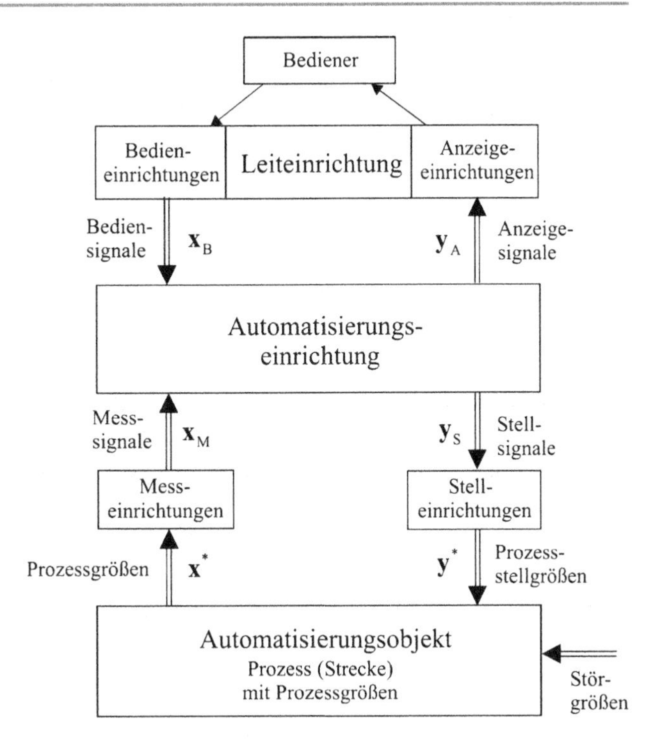

Abb. 1.1 Allgemeine Grundstruktur von Automatisierungssystemen

- die *Leiteinrichtung*, über die die Bediener des Automatisierungssystems die Möglichkeit haben, den Prozess indirekt zu beobachten und entsprechende Bedienhandlungen auszuführen. Durch die Einbeziehung einer Leiteinrichtung entfällt die unmittelbare Tätigkeit des Menschen am Prozess.

In der Automatisierungseinrichtung werden aus Messsignalen, die in Abb. 1.1 im Vektor $\mathbf{x}_M$ von Variablen $x \in \mathbf{M}_M$ zusammengefasst sind, und aus Bediensignalen, die als Vektor $\mathbf{x}_B$ von Variablen $x \in \mathbf{M}_B$ mit $\mathbf{M}_B \cup \mathbf{M}_M = \emptyset$ dargestellt sind, Stellsignale gebildet. Sie werden durch den Vektor $\mathbf{y}_S$ von Variablen $y \in \mathbf{M}_S$ verkörpert. Durch die Stellsignale werden Stelleinrichtungen (s. Abschn. 4.2.2) betätigt, so dass sich Prozessstellgrößen y^* (z. B. bestimmte Ventilstellungen) ergeben, die als Vektor $\mathbf{y}^*$ dargestellt sind. Über die Prozessstellgrößen erfolgt dann die Beeinflussung der Prozessgrößen x^*, die in Form des Vektors $\mathbf{x}^*$ angegeben sind (Anmerkung: Größen, die sich direkt auf den Prozess beziehen, werden durch einen Stern gekennzeichnet). Auf das Automatisierungsobjekt können Störgrößen einwirken, deren Auswirkungen durch die Automatisierungseinrichtung ausgeglichen werden müssen (s. Abschn. 4.2.8). Durch Messsignale, die in den Messeinrichtungen (s. Abschn. 4.2.4) durch Messen der Prozessgrößen gebildet werden, erfolgt die Rückmeldung über den Prozessablauf an die Automatisierungseinrichtung. Das ist insbesondere bei Ablaufsteuerungen der Fall (s. Abschn. 2.2.4). Dadurch entsteht im Automatisierungssystem ein *geschlossener Wirkungsablauf*.

Auf die Rückmeldung über den Prozessablauf durch Messsignale kann unter Umständen verzichtet werden (z. B. in Verknüpfungssteuerungen, s. Abschn. 2.2.3). In diesem speziellen Fall liegt ein *offener Wirkungsablauf* vor. Das Grundprinzip der Automatisierung ist dann auf die selbsttätige Informationsverarbeitung und Informationsnutzung eingeschränkt.

1.1.2 Ziele von Steuerungen und Regelungen

Bei der Formulierung des Ziels der Automatisierung (Abschn. 1.1.1) wurden zwei Möglichkeiten der Beeinflussung von Prozessen unterscheiden, die Beeinflussung durch *Steuerung* und die Beeinflussung durch *Regelung*. Es handelt sich dabei um zwei Arten der Automatisierung. Nun geht es darum, das Ziel einer Steuerung und das Ziel einer Regelung zu spezifizieren.

> Das *Ziel einer Steuerung* besteht darin, durch gezielte zeitliche Veränderung von Prozessgrößen, die nacheinander oder parallel ausgeführt werden, einen planmäßigen Ablauf eines Prozesses gemäß dem in der Automatisierungseinrichtung implementierten Steuerungsalgorithmus zu gewährleisten oder auch Störeinflüssen entgegen zu wirken.
>
> *Ziel einer Regelung* ist es, Prozessgrößen trotz auftretender Störgrößen ständig durch gezielte zeitliche Veränderungen auf vorgegebenen Sollwerten konstant zu halten bzw. an variable Führungsgrößen anzugleichen.

Die Formulierungen der Ziele von Steuerung und Regelung wurden zunächst bewusst sehr allgemein gehalten. Dadurch soll lediglich zum Ausdruck gebracht werden, dass es zwar in beiden Fällen um eine Beeinflussung von Prozessgrößen geht, dass aber bei der Steuerung hauptsächlich ihre gezielte Veränderung und bei der Regelung vorzugsweise ihre Stabilisierung gegenüber Störgrößen, d. h. eine Konstanthaltung bzw. Angleichung beabsichtigt wird.

Um die genannten Ziele zu erreichen, muss eine Steuerung bzw. eine Regelung bestimmte Funktionen ausführen, die in einem Steuerungs- bzw. in einem Regelungssystem entsprechende *Wirkungsabläufe* zur Folge haben. In diesem Sinne ist sowohl eine Steuerung als auch eine Regelung als ein *Vorgang* aufzufassen. Wie diese Vorgänge konkret ablaufen und welche Wirkungsabläufe sich dabei ergeben, hängt z. B. noch davon ab, welche Grundstrukturen und welche Signalarten (Abschn. 1.1.3.1) bei der Informationsübertragung und -verarbeitung genutzt und welche Algorithmen zugrunde gelegt werden.

Mit der Untergliederung der Automatisierung in Steuerung und Regelung können folgende Bezeichnungen präzisiert werden. Die Automatisierungseinrichtung wird bei Steuerungen *Steuereinrichtung* oder meist auch einfach *Steuerung* (s. Abschn. 1.1.4 und 3.3) und bei Regelungen *Regeleinrichtung* oder einfach *Regler* genannt. Man spricht als Konkretisierung des Begriffs Strecke von *Steuerstrecken* bzw. *Regelstrecken* und unterscheidet bei den Algorithmen zwischen *Steueralgorithmen* und *Regelalgorithmen*. Prozessgrößen werden bei Steuerungen als *Steuergrößen* und bei Regelungen als *Regelgrößen* bezeichnet.

1.1.3 Grundbegriffe der Systemtheorie

In den vorangegangen Abschnitten wurden bereits die Begriffe *System*, *Prozess* und *Signal* verwendet, ohne sie näher zu erläutern. Da diese Begriffe der Systemtheorie in der Automatisierungstechnik eine wesentliche Rolle spielen, kommt es darauf an, sie korrekt zu interpretieren und anzuwenden, um so die Unterschiede und Gemeinsamkeiten von Steuerungs- und Regelungssystemen besser erkennen zu können. Deshalb werden in diesem Abschnitt dazu zunächst Definitionen und Klassifikationen systemtheoretischer Begriffe aus automatisierungstechnischer Sicht angegeben.

1.1.3.1 Signale

Signale dienen in Automatisierungssystemen zur Übertragung von Informationen zwischen Teilsystemen, wobei jeweils ein Teilsystem als Sender und ein zweites als Empfänger fungiert.

▶ **Definition 1.1 (nach DIN IEC 60050-351)** Ein *Signal* ist eine physikalische Größe, durch die unter Nutzung eines oder mehrerer ihrer Parameter Informationen über eine oder mehrere variable Größen transportiert werden.

Die ein Signal repräsentierende physikalische Größe, die auch als *Signal-* oder *Informationsträger* bezeichnet wird, ist in modernen Automatisierungssystemen meist eine elektrische Größe, z. B. eine Spannung oder ein Strom. Die in der Begriffsdefinition erwähnten Parameter der physikalischen Größe werden auch *Informationsparameter* genannt. Bei elektrischen Größen kommen als Informationsparameter hauptsächlich Amplituden von Spannungen- oder Strömen, also Funktionswerte in Betracht. Der Einfachheit halber spricht man dann auch vom Wert eines Signals. Bei den in der Begriffsdefinition genannten variablen Größen handelt es sich in der Automatisierungstechnik um Prozessgrößen, z. B. Drücke, Temperaturen, Füllstände oder elektrische Ströme, über deren zeitlichen Ablauf bestimmte Informationen zu übertragen sind. Diese Informationen werden durch den Informationsparameter eines Signals abgebildet.

Ein Signal s ist eine sich zeitlich ändernde Größe: $s = f(t)$. Sie kann auch als eine eindeutige Abbildung von der Menge $\mathbf{T}$ der Zeitpunkte t (Definitionsbereich) auf die Menge $\mathbf{S}$ der Funktionswerte s (Wertebereich) dargestellt werden:

$$f : \mathbf{T} \rightarrow \mathbf{S}$$

Auf der Basis von Charakteristika der Definitions- und Wertebereiche lässt sich eine Klassifizierung von Signalen durchführen. Der Definitionsbereich liefert das Kriterium für eine

Unterscheidung zwischen zeitkontinuierlichen und zeitdiskreten Signalen. Ein zeitdiskretes Signal liegt vor, wenn die Zeitfunktion nur an ausgewählten Zeitpunkten, die auch Stützstellen genannt werden, definiert ist. Wenn es sich dabei um äquidistante Stützstellen handelt, ist die Menge der Stützstellen bei geeigneter Normierung eine beliebige Teilmenge aus der Menge der ganzen Zahlen. Bezüglich des Wertebereichs der Zeitfunktion ergibt sich eine Unterscheidung zwischen wertkontinuierlichen und wertdiskreten Signalen. Ein wertkontinuierliches Signal nimmt Werte aus der Menge der natürlichen Zahlen an und ein wertdiskretes Signal Werte aus einer endlichen Menge. Durch Kombination der Kriterien *zeitkontinuierlich*, *zeitdiskret*, *wertkontinuierlich* und *wertdiskret* ergeben sich vier Signalarten.

Klassifikation von Signalen [Mey1982]:

- Wertkontinuierliche und zeitkontinuierliche Signale, die auch *analoge Signale* genannt werden;
- wertdiskrete und zeitdiskrete Signale, die man als *digitale Signale* bezeichnet;
- wertkontinuierliche und zeitdiskrete Signale, die *getastete Signale* heißen;
- wertdiskrete und zeitkontinuierliche Signale, die man *quantisierte* oder *mehrwertige Signale* nennt.

Zur Veranschaulichung dieser vier Signalarten dient Abb. 1.2. Ausgegangen wird von einem beliebigen Zeitverlauf eines analogen Signals s (Abb. 1.2a). Daraus lassen sich die anderen drei Signalarten durch Quantisierung, Abtastung bzw. Digitalisierung ablei-

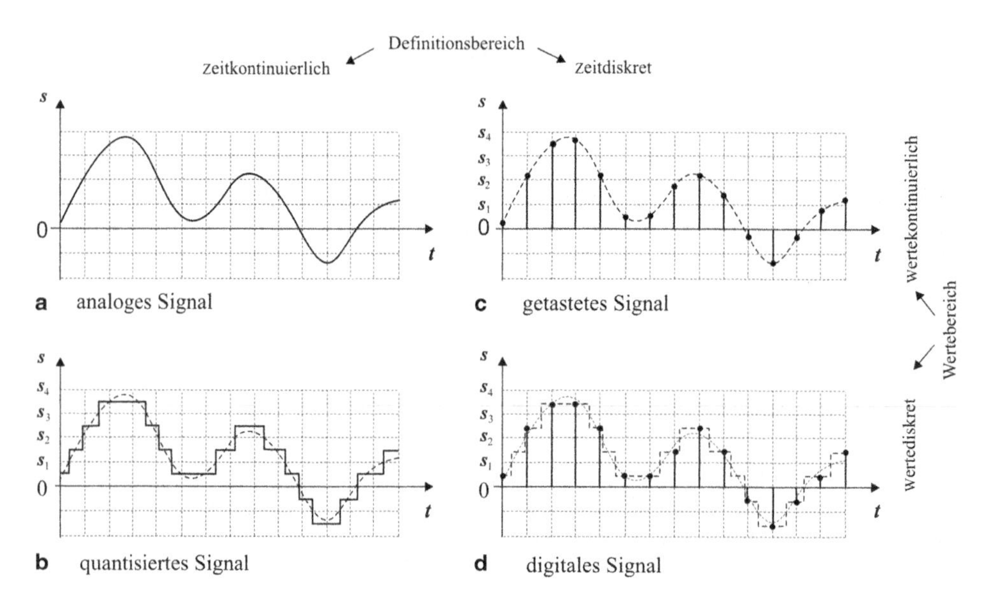

Abb. 1.2 Klassifizierung von Signalen

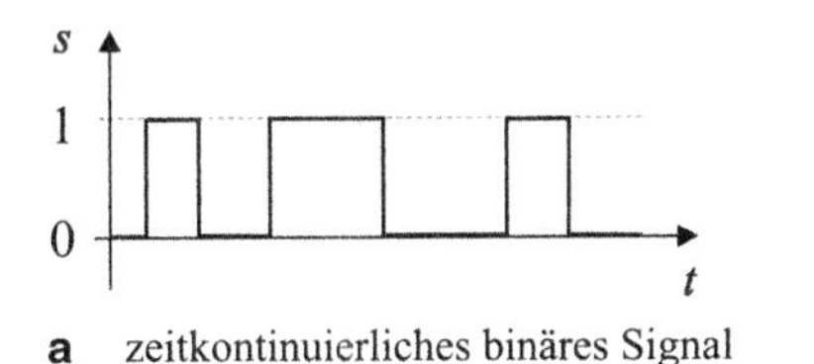

a zeitkontinuierliches binäres Signal

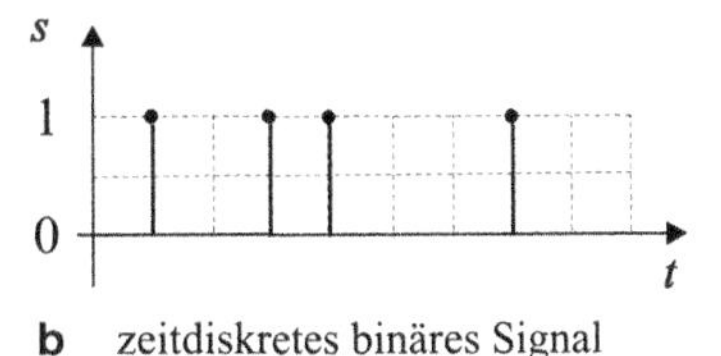

b zeitdiskretes binäres Signal

Abb. 1.3 Binäre Signale

ten. Die Quantisierung erfolgt auf der Basis festgelegter Schwellwerte. Wenn die Amplitude des analogen Signals s einen Schwellwert s_i erreicht, ändert sich die Amplitude des quantisierten Signals sprungförmig von dem vorhergehenden auf den nächsten Wert. Bei der Digitalisierung eines analogen Signals handelt es sich um eine Analog-Digital-Umsetzung. Diesen Vorgang kann man sich beispielsweise so vorstellen, dass das analoge Signal zunächst in ein quantisiertes Signal umgewandelt und dieses dann abgetastet wird.

Bei binären Signalen handelt es sich um wertdiskrete Signale, deren Informationsparameter aber nur zwei Werte annehmen können, die mit 0 und 1 bezeichnet werden. Der Definitionsbereich von binären Signalen liefert auch hier wieder das Kriterium für eine Unterscheidung zwischen einem zeitkontinuierlichen und einem zeitdiskreten Signalverlauf. Ein zeitkontinuierliches binäres Signal (Abb. 1.3a) ist ein *quantisiertes Signal*, das die Werte 0 oder 1 besitzt. Es wird auch zweiwertiges Signal genannt. Ein zeitdiskretes binäres Signal (Abb. 1.3b) ist dagegen ein *digitales Signal*, das zwei Werte annehmen kann (DIN IEC 60050-351).

Zur Realisierung von *Regelungen* werden traditionell *analoge Signale* verwendet. Mit dem Aufkommen von Digitalrechnern und Mikroprozessoren wurden dafür dann *digitale* bzw. *getastete Signale* vorgesehen. In diesem Zusammenhang werden die Begriffe „Analoge bzw. kontinuierliche Regelungen" und „Digitale Regelungen" benutzt. Regelungen können aber auch auf der Basis *binärer Signale* realisiert werden. Es handelt sich dann eigentlich um binäre Regelungen. Man spricht aber von unstetigen Regelungen, z. B. von Zweipunktregelungen (s. Abschn. 2.3.2).

Für die Realisierung von *Steuerungen* können ebenfalls entweder *binäre* oder *analoge Signale* (Abb. 1.3) genutzt werden. Bei Zugrundelegung von binären Signalen handelt es sich um *binäre Steuerungen*, die entweder als Verknüpfungssteuerungen oder als Ablaufsteuerungen zum Einsatz kommen (s. Abschn. 2.2). Bei der Verwendung von *analogen Signalen* spricht man von *analogen* oder *stetigen Steuerungen*.

1.1.3.2 Prozesse: Definition und Klassifikation

Gemäß DIN 19226 ist ein Prozess „eine Gesamtheit von aufeinander einwirkenden Vorgängen in einem System, durch die Materie, Energie oder Information umgeformt, transportiert oder gespeichert wird".

Um die Voraussetzungen für eine allgemein gültige Vorgehensweise bei der Modellbildung bzw. Prozessbeschreibung sowohl für Regelungssysteme als auch für Steuerungssysteme zu schaffen, kommt es darauf an, den Prozessbegriff gemäß DIN 19226 von unwesentlichen technischen bzw. technologischen Details zu abstrahieren. Man muss dabei also nicht unterscheiden, ob Materie, Energie oder Information umgeformt, transportiert oder gespeichert wird. Das Wesentliche bei Prozessen, die die Strecken von Automatisierungssystemen bilden, besteht gemäß Abschn. 1.1.2 darin, dass bei ihrer Beeinflussung durch Steuerung bzw. Regelung Vorgänge ablaufen, durch die Prozessgrößen verändert werden, allerdings mit unterschiedlichen Zielstellungen. Deshalb wird hier für den Begriff „Prozess" folgende Definition zugrunde gelegt.

Definition 1.2 Ein *Prozess* ist die Gesamtheit von Vorgängen, die in der Strecke eines Automatisierungssystems zeitlich nacheinander oder parallel ablaufen und durch die Prozessgrößen im Sinne der Grundfunktionen Steuerung oder Regelung gezielt zeitlich verändert werden.

Prozesse wurden ursprünglich bezüglich ihres Zeitverhaltens in kontinuierliche und diskontinuierliche Prozesse eingeteilt:

- *Kontinuierliche Prozesse*:
  Kontinuierliche Prozesse laufen über größere Zeiträume stationär ab. Sie kommen hauptsächlich in der Verfahrenstechnik und der Energietechnik vor. Es geht dabei vor allem um chemische Reaktionen und physikalische Umwandlungen. Verfahrenstechnische Prozesse finden z. B. in Rohrreaktoren statt. Die Prozessbeeinflussung erfolgt hierbei in erster Linie durch Regelungen, mit denen Prozessgrößen (z. B. Durchfluss, Druck) an Führungsgrößen angeglichen werden. Der Produktionsausstoß ist kontinuierlich.
  Für die Regelgrößen von kontinuierlichen Prozessen können dann im Sinne einer Modellbildung Differenzialgleichungen oder Zustandsraummodelle aufgestellt werden.
- *Diskontinuierliche Prozesse*:
  Diskontinuität bedeutet Kontinuität mit Unterbrechungen. Diskontinuierliche Prozesse sind also nicht fortlaufend, sondern nur abschnittsweise kontinuierlich. Das abschnittsweise kontinuierliche Verhalten bezieht sich jeweils auf eine der Prozessgrößen, die im Rahmen eines diskontinuierlichen Prozesses zeitlich verändert werden. Diese Veränderung erfolgt in erster Linie durch binäre Ablaufsteuerungen (s. Abschn. 2.2.4), indem über binäre Stellsignale Vorgänge ausgelöst werden, durch die dann Steuergrößen verändert werden (s. Abschn. 4.2.3). Diskontinuierliche Prozesse kann man einteilen in Chargenprozesse (auch Batchprozesse genannt) und Stückgutprozesse.
  - *Chargenprozesse*:
    Sie spielen insbesondere in der Verfahrenstechnik eine Rolle, finden aber im Gegensatz zu kontinuierlichen Prozessen meist in abgeschlossenen Gefäßen statt. Unter

einer Charge oder einem Batch versteht man dabei eine Stoffmenge, die in einem zusammenhängenden Produktionszyklus hergestellt wird. Als Beispiel seien Rührkessel genannt, in die gemäß vorgegebener Rezepturen zeitlich nacheinander oder parallel Flüssigkeiten eingeleitet sowie Rührwerke und Heizungen ein- und ausgeschaltet werden. Das fertige Produkt wird am Ende eines jeden Zyklus ausgegeben.

- *Stückgutprozesse*:
  Stückgüter sind Einzelobjekte mit fester Oberfläche, die in Herstellungs- und Transportprozessen jeweils als zusammenhängendes Ganzes zu betrachten sind. In der Fertigungstechnik handelt es sich dabei insbesondere um Werkstücke, die in einer bestimmten Reihenfolge zu bearbeiten, z. B. zu fräsen und zu bohren, sind. Das Fräsen und das Bohren sind Vorgänge des Stückgutprozesses, durch die die betreffenden *Prozessgrößen* (bestimmte Maße des Werkstücks) verändert werden. Wenn es sich um mehrere gleiche Werkstücke handelt, ergibt sich für jedes Werkstück der gleiche Bearbeitungszyklus. Das Ergebnis ist jeweils das fertig bearbeitete Werkstück. In diesem Sinne entsprechen die Stückgüter in Stückgutprozessen den Chargen in Chargenprozessen.

Sowohl Chargenprozesse als auch Stückgutprozesse bestehen also aus einzelnen aufeinander folgenden oder parallel ablaufenden Vorgängen, durch die jeweils eine Prozessgröße kontinuierlich verändert wird. Dieser Sachverhalt soll anhand eines einfachen Chargenprozesses erläutert werden.

Beispiel 1.1 (Diskontinuierlicher Prozess in einem Flüssigkeitsbehälter)

Ein Behälter (Abb. 1.4) ist über ein Stellventil, das durch ein binäres Stellsignal y_1 betätigt wird, bis zum Füllstand F_{S1} mit einer Flüssigkeit zu füllen, die anschließend zu erhitzen ist, indem durch y_2 eine Heizung eingeschaltet wird. Wenn die Temperatur T einen vorgegebenen Schwellwert T_S erreicht hat, wird die Heizung ausgeschaltet und der Behälter über das Auslassventil, das durch y_3 betätigt wird, entleert. Beim Erreichen des Schwellwerts F_{S0} ist der Zyklus beendet. Die Verläufe der Prozessgrößen Füllstand F und Temperatur T sind als Vorgänge eines diskontinuierlichen Prozesses darzustellen.

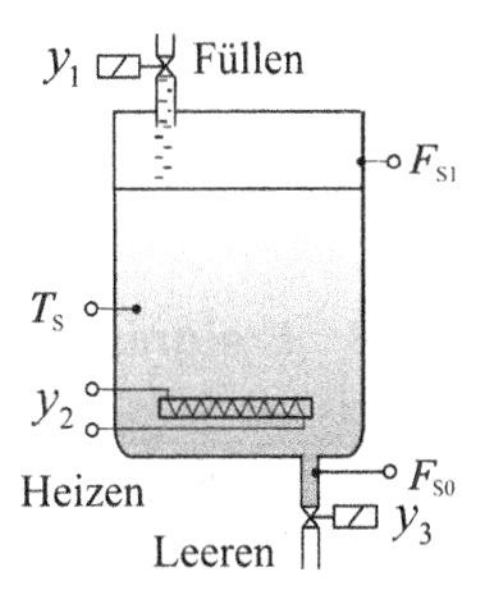

Abb. 1.4 Flüssigkeitsbehälter

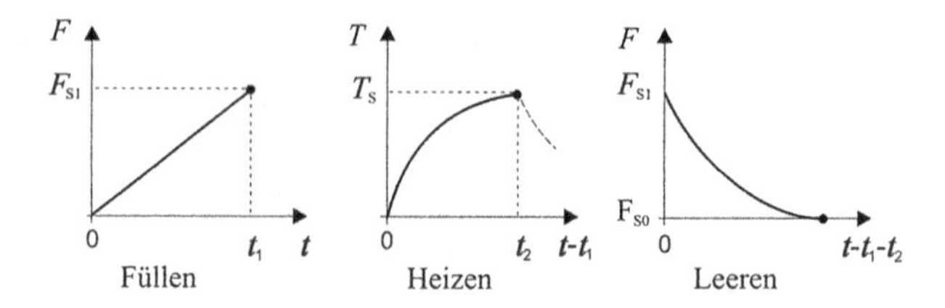

Abb. 1.5 Darstellung der kontinuierlichen Vorgänge des diskontinuierlichen Prozesses im Flüssigkeitsbehälter

Abbildung 1.5 zeigt zu Beispiel 1.1 die zeitlichen Veränderungen der Steuergrößen *Füllstand F* und *Temperatur T*, wie sie sich bei den Vorgängen *Füllen*, *Heizen* und *Leeren* ergeben. Es handelt sich dabei um *Sprungantworten*, die durch die binären Stellsignale y_1, y_2 und y_3 ausgelöst werden (s. Abschn. 4.2.3).

Aus der gewählten Darstellung des diskontinuierlichen Prozesses in Form von drei separaten Koordinatensystemen (Abb. 1.5) geht allerdings nicht explizit hervor, wie die korrekte Aufeinanderfolge der einzelnen Vorgänge beim Prozessablauf zustande kommt. Das interessiert vor allem dann, wenn man beim Steuerungsentwurf zunächst ein mathematisches Modell des zu steuernden Prozesses erstellen möchte. In diesem Fall muss allein aus der Prozessbeschreibung hervorgehen, in welcher Reihenfolge die einzelnen Vorgänge ablaufen sollen. Dieses sequentielle Verhalten wird durch den ursprünglich eingeführten Begriff „Diskontinuierlicher Prozess" nicht vordergründig erfasst. Dazu wäre es erforderlich, zusätzlich eine „Verkettungen" der einzelnen kontinuierlichen Vorgänge eines diskontinuierlichen Prozesses in die Prozessdarstellung einzuführen. Es ist also notwendig, den Begriff „diskontinuierlicher Prozess" durch einen Begriff zu ersetzen, der auf Merkmale hinweist, die neben dem stückweise kontinuierlichen Verhalten der einzelnen Vorgänge vor allem auch das sequentielle Verhalten dieser Vorgänge insgesamt berücksichtigen.

Eine Lösung dafür lässt sich aus dem Mechanismus der Bedingung/Ereignis-Systeme ableiten, die das Grundmodell der Netztheorie darstellen [Star1980], [KoEn1998]. Demzufolge kann ein sogenanntes *Ereignis*, das in einem System auftritt, einen Zustands- oder Signalwechsel in einem anderen System auslösen. Bei diskontinuierlichen Prozessen kann z. B. das Erreichen eines Schwellwertes einer Steuergröße als ein Ereignis betrachtet werden, das in der Steuereinrichtung einen Signalwechsel bewirkt, so dass sich Stellsignale ergeben, die den gewünschten Folgevorgang aktivieren. Über Ereignisse wäre also eine „Verkettung" der einzelnen Vorgänge eines diskontinuierlichen Prozesses möglich. Für den auf diese Weise erweiterten Prozessbegriff wird im folgenden Abschnitt die Bezeichnung „ereignisdiskreter Prozess" eingeführt.

1.1.3.3 Ereignisdiskrete Prozesse

Im Beispiel 1.1 (Abschn. 1.1.3.2) kommen nur Ereignisse vor, die im Zusammenhang mit dem Erreichen eines Schwellwertes einer analogen Steuergröße auftreten. An dieser Stelle sei bemerkt, dass bei Stückgutprozessen neben analogen auch diskrete Steuergrößen zu berücksichtigen sind. Es handelt sich dabei z. B. um Zählgrößen (Abschn. 4.2.3.3), die als mehrwertige Größen angesehen werden können. Bei Zählgrößen spielen ebenfalls Schwellwerte eine Rolle. Dabei kann es sich z. B. um eine bestimmte Anzahl von Teilen handeln.

Ereignisse können aber auch beim Vorliegen anderer Bedingungen entstehen. Der Begriff Ereignis wird hier wie folgt definiert.

▶ **Definition 1.3** *Ereignisse* sind Geschehnisse in einem Steuerungssystem, die beim Vorliegen einer der folgenden Bedingungen eintreten:

1. Eine Steuergröße erreicht bei ihrer Veränderung durch einen Vorgang eines Chargen- oder Stückgutprozesses einen für sie festgelegten Schwellwert.
2. Eine Bedienhandlung wird ausgeführt.
3. Eine für einen Vorgang eines Chargen- oder Stückgutprozesses vorgegebene Zeitdauer ist abgelaufen.

Der Entstehungsort von Ereignissen, die beim Erreichen der Schwellwerte von Steuergrößen auftreten, ist die Steuerstrecke. Diese Ereignisse werden durch binäre Messsignale an die Steuereinrichtung rückgemeldet. Ereignisse, die durch Bedienhandlungen verursacht werden, entstehen in einer Bedieneinrichtung bzw. in der Leiteinrichtung. Sie werden der Steuereinrichtung durch Bediensignale gemeldet. Der Ort der Entstehung von Ereignissen, die nach Ablauf einer vorgegebenen Zeit eintreten, sind Zeitglieder, die sich meist in der Steuereinrichtung (z. B. SPS) befinden bzw. dieser zugeordnet werden. Im Informationsverarbeitungsteil der Steuereinrichtung können keine Ereignisse entstehen. Alle Ereignisse führen aber dort zu Signalwechseln und dadurch zur Bildung neuer Belegungsvektoren der Stellsignale.

Für die im Abschn. 2.2.4 anzustellenden Betrachtungen zum Wirkungsablauf von Steuerungen ist noch ein Oberbegriff für die Signale erforderlich, die Informationen über Ereignisse transportieren.

▶ **Definition 1.4** Binäre Signale, die als Information das Auftreten von Ereignissen transportieren, sollen (binäre) *Ereignissignale* genannt werden. Ereignissignale sind demzufolge binäre Bediensignale, binäre Messsignale und binäre Ausgangssignale von Zeitgliedern.

Ausgehend von dem Begriff „Ereignis“ wird der Begriff *„ereignisdiskreter Prozess“* wie folgt definiert.

▶ **Definition 1.5** Ein *ereignisdiskreter Prozess* ist die Gesamtheit der in einer Steuerstrecke zeitlich nacheinander oder parallel ablaufenden Vorgänge, die durch Ereignisse ausgelöst wurden und durch die Steuergrößen zeitlich verändert werden, wobei jeder Vorgang solange ausgeführt wird, bis ein auf ihn bezogenes Ereignis auftritt, durch das außerdem weitere Vorgänge gestartet werden können.

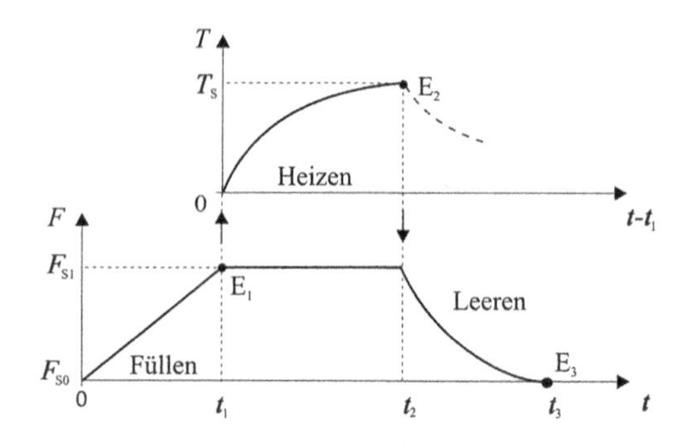

Abb. 1.6 Darstellung der Vorgänge des diskontinuierlichen Prozesses im Flüssigkeitsbehälter gemäß Beispiel 1.1 als ereignisdiskreter Prozess

In Abb. 1.6 sind die drei Vorgänge des diskontinuierlichen Prozesses gemäß Abb. 1.5, die durch die binären Stellsignale y_1, y_2 bzw. y_3 ausgelöst werden (Abb. 1.4), als ereignisdiskreter Prozess zusammenhängend dargestellt. Die Ereignisse E_1, E_2 und E_3 sind durch Punkte gekennzeichnet. Wird während des Vorgangs „Füllen" der Schwellwert F_{S1} der Füllhöhe F erreicht, tritt das Ereignis E_1 ein. Das bedeutet, dass das Füllen zu beenden und das Heizen einzuleiten ist. Beim Erreichen des Schwellwerts T_S der Temperatur T ergibt sich das Ereignis E_2. Das heißt, dass die Heizung abzuschalten und mit dem Leeren zu beginnen ist. Wenn beim Erreichen von F_{S0} das Ereignis E_3 eintritt, ist der Behälter leer und der Zyklus beendet.

Die Ereignisse kann man formal als Bindeglieder zwischen jeweils zwei aufeinanderfolgenden kontinuierlichen Vorgängen ansehen. Dadurch ergibt sich ein durchgängiger Prozessverlauf, der aber auf Grund des Wechsels von Vorgängen in gewisser Weise ein diskretes Verhalten aufweist. Dieses Verhalten lässt sich jedoch weder als zeitdiskret noch als wertediskret einordnen (Abschn. 1.1.3.1). Da es sich im Zusammenhang mit dem Auftreten von Ereignissen ergibt, wurde das Attribut „ereignisdiskret" verwendet und die Bezeichnung „ereignisdiskreter Prozess" eingeführt. Bei einem System, in dem ein *ereignisdiskreter Prozess* abläuft, handelt es sich dann um ein *ereignisdiskretes System* (Abschn. 1.1.3.4).

Es sei noch bemerkt, dass die Bezeichnung „ereignisdiskretes System" in der Literatur auch als Synonym für ein (binäres) Steuerungssystem verwendet wird, um dadurch eine bessere Abgrenzung zu den kontinuierlichen Regelungssystemen zu erreichen, z. B. [Kie1997], [AbLe1998], [Lun2005], [Lit2005], [Lun2006]. Dabei werden alle Zustandswechsel oder Signalwechsel, d. h. Wechsel zwischen zwei diskreten Signalwerten im Steuerungssystem als Ereignisse aufgefasst. Das ist bei dem hier verwendeten Begriff „Ereignis" jedoch nicht der Fall.

Der Begriff „ereignisdiskreter Prozess" wird nun anstelle des Begriffes „diskontinuierlicher Prozess" verwendet. Er bildet den neuen *Oberbegriff für Chargenprozesse* und *Stückgutprozesse*. Zur Beschreibung des sequentiellen Verhaltens ereignisdiskreter Prozesse werden interpretierte Petri-Netze verwendet (Abschn. 4.5.4).

Unter Bezugnahme auf die Begriffe Ereignis und ereignisdiskreter Prozess wird im Abschn. 2.2.4 eine Definition für Ablaufsteuerungen angegeben.

1.1.3.4 Systeme

Umgangssprachlich werden Fachtermini wie Fertigungssystem, Transportsystem, Messsystem, Automatisierungssystem, Steuerungssystem, Regelungssystem, Rechnersystem, Robotersystem, Heizungssystem oder mechatronisches System verwendet. Man versteht unter den als Beispiele genannten Systemen vor allem das realisierte Zusammenwirken von elementaren Funktionseinheiten (Hard- oder Software) in den technischen Einrichtungen, die in den einzelnen Fachtermini durch ein Bestimmungswort bzw. ein Attribut charakterisiert sind. Es geht nun darum, den Begriff System durch Abstraktion von technischen Details zu präzisieren.

Definition 1.6 (nach DIN IEC 60050-351) Ein *System* ist eine Menge miteinander in Beziehung stehender Elemente, die in einem bestimmten Zusammenhang als Ganzes gesehen und als von ihrer Umgebung abgegrenzt betrachtet werden.

Ein System hat eine *Struktur*, die die Art und Anzahl ihrer Elemente und ihrer Kopplungen untereinander repräsentiert. Die Struktur steht in engem Zusammenhang mit dem Verhalten des Systems. So lassen sich z. B. in einer Schaltung aus Transistoren, Widerständen und Kondensatoren durch unterschiedliche Kopplungen dieser Elemente verschiedene Strukturen realisieren, die sich in ihrem Verhalten unterscheiden können. Systeme haben im Allgemeinen mehrere Eingangsgrößen und mehrere Ausgangsgrößen, die auch als Eingangssignale bzw. Ausgangssignale bezeichnet werden.

Da für die Unterscheidung von Systemen einheitlich nutzbare Kriterien fehlen, wird bei ihrer Benennung teilweise willkürlich vorgegangen. Deshalb sollen im Folgenden einige Empfehlungen für eine Klassifizierung von Systemen in der Automatisierungstechnik gegeben werden.

Man sollte als Erstes unterscheiden, ob in Systemen technologische Prozesse ablaufen oder ob in ihnen eine Signal- bzw. Informationsverarbeitung erfolgt. Im ersten Fall handelt es sich um Steuer- oder Regelstrecken, im zweiten Fall um Steuer- oder Regeleinrichtungen.

Bei *Steuer- und Regeleinrichtungen* sollte die *Signalart* als Attribut bei der Systembenennung verwendet werden. Dann erhält man folgende Unterscheidung:

- *Analoge Systeme*:
  Es handelt sich um Steuer- oder Regeleinrichtungen, in denen analoge Eingangssignale zu analogen Ausgangssignalen verarbeitet werden. Wenn für die Realisierung anstelle von analogen Signalen digitale oder getastete Signale verwendet werden, spricht man von digitalen bzw. von Tastsystemen.
- *Binäre Systeme*:
  Das betrifft Steuer- oder Regeleinrichtungen, in denen binäre Eingangssignale zu binären Ausgangssignale verarbeitet werden. Binäre Regeleinrichtungen nennt man auch unstetige Regler oder Zweipunkt- bzw. Dreipunktregler (Abschn. 2.3.2).

Bei *Steuer- und Regelstrecken* sollte die betreffende *Prozessart* als Attribut bei der Systembenennung gewählt werden. Dadurch ergibt sich folgende Unterscheidung:

- Kontinuierliche Systeme
  Es handelt sich um Regel- bzw. Steuerstrecken, in denen kontinuierliche Prozesse ablaufen.
- Ereignisdiskrete Systeme
  Das betrifft Steuerstrecken, in denen ereignisdiskrete Prozesse ausgeführt werden.

Die als ereignisdiskrete Systeme eingeordneten Steuerstrecken haben binäre Stellsignale als Eingänge und binäre Messsignale als Ausgänge. Die binären Stellsignale lösen in der Steuerstrecke ereignisdiskrete Prozesse aus. Dabei werden analoge oder diskrete Steuergrößen zeitlich verändert (Abschn. 4.2.3). Beim Erreichen von Schwellwerten der Steuergrößen treten in der Steuerstrecke Ereignisse auf, die über die binären Messsignale der Steuereinrichtung rückgemeldet werden, was dort zu Signalwechseln führt. Diese durch Rückmeldung erzwungenen Signalwechsel in der Steuereinrichtung stellen selbst keine Ereignisse dar (s. Definition 1.3).

1.1.4 Mehrdeutigkeit der Benennung „Steuerung"

In den Abschn. 1.1.1 und 1.1.2 wurde der Begriff „Steuerung" als eine Grundfunktion der Automatisierung zur Beeinflussung von Prozessen eingeführt. An dieser Stelle soll darauf hingewiesen werden, dass der Begriff „Steuerung" in der Automatisierungstechnik auch noch mit anderen Bedeutungen verwendet wird. Die Benennung „Steuerung" stellt ein Homonym dar, also ein Wort, das verschiedene Bedeutungen hat. Das soll an folgenden Beispielen demonstriert werden. Dabei wird aber auch gezeigt, wie diese Mehrdeutigkeiten bei der Begriffsbildung durch Hinzufügen von Bestimmungswörtern oder Attributen oder durch Verwendung anderer Bezeichnungen vermieden werden kann.

- „Steuerung" im Sinne einer Beeinflussung kontinuierlicher Prozesse durch analoge Signale:
  Dieser Begriff der Steuerung kann durch die Benennung *analoge Steuerung* oder *stetige Steuerung* präzisiert werden (Abschn. 2.2.1).
- „Steuerung" im Sinne einer Beeinflussung ereignisdiskreter Prozesse durch binäre Signale:
  Zur Präzisierung dieses Begriffs der Steuerung kann die Benennung *binäre Steuerung* oder *(binäre) Ablaufsteuerung* verwendet werden (Abschn. 2.2.2).
- „Steuerung" im Sinne eines Oberbegriffs für analoge Regelungen und Steuerungen kontinuierlicher Prozesse und binäre Steuerungen ereignisdiskreter Prozesse:
  In Anlehnung an die englische Bezeichnung „control" als Oberbegriff für „feedback control" (analoge Regelung), „feedforward control" (analoge Steuerung) und „logic

control“ (binäre Steuerung) wird im Deutschen die Benennung „Steuerung“ mitunter als Oberbegriff verwendet. Diese Bezeichnung ist insofern unglücklich gewählt, weil sowohl im Oberbegriff als auch in einem Unterbegriff das Wort Steuerung vorkommt. Deshalb hat man später als Oberbegriff vor allem in der Verfahrenstechnik „Prozesssteuerung“ verwendet, obwohl hier immer noch das Wort Steuerung im Ober- und im Unterbegriff erscheint. Neuerdings wurde vorgeschlagen, als Oberbegriff „Regelung“ zu benutzen [Lun2012]. Damit wird das eigentliche Problem aber nur noch verschärft. *Hier soll nun die Bezeichnung Automatisierung als Oberbegriff für Steuerung und Regelung verwendet werden*, da es sich ja bei Steuerungen und Regelungen um zwei Arten der Automatisierung handelt (Abschn. 1.1.2).

- „Steuerung“ im Sinne einer Steuereinrichtung:
  Unglücklicherweise ist es üblich geworden, die Steuereinrichtung selbst, also ein technisches Gerät, ebenfalls als „Steuerung“ zu bezeichnen (s. Abschn. 3.2), obwohl mit Steuerung eigentlich ein Vorgang gemeint ist. So spricht man umgangssprachlich von einer *speicherprogrammierbaren* oder einer *verbindungsprogrammierten Steuerung* anstatt von einer *speicherprogrammierbaren* bzw. einer *verbindungsprogrammierten Steuereinrichtung*. Um dadurch entstehende Verwechselungen zu vermeiden, wird in diesem Buch vorwiegend die Abkürzung „SPS“ bzw. „VPS“ verwendet (Abschn. 3.3). In ersten Publikationen darüber wurde dafür noch die exakte Bezeichnung benutzt, z. B. [Got1984].

1.2 Automatisierungstechnik im historischen Rückblick

1.2.1 Vorbemerkungen

Im 20. Jahrhundert hat sich die Automatisierungstechnik mit ihren beiden Hauptgebieten, der Regelungstechnik und der binären Steuerungstechnik, zu einem eigenständigen Zweig der modernen Ingenieurwissenschaften entwickelt. Alle anderen Ingenieurdisziplinen profitieren nun bei der Lösung ihrer Aufgaben in irgendeiner Weise von den bisher erarbeiteten Methoden, Verfahren und Strategien der Automatisierungstechnik und von dem umfangreichen Angebot an modernen Automatisierungsmitteln in Form von Hard- und Softwarelösungen.

Um den erreichten Stand der Automatisierungstechnik gebührend zu schätzen, ist es zweckdienlich, sich auch einmal mit der Entwicklungsgeschichte der Regelungs- und der Steuerungstechnik zu befassen. Als Erstes ergibt sich dabei die Frage nach den Wurzeln der Automatisierung. Über die Entwicklung der Regelungstechnik zu einem eigenständigen Fachgebiet existieren eine Reihe von Publikationen mit zum Teil sehr aufschlussreichen Darstellungen zu Erfindungen von der Antike bis zur Neuzeit, z. B. [May1969], [Rör1971], [Fas1994], [KRK1995], [Pri2006], [Rei2006]. Auf dem Gebiet der binären Steuerungstechnik ist das jedoch nicht in dem Maße der Fall. Der Grund dafür ist darin zu sehen, dass sich die Steuerungstechnik zunächst nicht in gleicher Weise wie die Regelungstechnik im Rahmen der Automatisierungstechnik entwickelt hat, sondern mehr aus anderen Fachrichtungen hervorgegangen ist. Diese unterschiedlichen Entwicklungswege sollen in diesem Abschnitt analysiert und verglichen werden, um dadurch unter anderem auch Anregungen für eine Vereinheitlichung der verschiedenen Betrachtungs- und Vorgehensweisen zu erhalten.

1.2.2 Mechanische Automaten als Wurzeln der Automatisierung

Das Bestreben der Menschen, bestimmte Vorgänge selbsttätig ablaufen zu lassen, ist uralt. Die ersten selbsttätigen Mechanismen gab es bereits einige Tausend Jahre vor unserer Zeitrechnung z. B. in Form von Wildfallen. Im antiken Griechenland ging es dann schon um die Ausführung selbsttätiger Bewegungen. Die entsprechenden Mechanismen wurden als αὐτόματος (automatos) bezeichnet, was „das sich selbst Bewegende" bedeutet. Die Selbstbewegung wurde dabei sowohl als Bewegung von Figuren wie auch als Ortsveränderung und Eigenantrieb aufgefasst [Ric1989].

Dieser eingeschränkte Einsatzbereich von Automaten hat sich im Laufe der Jahrhunderte stark erweitert. Wenn man nach den Wurzeln der modernen Automatisierung sucht, stößt man deshalb nicht nur auf die reinen „Bewegungsautomaten", sondern auch auf Automaten, durch die bereits die beiden Grundfunktionen der Automatisierung, nämlich die Steuerung und die Regelung (Abschn. 1.1) realisiert wurden. Es handelt sich zum einen um Mechanismen, die geschaffen wurden, um vom Menschen vorgedachte Abläufe selbsttätig auszuführen. Aus heutiger Sicht kann man sie als Zeitplansteuerungen, Ablaufsteuerungen oder analoge Steuerungen (Abschn. 2.2) einordnen. Sie sollen unter dem Begriff *Steuerungsautomaten* zusammengefasst werden. Zum anderen wurden Mechanismen erfunden, die dazu dienten, physikalische Größen trotz auftretender Störungen durch Regelung konstant zu halten. Sie sollen als *Regelungsautomaten* bezeichnet werden. Die mechanischen Steuerungs- und Regelungsautomatenarten, die wir als Wurzeln der Automatisierungstechnik ansehen können, sollen nun durch einige signifikante Beispiele aus dem Altertum, dem Mittelalter bzw. der frühen Neuzeit belegt werden.

1.2.2.1 Mechanische Steuerungsautomaten

Bereits von den alten Kulturvölkern wurden neben Sonnenuhren auch Wasseruhren verwendet. Im Zusammenhang damit wurde von Platon (427–347 v. u. Z.) ein Steuerungsautomat erfunden, der als eine der ersten *Weckuhren* eingeordnet werden kann [Die1924], [Ric1989]. Dieser Automat bestand aus einem Behälter C, aus dem langsam Wasser in einen Behälter F lief (Abb. 1.7). Wenn der Wasserspiegel in F am Morgen eine bestimmte Höhe erreicht hatte, wurde eine Heberglocke betätigt, so dass das gesamte Wasser schlagartig in einen Behälter K floss. Die dabei aus diesem Behälter entweichende Luft wurde zu einer Pfeife N geführt. Dieser Weckautomat führt eine einfache *Ablaufsteuerung* aus, die aus zwei Vorgängen besteht, nämlich dem Füllen des Behälters C, bis ein Schwellwert erreicht ist, und dem anschließenden Entleeren mit gleichzeitigem Durchpressen von Luft durch eine Pfeife.

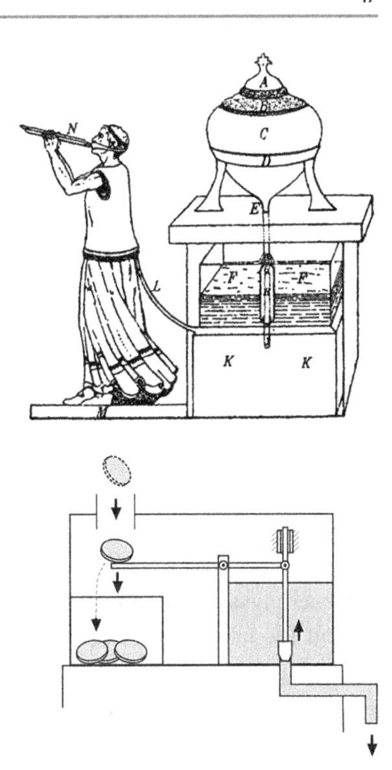

Abb. 1.7 Steuerungsautomat als Wecker [Die1924], [Ric1989]

Abb. 1.8 Steuerungsautomat für eine Weihwasserabgabe bei Münzeinwurf, nach [Ric1989]

Von Heron von Alexandria wird ein von Mechanikern erbauter Automat beschrieben (100 v. u. Z.), der beim Einwurf einer Münze etwas Weihwasser abgab (Abb. 1.8). Bei diesem wahrscheinlich ersten Verkaufsautomaten handelt es sich ebenfalls um eine einfache *Ablaufsteuerung*, bei der die herunterfallende Münze einen Hebel nach unten bewegte, so dass über einen Kolben kurzzeitig eine Öffnung frei gegeben wurde, über die ein wenig Weihwasser herausfloss. Die erste moderne kommerzielle Verwertung des Prinzips der Ausgabe von Waren bei Einwurf einer Münze in einen Verkaufsautomaten erfolgte 1885 durch Paul Everit in London. Man weiß allerdings nicht, ob ihm die Beschreibung von Heron bekannt war [Ric1989].

Auch zu *kultischen Zwecken* wurden Steuerungsautomaten verwendet. Ein Beispiel dafür ist ein von Heron von Alexandria (ca. 120 v. u. Z.) erwähnter Automat zum selbsttätigen Öffnen und Schließen von Tempeltüren [Ric1989], [Pri2006]. Der entsprechende Ablauf ließ sich durch Entzünden eines Altarfeuers in Gang setzen (Abb. 1.9). Durch das Feuer wurde die Luft in einem unterirdisch angeordneten Druckbehälter A erhitzt. Die sich ausdehnende Luft drückte das in diesem Behälter enthaltene Wasser über einen Heber B in ein an einem Seil hängendes Gefäß C, das sich dadurch nach unten bewegte und das Seil nachzog. Über das Seil, das um zwei drehbare und fest mit den Türflügeln verbundene Balken gewickelt war, wurde nun der Öffnungsmechanismus in Gang gesetzt. Wenn das Feuer erlosch und die Luft sich abgekühlte, liefen die Vorgänge in umgekehrter Reihenfolge ab. Bei diesem Automaten handelt es sich um eine *analoge mechanisch-pneumatische*

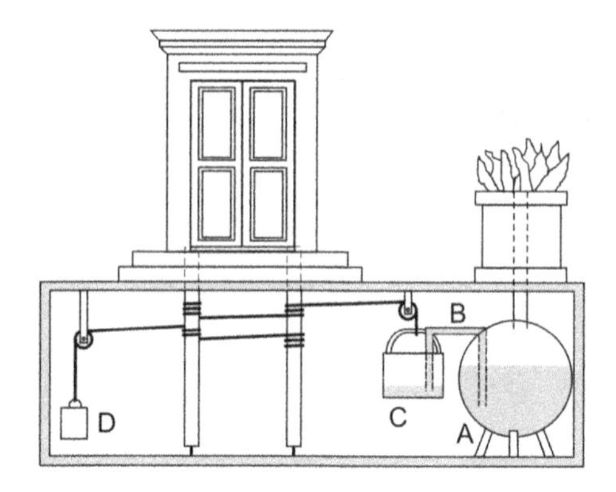

Abb. 1.9 Steuerungsautomat als Tempeltüröffner, nach [ChGe1928], [Ric1989]

Steuerung mit Feuer als Antriebsenergie. Durch die sich ausdehnende Luft als analoge Führungsgröße wird die analoge Steuergröße (Türstellung) über die analoge Prozessstellgröße (Gewicht des Behälters C) kontinuierlich beeinflusst (Abschn. 2.2.1).

Steuerungsautomaten waren auch für *Unterhaltungszwecke* sehr beliebt. So wurden im 17. und 18. Jahrhundert Musikautomaten mit Stiftwalzen zum selbsttätigen Spielen von Instrumenten geschaffen. Diese Automaten sind aus heutiger Sicht als *Zeitplansteuerungen* (Abschn. 2.2.2) einzuordnen, die auf der Basis der Notenschrift durch Auswechseln der Stifte programmiert werden konnten.

Ab dem 18. Jahrhundert spielten dann *Steuerautomaten für Produktionszwecke* eine immer größere Rolle. Das betraf zunächst vor allem Getreidemühlen und Webereien. In Getreidemühlen wurden beispielsweise Automaten zur Getreidereinigung (z. B. die Windfege, 1717) eingesetzt [WDTW1994].

1728 erfand der Französische Seidenweber Falcon einen Webautomaten, der durch gelochte Holzbrettchen gesteuert wurde. Hierbei handelt es sich um eine *Wegplansteuerung*. Eine Weiterentwicklung erfolgte in den 1740er Jahren durch den französischen Mechaniker Jaques de Vaucanson, der zur Steuerung Lochkarten verwendete. Dieses Prinzip wurde dann Anfang der 1800er Jahre von Joseph-Marie Jacquard erfolgreich in die Produktion eingeführt [Ric1989], [Pri2006].

1.2.2.2 Mechanische Regelungsautomaten

Bereits in der Antike hatte man bei der Nutzung von Wasseruhren erkannt, dass für eine genaue Zeitmessung eine Regelung erforderlich ist. Das Prinzip von Wasseruhren besteht darin, dass Wasser aus einem Vorratsbehälter in einen zylinderförmigen Messbehälter geleitet wird. Aus der Füllhöhe des Messbehälters kann man die absolute Zeit berechnen. Da aber die Geschwindigkeit des aus dem Vorratsbehälter fließenden Wassers von seiner Füllhöhe abhängt, muss sie konstant gehalten werden. Zu diesem Zweck erfand der Grieche Ktesibius im dritten Jahrhundert v. u. Z. für den Tempel von Arisnoe eine Wasseruhr mit einem Schwimmerregler [May1969], [Ric1989], [Pri2006]. Es wird angenommen, dass dieser Schwimmerregler eine der ersten Regeleinrichtungen war, die in der Antike zum Einsatz kamen. Als im Mittelalter die mechanischen Uhren aufkamen, erfolgte die Regelung mittels eines Pendels oder einer Unruh.

Interessante Beispiele für Einsatzfälle von mechanischen Regelungsautomaten gab es auch im Mühlenbau. So erfand der Schmied Edmund Lee aus Lancaster 1745 einen Regelungsautomaten, mit dem es möglich war, eine drehbar ausgeführte Windmühle selbsttätig so zu drehen, dass die Mühlenflügel ständig im rechten Winkel zur Windrichtung ausgerichtet sind. Dazu besaß die Windmühle ein zweites kleines Windrad (Windrose), das im hinteren Teil der Mühle im rechten Winkel zum großen Windrad angeordnet war. Wenn der Wind auf das kleine Windrad traf, wurde es in Rotation versetzt, die über ein Zahnradgetriebe auf einen Zahnradkranz einwirkte, der kreisförmig um die Mühle angeordnet und am Boden fest verankert war. Dadurch drehte sich die Mühle so lange, bis das kleine Windrad parallel und das große Windrad senkrecht zum Wind stand [Ric1989], [WDTW1994]. Es handelt sich hierbei um eine Folgeregelung, bei der die Windrichtung die Führungsgröße darstellt. Dieses Prinzip kann man auch an heute noch existierenden Windmühlen beobachten, nur dass dabei meist nicht die ganze Mühle, sondern nur die Mühlenhaube gedreht wird.

Besondere Bedeutung hat im 18. Jahrhundert das Fliehkraftpendel erlangt. Es handelte sich um einen mechanischen Regelungsautomaten zur Drehzahlregelung, der eine Rotationsachse besaß, an der zwei an Gelenkhebeln befestigte Kugeln angeordnet waren, die sich bei Rotation durch Fliehkraft von der Achse entfernten. Dadurch war es möglich, über eine entsprechende Stelleinrichtung eine Drehzahl zu beeinflussen. Man war ursprünglich der Meinung, dass es sich um eine Erfindung von James Watt handelte. Nach der bisherigen Kenntnis war jedoch Thomas Mead derjenige, der 1787 in London für das Fliehkraftpendel das Patent „Regulators for wind and other mills“ (Patentschrift Nr. 1628) anmeldete [Ric1989], [Han2009]. Er benutzte diesen Fliehkraftregler, um den Abstand der Mühlsteine und die Umlaufgeschwindigkeit der Windmühlenflügel zu regeln. James Watt übernahm 1798 das Fliehkraftpendel von Mead und verwendete es sehr erfolgreich zur Drehzahlregelung seiner rotierenden Dampfmaschinen.

1.2.3 Historische Entwicklung der Steuerungstechnik im Vergleich zur Regelungstechnik

1.2.3.1 Entwicklung der Regelungstechnik zu einer eigenständigen Ingenieurdisziplin

Bei anspruchsvolleren Einsatzfällen von Regelungsautomaten traten im Laufe der Zeit verstärkt Probleme bezüglich des dynamischen Verhaltens auf, die man durch das intuitive und experimentelle Herangehen nicht mehr beherrschte. Das war insbesondere bei Fliehkraftreglern zur Drehzahlregelung von Kraftmaschinen der Fall. Es fehlte eine Theorie, die insbesondere auch eine Beschreibung des dynamischen Verhaltens ermöglichte.

Bereits 1868 behandelte der schottische Physiker James Clerk Maxwell (1831–1879) als Erster in einem Artikel das dynamische Verhalten eines Regelkreises am Beispiel des Fliehkraftreglers. Er benutzte dazu Differenzialgleichungen, die in den siebziger Jahren des 17. Jahrhunderts von Gottfried Wilhelm Leibniz (1646–1716) und Isaac Newton (1643–1727) unabhängig voneinander entwickelt wurden. Der Beitrag von Maxwell war der Auslöser der nun einsetzenden Entwicklung einer *Regelungstheorie*, wobei es anfangs hauptsächlich um die Lösung des Stabilitätsproblems ging. Diese Entwicklung ist ausführlich in [KRK1995] beschrieben.

Eine ingenieurtechnisch aufbereitete Darstellung dieser Ergebnisse zur Stabilitätsproblematik ist Inhalt des 1905 erschienenen Buches „Die Regelung der Kraftmaschinen" [Tol1905] von Max Tolle (1864–1945), das als erstes deutschsprachiges Fachbuch der Regelungstechnik anzusehen ist.

Mit der Einführung des Rückkopplungsprinzips bei Röhrenverstärkern in den 1920er Jahren musste man sich auch in der Elektrotechnik mit regelungstechnischen Problemen befassen [KRK1995]. Einen wesentlichen Beitrag zur Regelungstheorie lieferte hierbei 1928 Karl Küpfmüller (1897–1977) mit seiner Publikation „Die Dynamik der selbsttätigen Verstärkerregler" [Küp1928].

Mit der Gründung des Fachausschusses Regelungstechnik im VDI durch den Physiker und Messtechniker Hermann Schmidt im Jahre 1939 wurde die wissenschaftliche und wirtschaftliche Bedeutung der Regelungstechnik als eigenständige Ingenieurdisziplin hervorgehoben [Fas2001], [Rei2006]. Dieser Ausschuss, dem auch der später sehr bekannt gewordene Winfried Oppelt angehörte, befasste sich zunächst mit der Ausarbeitung einheitlicher Begriffe der Regelungstechnik, um die in verschiedenen Fachgebieten anlaufenden regelungstechnischen Aktivitäten von vornherein zusammenzuführen. Die Ergebnisse wurden 1944 in der VDI-Richtlinie „Regelungstechnik. Begriffe und Bezeichnungen" veröffentlicht, die Anfang der 1950er Jahre als Grundlage für die Normung in der DIN 19226 diente, deren erste Ausgabe 1954 herauskam (Abschn. 1.2.3.4).

1944 erschien mit dem Buch „Dynamik selbsttätiger Regelungen" von R.C. Oldenbourg und H. Satorius [OlSa1944] erstmals eine geschlossene Darstellung der Regelungstheorie. 1953 folgte ein Buch von W. Oppelt mit dem Titel „Kleines Handbuch technischer Regelvorgänge" [Opp1953]. Damit waren die ersten Lehrbücher vorhanden, auf die sich eine universitäre Ausbildung stützen konnte. Bereits 1944 wurde der weltweit erste Lehrstuhl für Regelungstechnik an der TH Berlin errichtet, den Hermann Schmidt (1894–1968) innehatte. In den 1950er Jahren wurden dann die ersten deutschsprachigen Institute mit den zugehörigen Lehrstühlen für Regelungstechnik gegründet,

- 1955 an der TH Dresden mit Heinrich Kindler (1909–1985),
- 1956 an der TH Darmstadt mit Winfried Oppelt (1912–1999),
- 1957 an der RWTH Aachen mit Otto Schäfer (1909–2000).

Dadurch standen der Industrie nun im jährlichen Rhythmus ausgebildete Regelungstechniker zur Verfügung. Damit war die Entwicklung der Regelungstechnik zu einer eigenständigen Ingenieurdisziplin besiegelt. Ihre weitere Entwicklung ist ausführlich in den Büchern von Kriesel u. a. [KRK1995] und Reinschke [Rei2006] beschrieben.

Im Folgenden soll deshalb das Augenmerk vielmehr auf die historische Entwicklung der Steuerungstechnik gerichtet werden, die bis Anfang der 1960er Jahre im Schatten der Regelungstechnik verlief. In der Praxis wurden zur Automatisierung zwar auch Steuerungen eingesetzt. Hierfür waren aber noch nicht in ausreichendem Maße theoretische Grundlagen vorhanden. Dieser Umstand hatte zur Folge, dass es an den Hoch- und Fachschulen bis zu dieser Zeit noch keine theoretisch fundierte Ausbildung auf dem Gebiet der Steuerungstechnik gab. Anstöße dazu kamen aus anderen Fachrichtungen, z. B. aus der Fernsprechvermittlungstechnik und der Rechentechnik. Diese Entwicklung wird in den folgenden Unterabschnitten aus verschiedenen Blickwinkeln analysiert.

1.2.3.2 Schaffung einer theoretischen Basis für binäre Steuerungssysteme

1835 hatte der US-amerikanische Physiker Joseph Henry (1797–1878) das elektromagnetische Relais erfunden. Es wurde zunächst von Samuel Morse in der Telegraphie als Verstärker eingesetzt, um die binären Signale auf den Telegraphenleitungen in bestimmten Abständen zu regenerieren.

Mit dieser Erfindung hatte Henry aber auch unbewusst die Grundlage für den allgemeinen Einsatz binärer Systeme in der Elektrotechnik geschaffen. Denn man hatte bald erkannt, dass sich durch Verbinden von Kontakten einer vorgegebenen Menge von Relais und Einfügen der so entstehenden Kontaktschaltung in einen Stromkreis die Möglichkeit ergibt, durch Betätigen einer bestimmten Teilmenge von Relais jeweils unterschiedliche Bedingungen für das Öffnen oder Schließen des betreffenden Stromkreises zu kreieren.

Mit derartigen Kontaktschaltungen ließ sich dann Ende des 19. Jahrhunderts ein schon länger anstehendes Problem lösen, nämlich die Einführung der Teilnehmerselbstwahl in der automatischen Fernsprechvermittlungstechnik, was ohne den Einsatz der Relaistechnik für die erforderliche Steuerung der einzelnen Verbindungen nicht denkbar gewesen wäre. In Deutschland wurde die erste Selbstwähleinrichtung Anfang des 20. Jahrhunderts in Betrieb genommen. Auch in der Eisenbahnsicherungstechnik (Steuerung von Bahn-Signalen) und der Fernwirktechnik kamen Relaisschaltungen zum Einsatz.

Der intuitive Entwurf von Kontaktschaltungen für komplexere Steuerungen bereitete allerdings Schwierigkeiten. Auch hier fehlte, wie seinerzeit bei den Regelungsautomaten, eine geeignete Theorie, die es ermöglichte, den Entwurf auf der Basis mathematischer Methoden durchzuführen. Um 1938 – rund 100 Jahre nach der Erfindung des elektromagnetischen Relais – wurde nahezu gleichzeitig von Akira Nakashima und Masao Hanzava in Japan [NaHa1938], Claude Elwood Shannon (1916–2001) in den USA [Sha1938] und W.I. Schestakow in der UdSSR [Sche1938] entdeckt, dass die 1847 von George Boole (1815–1864) entwickelte und später nach ihm benannte boolesche Algebra auch zur Beschreibung von Kontaktschaltungen verwendet werden kann [Ehr2010]. Die auf Kontaktschaltungen zugeschnittene Ausprägung der boolesche Algebra wurde *Schaltalgebra* genannt. Die Kontaktschaltungen selbst wurden auch als *Schaltsysteme* bezeichnet.

Mit der Schaltalgebra konnten zunächst *kombinatorische Schaltsysteme* (Schaltnetze) beschrieben und berechnet werden (Abschn. 3.4.1). Zur Beschreibung *sequentieller Schaltsysteme* (Schaltwerke) schlugen in den 1950er Jahren D.A. Huffman [Huf1954],

G.H. Mealy [Mea1955] und E.F. Moore [Moo1956] verschiedene Automatenmodelle vor (Abschn. 3.5.1 und 3.5.2). In den 1970er Jahren wurden dann dazu auch Petri-Netze verwendet (Abschn. 3.6.1).

1941 wurden von Konrad Zuse (1910–1995) für die Entwicklung seines Computers Z3 erstmals Relais eingesetzt. Auch bei dem unter Leitung von N.J. Lehmann (1921–1998) in den 1950er Jahren an der TH Dresden entwickelten Digitalrechner D1 wurden für das Rechen- und das Steuerwerk noch Relais verwendet. Mit dem Einsatz von Relais waren natürlich erhebliche Kosten verbunden (beim Z3 waren es ca. 2000 Relais). Die im Rahmen der Schaltalgebra und der Automatentheorie in den 1950er und 1960er Jahren geschaffenen Methoden boten prinzipiell die Möglichkeit, die Anzahl der benötigten Relais zu minimieren. Für ihre Anwendung auf komplexere Systeme wären allerdings leistungsfähigere Rechner erforderlich gewesen, die es anfangs jedoch noch nicht gab.

In den 1950er Jahren wurden dann auch bei der industriellen Automatisierung verstärkt Schaltsysteme auf Relaisbasis für Steuerungszwecke eingesetzt. Man sprach dabei nun von *industriellen Steuerungen*. In den 1960er Jahren wurden die Relais in Steuerungen sukzessive durch kontaktlos arbeitende Bauelemente, wie z. B. Halbleiterbauelemente oder pneumatische Bauelemente ersetzt (Abschn. 3.3). Die zunächst vorwiegend für Schaltsysteme der Fernsprechvermittlungstechnik und der Rechentechnik entwickelten Methoden der Schaltalgebra und Automatentheorie konnten im Prinzip auch für die Beschreibung und den Entwurf von Steuerungen mit Relais und kontaktlosen Bauelementen eingesetzt werden.

1.2.3.3 Initien der Forschung und Lehre zur Steuerungstechnik

Eine effiziente Nutzung der Schaltalgebra und Automatentheorie in der Steuerungstechnik erforderte in den 1960er Jahren eine Forcierung der Grundlagenforschung. In seinem Exkurs zu Rückblick, Standortbestimmung und Perspektiven der Automatisierungstechnik aus Anlass des fünfzigsten Jahres des Erscheinens der Zeitschrift Automatisierungstechnik (at) legte G. Schmidt (TU München) unter anderem dar, „dass das methodische Fundament zur Bearbeitung anspruchsvoller automatisierungstechnischer Steuerungsprobleme weltweit lange Zeit im Schatten regelungstechnische Aktivitäten stand. Dabei bildeten einschlägige frühe Arbeiten der ehemaligen DDR Universitäten und Institute eine bemerkenswerte Ausnahme“ [Schm2002].

Ein Grund dafür ist sicher darin zu sehen, dass die Deutsche Akademie der Wissenschaften zu Berlin schon 1957 in Dresden eine Arbeitsstelle für Regelungs- und Steuerungstechnik gründete, die 1962 in ein Institut umgewandelt wurde [TöZa2003]. Zum Direktor wurde Prof. Dr. Heinrich Kindler berufen, der bereits seit 1955 das Institut für Regelungstechnik an der TH Dresden leitete. In dieser Akademie-Einrichtung wurde neben einer Abteilung *Elektrische Regelungssysteme* (Leiter: Karl Reinisch (1921–2007)) und einer Abteilung *Nichtelektrische Regelungssysteme* (Leiter: Heinz Töpfer (1930–2009)) von Anfang an auch eine Abteilung *Steuerungssysteme* vorgesehen, deren Leiter Siegfried Pilz (1932–2004) wurde. Er hatte ein Studium in der Fachrichtung Elektrotechnik/Fernmeldetechnik an der TH Dresden absolviert und schlug aus diesem Grund für diese

Abteilung den fachübergreifenden Namen *Schaltsysteme* vor. 1968 übernahm H.-J. Zander die Leitung dieser Abteilung. 1969 wurde das Dresdner Institut für Regelungs- und Steuerungstechnik als Bereich Technische Kybernetik in das Zentralinstitut für Kybernetik und Informationsprozesse der Akademie in Berlin eingegliedert.

Die Abteilung Schaltsysteme des Akademieinstituts unterhielt von Anfang an eine enge Kooperation mit den Wissenschaftsbereichen Fernmeldetechnik (später Nachrichtenbzw. Kommunikationstechnik), Rechentechnik (später Informatik) und Diskrete Mathematik von Universitäten und Hochschulen sowie mit einschlägigen Industriebetrieben. Ab 1971 wurde in diesem Rahmen in Dresden jährlich eine Arbeitstagung „Entwurf von Schaltsystemen" durchgeführt. Hierbei zeigte es sich immer deutlicher, dass viele Probleme, an denen Steuerungstechniker, Nachrichtentechniker und Informatiker arbeiteten, teilweise sehr ähnlich waren.

Im Auftrag des Industrie-Instituts für Elektroanlagen (IEA) Berlin (Leitinstitut der Starkstromanlagenbaubetriebe der DDR) wurde in der Abteilung Schaltsysteme in den 1970er Jahren auf der Basis neu entwickelter Methoden ein universelles Programmsystem zum rechnergestützten Entwurf digitaler Steuerungen (RENDIS) geschaffen [ZOH1973]. Die Implementierung erfolgte auf Großrechnern der Fa. Robotron Dresden.

1977 wurde auf Vorschlag der International Federation of Automatic Control (IFAC) auf Grund des erlangten wissenschaftlichen Standes in Dresden das 2. IFAC Symposium *Discrete Systems* durchgeführt. In dem von H.-J. Zander geleiteten Internationalen Programmkomitee haben von deutscher Seite die Professoren K.H. Fasol (Ruhr-Universität Bochum), M. Thoma (Universität Hannover), S. Pilz (TH Ilmenau), H. Rohleder (Karl-Marx-Universität Leipzig) und G. Merkel (Robotron Dresden) mitgewirkt. Als Vertreter der USA waren E.J. McCluskey, J. Hartmanis, und S.H. Unger beteiligt. Die UdSSR wurde durch M.A. Gawrilow, W.G. Lasarew, E.A. Yakubaitis und A.D. Zakrevskij vertreten. Weiterhin wurden die Länder Bulgarien, Belgien, Frankreich, Großbritannien, Polen, Schweiz, Tschechoslowakei und Ungarn durch namhafte Wissenschaftler repräsentiert.

Bereits 1950 publiziert M.A. Gawrilow das erste Buch über Relaiskontaktschaltungen, das 1953 auch in deutscher Sprache verlegt wurde [Gaw1953]. Bis Ende der 1960er Jahre erschienen dann weitere Monographien oder Beiträge in Taschenbüchern, bei denen schon durch den Titel die Orientierung auf Schaltsysteme oder Schaltnetzwerke zum Ausdruck kam [Cal1958], [Zem1962], [ObZa1964], [Pil1967], [Böh1969]. In dieser Zeit entstanden auch die ersten Bücher zur Schaltalgebra und zur Automatentheorie. (Ein Abriss der historischen Entwicklung dieser mathematischen Disziplinen erfolgt in den entsprechenden Abschnitten des Kap. 3). Das erste deutschsprachige Fachbuch mit einer direkten Ausrichtung auf die Steuerungstechnik stammt von Kurt Stahl und trägt den Titel „Industrielle Steuerungstechnik in schaltalgebraischer Behandlung" [Stah1965].

Damit war zunächst eine gewisse Basis für die breitere Einführung der Lehre zur Steuerungstechnik bzw. zu Schaltsystemen vorhanden. So wurden auch bereits in den 1960er Jahren an verschiedenen Universitäten, Hochschulen und Fachschulen Deutschlands Vorlesungen zu diesen Fachgebieten gehalten. An einigen dieser Einrichtungen entstanden schlagkräftige Forschungsgruppen, aus denen sich teilweise bedeutende wissenschaftliche

Schulen der Steuerungstechnik bzw. der Schaltsysteme entwickelt haben. Als Beispiele seien genannt:

- Lehrstuhl für Informationstechnik an der TH Ilmenau (Prof. Dr.-Ing. S. Pilz),
- Lehrstuhl für Regelungssysteme und Steuerungstechnik an der Ruhr-Universität Bochum (Prof. Dr. techn. K. H. Fasol),
- Lehrstuhl für Informationstechnik, TH Karl-Marx-Stadt (Prof. Dr.-Ing. habil. D. Bochmann).

1.2.3.4 Geschichte der Normung zur Steuerungstechnik

Obwohl sich in den 1960er Jahren im industriellen Bereich die Begriffe *Steuerung* und *Steuerungstechnik* längst durchgesetzt hatten, verwendete man bei der theoretischen Behandlung von binären Steuerungssystemen zu dieser Zeit weiterhin den Begriff *Schaltsysteme*. Dadurch kommt zum Ausdruck, dass die Beziehungen zur Computer- und Informationstechnik immer noch stärker ausgeprägt waren als zur Regelungstechnik.

Die bis zum Ende des 20. Jahrhunderts noch weitgehend getrennt ablaufende Entwicklung der Regelungs- und Steuerungstechnik [Lun2005] kann man auch gut nachvollziehen, wenn man sich mit bestimmten Details der Geschichte der Normen DIN 19226 und DIN IEC 60050-351 befasst, in denen Begriffe der Regelungs- und Steuerungstechnik definiert werden.

Eine zentrale Rolle spielen dabei die Begriffe *Regelung* und *Steuerung*. In diesem Unterabschnitt soll analysiert werden, inwieweit und in welcher Weise die Wirkungsabläufe der Regelung und der verschiedenen Arten von Steuerungen in diesen Normen wiedergegeben wurden.

Auf der Basis der vom Fachausschuss Regelungstechnik im VDI (Abschn. 1.2.3.1) im Jahre 1944 veröffentlichten Richtlinie „Regelungstechnik. Begriffe und Bezeichnungen“ erschien 1954 die *erste Ausgabe der DIN 19226* unter dem Namen „Regelungstechnik. Benennungen, Begriffe“. Darin wurde allgemein beschrieben, was eine Regelung ist, aus welchen Teilen ein Regelkreis besteht und welche Kennwerte für Regelstrecken und Regler von Bedeutung sind.

In der ersten Ausgabe der DIN 19226 waren aber noch keinerlei Aussagen zu Steuerungen enthalten, weder zu analogen noch zu binären. Ein Grund dafür ist wohl darin zu sehen, dass der Gründer dieses Fachausschusses, Prof. Dr. Hermann Schmidt, die Automatisierungstechnik aus der Sicht des Physikers betrachtete. Ihn interessierten stetige Systeme, die sich durch Differenzialgleichungen beschreiben lassen. Binäre Steuerungen gehörten nicht zu seinem wissenschaftlichen Arbeitsgegenstand. Er war vom Gedanken der Rückkopplung und der darauf basierenden Regelung fasziniert. Diesbezüglich formulierte H. Schmidt im Jahre 1942: „Diese Geschlossenheit des Wirkungszusammenhangs ... ist das Wesensmerkmal der Regelung, das bei der Steuerung nicht vorhanden ist“ [Ditt1995] (Anmerkung: Für Wirkungszusammenhang wurde später der Begriff Wirkungsablauf verwendet). Dieser Satz hat in der gesamten Geschichte der Normen DIN 19226 und DIN IEC 60050-351 seine Spuren hinterlassen.

Der Standpunkt von Schmidt war damals offensichtlich keine Einzelmeinung. Es ging aber sicher nicht nur um das fehlende Interesse, es lag auch am mangelnden Verständnis für die Wirkungsweise binärer Systeme, weil z. B. die dafür notwendige binäre Mathematik zu dieser Zeit noch nicht einmal an den Universitäten gelehrt wurde.

1968 wurde die *zweite Ausgabe der DIN 19226* mit dem Titel „Regelungstechnik und Steuerungstechnik; Begriffe und Benennungen" veröffentlicht. Darin wurde zum ersten Mal eine Definition des Begriffes „Regeln" angegeben, die den Wirkungsablauf einer stetigen Eingrößenregelung exakt wiedergibt:

> Das Regeln – die Regelung – ist ein Vorgang, bei dem eine Größe, die zu regelnde Größe (Regelgröße) erfasst, mit einer anderen Größe, der Führungsgröße, verglichen und abhängig vom Ergebnis dieses Vergleichs im Sinne einer Angleichung an die Führungsgröße beeinflusst wird. Der sich dabei ergebende Wirkungs*ablauf* findet in einem geschlossenen Kreis, dem *Regelkreis*, statt.

In dieser zweiten Ausgabe ist auch eine Begriffsdefinition der Steuerung mit folgendem Wortlaut enthalten:

> Das Steuern – die Steuerung – ist der Vorgang in einem System, bei dem eine oder mehrere Größen als Eingangsgrößen andere Größen als Ausgangsgrößen auf Grund der dem System eigentümlichen Gesetzmäßigkeiten beeinflussen. *Kennzeichen* für das Steuern ist der *offene Wirkungsablauf* über das einzelne Übertragungsglied oder die *Steuerkette*.

Aus dem Text und den beiden in dieser Ausgabe dazu angegebenen Beispielen geht hervor, dass sich diese Definition jedoch ausschließlich auf analoge bzw. stetige Steuerungen bezieht. Die sich davon unterscheidenden Wirkungsabläufe von binären Steuerungen waren noch nicht Gegenstand dieser Ausgabe. Im Abschnitt 4.5 der zweiten Ausgabe folgen dann erstmals Erläuterungen zum Aufbau binärer Schaltsysteme aus Verknüpfungs- und Speichergliedern.

In der Zeit von 1984 bis 1989 wurden Entwürfe zu fünf Teilen einer neuen Ausgabe der DIN 19226 als geplanter Ersatz für die Ausgabe von 1968 vorgelegt (1984 Teil 1, 1985 Teil 2, 1988 Teil 4 und 1989 Teil 3 und Teil 5). Auf der Basis dieser Entwürfe erschien dann 1994 die offizielle *dritte Ausgabe* der DIN 19226, die aus 5 Teilen besteht.

In dieser dritten Ausgabe wurde das *Kennzeichen* in der Begriffsdefinition der Steuerung – wie bereits im Entwurf des ersten Teils von 1984 geplant – gegenüber der Ausgabe von 1968 verändert, um nun endlich neben analogen bzw. stetigen Steuerungen auch binäre Steuerungen zu berücksichtigen, weil deren industrieller Einsatz inzwischen zugenommen hatte. Darin heißt es:

> *Kennzeichen* für die Steuerung ist der *offene Wirkungsweg oder ein geschlossener Wirkungsweg*, bei dem die durch die Eingangsgrößen beeinflussten Ausgangsgrößen nicht fortlaufend und nicht wieder über dieselben Eingangsgrößen auf sich selbst wirken.

Das Kennzeichen „offener Wirkungsweg" bezieht sich zunächst wiederum auf analoge Steuerungen. Es soll offensichtlich auch für binäre Verknüpfungssteuerungen zutreffen. Durch das Kennzeichen „geschlossener Wirkungsweg" sollte die bei Ablaufsteuerungen ebenfalls vorhandene Rückkopplung berücksichtigt werden. Allein die Bezeichnung „geschlossener Wirkungs*weg*" anstelle der bei Regelungen verwendeten Bezeichnung „geschlossener Wirkungs*ablauf*" bringt zum Ausdruck, dass man den Wirkungsmechanismus von Ablaufsteuerungen noch nicht richtig verstanden hatte. Das erinnert an die Äußerung von H. Schmidt, dass „die Geschlossenheit des Wirkungszusammenhangs (bzw. des Wirkungs*ablaufs*) ein Wesensmerkmal der Regelung ist, das bei der Steuerung nicht vorhanden ist" (s. oben).

Als Entgegnung zu dieser Meinung wird in den Abschn. 1.1, 2.2.4 und 4.2.6 dieses Buches erläutert, dass es sich bei Ablaufsteuerungen wie bei Regelungen um geschlossene Wirkungs*abläufe* handelt, die auf dem Rückkopplungsprinzip basieren.

Besonders abwegig war, dass man in der dritten Ausgabe der DIN 19226 das Verhalten von Regelungssystemen in einem Teil 2 mit der Überschrift „Regelungstechnik und Steuerungstechnik; Begriffe zum dynamischen Verhalten" und das Verhalten von Steuerungssystemen in einem Teil 3 mit dem Titel „Regelungstechnik und Steuerungstechnik; Begriffe zum Verhalten von Schaltsystemen" behandelt hat. Tatsächlich handelt es sich sowohl bei Regelungssystemen als auch bei Steuerungssystemen, in den Ablaufsteuerungen ausgeführt werden, um dynamische Systeme. Beide Systemklassen basieren auf inneren Zuständen und besitzen somit ein Speicherverhalten. Bei Regelungssystemen spricht man heute auch von einer *kontinuierlichen Dynamik* und bei Steuerungssystemen von einer *ereignisdiskreten Dynamik* [Lit2005]. Im Punkt 6 des Teils 3 dieser dritten Ausgabe werden im Rahmen von Schaltsystemen Ablaufsteuerungen definiert, ohne zu erwähnen, dass es sich hierbei um Systeme handelt, die wie Regelungen nach dem Rückkopplungsprinzip arbeiten.

Die dritte Ausgabe der DIN 19226 wurde 2009 durch die DIN IEC 60050-351 „Internationales Elektrotechnisches Wörterbuch 351: Leittechnik" ersetzt. In diese Norm wurde ein großer Teil des Inhalts der dritten Ausgabe der DIN 19226 aufgenommen. Die Definitionen der Begriffe *Steuerung* und *Regelung*, die bei den Betrachtungen zur Geschichte der Normung von besonderem Interesse sind, wurden unverändert übernommen.

Im September 2014 erschien die zweite Ausgabe der DIN IEC 60050-351. Die Definitionen der Begriffe *Steuerung* und *Regelung* werden auch hier unverändert wiedergegeben. Verschiedene Begriffe sind in neuen Hauptabschnitten „Verhalten von Funktionseinheiten in Regelungs- und Steuerungssystemen" und „Verhalten von Funktionseinheiten von Schaltsystemen" zusammengefasst. In beiden Ausgaben der DIN IEC 60050-351 ist der wichtige Begriff *Verknüpfungssteuerung* nicht mehr enthalten.

Als Fazit der Betrachtungen zur Geschichte der Normung bezüglich der Steuerungstechnik ergibt sich:

- Erst in der dritten Ausgabe der DIN 19226 von 1994, d. h. 40 Jahre nach der ersten Ausgabe, wurde, wie im Entwurf des Teils 1 dieser Ausgabe von 1984 bereits angedeu-

tet, eine Definition des Begriffs *Steuerung* amtlich eingeführt, in der jedoch lediglich darauf hingewiesen wird, dass das Kennzeichen einer Steuerung ein offener *oder* ein geschlossener Wirkungsweg ist. Man kann nur vermuten, dass damit Verknüpfungs- und Ablaufsteuerungen gemeint sind. Explizit angegeben wird das nicht.
- In die seit 2014 geltende zweite Ausgabe der DIN IEC 60050-351 wurde diese Definition der Steuerung in unveränderter Form übernommen. Damit existiert auch in dieser Norm noch keine realitätsbezogene Definition der Wirkungsabläufe von Verknüpfungs- und Ablaufsteuerungen.

1.2.3.5 Beginn der gleichwertigen Behandlung von Regelungs- und Steuerungssystemen

Obwohl Regelungen und Steuerungen mit den mechanischen Automaten gleiche Wurzeln haben, fand die Entwicklung der Regelungstechnik und der Steuerungstechnik bis zum Ende des 20. Jahrhunderts völlig getrennt voneinander statt. Dafür lassen sich verschiedene Gründe angeben.

- Für die Regelungstechnik hatte sich eine *Theorie* herausgebildet, die auf Differenzialgleichungen basiert. Das Kernproblem war die Gewährleistung der Stabilität der Regelkreise, also die Vermeidung von Dauerschwingungen. In der Steuerungstechnik entstand mit dem Aufkommen der Relaisschaltungen eine Theorie, die auf der Schaltalgebra aufbaute. Das Kernproblem bestand zunächst in der Minimierung des Realisierungsaufwandes, d. h. der Anzahl der benötigten Bauelemente. Auf theoretischem Gebiet gab es also zunächst keinerlei gemeinsame Problemstellungen.
- Bezüglich der *Realisierungsmittel* kamen in dieser Zeit bei Regelungen stetige und bei Steuerungen unstetige Bauelemente zum Einsatz. Eine Ausnahme bildeten lediglich unstetige Regelungen (Zweipunkt- und Dreipunkt-Regelung). Auch in der Praxis gab es also zunächst kaum Gemeinsamkeiten. Das änderte sich erst, als die speicherprogrammierbaren Steuereinrichtungen (SPS) 1969 in den USA und Mitte der 1970er Jahre auch in Deutschland auf den Markt kamen.
- Die *Normung* zur Regelungs- und Steuerungstechnik hat kaum zur Annäherung der beiden Fachgebiete beigetragen. In mehreren Jahrzehnten ist es nicht gelungen, für Ablaufsteuerungen eine Definition anzugeben, welche die diesbezüglichen Wirkungsabläufe so realitätsgetreu wiedergibt, wie das für Regelungen erfolgt ist. So war es für beide Seiten schwer zu begreifen, dass Regelungen und Ablaufsteuerungen eigentlich etwas Gemeinsames haben, nämlich das *Rückkopplungsprinzip* auf der Basis geschlossener Wirkungsabläufe. Darüber hinaus wurden in die DIN 19226 und auch in die DIN IEC 60050-351 Begriffe zu Schaltsystemen aufgenommen, ohne jedoch in ausreichendem Maße Bezüge zum eigentlichen Gegenstand, den Steuerungssystemen, herzustellen. Das bloße Nebeneinanderstellen dieser Begriffe hat eher zu Verwirrungen geführt.

Die Gründe, die zur getrennten Entwicklung der Regelungs- und der Steuerungstechnik geführt haben, bewirkten auch, dass Regelungs- und Steuerungssysteme zunächst nicht als gleichwertige Systemklassen betrachtet wurden. Auch die Methoden der Regelungstechnik und der binären Steuerungstechnik wurden weitgehend unabhängig voneinander entwickelt und gelehrt (s. Vorwort zu [Lun2005]).

Im industriellen Bereich herrschte allmählich Klarheit darüber, dass zur Lösung von Automatisierungsproblemen sowohl die Regelungstechnik als auch die Steuerungstechnik entsprechende Beiträge leisten muss. Ab den 1970er Jahren versuchte man, diese in der Praxis bestehende Verflechtung auch durch Buchpublikationen zum Ausdruck zu bringen. Neben Büchern, die entweder den Titel „Regelungstechnik" oder „Steuerungstechnik" bzw. Theorie und Technik der Schaltsysteme" trugen, erschienen nun auch verstärkt Lehrbücher, in denen unter der Überschrift Automatisierungstechnik zunächst in separaten Kapiteln sowohl Regelungs- als auch Steuerungsprobleme behandelt wurden, z. B. [TöRu1976].

Die Tatsache, dass sich mit der seit den 1970er Jahren verfügbaren SPS-Technik außer Binärsteuerungen auch Regelungen realisieren ließen, war ein Grund dafür, diese beiden Klassen rückgekoppelter Systeme nun auch stärker unter einheitlichen Gesichtspunkten zu betrachten. Mit dieser Zielstellung erschienen 2005 zwei Lehrbücher, eines von Lothar Litz [Lit2005] und eines von Jan Lunze [Lun2005], in denen erstmals versucht wurde, Regelungssysteme und Steuerungssysteme unter dem Oberbegriff Automatisierungstechnik gleichwertig zu behandeln, um Analogien, aber auch Unterschiede bezüglich Wirkungsweisen und Lösungsmethoden aufzuzeigen. Im vorliegenden Buch werden diese Gedanken konsequent und in neuartiger Weise weitergeführt. Dabei geht es u. a. darum, übliche Vorgehensweisen der Regelungstechnik in angemessener Form auf den Entwurf von Steuerungen zu übertragen, indem auch hier Prozessmodelle einbezogen und vorhandene Generizität genutzt werden.

1.2.3.6 Die Rolle der Steuerungstechnik in den industriellen Revolutionen

In der industriellen Entwicklung unterscheidet man verschiedene Etappen, die sich durch besondere Schübe auszeichnen und die auch als industrielle Revolutionen bezeichnet werden. In jüngster Zeit sind hierzu grundlegende Überlegungen angestellt worden, um die Zukunft Deutschlands als Produktionsstandort langfristig zu sichern. Insbesondere hat dabei die Deutsche Akademie der Technikwissenschaften (acatech) sowie das Deutsche Forschungszentrum für Künstliche Intelligenz (DFKI) in Kooperation mit führenden Industrieunternehmen mitgewirkt, und es wurde gemeinsam das *Zukunftsprojekt Industrie 4.0* formuliert [Wah2012]. Man unterscheidet dabei nun vier industrielle Revolutionen:

- Erste industrielle Revolution (Industrie 1.0):
  Beginn 1784: Erster Einsatz mechanischer Webstühle (Abschn. 1.2.2.1),
  Inhalt: Einführung mechanischer Produktionsanlagen mit Antrieb durch Wasser- und Dampfkraft.
- Zweite industrielle Revolution (Industrie 2.0):
  Beginn 1870: Erster Einsatz von Fließbändern (Schlachthof von Cincinnati/USA),
  Inhalt: Einführung arbeitsteiliger Massenproduktion mit Hilfe von elektrischer Antriebsenergie.

- Dritte industrielle Revolution (Industrie 3.0):
  Beginn 1969: Erster Einsatz von speicherprogrammierbaren Steuereinrichtungen (Typ Modicon 084),
  Inhalt: Einsatz von Elektronik und Informationstechnik zur weiteren Steuerung und Automatisierung der Produktion.
- Vierte industrielle Revolution (Industrie 4.0):
  Beginn schrittweise 2012 bis voraussichtlich 2020,
  Inhalt: Einsatz Cyber-Physikalischer Systeme sowie ihre globale Vernetzung und ihre global optimierte Steuerung.

Es ist offensichtlich, dass die erste, die zweite und die dritte industrielle Revolution durch den Einsatz von Maschinen, Geräten und Einrichtungen ausgelöst wurden, die auch im engen Zusammenhang mit Steuerungen stehen. Während jedoch bei der ersten und zweiten Revolution die Steuerung der Prozesse noch weitgehend durch menschliche Mitwirkung erfolgte, erlangte bei der dritten industriellen Revolution die (voll-)automatische Steuerung eine bestimmende Rolle.

Cyber-Physikalische Systeme, die den Inhalt der nun neu definierten 4. Industriellen Revolution bilden, sind eingebettete Systeme, in denen Software-Komponenten mit elektronischen und mechanischen Komponenten kombiniert sind und die hochgradig miteinander vernetzt werden, also z. B. auch über das Internet miteinander kommunizieren [Bro2010]. Als Anwendungsbereiche kommen insbesondere in Betracht: Verkehrssteuerungssysteme, industrielle Steuerungssysteme, Fahrerassistenzsysteme, medizinische Geräte u. a. Der Übergang von „Industrie 3.0“ zu „Industrie 4.0“ wurde mit dem „VDI Zukunftskongress 2013“ und der Hannover-Messe „HIM 2013“ in eine breite Öffentlichkeit getragen.

1.2.4 Fazit für die weitere Entwicklung der Steuerungstechnik

Wenn man als Automatisierungstechniker gefragt wird, wie es ausgehend von dem erreichten hohen Entwicklungsstand der Automatisierungstechnik mit der *Steuerungstechnik* weitergehen soll, dann fängt man zunächst an, aus momentaner Sicht darüber nachzudenken, wo es noch Unzulänglichkeiten auf dem eigenen Arbeits- bzw. Interessengebiet gibt: Was müsste an den verfügbaren Methoden und Mitteln verbessert werden, um den Entwurf und die Inbetriebnahme von Steuerungssystemen effektiver zu gestalten. Man stellt dann z. B. auch Vergleiche mit Vorgehens- und Betrachtungsweisen der Regelungstechnik an. Als erstes stößt man dabei auf die Tatsache, dass beim Regelungsentwurf als Grundlage Prozessmodelle verwendet werden, beim Steuerungsentwurf dagegen die Steueralgorithmen auf der Basis von Erfahrung und Intuition ausgehend von der informellen Spezifikation der gewünschten Prozessabläufe direkt erstellt werden, was Ungeübten teilweise erhebliche Schwierigkeiten bereitet. Das gibt den Anstoß, sich intensiver mit dem prozessmodellbasierten Entwurf zu befassen.

In [Lit2005] wird z. B. darauf hingewiesen, dass man sich beim Regelungsentwurf die Generizität von Reglerstrukturen wie PID zunutze macht und dass in der Steuerungstechnik solch eine Generizität fehlt. Diese Unzulänglichkeit lässt sich aber beheben, wenn man Steuerstrecken gedanklich in Elementarsteuerstrecken mit einer Steuergröße als Ausgangsgröße zerlegt. Daraus ergibt sich die Möglichkeit, einen generischen Entwurf auf der Basis von Prozessalgorithmen durchzuführen.

Die ausgehend von den vorhandenen Unzulänglichkeiten entwickelten und in diesem Buch vorgestellten Methoden zum generischen und zum prozessmodellbasierten Steuerungsentwurf (Kap. 4 und 5) können insbesondere dann wirksam genutzt werden, wenn sie in die Anwendersoftware für die jeweilige SPS integriert werden. Daraus ergibt sich für die nahe Zukunft konkret folgende Zielstellung für weitere Entwicklungen:

Komplettierung von SPS-Entwurfssystemen durch

- Editoren für Prozessalgorithmen und für Prozessmodelle,
- Programme zur Generierung von Steueralgorithmen aus den Prozessalgorithmen und aus den Prozessmodellen,
- Programme zur Fehlersimulation in Steuerkreisen unter Einbeziehung von Prozessmodellen.

Besonders wichtig ist es, dass man sich auch über mittel- und langfristige Entwicklung der Steuerungstechnik und die dafür zu konzipierenden Aufgaben Gedanken macht. Man redet seit einiger Zeit von so genannten intelligenten Steuerungen, z. B. von intelligenten Aufzugssteuerungen (Abschn. 5.3). Intelligente Steuerungen werden in Zukunft eine immer größere Rolle spielen, z. B. bei der Elektroenergieerzeugung und -verteilung. Heute geht der Trend mehr zu dezentralen Erzeugungsanlagen, in Form von Windkraft-, Photovoltaik- und Biogasanlagen. Diese Anlagen können wetterbedingt zeitweise mehr Elektroenergie liefern als benötigt wird, aber andererseits auch über längere Zeiträume ganz ausfallen. Um Letzteres zu verhindern, müssen in stärkerem Maße Energiespeicher vorgesehen werden. Insgesamt wird dadurch ein stärkeres Umdisponieren erforderlich sein als das bisher der Fall war. Außerdem muss aus ökonomischen Gründen die Auslastung der Übertragungsnetze optimiert werden. Zur Spannungshaltung im Netz, der Lastregelung und zur Aufrechterhaltung der Netzstabilität müssen auch Regelungen einbezogen werden. Daraus folgt eine sehr komplexe Struktur des Gesamtsystems. Das kann eben nur durch intelligente Steuerungen beherrscht werden, die bis zu einem gewissen Grad auch adaptionsfähig und lernfähig sein müssen.

Auch aus dem im Abschn. 1.2.3.6 erwähnten Zukunftsprogramm „Industrie 4.0" werden sich ähnliche Forderungen bezüglich *intelligenter Steuerungen* ergeben. Das Attribut „intelligent" ist dabei allerdings keine Eigenschaft, die den Steuerungen a priori anhaftet. Sie muss den Steuerungen beim Entwurf „eingeprägt" werden. Das bedeutet, dass man von vornherein alle auftretenden Eventualitäten berücksichtigen muss. Dazu benötigt man leistungsfähige Entwurfssysteme, mit denen es möglich ist, komplexe Prozessmodelle zu erstellen, die Steueralgorithmen systematisch aus den Prozessmodellen zu generieren und durch Kopplung der Prozessmodelle mit den Steueralgorithmen eine umfassende Fehlersimulation durchzuführen. Auch für die Überwachung und Betriebsdiagnostizierung von Steuerungssystemen ließen sich die geschaffenen Prozessmodelle nutzen.

Diese aktuelle Gesamtproblematik bildete zugleich eine wichtige Motivation für die Abfassung des vorliegenden Buches zur Steuerungstechnik, das in diesem Sinne u. a. auch eine neuartige und vereinheitlichte Gesamtsicht der Fachgebiete Steuerungs- und Regelungstechnik vermitteln soll.

Literatur

[AbLe1998] Abel, D.; Lemmer, K. (Hrsg.): Theorie ereignisdiskreter Systeme. München, Wien: R. Oldenbourg Verlag 1998.

[Böh1969] Böhringer, M.: Theorie und Technik von Schaltnetzwerken. Berlin: Verlag Technik 1969.

[Bro2010] Broy, M.: Cyber-Physical Systems. Innovation durch softwareintensive eingebettete Systeme. Heidelberg u. a.: Springer Verlag 2010.

[Cal1958] Caldwell, S. H.: Switching Circuits and Logical Design. New York: Wiley & Sons 1958.

[ChGe1928] Chapius, A.; Gelis, E.: Le Monde des Automates. Paris, 1928.

[Die1924] Diels, H.: Antike Technik. Leipzig 1924.

[Ditt1995] Dittmann, F.: Zur Entwicklung der Allgemeinen Reglungskunde in Deutschland. Hermann Schmidt und die „Denkschrift zur Gründung eines Institutes für Regelungstechnik". Wissenschaftliche Zeitschrift der TU Dresden 44 (1995) H. 6, S. 88–94.

[Ehr2010] Ehrenfest, P.: Remarks on Algebra of Logic and Switching Theory. In: Stankovic, R. S.; Astola, J. T. (Eds): Reprints from the Early Days of Information Sciences. Tampere University of Technology (Tampere International Center for Signal Processing). Tampere 2010. TICSP series 54.

[Fas1994] Fasol, K. H.: Regelungstechnik von den Anfängen bis heute. Schriftenreihe des Lehrstuhls für Regelungssysteme und Steuerungstechnik, Fak. f. Maschinenbau. Bochum: Ruhr-Universität 1994.

[Fas2001] Fasol, K. H.: Hermann Schmidt, Naturwissenschaftler und Philosoph – Pionier der allgemeinen Regelkreislehre in Deutschland. Automatisierungstechnik 49 (2001) H. 3, S. 138–144.

[Föl1969] Föllinger, O.: Nichtlineare Regelungen. München, Wien: R. Oldenbourg Verlag 1969/1987.

[Gaw1953] Gawrilow, M. A.: Relaisschalttechnik für Stark- und Schwachstromanlagen. Berlin: Verlag Technik 1953 (Dt. Übersetzung der russ. Originalausgabe von 1950).

[Got1984] Gottschalk, H.: Verbindungsprogrammierte und speicherprogrammierbare Steuereinrichtungen. Berlin: Verlag Technik 1984.

[Han2009] Hanulak, R.: Maschine-Organismus-Gesellschaft. Europäische Hochschulschrift. Frankfurt/Main: Peter Lang GmbH 2009.

[Huf1954] Hufman, D. A.: The synthesis of sequential switching circuits. Journ. Of the Fraklin Inst. (1954) No. 3, pp. 161–190; No. 4, pp. 275–303.

[Jan2010] Janschek, K.: Systementwurf mechatronischer Systeme. Berlin. Heidelberg: Springer 2010.

[Kie1997] Kiencke, U.: Ereignisdiskrete Systeme. München, Wien: R. Oldenbourg Verlag 1997.

[KoEn1998] Kowalewski, S.; Engell, S.: Bedingung/Ereignissysteme. In: Abel, D.; Lemmer, K. (Hrsg.): Theorie ereignisdiskreter Systeme. München, Wien: R. Oldenbourg Verlag 1998.

[KRK1995] Kriesel, W.; Rohr, H.; Koch, A.: Geschichte und Zukunft der Meß- und Automatisierungstechnik. Düsseldorf: VDI-Verlag 1995.

[Küp1928] Küpfmüller, K.: Die Dynamik der selbsttätigen Verstärkerregelung. Elektrische Nachrichtentechnik 5 (1928), S. 456–467.

[Leo1981] Leonhard, W.: Einführung in die Regelungstechnik. Braunschweig, Wiesbaden: Vieweg-Verlag 1981/1992.

[LiFr1999] Litz, L.; Frey, G.: Methoden und Werkzeuge zum industriellen Steuerungsentwurf – Historie, Stand und Ausblick. Automatisierungstechnik 47 (1999), H. 4, S. 145–156.

[Lit2005] Litz, L.: Grundlagen der Automatisierungstechnik. München, Wien: R. Oldenbourg Verlag 2005/2012.

[Lun1997] Lunze, J.: Regelungstechnik 2. Berlin, Heidelberg: Springer-Verlag 1997/2008.

[Lun2005] Lunze, J.: Automatisierungstechnik. München, Wien: Oldenbourg Verlag 2005/2008/2012.

[Lun2006] Lunze, J.: Ereignisdiskrete Systeme. München, Wien: Oldenbourg Verlag 2006.

[Lun2012] Lunze, J.: Automatisierungstechnik. München, Wien: Oldenbourg Verlag. 3. Ausgabe 2012.

[May1969] Mayr, O.: Zur Frühgeschichte der technischen Regelungen. München, Wien: R. Oldenbourg Verlag 1969.

[Mea1955] Mealy, G. H.: A method for synthesizing sequential circuits. Bell System Techn. J. (1955) pp. 1045–1079.

[Meg1974] zur Megede, W.: Am Wege zur Automation. Berlin, München: Verlag Siemens AG 1974.

[Mey1982] Meyer, G.: Digitale Signalverarbeitung. Berlin: Verlag Technik 1982

[Moo1956] Moore, E. F.: Gedankenexperiments on sequential machines. Automata Studies, Princeton, 1956, pp. 129–139.

[NaHa1938] Nakashima, A.; Hanzava, M.: The Theory of Equivalent Transformation of Simple Partial Paths in the Relay Circuit (Part 1). Journal of the Institute of Electrical Communication Engineering of Japan 1936, No. 165 (in Japanese) Condensed English Version of part 1 and 2 in: Nippon Electrical Communication Engineering 1938, No. 9, pp. 32–39.

[ObZa1964] Oberst, E.; Zander, H.-J.: Technik der Schaltsysteme. In: Das Fachwissen des Ingenieurs. Leipzig: Fachbuchverlag 1964.

[OlSa1944] Oldenbourg, R. C.; Satorius, H.: Dynamik selbsttätiger Regelungen. München, Berlin: Oldenbourg Verlag 1944.

[Opp1953] Oppelt, W.: Kleines Handbuch technischer Regelvorgänge. Weinheim/Bergstr.: Verlag Chemie 1953 (Danach zahlreiche erweiterte Nachauflagen und Lizenzausgeben).

[Pil1967] Pilz, S.: Theorie der Schaltsysteme. In: Taschenbuch Elektrotechnik, Band 3 (Nachrichtentechnik), Hrsg.: E. Philippow. Berlin: Verlag Technik 1967 und München: C. Hanser Verlag 1967.

[Pri2006] Pritschow, G.: Einführung in die Steuerungstechnik. München, Wien: Carl Hanser Verlag 2006.

[Rei2006] Reinschke, K.: Lineare Regelungs- und Steuerungstheorie. Berlin, Heidelberg: Springer-Verlag 2006.

[Ric1989] Richter, S.: Wunderbares Menschenwerk/Aus der Geschichte der mechanischen Automaten. Leipzig: Verlag Edition Leipzig 1989.

[Rör1971] Rörentrop, K.: Entwicklung der modernen Regelungstechnik. München, Wien: R. Oldenbourg Verlag 1971.

[Sche1938] Schestakow, W. I.: Einige mathematische Methoden zum Entwurf und zur Vereinfachung elektrischer Zweipole der Klasse A. Dissertation, Lomonosow-Universität Moskau, 1938.

[Schm2002] Schmidt, G.: Auftakt zum Jubiläumsjahr der at. Automatisierungstechnik 50 (2002) H. 1, S. 3–5.

[Schö1987] Schönemann, F.: Vom Schöpfrad zur Kreiselpumpe/Geschichte der Pumpen und ihrer Antriebe durch fünf Jahrtausende. Düsseldorf: VDI-Verlag 1987.

[Sha1938] Shannon, C. E.: A Symbolic Analysis of Relay and Switching Circuits. Transaction of the American Institute of Electrical Engineers, Vol. 57, 1938, pp. 731–723.

[Stah1965] Stahl, K.: Industrielle Steuerungstechnik in schaltalgebraischer Behandlung. München, Wien: R. Oldenbourg Verlag 1965.

[Star1980] Starke, P.: Petri-Netze. Berlin: Deutscher Verlag der Wissenschaften 1980.

[Tol1905] Tolle, M.: Die Regelung der Kraftmaschinen. Berlin: Springer-Verlag 1905.

[TöKr1982] Töpfer, H.; Kriesel, W.: Automatisierungstechnik. Gegenwart und Zukunft. Berlin: Verlag Technik 1982.

[TöRu1976] Töpfer, H.; Rudert, S.: Einführung in die Automatisierungstechnik. Berlin: Verlag Technik 1997/1982.

[TöZa2003] Töpfer, H.; Zander, H.-J.: Steuerungstechnik – ein Teilgebiet der Automatisierungstechnik. Automatisierungstechnik 51 (2003) H. 3, S. 136–142.

[VDI2013] VDI-Zukunftskongress entwirft Perspektive für Industrie 4.0. VDI-Nachrichten 1. Februar2013, Nr. 5, S. 1.

[Wah2012] Wahlster, W.: Industrie 4.0: Mit dem semantischen Web der Dinge in die vierte industrielle Revolution. Vortrag auf dem 4. Trendkongress net economy – Business IT as a Service. Messe Karlsruhe, 11. Mai 2012 (www.dfki.de/~wahlster).

[WDTW1994] Wagenbreth, O.; Düntzsch, H.; Tschiersch, R.; Wächtler, E.: Mühlen / Geschichte der Getreidemühlen. Leipzig, Stuttgart.: Deutscher Verlag für Grundstoffindustrie 1994.

[Wel2013] Weller, W.: Automatisierungstechnik im Wandel der Zeit. Berlin: epubli GmbH 2013.

[Zem1962] Zemanek, H.: Logische Algebra und Theorie der Schaltnetzwerke. In. Steinbuch, K.: Taschenbuch der Nachrichtenverarbeitung. Berlin, Göttingen, Heidelberg: Springer-Verlag 1962.

[ZOH1973] Zander, H.-J.; Oberst, E.; Hummitzsch, P.: RENDIS – ein universelles Programmsystem zum rechnergestützten Entwurf digitaler Steuerungen. messen, steuern, regeln. 16 (1973) H.4, S. 142–144, H.7, S. 281–284.

Normen

[DIN 19226] Deutsche Norm: Regelungstechnik. Benennungen, Begriffe (1. Ausgabe). Berlin, Köln: Beuth-Vertrieb, Januar 1954. Regelungstechnik und Steuerungstechnik. Begriffe und Benennungen (2. Ausgabe). Berlin, Köln: Beuth-Vertrieb, 1968. Regelungstechnik und Steuerungstechnik. (3. Ausgabe), Teil 1 bis 5. Berlin: Beuth-Verlag, 1994.

[DIN IEC 60050-351] Internationales Elektrotechnisches Wörterbuch, Teil 351: Leittechnik. Berlin: Beuth-Verlag, 2009, 2014.

2 Wirkungsabläufe in Steuerungen und Regelungen

Im Abschn. 1.1.2 wurden die Ziele von Steuerungen und Regelungen formuliert. Die Umsetzung dieser Ziele kann auf der Basis unterschiedlicher Strukturen und Signale erfolgen. Dadurch ergeben sich verschiedene Arten von *analogen* und *binären Steuerungen* und *Regelungen*. In diesem Kapitel sollen nun die dabei auftretenden Wirkungsabläufe analysiert werden, um dadurch zu begrifflichen Abgrenzungen zu gelangen und auch bestimmte Begriffsinhalte auf der Basis des heutigen Wissensstandes neu zu definieren. Das betrifft insbesondere die Begriffe „Verknüpfungssteuerung“ und „Ablaufsteuerung“. Interessante Bezüge ergeben sich dabei zwischen Ablaufsteuerungen und Zweipunktregelungen.

2.1 Einführende Bemerkungen

In der DIN 19226 „Steuerungs- und Regelungstechnik“ (Ausgabe 1994) bzw. der DIN IEC 60050-351) wird zwischen einem Wirkungsablauf und einem Wirkungsweg unterschieden. Ein *Wirkungsablauf* ist dabei ein Vorgang, in dem eine variable Größe eine andere variable Größe beeinflusst. Zur symbolischen Darstellung eines Wirkungsablaufs dient ein *Wirkungsplan*. Ein *Wirkungsweg* ist ein gerichteter Weg im Wirkungsplan, der zwei ausgewählte variable Größen verbindet. Die Begriffe Wirkungsablauf und Wirkungsweg spielen in den genannten Normen bei den Definitionen der Begriffe „Steuerung“ und „Regelung“ eine wesentliche Rolle. Diese Definitionen sollen zunächst kritisch betrachtet werden.

▶ **Definition 2.1 (nach DIN IEC 60050-351, 2. Ausgabe von 2014)** Die *Regelung* bzw. das Regeln ist ein Vorgang, bei dem fortlaufend eine Größe, die Regelgröße, erfasst, mit einer anderen Größe, der Führungsgröße, verglichen und im Sinne einer Angleichung an die Führungsgröße verändert wird.
Kennzeichen für das Regeln ist der *geschlossene Wirkungsablauf*, bei dem die Regelgröße im Wirkungsweg des Regelkreises fortlaufend sich selbst beeinflusst.

H.-J. Zander, *Steuerung ereignisdiskreter Prozesse*, DOI 10.1007/978-3-658-01382-0_2

Definition 2.2 (nach DIN IEC 60050-351, 2. Ausgabe von 2014) Die *Steuerung* bzw. das Steuern ist der Vorgang in einem System, bei dem eine oder mehrere Größen als Eingangsgrößen andere Größen als Ausgangsgrößen aufgrund der dem System eigentümlichen Gesetzmäßigkeiten beeinflussen.
Kennzeichen für das Steuern ist der *offene Wirkungsweg* oder ein *geschlossener Wirkungsweg*, bei dem die durch die Eingangsgrößen beeinflussten Ausgangsgrößen nicht fortlaufend und nicht wieder über dieselben Eingangsgrößen auf sich selbst wirken.

In der Definition 2.1 ist der Vorgang der analogen bzw. stetigen Regelung detailgetreu beschrieben. Er bezieht sich allerdings lediglich auf den speziellen Fall von Regelungen mit einer Regelgröße. Bei Mehrgrößenregelungen [Lun1997] muss das Kennzeichen dahingehend abgeändert werden, dass die Rückwirkung auch über mehrere Regelgrößen erfolgt und dass sich nicht nur eine Regelgröße fortlaufend selbst beeinflusst, sondern dadurch auch andere Regelgrößen beeinflusst werden.

Der Begriff *Steuerung* gemäß Definition 2.2 soll offensichtlich sowohl analoge bzw. stetige als auch binäre Steuerungen umfassen, wobei bei letzteren noch verschiedene Arten zu unterscheiden sind. Deshalb ist die Definition wohl auch sehr allgemein abgefasst. Im Grunde genommen bringt der darin beschriebene Vorgang eigentlich nur zum Ausdruck, dass bei einer Steuerung eine oder mehrere Größen andere Größen beeinflussen. Genau das wird aber bereits durch den Begriff Wirkungsablauf (s. oben) ausgedrückt.

Dennoch ergibt sich ein Widerspruch, da in dem Kennzeichen für die Steuerung im Gegensatz zu dem in der Definition beschriebenen Vorgang nicht von einem Wirkungsablauf, sondern nur von einem offenen oder geschlossenen Wirkungsweg die Rede ist, als ob es hier doch keine Beeinflussung zwischen den einzelnen Größen im System gibt. Das kann man nicht einmal von den analogen Steuerungen annehmen, die sich ähnlich wie Regelungen verhalten. Ohne die Beeinflussung der Ausgangsgrößen durch die Eingangsgrößen gäbe es keine Veränderung in einem Steuerungssystem. Deshalb muss man auch bei binären Steuerungen von Wirkungsabläufen sprechen.

Vielleicht kann man den Grund für diese unrealistischen Ansichten darin sehen, dass man zumindest in den Anfangsjahren der Steuerungstechnik (Abschn. 1.2), als die diesbezügliche Definition eingeführt wurde, die Wirkungsmechanismen von Steuerungen noch nicht voll durchschaute, insbesondere auch was die Steuerstrecken anbelangt. Im Abschn. 4.2.6 wird gezeigt, dass man Steuerstrecken, in denen ereignisdiskrete Prozesse (Abschn. 1.1.3.3) ablaufen, als binäre Totzeitglieder betrachten kann, so dass bei binären Ablaufsteuerungen ein *geschlossener* Wirkungsablauf im gesamten Steuerkreis stattfindet. Das ist sogar das typische Kennzeichen von Ablaufsteuerungen, die den größten Anteil bei binären Steuerungen ausmachen (s. Definition 2.5 im Abschn. 2.2.4).

Als Schlussfolgerung aus diesen Vorbetrachtungen wird im Folgenden zur Abgrenzung zwischen analogen Steuerungen und Regelungen auf der einen Seite und Binärsteuerungen auf der anderen Seite nicht zwischen einem Wirkungsablauf und einem Wirkungsweg unterschieden, wie das in den genannten Normen der Fall ist. Es wird lediglich eine Unterscheidung zwischen einem geschlossenen und einem offenen Wirkungsablauf vorgenommen. Bei einem geschlossenen Wirkungsablauf wird über Messsignale die Wirkung der Stellsignale auf die Strecke erfasst und der Automatisierungseinrichtung rückgemeldet (Abschn. 1.1.1). Bei einem offenen Wirkungsablauf erfolgt keine Rückmeldung.

In den Fällen, in denen die in den Normen beschriebenen Wirkungsabläufe nicht der Realität entsprechen, werden neue Definitionen vorgeschlagen. Dadurch soll vor allem auch ein besseres Verständnis der einzelnen Arten von analogen und binären Steuerungen und Regelungen erreicht werden.

2.2 Analoge und binäre Steuerungen

Sowohl analoge als auch binäre Steuerungen haben das Ziel, einen planmäßigen Ablauf eines Prozesses gemäß einem in der Steuerungseinrichtung implementierten Steueralgorithmus zu gewährleisten (Abschn. 1.1.2). In der DIN IEC 60050-351 (2. Ausgabe von 2014) werden die Wirkungsabläufe von analogen und von binären Steuerungen durch eine Definition beschrieben, die aus diesem Grunde sehr allgemein gefasst ist. Es muss aber davon ausgegangen werden, dass es gewisse Unterschiede zwischen analogen Steuerungen und den verschiedenen Arten binärer Steuerungen gibt. Deshalb sollen hier separate Definitionen dafür angegeben werden.

2.2.1 Wirkungsabläufe in analogen Steuerungen

Analoge (bzw. stetige) Steuerungen [Rei2006] haben keine Rückkopplungen. Sie besitzen also einen *offenen Wirkungsablauf*, der in Abb. 2.1 als Wirkungsplan dargestellt ist. Die Steuereinrichtung hat analoge Führungs- bzw. Messgrößen $x_i(t)$ mit $1 \leq i \leq m$ als Eingänge und analoge Stellsignale $y_j(t)$ mit $1 \leq j \leq n$ als Ausgänge. Die Stellsignale beeinflussen über analoge Prozessstellgrößen $y_l^*(t)$ die analogen Steuergrößen $x_k^*(t)$, die als Ausgänge der Steuerstrecke eingezeichnet sind (Anmerkung: Alle Größen, die sich auf den Prozess beziehen, d. h. also Prozessstellgrößen und Steuer- bzw. Regelgrößen, werden durch einen Stern gekennzeichnet). Die Zusammenschaltung der einzelnen Glieder des offenen Wirkungsplans einer analogen Steuerung wird als *Steuerkette* bezeichnet.

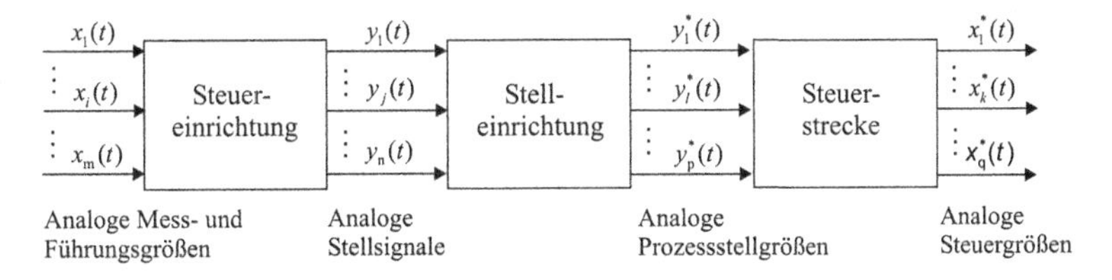

Abb. 2.1 Wirkungsplan von analogen Steuerungen

In der Fertigungstechnik werden die Führungsgrößen der analogen Steuerung z. B. durch mechanische Kurvengetriebe bereitgestellt, die als Scheibenkurven (zweidimensional) sowie Flächen- und Trommelkurven (dreidimensional) zum Einsatz kommen [Pri2006]. In anderen Anwendungsbereichen werden die Führungsgrößen in mathematischer Form als Trajektorien vorgegeben, entlang denen die analogen Steuergrößen zu verändern sind [Rei2006]. Dabei können aber auch analoge Messgrößen einbezogen werden, um relevante Informationen aus der Umwelt zu ermitteln (z. B. Umgebungstemperaturen), die dann in analoge Stellsignale umgewandelt werden. Es muss aber ausdrücklich darauf hingewiesen werden, dass es sich bei den Messsignalen in analogen Steuerungen nicht um Rückmeldesignale handelt, weil bei ihnen keine Rückmeldung von ausgeführten Vorgängen in der Steuerstrecke erfolgt.

Als Beispiel einer analogen Steuerung sei die Beeinflussung der Temperatur in einem Raum in Abhängigkeit von der Außentemperatur genannt. Die zugrunde gelegte Trajektorie, die den Zusammenhang zwischen Messgröße und Stellsignal beschreibt, muss dabei so beschaffen sein, dass bei sinkender Außentemperatur die Innentemperatur unter Berücksichtigung der Wärmedämmung des Raumes über die Stelleinrichtung im richtigen Maße erhöht wird und umgekehrt. Mit dieser Steuerung ist es allerdings nicht möglich, auf Auswirkungen von Störungen (z. B. Öffnen von Fenstern) so zu reagieren, wie das bei Regelungen der Fall ist.

Man kann also davon ausgehen, dass die Definition gemäß DIN IEC 60050-351 bei Weglassen des Kennzeichens zumindest für analoge Steuerungen zutrifft. Diese Definition wird hier in modifizierter Form wiedergegeben.

▶ **Definition 2.3** Eine *analoge Steuerung* ist ein Vorgang, bei dem eine oder mehrere analoge Eingangsgrößen (Mess- und Führungsgrößen) über ein oder mehrere analoge Stellsignale und entsprechende Prozessstellgrößen gemäß einem in der Steuereinrichtung implementierten Steueralgorithmus eine oder mehrere analoge Steuergrößen in der Steuerstrecke beeinflussen.
Kennzeichen der analogen Steuerung ist ein *offener Wirkungsablauf* in einer Steuerkette und ein *kontinuierlicher Wertebereich der Steuergrößen*.

2.2.2 Arten binärer Steuerungen

Bei *binären Steuerungen* unterscheidet man zwischen Plansteuerungen, Verknüpfungssteuerungen und Ablaufsteuerungen (Abb. 2.2). Durch *binäre Plansteuerungen* erfolgt die Beeinflussung von Prozessen nach einem vorgegebenen Plan bzw. Programm, ohne dass das Ergebnis der Beeinflussung an die Steuereinrichtung rückgemeldet und der weitere Prozessablauf davon abhängig gemacht wird. Sie besitzen also einen offenen Wirkungsablauf in Form einer Steuerkette. Plansteuerungen lassen sich untergliedern in Zeitplansteuerungen und Wegplansteuerungen.

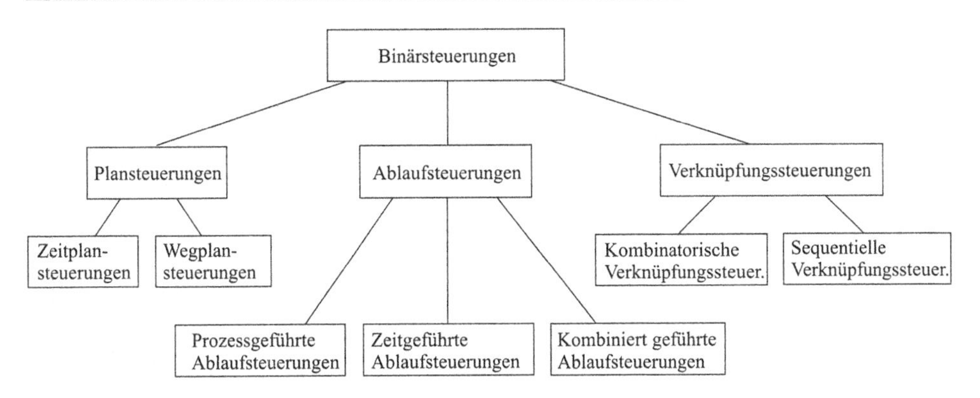

Abb. 2.2 Arten von Binärsteuerungen

Binäre Zeitplansteuerungen arbeiten nach festen Zeitplänen. Als Zeitplangeber werden heute überwiegend elektronische Zeitbausteine verwendet. Es kommen aber auch mechanische Einrichtungen wie Nockenwellen zum Einsatz. Früher wurden auch Magnetkarten bzw. -bänder oder Lochkarten- bzw. Lochstreifengeräte verwendet. Diese Einrichtungen lassen sich so programmieren bzw. gestalten, dass sie zu vorgegebenen Zeiten binäre Stellsignale ausgeben. Beispiele für Zeitplansteuerungen sind Ampelsteuerungen und Blinkreklamen, früher auch Musikautomaten.

Bei *binären Wegplansteuerungen* werden Positionen auf festgelegten Wegstrecken z. B. durch Nocken oder Sensoren markiert, die durch einen beweglichen Wegplangeber abgetastet werden. Dabei kann es sich beispielsweise um einen durch eine Spindel angetriebenen Schlitten einer Werkzeugmaschine handeln, über den beim Berühren von Nocken oder Überfahren von Sensoren binäre Stellsignale ausgelöst werden. Während bei einer Zeitplansteuerung die Reaktion nach Ablauf einer vorgegebenen Zeit erfolgt, reagiert eine Wegplansteuerung nach Abfahren einer festgelegten Wegstrecke, unabhängig davon, ob sie in einer kürzeren oder längeren Zeit durchfahren wird. Die bekannteste Variante von Wegplansteuerungen ist eine einfache numerische Steuerung [Pri2006].

2.2.3 Wirkungsabläufe in Verknüpfungssteuerungen

Verknüpfungssteuerungen sind dadurch gekennzeichnet, dass in der zughörigen Steuereinrichtung durch logische Verknüpfung (Abschn. 3.2) von binären Mess- und Bediensignalen x_i binäre Stellsignale y_j gebildet werden, die über binäre oder mehrwertige (diskrete) Prozessstellgrößen binäre oder mehrwertige Steuergrößen beeinflussen. Bei der Steuerung eines Motors kann die Steuergröße dabei z. B. die Zustände Linkslauf, Rechtslauf und Stillstand einnehmen. Den Wirkungsplan von Verknüpfungssteuerungen zeigt Abb. 2.3.

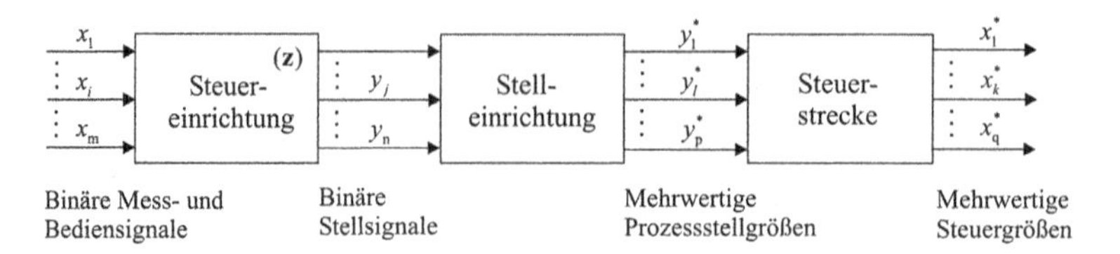

Abb. 2.3 Wirkungsplan von Verknüpfungssteuerungen

Bisher war man der Auffassung, dass die Steuereinrichtung von Verknüpfungssteuerungen keine Speicherelemente enthält, d. h. dass sie ein rein kombinatorisches System darstellt, z. B. [Lun2005], [Lan2010]. *Es sei aber ausdrücklich darauf hingewiesen, dass es sich bei Verknüpfungssteuerungen durchaus auch um eine sequentielle Steuereinrichtung handeln kann,* in der die Stellsignale außer von Bedien- und Messsignalen zusätzlich von inneren Zuständen abhängen. Um das zum Ausdruck zu bringen, wurde in den ersten Block, der die Steuereinrichtung symbolisiert, der innere Zustand $\mathbf{z}$ in Klammern eingetragen. Das Wesentliche einer Verknüpfungssteuerung ist, dass die ausgeführte Beeinflussung nicht der Steuereinrichtung rückgemeldet wird und somit auf diese Weise keine Folgeaktionen eingeleitet werden. Die als Eingangssignale angegebenen Messsignale dienen also nicht zur Rückkopplung des Prozessverhaltens, sondern liefern vor allem Informationen aus der Umwelt.

Obwohl es sich bei Verknüpfungssteuerungen also ebenfalls um Steuerungen mit einem offenen Wirkungsablauf innerhalb einer Steuerkette handelt, weicht ihr Verhalten von dem analoger Steuerungen (Definition 2.3) beträchtlich ab. Deshalb wird für Verknüpfungssteuerungen eine separate Definition angegeben.

▶ **Definition 2.4** Eine *Verknüpfungssteuerung* ist ein Vorgang, bei dem bei einer Werteänderung von binären Bedien- und/oder Messsignalen durch logische Verknüpfung, gegebenenfalls unter Einbeziehung von inneren Zuständen, eine Werteänderung von binären Stellsignalen eintritt, wodurch eine oder mehrere zwei- bzw. mehrwertige Steuergrößen in der Steuerstrecke über Prozessstellgrößen beeinflusst werden, so dass diese den für sie durch den Steueralgorithmus vorgeschriebenen Wert annehmen.
Kennzeichen der Verknüpfungssteuerung sind ein *offener Wirkungsablauf* in einer Steuerkette und *binäre oder mehrwertige Steuergrößen.*

Die Steuereinrichtungen von Verknüpfungssteuerungen können entweder *kombinatorische oder sequentielle Systeme* sein (Abschn. 3.2.2).

Beispiele für *kombinatorische Verknüpfungssteuerungen*:

- Wechselschaltung: Sie dient zum Ein- und Ausschalten der Steuergröße Strom durch zwei Schalter mit Wechselkontakten (Beispiel 3.1 in Abschn. 3.4.10). Wenn nacheinander jeweils einer der beiden Schalter von Hand betätigt wird – das kann auch derselbe

Schalter mehrmals hintereinander sein – wird z. B. eine Leuchte abwechselnd ein- und ausgeschaltet.

- Verriegelungseinrichtungen: So kann eine Steuerungsaufgabe z. B. darin bestehen, das Einschalten einer Stanze über einen Fußschalter nur dann zu ermöglichen, wenn ein Teil eingelegt ist und der Bediener gleichzeitig mit jeder Hand einen Taster betätigt (s. auch Beispiel 3.2 in Abschn. 3.4.10).

Als ein Beispiel für eine *sequentielle Verknüpfungssteuerung* kann die im Abschn. 3.5.7 behandelte Steuerung einer Signalleuchte angesehen werden. Die als Steuergröße fungierende Leuchte kann vier diskrete Signalwerte annehmen: schnelles Blinklicht, Dauerlicht, langsames Blinklicht und Ruhelicht (kein Licht).

2.2.4 Wirkungsabläufe in Ablaufsteuerungen

Ablaufsteuerungen dienen zur Realisierung ereignisdiskreter Prozesse (Abschn. 1.1.3.3). Man unterscheidet prozessgeführte, zeitgeführte und kombiniert geführte Ablaufsteuerungen (s. Abb. 2.2). Bei *prozessgeführten Ablaufsteuerungen* erfolgt der Prozessablauf in Abhängigkeit von Ereignissen, die beim Erreichen von festgelegten Schwellwerten x_S^* von analogen Steuergrößen x^* eintreten und die durch binäre Messsignale x^M rückgemeldet werden (Abschn. 1.1.3.3). Sie haben demzufolge einen geschlossenen Wirkungsablauf. Im Wirkungsplan gemäß Abb. 2.4 gilt in diesem Fall die eingezeichnete Rückkopplung über die binäre Messeinrichtung.

Bei *zeitgeführten Ablaufsteuerungen* wird anstatt der durch Messsignale rückgemeldeten Ereignisse auf solche Ereignisse Bezug genommen, die nach Ablauf einer vorgegebenen Zeitdauer eintreten. Um diese Zeitdauer zu realisieren, sind in der Steuereinrichtung Zeitglieder enthalten (Abb. 2.4), die durch Stellsignale y^e aktiviert werden und binäre Ausgangssignale x^z liefern, wenn die eingestellte Zeitdauer abgelaufen ist. Diese Signale werden zusammen mit den Biensignalen x^b zu neuen binären Stellsignalen verarbeitet.

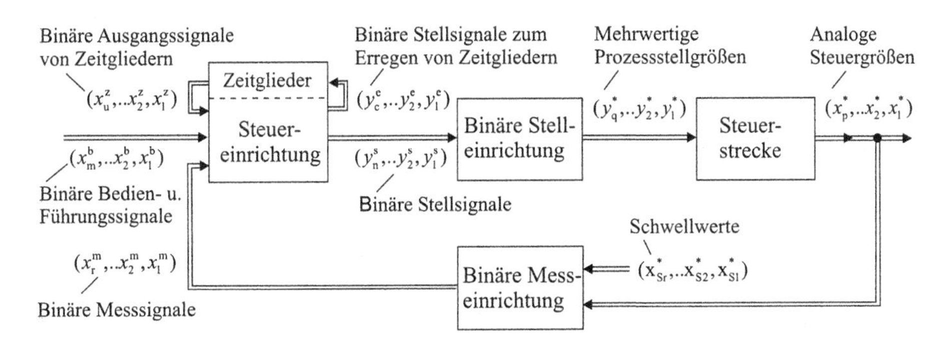

Abb. 2.4 Wirkungsplan von kombiniert geführten Ablaufsteuerungen

Bei reinen zeitgeführten Ablaufsteuerungen entfällt die Rückkopplung. Sie haben also einen offenen Wirkungsablauf und verhalten sich ähnlich wie Zeitplansteuerungen.

In der Praxis werden zeitgeführte Abläufe meist in Kombination mit prozessgeführten Abläufen realisiert. Bei diesen *kombiniert geführten Ablaufsteuerungen* handelt es sich um eine Überlagerung von geschlossenen und offenen Wirkungsabläufen.

Um den Wirkungsablauf von Ablaufsteuerungen zunächst zu veranschaulichen, wird auf das Beispiel *Flüssigkeitsbehälter* (Abb. 1.4, Abschn. 1.1.3.2) und den damit im Zusammenhang stehenden ereignisdiskreten Prozess (Abb. 1.6, Abschn. 1.1.3.3) Bezug genommen. Beide Abbildungen sind in Abb. 2.5 zusammen dargestellt. Die in Abb. 1.6 benutzten Symbole F für Füllstand und T für Temperatur sind hier durch die allgemeinen Symbole x_1^* bzw. x_2^* für diese Steuergrößen ersetzt worden.

Dem ereignisdiskreten Prozess, der das Verhalten der Steuerstrecke wiedergibt, ist in Abb. 2.5 ein Block beigeordnet, der die Steuereinrichtung symbolisieren soll. Mit dem Auslösen des Stellsignals y_1 durch ein (nicht eingezeichnetes) Startsignal x_0 im Sin-

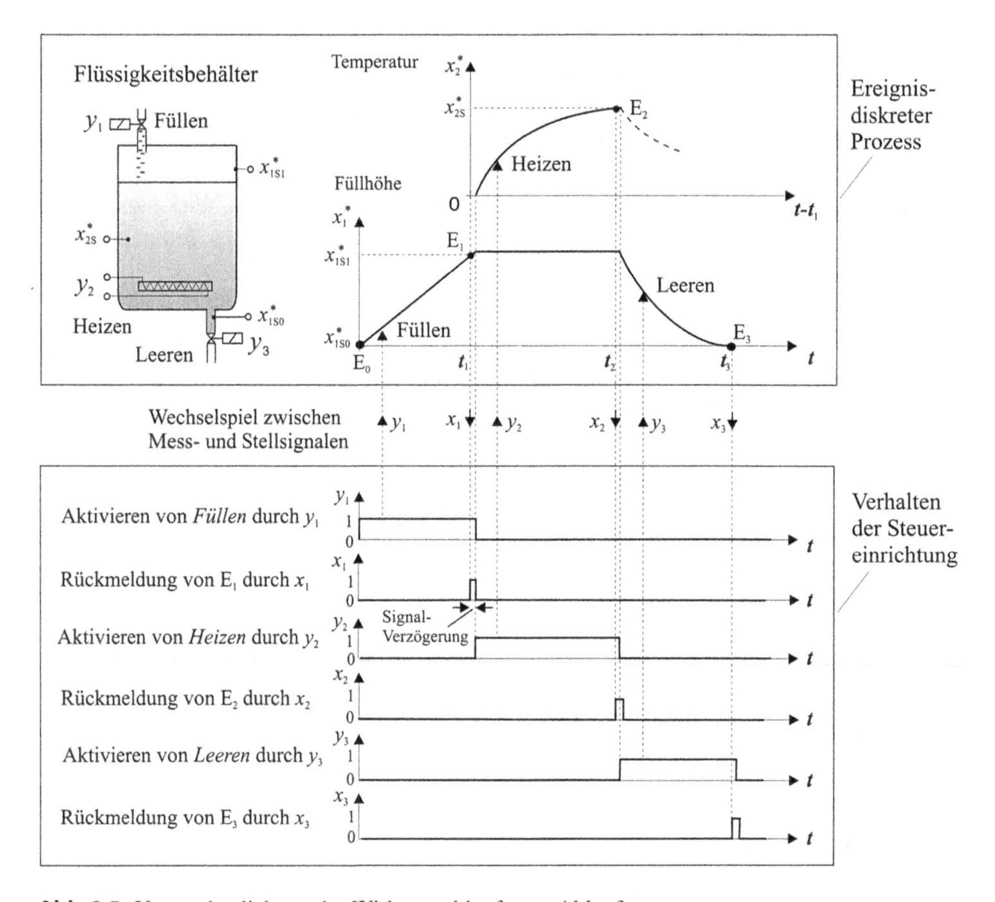

Abb. 2.5 Veranschaulichung des Wirkungsablaufs von Ablaufsteuerungen

ne einer Bedienhandlung (Ereignis E_0) wird der ereignisdiskrete Prozess gestartet. Alle drei Stellsignale y_1, y_2 und y_3 wirken über die Prozessstellgrößen y^* (Abb. 2.4) als *Sprungfunktionen* auf die analogen Steuergrößen x_1^* bzw. x_2^*. Die sich dabei ergebenden Vorgänge bilden die entsprechenden *Sprungantworten* (Abschn. 4.2.3). Durch die Messsignale x_1, x_2 und x_3 erfolgt die Rückmeldung über das Erreichen der Schwellwerte x_{1S1}^*, x_{2S}^* bzw. x_{1S0}^*, d. h. die Signalisierung der betreffenden Ereignisse E_1, E_2 bzw. E_3.

Aus der Beispielbetrachtung (Abb. 2.5) ergibt sich durch Abstraktion die Definition für Ablaufsteuerungen. Vorher sei noch darauf hingewiesen, dass in Abschn. 1.1.3.3 für Rückmeldesignale, Bediensignale und Ausgangssignale von Zeitgliedern der Oberbegriff *Ereignissignal* vereinbart wurde. Mit diesem Begriff ist es nun möglich, prozessgeführte, zeitgeführte und über Bediensignale geführte Arbeitsweisen von Ablaufsteuerungen in einheitlicher Weise zu beschreiben.

Definition 2.5 Eine (binäre) *Ablaufsteuerung* ist ein Vorgang, bei dem durch ein in der Steuereinrichtung eintreffendes Ereignissignal gemäß einem in ihr implementierten Steueralgorithmus ein oder mehrere binäre Stellsignale einen Wertewechsel erfahren und dadurch über Prozessstellgrößen im Sinne von Sprungfunktionen auf eine oder mehrere analoge Steuergrößen in der Steuerstrecke einwirken. Die betreffenden Steuergrößen führen daraufhin mindestens solange eine Sprungantwort aus, bis erneut ein auf sie bezogenes Ereignissignal eintrifft, wodurch dann wiederum ein Wertewechsel von Stellsignalen stattfindet, der das Beenden der laufenden Sprungantworten zur Folge hat und zum Aktivieren weiterer Sprungantworten führen kann.
Kennzeichen von (prozessgeführten bzw. kombiniert geführten) Ablaufsteuerungen sind ein *geschlossenen Wirkungsablauf* im Steuerkreis und *analoge Steuergrößen*.

Steuereinrichtungen von Ablaufsteuerungen sind *sequentielle Systeme* (s. Abschn. 3.2.2 und Abschn. 3.4).

Aus der Definition 2.5 geht hervor, dass auch Ablaufsteuerungen ein völlig anderes Verhalten aufweisen, als es die Definition der Steuerung gemäß DIN IEC 60050-351 (s. Definition 2.2) zum Ausdruck bringt.

Anmerkung: In Ablaufsteuerungen von Stückgutprozessen und Prozessen der Rechentechnik treten auch diskrete Steuergrößen, z. B. Zählgrößen auf. Darauf wird im Abschn. 4.2.3.3 eingegangen.

2.3 Analoge und binäre Regelungen

Regelungen lassen sich prinzipiell nur auf der Basis geschlossener Wirkungsabläufe realisieren, da sie das Ziel haben, die Regelgröße fortlaufend an einen Sollwert anzugleichen. Dazu müssen ständig die sich aufgrund von Störungen ergebenden positiven oder negativen Abweichungen zwischen Regelgröße und Sollwert gemessen und der Regeleinrichtung rückgemeldet werden. Unterschiedliche Wirkungsabläufe ergeben sich dadurch, dass für die Realisierung von Regelungen analoge oder binäre Signale verwendet werden können. Deshalb wird hier auch neben der Bezeichnung „*analoge Regelung*" die Bezeichnung „*binäre Regelung*" verwendet, obwohl binäre Regelungen üblicherweise unstetige Regelungen oder Zwei- bzw. Dreipunktregelungen genannt werden.

2.3.1 Wirkungsabläufe in analogen Regelungen

Abbildung 2.6 zeigt als Beispiel eine analoge Füllstandregelung, bei der ein Schwimmer als Messglied, ein Schieber als Stellglied und ein Hebelmechanismus als Vergleichsglied fungieren. Regelgröße x^* ist der Füllstand. Der variable Öffnungsquerschnitt des Zuflusses ist die analoge Prozessstellgröße y^*. Die Größe w ist der Sollwert bzw. die Führungsgröße. Als Störgröße kommt die Verdunstung des Wassers in Betracht. Über den Hebelmechanismus wird die Regelgröße x^* mit dem Sollwert w verglichen. Solange beide Größen übereinstimmen, muss kein Wasser nachgespeist werden. Der Schieber als Stelleinrichtung bleibt daher geschlossen. Bei sinkendem Wasserspiegel wird der Schwimmer abgesenkt und dadurch der Schieber als Prozessstellgröße über den Hebelmechanismus entsprechend geöffnet. Allgemein betrachtet wird dabei durch das Vergleichsglied (Hebelmechanismus) eine Abweichung festgestellt, die als Regeldifferenz x_d bezeichnet wird:

$$x_\mathrm{d} = \mathrm{w} - x^* \tag{2.1}$$

Solange x_d ungleich null ist, wird über die Prozessstellgröße dafür gesorgt, dass Wasser nachfließt. Erst wenn sich Schwimmer und Schieber wieder dem Gleichgewicht nähern, d. h. x_d gegen null geht, wird der Wasserzufluss gedrosselt und schließlich ganz unterbrochen.

Dieser am Beispiel erläuterte Wirkungsablauf einer Regelung wird realitätsgetreu durch Definition 2.1 beschrieben (Abschn. 2.1).

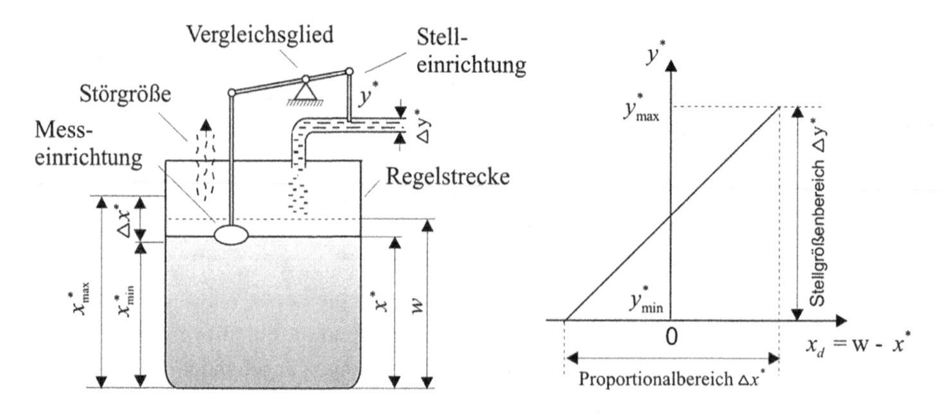

Abb. 2.6 Analoge Regelung des Füllstands in einem Wasserbehälter

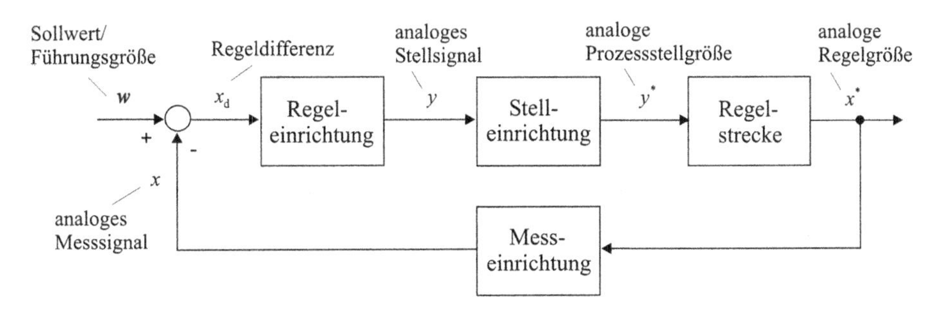

Abb. 2.7 Wirkungsplan der analogen Regelung

Zur Veranschaulichung des Wirkungsablaufs einer Regelung dient der Wirkungsplan gemäß Abb. 2.7, in den für den Fall, dass neben den analogen Prozessgrößen x^* und y^* auch analoge Signale x und y verwendet werden, diese mit eingetragen sind.

In Abschn. 2.1 wurde bereits darauf hingewiesen, dass sich der Begriff Regelung gemäß DIN 19226 lediglich auf den speziellen Fall von Regelungen mit einer Regelgröße bezieht. Das Gleiche trifft deshalb auch auf den daraus abgeleiteten Wirkungsablauf gemäß Abb. 2.7 zu.

Bei Mehrgrößenregelungen treten anstelle der analogen Größen bzw. Signale Vektoren $\mathbf{x}$ und $\mathbf{y}$ von diesen Größen bzw. Signalen [Lun1997]. Unter diesen Bedingungen beeinflusst eine Regelgröße nicht nur sich selbst, sondern aufgrund von Querverbindungen auch andere Regelgrößen.

2.3.2 Wirkungsabläufe in binären Regelungen

Zweipunkt- und Dreipunktregelungen arbeiten mit binären Mess- und Stellsignalen. Sie sollen deshalb auch als binäre Regelungen bezeichnet werden. Abbildung 2.8a zeigt als Gegenüberstellung zur analogen Füllstandregelung (Abb. 2.6) eine Zweipunktregelung eines Füllstandes. Als Messglied wird dabei ebenfalls ein Schwimmer verwendet, durch dessen Bewegung aber ein Arbeitskontakt x_1 und ein Ruhekontakt $\bar{x}_2$ eines Relais R betätigt werden. Die Kontakte x_1 und $\bar{x}_2$, die auch als binäre Signale aufgefasst werden können, sind Teil einer Kontaktschaltung, die einen Zweipunktregler bzw. eine binäre Regeleinrichtung darstellt. Es handelt sich dabei um eine *Selbsthalteschaltung*, die in Abb. 2.8b zum besseren Verständnis noch einmal in anderer Form abgebildet ist. Als Stelleinrichtung dient ein binär angesteuertes Magnetventil. Störgröße ist die Verdunstung.

Bei binären Regelungen werden zwei Schwellwerte der Regelgröße x^* als Bezugswerte vorgesehen. Bei dem Beispiel gemäß Abb. 2.8 sind das die Schwellwerte x^*_{S1} und x^*_{S2}, wobei x^*_{S1} in einem geringen Abstand a unterhalb von x^*_{Soll} und x^*_{S2} im gleichen Abstand oberhalb von x^*_{Soll} liegt. Die beiden Kontakte x_1 und $\bar{x}_2$ sind deshalb räumlich so angeordnet, dass sie den zwei Schwellwerten x^*_{S1} und x^*_{S2} entsprechen, d. h. wenn der Schwellwert

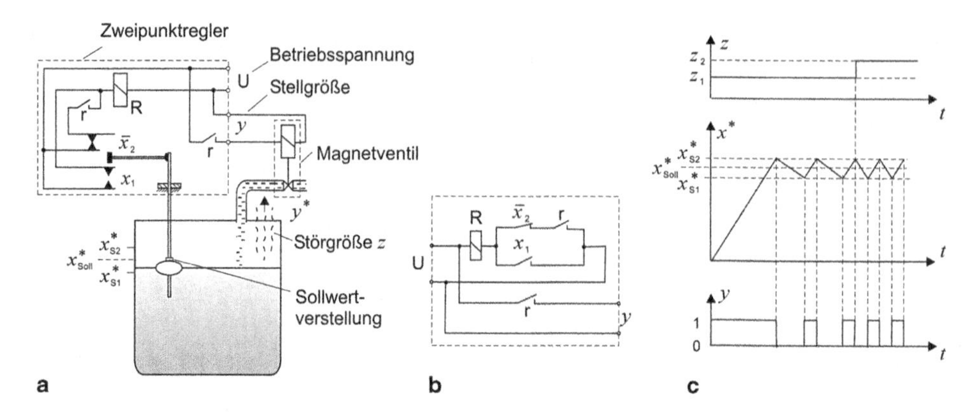

Abb. 2.8 Zweipunktregelung eines Füllstands in einem Wasserbehälter. **a** Anlagenschema, **b** Kontaktplan für die Selbsthalteschaltung des Zweipunktreglers, **c** Zeitverlauf des Füllstands

x^*_{S1} erreicht ist, wird der Kontakt x_1 betätigt, und wenn es den Schwellwert x^*_{S2} betrifft, dann öffnet der Kontakt $\bar{x}_2$.

Wenn aufgrund der Auswirkungen der Störgröße der Wasserspiegel sinkt, wird der Schwimmer abgesenkt und schließlich der Arbeitskontakt x_1 geschlossen. Dadurch wird das Relais R erregt, die Kontakte r schließen und die Selbsthaltung wird aktiviert. Gleichzeitig wird über y das Magnetventil geöffnet, das in diesem Zustand verharrt, bis der Wasserspiegel soweit angestiegen ist, dass durch den Schwimmer der Ruhekontakt $\bar{x}_2$ geöffnet, die Selbsthaltung unterbrochen und das Magnetventil dadurch geschlossen wird.

In den folgenden beiden Abschnitten wird gezeigt, dass die Zweipunktregelung sowohl durch einen Wirkungsplan einer analogen Regelung als auch durch einen Wirkungsplan einer binären Ablaufsteuerung beschrieben werden kann.

2.3.2.1 Beschreibung der Zweipunktregelung auf der Basis des Wirkungsplans von analogen Regelungen

In der DIN 19226 wird die durch binäre Signale ausgeführte Zweipunktregelung durch einen Wirkungsplan dargestellt (Abb. 2.9), in dem neben den binären Signalen auch analoge Signale vorhanden sind. In diesem abstrakten Wirkungsplan stimmen somit nicht alle Details mit der Realität überein. Der Realität entspricht, dass das Stellsignal y und die Prozessstellgröße y^* als binär betrachtet werden und dass die Regelgröße x^* eine analoge Größe ist. Der Wirkungsplan enthält, wie bei der analogen Regelung, ein Vergleichsglied, das aber in dem betrachteten Beispiel (s. Abb. 2.8) als solches gar nicht vorhanden ist. Der gemäß diesem Wirkungsplan durchzuführende arithmetische Vergleich (Bildung der Regeldifferenz) bedingt, dass dem Vergleichsglied ein analoges Messsignal zugeführt wird. Deshalb wird bei dieser Betrachtungsweise als Messsignal ein direktes Abbild der analogen Regelgröße x^* verwendet, das mit dem analogen Sollwert x^*_{Soll} verglichen wird. In Wirklichkeit existieren anstelle des analogen Messsignals zwei binäre Signale, nämlich x_1 und x_2 (s. Abb. 2.8a), die aber im Wirkungsplan gemäß Abb. 2.9 nicht vorkommen.

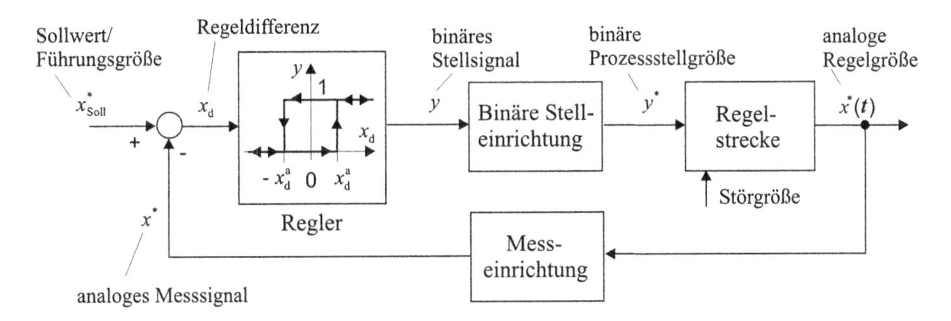

Abb. 2.9 Wirkungsplan von analogen Regelungen zur Beschreibung der Zweipunktregelung

Beim Vergleich werden dagegen die angenommenen Abstände der Schwellwerte x^*_{S1} bzw. x^*_{S2}zum Sollwert x^*_{Soll} ausgewertet, für die gilt:

$$x^a_d = x^*_{Soll} - x^*_{S1} \tag{2.2}$$

$$-x^a_d = x^*_{Soll} - x^*_{S2} \tag{2.3}$$

In Abhängigkeit davon, welcher dieser beiden Abstände durch das fiktive Vergleichsglied festgestellt wird, wird in einem Zweipunktregler mit Hystereseverhalten, der in der Realität ebenfalls gerätemäßig nicht existiert (s. Abb. 2.8a), entschieden, ob für y der Wert 1 oder der Wert 0 auszugeben ist, damit der Schieber geöffnet oder geschlossen wird.

Es ist offensichtlich, dass zur Beschreibung der Zweipunktregelung ein Modell geschaffen wurde, das der Realität nicht voll entspricht. Durch geeignete Interpretationen ist es aber dennoch möglich, dass dieses Modell als Grundlage für Methoden zur Stabilitätsanalyse und Stabilisierung verwendet werden kann [Föl1969], [Leo1981], [MeJa1988].

2.3.2.2 Beschreibung der Zweipunktregelung auf der Basis des Wirkungsplan von binären Ablaufsteuerungen

Nun soll am Beispiel des Wasserbehälters gezeigt werden, dass das Verhalten einer Zweipunktregelung auch durch einen Wirkungsplan für Ablaufsteuerungen beschrieben werden kann (Abb. 2.10). Da es sich entsprechend der Zielstellung um eine Regelung handelt (Abschn. 1.1.2), findet man anstelle von „Steuereinrichtung", „Steuerstrecke" und „analoge Steuergröße" die Einträge „Regeleinrichtung", „Regelstrecke" und „analoge Regelgröße".

In diesem Wirkungsplan sind außer der Regelgröße $x^*(t)$ alle anderen Signale bzw. Größen binär, wie das auch im Beispiel gemäß Abb. 2.8a der Fall ist. Die binären Messsignale x_1 und x_2 werden gebildet, wenn die Regelgröße $x^*(t)$ die analogen Schwellwerte x^*_{S1} bzw. x^*_{S2} erreicht hat. Die entsprechenden Vergleiche finden bereits in den Messeinrichtungen statt, denen dazu auch die analogen Schwellwerte zugeführt werden. Dies wird ausführlich im Abschn. 4.2.4.1 erläutert (Abb. 4.17). Die bei analogen Regelungen vorhandene Vergleichseinrichtung, in der die analoge Regelgröße mit einem analogen

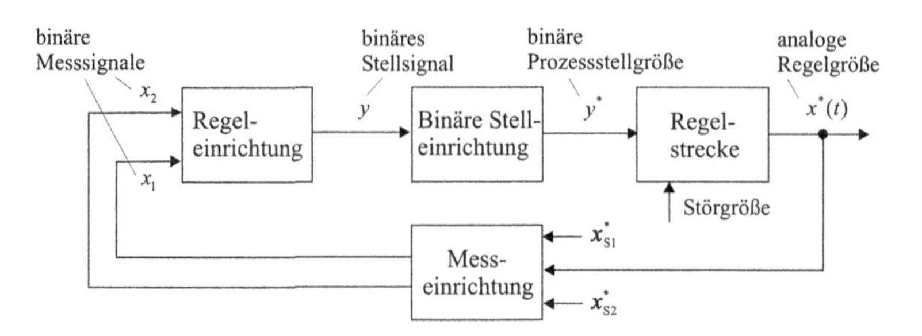

Abb. 2.10 Wirkungsplan von Ablaufsteuerungen zur Beschreibung der Zweipunktregelung

Sollwert verglichen wird, entfällt, auch schon deshalb, weil es bei der Auffassung einer Zweipunktregelung als binäre Ablaufsteuerung lediglich einen fiktiven Sollwert gibt. Dieser kann in etwa als Mittelwert zwischen den beiden Schwellwerten angenommen werden und ergibt sich für das Beispiel gemäß Abb. 2.8a wie folgt:

$$x^*_{\text{soll}} = \frac{x^*_{S2} + x^*_{S1}}{2} \tag{2.4}$$

Das binäre Stellsignal wirkt über die binäre Stelleinrichtung als Sprungfunktion auf die analoge Regelgröße $x^*(t)$ (Abb. 2.8). Wenn der Wasserspiegel aufgrund der Störgröße so weit gesunken ist, dass die Schwelle x^*_{S1} erreicht ist, schließt Kontakt x_1 und es gilt $x_1 = 1$. Dadurch wird $y = 1$. Wird nun beim Füllen die Schwelle x^*_{S2} erreicht, wird $x_2 = 0$ und damit $y = 0$. Das Regelgesetz für den binären Regler lässt sich also durch zwei Wenn-Dann-Bedingungen wie folgt formulieren:

$$\begin{aligned} (x_1 = 1) &\rightarrow (y = 1)\,, \\ (x_2 = 0) &\rightarrow (y = 0)\,. \end{aligned} \tag{2.5}$$

Es ist offensichtlich, dass sich die Zweipunktregelung durch eine steuerungstechnische Interpretation viel übersichtlicher und verständlicher beschreiben lässt.

2.4 Fazit

Im Kap. 2 kam es darauf an, für bestimmte Arten von analogen und binären Steuerungen und Regelungen die Begriffsdefinitionen zu präzisieren, um dadurch einerseits die realen Abläufe realitätsbezogen wiederzugeben und begriffliche Abgrenzungen herzustellen und andererseits aber auch Gemeinsamkeiten aufzuzeigen.

Durch die Definition der Regelung gemäß der DIN IEC 60050-351 werden die Wirkungsabläufe von Eingrößenregelungen detailgetreu wiedergegeben. *Analoge Steuerungen* sind die einzige Steuerungsart, die durch die Definition der Steuerung gemäß der DIN IEC 60050-351 in angemessener Weise beschrieben werden. Verknüpfungs- und Ablaufsteuerungen verhalten sich im Detail völlig anders, als es in dieser allgemein gefassten

Definition zum Ausdruck kommt. Deshalb wurden für diese beiden Steuerungsarten in diesem Abschnitt neue Begriffsdefinitionen vorgeschlagen.

Verknüpfungssteuerungen unterscheiden sich von analogen Steuerungen dadurch, dass bei ihnen keine kontinuierliche Beeinflussung zwischen Eingangs- und Ausgangsgrößen stattfindet, sondern dass nur bei einer Werteänderung von Eingangssignalen eine durch den Steueralgorithmus vorgegebene Werteänderung von Stellsignalen erfolgt. Über die durch die Stellsignale aktivierten Prozessstellgrößen werden dann den binären oder mehrwertigen Steuergrößen die vorgegebenen Werte zugeordnet. Bei analogen Steuerungen handelt es sich dagegen um analoge Steuergrößen. Das Gemeinsame ist, dass beide Steuerungsarten einen offenen Wirkungsablauf im Rahmen einer Steuerkette aufweisen.

Entgegen bisherigen Auffassungen, dass die Steuereinrichtung von Verknüpfungssteuerungen rein kombinatorische Systeme sind, wurde darauf hingewiesen, dass es sich bei ihnen auch um sequentielle Systeme mit Speicherelementen handeln kann. Die sequentiellen Systeme dienen hier jedoch nicht zur Organisation von Abläufen wie bei Ablaufsteuerungen, sondern zur Gewährleistung eindeutiger Abbildungen zwischen den Eingangssignalen der Steuereinrichtung und den daraus zu bildenden Stellsignalen (s. Abschn. 3.2.2).

Bei *Ablaufsteuerungen* bewirken über Ereignisse ausgelöste Werteänderungen von Steuergrößen – wie bei Verknüpfungssteuerungen – Werteänderungen der Prozessstellgrößen. Nur werden dadurch keine mehrwertigen Steuergrößen beeinflusst, sondern analoge Steuergrößen. Die Beeinflussung selbst erfolgt entsprechend einer Sprungantwort. Sie wird beendet, wenn die Steuergrößen vorgegebene Schwellwerte erreicht haben. Diese in der Steuerstrecke auftretenden Ereignisse werden der Steuereinrichtung über Messsignale rückgemeldet. Ablaufsteuerungen sind damit wie Regelungen durch einen geschlossenen Wirkungsablauf gekennzeichnet.

Auch *Zweipunktregelungen* können in Form von Ablaufsteuerungen dargestellt werden. Mit Ablaufsteuerungen lassen also sich zwei Zielstellungen verfolgen. Einerseits ist es mit ihnen möglich, durch gezielte Veränderungen von Prozessgrößen einen planmäßigen Ablauf von Prozessen auszuführen, wie das bei Steuerungen generell der Fall ist (Abschn. 1.1.2). Andererseits können durch sie aber auch Prozessgrößen an vorgegebene Sollwerte im Sinne einer Zweipunkt- oder Dreipunkt-Regelung angeglichen werden. Deshalb lassen sich durch Ablaufsteuerungen auch kombinierte Steuerungs- und Regelungsaufgaben auf der Basis eines durchgängigen Steueralgorithmus z. B. mit einer SPS realisieren (s. Abschn. 5.2).

Literatur

[Föl1969] Föllinger, O.: Nichtlineare Regelungen. München, Wien: R Oldenbourg Verlag 1969/1987.

[Lan2010] Langmann, R,: Taschenbuch der Automatisierung. Leipzig: Fachbuchverlag 2010.

[Leo1981] Leonhard, W.: Einführung in die Regelungstechnik. Braunschweig, Wiesbaden: F. Vieweg &Sohn Verlagsgesellschaft 1981/1992.

[Lun1997] Lunze, J.: Regelungstechnik 2. Berlin, Heidelberg: Springer-Verlag 1997/2008.

[Lun2005] Lunze, J.: Automatisierungstechnik. München, Wien: Oldenbourg Verlag 2005/2008/2012.

[Lun2006] Lunze, J.: Ereignisdiskrete Systeme. München, Wien: Oldenbourg Verlag 2006.

[MeJa1988] Merz, L.; Jaschek, H.: Grundkurs der Regelungstechnik. München, Wien: R. Oldenbourg Verlag 1988 (9. Aufl.).

[Pri2006] Pritschow, G.: Einführung in die Steuerungstechnik. München, Wien: Carl Hanser Verlag 2006.

[Rei2006] Reinschke, K.: Lineare Regelungs- und Steuerungstheorie. Berlin, Heidelberg: Springer-Verlag 2006.

[TöBe1987] Töpfer, H.; Besch, P.: Grundlagen der Automatisierungstechnik. Berlin: Verlag Technik 1987.

Normen

[DIN IEC 60050-351] Internationales Elektrotechnisches Wörterbuch, Teil 351: Leittechnik. Berlin: Beuth-Verlag, 2014.

3 Steuereinrichtungen und Steueralgorithmen

Dieses Kapitel beschäftigt sich mit kombinatorischen und sequentiellen Steuereinrichtungen. Bezüglich der Realisierung werden verbindungsprogrammierte und speicherprogrammierbare Steuereinrichtungen (SPS) betrachtet und verglichen. Als Beschreibungsmittel für Steueralgorithmen werden Schaltfunktionen, deterministische Automaten und steuerungstechnisch interpretierte Petri-Netze (Steuernetze) behandelt. Bei den Beispielrechnungen wird gezeigt, wie sich die auf der Basis von Steuernetzen entworfenen Steueralgorithmen auf einfache Weise in Ablaufsprachen für SPS umsetzen lassen. Im Zusammenhang mit den Beschreibungsmitteln werden wesentliche Aspekte der klassischen Vorgehensweise beim Steuerungsentwurf einbezogen, um dadurch auch Vergleichsmöglichkeiten zum prozessmodellbasierten Entwurf zu haben. Zu jedem Hauptabschnitt dieses Kapitels erfolgt ein kurzer Überblick zur historischen Entwicklung.

3.1 Einführende Bemerkungen

Die Steuereinrichtungen von Verknüpfungssteuerungen und Ablaufsteuerungen (Abschn. 2.2) sind binäre Systeme, d. h. sie besitzen binäre Ein- und Ausgangssignale. Im Inneren dieser Systeme befinden sich Funktionselemente, die zur logischen Verknüpfung, zur Speicherung und zur zeitlichen Verzögerung der binären Signale dienen (Abschn. 3.2.1). Je nachdem, ob Steuereinrichtungen nur mit Funktionselementen zur logischen Verknüpfung realisiert werden oder ob zusätzlich auch binäre Speicherelemente zum Einsatz kommen, unterscheidet man zwischen *kombinatorischen* und *sequentiellen Steuereinrichtungen* (Abschn. 3.2.2).

Das Verhalten von kombinatorischen Steuereinrichtungen lässt sich durch Mittel der *Schaltalgebra* beschreiben, so z. B. durch Schaltausdrücke, Schaltbelegungstabellen, Kontaktpläne und Logik-Pläne, die im Abschn. 3.4 vorgestellt werden. Zur Beschreibung von sequentiellen Steuereinrichtungen können als Ergänzung zur Schaltalgebra zusätzlich Mittel der *Automatentheorie*, wie Automatentabellen und Automatengraphen, verwendet werden, mit denen es möglich ist Abläufe darzustellen. Darauf wird im Abschn. 3.5

H.-J. Zander, *Steuerung ereignisdiskreter Prozesse*, DOI 10.1007/978-3-658-01382-0_3

eingegangen. Noch bessere Möglichkeiten bieten *steuerungstechnisch interpretierte Petri-Netze*, kurz Steuernetze genannt, mit denen sich neben sequentiellen Abläufen auch parallele Abläufe darstellen lassen. Steuernetze werden im Abschn. 3.6 behandelt.

Die genannten Beschreibungsmittel spielen vor allem beim *Steuerungsentwurf* eine Rolle. Mit ihnen ist eine formale Beschreibung der *Steueralgorithmen* möglich, die als Vorschrift für die Realisierung einer informell vorgegebenen Steuerungsaufgabe anzusehen sind. Die Beschreibung der Steueralgorithmen stellt dabei gleichzeitig auch eine Beschreibung des Eingangs-/Ausgangsverhaltens der zugehörigen Steuereinrichtungen dar.

In Abhängigkeit von der Art der Realisierung wird zwischen *verbindungsprogrammierten Steuereinrichtungen (VPS)* und *speicherprogrammierbaren Steuereinrichtungen (SPS)* unterschieden (Abschn. 3.3). Bei VPS erfolgt die Realisierung der Funktionselemente hardwaremäßig durch Baugruppen auf der Basis von Kontaktelementen oder kontaktlosen Bauelementen. Die durch die genannten Beschreibungsmittel dargestellten Steueralgorithmen bilden dabei eine Vorlage für die Auswahl der Bauelemente und deren Verbindung zu Schaltungen.

Bei SPS, die seit Mitte der 1970er Jahre in der Steuerungstechnik dominieren, wird die Arbeitsweise der Funktionselemente und ihr Zusammenspiel in einem vorgefertigten Steuergerät softwaremäßig auf der Basis des in ihm implementierten Steueralgorithmus beeinflusst. Damit der Anwender von Anfang an den Entwurf der Steueralgorithmen für SPS unter Nutzung der Beschreibungsmittel durchführen kann, die er bereits bei VPS verwendet hatte, wurden in Anlehnung an diese Beschreibungsmittel *Fachsprachen* entwickelt. Mit diesen Fachsprachen ist sowohl der Entwurf als auch die Eingabe der Steueralgorithmen in die SPS möglich (Abschn. 3.3.3). Das betrifft insbesondere die Fachsprachen KOP (Kontaktplan) und FUP (Funktions- oder Logik-Plan). Für Ablaufsteuerungen wurden Ablaufsprachen (Sequential Function Chart) auf der Grundlage von Petri-Netzen geschaffen.

Bei umfangreicheren Steuerungen ergeben sich bei der Nutzung der Fachsprachen allerdings gewisse Nachteile, da ihre Darstellung nach einem starren Schema zu erfolgen hat. Unter Verwendung von manuell nutzbaren Beschreibungsmitteln für die Darstellung der Steueralgorithmen ist dagegen zunächst ein freizügiger Entwurf möglich, der in der Konzipierungsphase Vorteile bringt. Die verwendeten Beschreibungsmittel lassen sich dann auf relativ einfache Weise in die entsprechenden SPS-Fachsprachen umsetzen.

Ein besonderes Anliegen dieses Kapitels besteht darin, den interessierten Leser neben der Vorstellung geeigneter Beschreibungsmittel für Steueralgorithmen auch mit der in der Diskreten Mathematik üblichen Denkweise stärker vertraut zu machen, indem konkrete Probleme in einem etwas komplexeren Zusammenhang behandelt werden. Denn lange Zeit war sowohl die Schul- als auch die Hochschulausbildung hauptsächlich auf die kontinuierliche Mathematik ausgerichtet. „Das Gebiet der Diskreten Mathematik stellt eigentlich den dialektischen Gegenpol zur kontinuierlichen Mathematik dar. Obwohl viele diskrete Fragestellungen bis weit zurück ins Altertum reichen, hat erst die Entwicklung der Digitaltechnik, der Mikroelektronik, der Computertechnik zu einem gewaltigen Aufschwung der Diskreten Mathematik geführt“ [PBH1986]. Wenn auch diese Entwicklung in den letzten Jahrzehnten zu einer ausgewogenen Umorientierung in der Schul- und Hochschulausbildung geführt hat, so besteht jedoch bezüglich der „diskreten Denkweise“ noch Nachholbedarf, denn dem Menschen liegt die kontinuierliche Welt naturgemäß mehr als die diskrete.

3.2 Steuereinrichtungen als binäre Systeme

3.2.1 Aufbau und Wirkungsweise binärer Systeme

Das Schema in Abb. 3.1 charakterisiert in allgemeiner Form ein binäres System, durch das eine Steuereinrichtung beschrieben werden kann. Es besitzt m binäre Eingangssignale, die als unabhängige Eingangsvariablen $x_m, \ldots, x_i, \ldots, x_1$ aufzufassen sind, und n binäre Ausgangssignale, die die abhängigen Ausgangsvariablen $y_n, \ldots, y_j, \ldots, y_1$ darstellen. Das Symbol $\mathbf{z}$ weist auf innere Zustände hin, die bei sequentiellen Steuereinrichtungen eine wesentliche Rolle spielen.

Die Eingangssignale x_i mit dem Indexbereich $1 \leq i \leq m$ können in Form eines binären *Eingangsvektors* $\mathbf{x} = (x_m, \ldots, x_i, \ldots, x_1)$ und die Ausgangssignale mit $1 \leq j \leq n$ in Form eines binären *Ausgangsvektors* $\mathbf{y} = (y_n, \ldots, y_j, \ldots, y_1)$ dargestellt werden. Die Zuordnungen von Werten (0 oder 1) zu den Variablen des Eingangs- und des Ausgangsvektors werden Wertekombinationen genannt. Es lassen sich insgesamt 2^m Wertekombinationen für den Eingangsvektor $\mathbf{x}$ und 2^n Wertekombinationen für den Ausgangsvektor $\mathbf{y}$ bilden. Die Wertekombinationen des Eingangs- und des Ausgangsvektors sollen auch kurz als *Eingangskombinationen* bzw. als *Ausgangskombinationen* bezeichnet werden. Bei drei Eingangssignalen gibt es also $2^3 = 8$ Eingangskombinationen, nämlich 000, 001, 010, 011, 100, 101, 110, 111. Mit $\mathbf{X}$ wird die Menge der für ein binäres System definierten Eingangskombinationen $\mathbf{x}$ und mit $\mathbf{Y}$ die Menge der Ausgangskombinationen $\mathbf{y}$ bezeichnet. Anstelle des Begriffs Wertekombination des Eingangsvektors werden auch die Begriffe *Belegung* oder *Schaltbelegung* verwendet. Man spricht dann auch von einer Belegung der Eingangsvariablen mit Wahrheitswerten 0 oder 1.

In binären Systemen, die auch als Schaltsysteme bezeichnet werden, erfolgt im Wesentlichen eine logische Verknüpfung und Speicherung von binären Signalen. Abbildung 3.2 zeigt die Symbole von Elementen zur Ausführung der UND-Verknüpfung, der ODER-Verknüpfung, der Nicht-Verknüpfung und der Speicherung. Man spricht dann von UND-Elementen, ODER-Elementen, NICHT-Elementen bzw. Negatoren und von Speicherelementen. x sind die Eingangssignale und y die Ausgangssignale dieser Elemente.

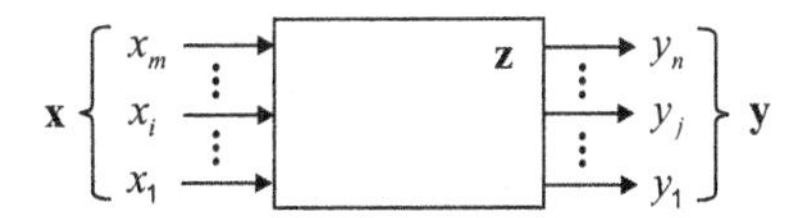

Abb. 3.1 Steuereinrichtungen als binäres System

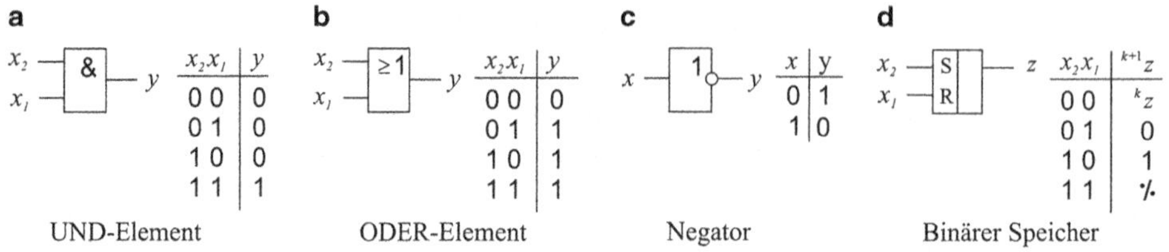

a

x_2, x_1 → & → y

x_2x_1	y
0 0	0
0 1	0
1 0	0
1 1	1

UND-Element

b

x_2, x_1 → ≥1 → y

x_2x_1	y
0 0	0
0 1	1
1 0	1
1 1	1

ODER-Element

c

x → 1 → y

x	y
0	1
1	0

Negator

d

x_2 → S, x_1 → R → z

x_2x_1	${}^{k+1}z$
0 0	${}^{k}z$
0 1	0
1 0	1
1 1	·/·

Binärer Speicher

Abb. 3.2 Symbole von Verknüpfungs- und Speicherelementen mit den zugehörigen Wertetabellen

Die in Abb. 3.2 dargestellten Verknüpfungselemente lassen sich durch mathematische Funktionen beschreiben, die in der Schaltalgebra als *Schaltfunktionen*, boolesche Funktionen oder *binäre Funktionen* bezeichnet werden [MeMe1970], [Zan1982], [PBH1986], [Sca2001]. Speziell für die aufgeführten Elemente werden auch die Begriffe UND-Funktion bzw. Konjunktion, ODER-Funktion bzw. Disjunktion und NICHT-Funktion bzw. Negation verwendet. Diese Funktionen können in Form von *Wertetabellen* dargestellt werden, die in der Schaltalgebra auch *Schaltbelegungstabellen* genannt werden (Abb. 3.2). Im linken Teil der Tabelle werden die Belegungen der Eingangssignale x mit den Werten 0 oder 1 eingetragen. Im rechten Teil der Tabelle stehen jeweils die Werte, die dem Ausgangssignal y zugeordnet sind.

Bei der Beschreibung von Verknüpfungselementen oder allgemein von binären Systemen durch Schaltfunktionen bilden die Eingangssignale x dieser Systeme die unabhängigen Variablen und die Ausgangssignale y die abhängigen Variablen. In der Schaltalgebra handelt es sich im Allgemeinen um Funktionen von mehreren unabhängigen Variablen. Man spricht deshalb auch von m-stelligen Schaltfunktionen (s. Abschn. 3.4.2).

Um Schaltfunktionen in Form von Funktionsgleichungen darzustellen, müssen entsprechende Rechenzeichen festgelegt werden. Für die Konjunktion ist dies das Zeichen $\wedge$ (UND) und für die Disjunktion das Zeichen $\vee$ (ODER). Zur Darstellung der Negation wird ein Querstrich über der betreffenden Variablen verwendet.

Für die drei in Abb. 3.2 dargestellten Schaltfunktionen ergibt sich dann:

Konjunktion: $y = x_2 \wedge x_1$ (gesprochen: y ist gleich x_2 und x_1);

Disjunktion: $y = x_2 \vee x_1$ (gesprochen: y ist gleich x_2 oder x_1);

Negation: $y = \bar{x}$ (gesprochen: y ist gleich x negiert bzw. x quer).

Eine Zeichenreihe, die aus Variablen und schaltalgebraischen Rechenzeichen besteht, wird als *Schaltausdruck*, als *binärer Ausdruck* oder kurz als *Ausdruck* bezeichnet. $x_2 \wedge x_1$ und $x_2 \vee x_1$ sind also Ausdrücke.

Zur Speicherung binärer Signale dienen *Speicherelemente*. Dafür können z. B. bistabile Kippstufen (Flipflops) eingesetzt werden (s. Abschn. 3.5.6.6). In Abb. 3.2d ist das Symbol eines RS-Flipflops dargestellt. S kennzeichnet den Setzeingang und R den Rücksetzeingang. Aus der daneben dargestellten Wertetabelle geht hervor, dass das Ausgangssignal z bei der Eingangskombination 10 den Wert 1 und bei 01 den Wert 0 annimmt. Wenn beide Eingänge den Wert 0 annehmen, bleibt für z der alte Wert erhalten. Beide Eingangssignale dürfen bei RS-Flipflops nicht gleichzeitig den Wert 1 haben. Durch zusätzliche Maßnahmen kann für die Eingangskombination 11 ein dominierend speicherndes oder ein dominierend rücksetzendes Verhalten von Binärspeichern realisiert werden. Die Speichersignale repräsentieren den *inneren Zustand* eines Systems. Wenn in einem System mehrere Binärspeicher vorhanden sind, können deren Ausgangssignale z zu einem Gesamtzustand $\mathbf{z}$ zusammengefasst werden. Zur Berücksichtigung einer derartigen Konstellation wurde in Abb. 3.1 das Symbol $\mathbf{z}$ eingetragen.

Ein binäres System arbeitet in einer diskreten Zeitskala mit aufeinander folgenden, nicht unbedingt gleichlangen Zeitintervallen. Man unterscheidet dabei eine *getaktete* bzw. *synchrone* und eine *ungetaktete* bzw. *asynchrone* Arbeitsweise. Bei der getakteten Arbeitsweise werden Anfang und Ende eines Zeitintervalls durch zwei aufeinander folgende Taktimpulse vorgegeben. Bei der ungetakteten Arbeitsweise wird ein Zeitintervall eröffnet, wenn sich ein Eingangssignal ändert und dadurch eine neue Eingangskombination anliegt. Bei der nächsten Eingangssignaländerung wird es dann abgeschlossen und ein neues Intervall begonnen.

3.2.2 Kombinatorische und sequentielle binäre Systeme

Binäre Systeme können in kombinatorische und sequentielle Systeme eingeteilt werden. Kausal kann als Klassifizierungsmerkmal die Art der Realisierung zugrunde gelegt werden. Kombinatorische binäre Systeme bestehen ausschließlich aus Logik-Elementen. In sequentiellen Systemen werden außer Logik-Elementen auch binäre Speicherelemente eingesetzt. Daraus resultiert dann ein unterschiedliches Verhalten, das in der Art der Zuordnung zwischen Eingangsvektoren $\mathbf{x}$ und Ausgangsvektoren $\mathbf{y}$ zum Ausdruck kommt. Das soll anhand von zwei einfachen Beispielen erläutert werden [Zan1982].

Abbildung 3.3a zeigt den Signalflussplan eines binären Systems, das ausschließlich aus Logik-Elementen besteht, und zwar aus einem UND-Element und einem Negator. Es handelt sich also um ein *kombinatorisches System*. Das in Abb. 3.4a dargestellte binäre System enthält zusätzlich einen binären Speicherbaustein (RS-Flipflop) und muss deshalb als *sequentielles System* betrachtet werden. Die beiden binären Systeme sollen nun bezüg-

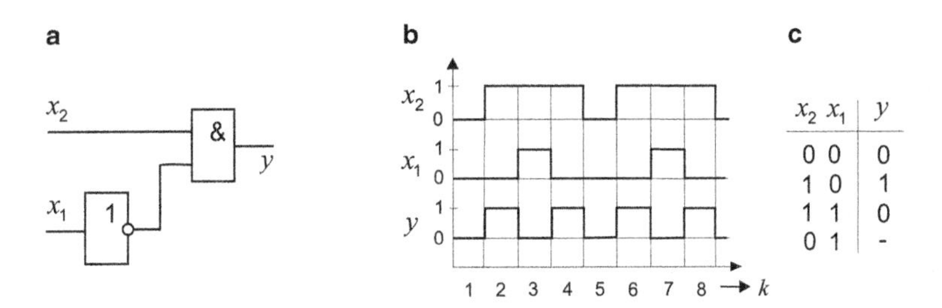

x_2 x_1	y
0 0	0
1 0	1
1 1	0
0 1	-

Abb. 3.3 Verhalten eines kombinatorischen binären Systems

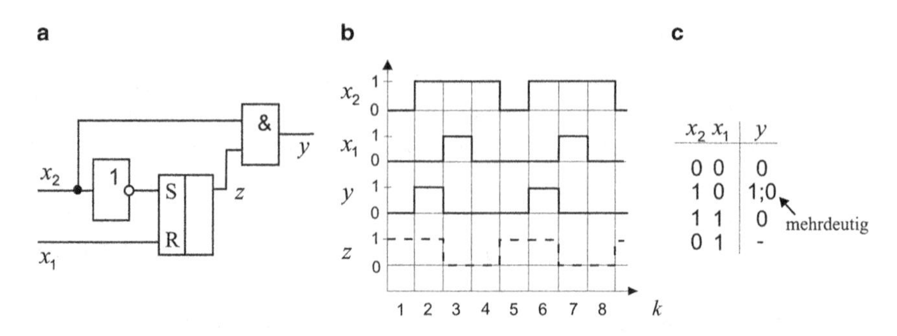

Abb. 3.4 Verhalten eines sequentiellen binären Systems

lich ihres Verhaltens analysiert werden. Dazu wird in beide Systeme die gleiche Folge von Eingangskombinationen eingegebenen. Da beide Systeme zwei Eingänge haben, wären jeweils vier Eingangskombinationen $\mathbf{x} = (x_2, x_1)$ möglich. Es wird aber angenommen, dass die Eingangskombination 01 nicht definiert ist, also nie auftritt, und dass sich beim Übergang von einer Eingangskombination zu einer anderen immer nur der Wert eines Eingangssignals ändert. Begonnen wird mit der Eingangskombination 00. Dann lässt sich z. B. die nachstehende Folge von Eingangskombinationen (x_2, x_1) bilden: 00, 10, 11, 10, 00, 10, 11, 10. Die entsprechenden Verläufe der Signale x_2 und x_1 sind in den Abb. 3.3b und 3.4b in Form von Ablaufdiagrammen dargestellt. Die Abszissen sind in Zeitintervalle untergliedert.

Für das kombinatorische System gemäß Abb. 3.3a ergibt sich die in Abb. 3.3c dargestellte Wertetabelle, aus der die Zuordnung des Wertes von y zu den Eingangskombinationen (x_2, x_1) hervorgeht. Es handelt sich dabei um eine eindeutige Zuordnung. Das Ausgangssignal y nimmt genau dann den Wert 1 an, wenn $x_2 = 1$ und $x_1 = 0$ ist, unabhängig davon, in welchem Zeitintervall diese Signalkombination auftritt. Darin kommt das typische Verhalten eines kombinatorischen Systems zum Ausdruck. Allgemein gilt:

Definition 3.1 Das Tupel $\mathrm{K} = [\mathbf{X}, \mathbf{Y}, h]$ heißt *kombinatorisches binäres System*, wenn

1. $\mathbf{X}$ und $\mathbf{Y}$ nichtleere Mengen sind ($\mathbf{X}$ – Menge von Eingangskombinationen $\mathbf{x}$, $\mathbf{Y}$ – Menge von Ausgangskombinationen $\mathbf{y}$) und
2. h eine eindeutige Abbildung von der Menge $\mathbf{X}$ in die Menge $\mathbf{Y}$ ist.

Die eindeutige Abbildung h stellt eine *Schaltfunktion* (auch binäre Funktion genannt) mit dem Definitionsbereich $\mathbf{X}$ und dem Wertebereich $\mathbf{Y}$ dar, durch die jeder Eingangskombination $\mathbf{x} \in \mathbf{X}$ eindeutig eine Ausgangskombination $\mathbf{y} \in \mathbf{Y}$ zugeordnet ist. Es gilt folgende Funktionsgleichung:

$$\mathbf{y} = h(\mathbf{x}). \tag{3.1}$$

Hinter dieser vektoriellen Schreibweise verbirgt sich das folgende System von Funktionen h_j für die einzelnen im Vektor $\mathbf{y}$ zusammengefassten Ausgangsvariablen y_j in Abhängigkeit von den Eingangsvariablen x_i:

$$\left.\begin{aligned} y_n &= h_n(x_m, \ldots, x_i, \ldots, x_1) \\ &\vdots \\ y_j &= h_j(x_m, \ldots, x_i, \ldots, x_1) \\ &\vdots \\ y_1 &= h_1(x_m, \ldots, x_i, \ldots, x_1) \end{aligned}\right\} \quad (3.2)$$

Steuereinrichtungen, die sich als kombinatorische Systeme beschreiben lassen und für die deshalb die Bezeichnung *kombinatorische Steuereinrichtungen* gewählt wird, werden im Abschn. 3.4 behandelt.

Um das Verhalten des sequentiellen Systems gemäß Abb. 3.4a für die gleiche Folge von Eingangskombinationen zu analysieren, wie das für das kombinatorische System gemäß Abb. 3.3 getan wurde, ist es naheliegend, zunächst ebenfalls ein Ablaufdiagramm anzugeben und eine Wertetabelle aufzustellen (Abb. 3.4b, c). In den aufeinander folgenden Zeitintervallen ergeben sich dabei folgende Signaländerungen:

- Bei der ersten Eingangskombination $(x_2, x_1) = 00$ dieser Folge, die im Zeitintervall 1 auftritt, wird der Binärspeicher gesetzt, d. h. es gilt $z = 1$. Dadurch liegt am UND-Element die Signalkombination 01 an und im Intervall 1 gilt $y = 0$.
- Wenn als Nächstes die Eingangskombination 10 ansteht, bleibt der Speicher gesetzt. Dadurch haben beide Eingangssignale des UND-Elements den Wert 1, sodass im Intervall 2 gilt: $y = 1$.
- Bei der nun folgenden Eingangskombination 11 wird der Speicher zurückgesetzt, d. h. $z = 0$. Dadurch liegt am UND-Element die Wertekombination 10 an, sodass im Intervall 3 gilt: $y = 0$.
- Wenn die Eingangskombination wieder in 10 wechselt, bleibt $z = 0$. Damit weist y im Intervall 4 bei der Eingangskombination 10 den Wert 0 auf. Das Ausgangssignal y hat also bei der gleichen Eingangskombination in den Intervallen 2 und 4 unterschiedliche Werte. Das ist ein Widerspruch, auf den in Abb. 3.4c durch einen Pfeil hingewiesen wird.

Das binäre System mit dem Binärspeicher gemäß Abb. 3.4a lässt sich also nicht durch eine eindeutige Abbildung beschreiben. Der Grund dafür ist darin zu sehen, dass das Ausgangssignal y des sequentiellen Systems außer von den momentan anliegenden Eingangskombinationen noch von dem Ausgangssignal z des Binärspeichers abhängt.

Der Wert des Signals z in einem bestimmten Zeitintervall $k + 1$ hängt aber ebenfalls von den anstehenden Eingangskombinationen und außerdem vom Wert des Signals z im vorhergehenden Intervall k ab. Dass das Signal z in aufeinander folgenden Intervallen unterschiedliche Werte annehmen kann, soll durch hochgestellte Indizes gekennzeichnet werden. Man unterscheidet also zwischen ${}^{k}z$ und ${}^{k+1}z$. Es ist also nahe liegend, das Ver-

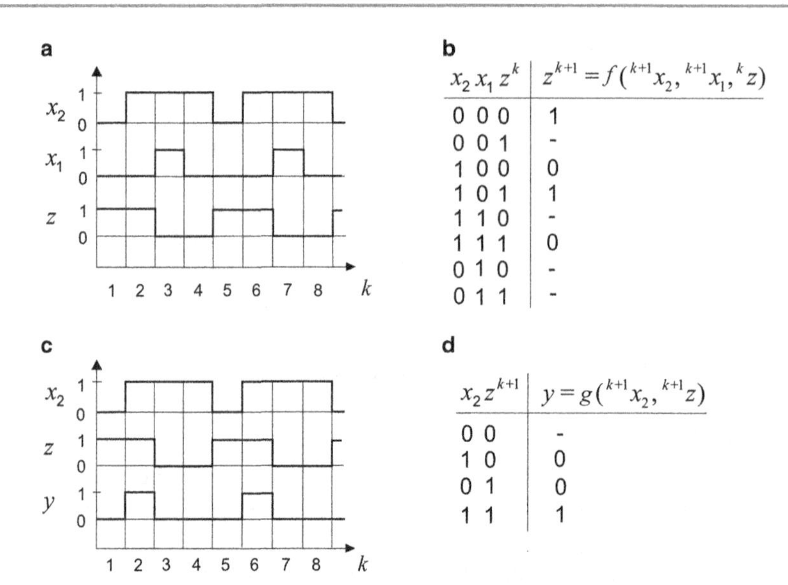

Abb. 3.5 Überführungs- und Ausgabefunktion des sequentiellen Systems gemäß Abb. 3.4a. **a** Verlauf der Signale x_2, x_1 und z, **b** Wertetabelle der Funktion f, **c** Verlauf der Signale x_2, z und y, **d** Wertetabelle der Funktion g

halten des Systems gemäß Abb. 3.4a durch zwei Funktionen f und g zu beschreiben und in zwei getrennten Ablaufdiagrammen darzustellen (Abb. 3.5). Im gewählten Beispiel wird durch f die Abhängigkeit des Signals z im Intervall $k + 1$ (notiert als ^{k+1}z) von $^{k+1}x_2$, $^{k+1}x_1$ und ^kz und durch g die Abhängigkeit des Ausgangssignals y vom Signal z und dem Eingangssignal $^{k+1}x_2$ ausgedrückt.

Abbildung 3.5a zeigt die Verläufe der Signale x_2, x_1 und z aus Abb. 3.4b. In Abb. 3.5b ist die zugehörige Wertetabelle für $^{k+1}z = f(^{k+1}x_2, {}^{k+1}x_1, {}^kz)$ angegeben. Ein Strich bedeutet, dass die betreffende Signalkombination nicht auftritt. Aus dem Signalflussplan gemäß Abb. 3.4a ist ersichtlich, dass das Ausgangssignal y nur von z und x_2 abhängt. Die Abhängigkeit von x_1 ist nur indirekt über z vorhanden. Die entsprechenden Verläufe sind in Abb. 3.5c nochmal in anderer Form dargestellt. Abbildung 3.5d zeigt die zugehörige Wertetabelle für $y = g(^{k+1}x_2, {}^{k+1}z)$. Die in Abb. 3.4c vermerkte Mehrdeutigkeit bezüglich des Ausgangssignals y ist offensichtlich dadurch beseitigt, dass beim Auftreten der Eingangskombination $(x_2, x_1) = 10$ im Intervall 2 der Wert von z gleich 1 und im Intervall 4 gleich 0 ist.

Eine Eigenschaft sequentieller Systeme besteht also darin, dass bei einer Eingangskombination, die in unterschiedlichen Zeitintervallen auftritt, unterschiedliche Ausgangskombinationen auftreten können. Das Verhalten sequentieller Systeme hängt von der *Vorgeschichte* ab, die durch den jeweiligen *inneren Zustand* $\mathbf{z}$ repräsentiert wird.

Das Ausgangssignal z des Binärspeichers (Abb. 3.4a) repräsentiert gewissermaßen den inneren Zustand des sequentiellen Systems. Ein sequentielles System kann natürlich auch mehrere Binärspeicher enthalten. Dann ergibt sich der innere Zustand als Vektor $\mathbf{z}$ der einzelnen Speichersignale z.

$$\mathbf{z} = (z_l, \ldots, z_\kappa, \ldots, z_1) \tag{3.3}$$

Wenn sich die Werte der Ausgangssignale z von Binärspeichern aufgrund einer neu aufgetretenen Eingangskombination $\mathbf{x}$ ändern, entsteht aus einem Zustand ${}^k\mathbf{z}$ im Intervall $k + 1$ ein neuer Zustand ${}^{k+1}\mathbf{z}$. Dieser Folgezustand ${}^{k+1}\mathbf{z}$ hängt dabei gemäß der oben eingeführten Funktion f im Allgemeinen nicht nur von der Eingangskombination $\mathbf{x}$, sondern auch noch von dem Vorzustand ${}^k\mathbf{z}$ ab. f wird Zustandsüberführungsfunktion oder kurz *Überführungsfunktion* genannt. Durch die Funktion g wird die Abhängigkeit der jeweiligen Ausgangskombination $\mathbf{y}$ vom Zustand und von der Eingangskombination beschrieben. g wird deshalb als Ausgabefunktion bezeichnet.

Definition 3.2 Das Tupel $A = [\mathbf{X}, \mathbf{Y}, \mathbf{Z}, f, g]$ heißt *sequentielles System*, wenn

1. $\mathbf{X}, \mathbf{Y}, \mathbf{Z}$ nichtleere Mengen sind ($\mathbf{X}$ – Menge von Eingangskombinationen $\mathbf{x}$, $\mathbf{Y}$ – Menge von Ausgangskombinationen $\mathbf{y}$, $\mathbf{Z}$ – Menge von Zuständen $\mathbf{z}$);
2. f eine auf der Menge $\mathbf{Z} \times \mathbf{X}$ definierte Funktion ist, deren Werte in $\mathbf{Z}$ liegen ($f : \mathbf{Z} \times \mathbf{X} \rightarrow \mathbf{Z}$)
3. g eine auf der Menge $\mathbf{Z} \times \mathbf{X}$ definierte Funktion ist, deren Werte in $\mathbf{Y}$ liegen ($g : \mathbf{Z} \times \mathbf{X} \rightarrow \mathbf{Y}$)

f ist die *Überführungsfunktion* und g die *Ausgabefunktion*.

Steuereinrichtungen, die sich als sequentielle Systeme interpretieren lassen, werden *sequentielle Steuereinrichtungen* genannt. Sequentielle Systeme bzw. Steuereinrichtungen können z. B. durch deterministische Automaten (Abschn. 3.5) oder durch steuerungstechnisch interpretierte Petri-Netze (Abschn. 3.6) beschrieben werden.

3.3 Realisierungsmöglichkeiten von Steuereinrichtungen

3.3.1 Zur historischen Entwicklung der Realisierungsmittel

Bis Anfang der 1960er Jahre wurden Steuereinrichtungen ausschließlich hardwaremäßig durch feste Verbindungen zwischen Bauelementen oder Baueinheiten (Module) realisiert. Durch die Steuerungsaufgabe wird dabei bestimmt, wie die Verbindungen auszuführen sind, damit die erforderliche Funktionalität erreicht wird. Anfangs wurden vor allem elektromechanische Relais und Schütze eingesetzt, deren Kontakte zu Logik- und Speicherschaltungen zusammengefügt wurden. Schwerwiegende Nachteile dieser kontaktbehafteten Bauelemente, wie z. B. die Störanfälligkeit aufgrund von Korrosion der Kontakte, die Empfindlichkeit gegen Erschütterungen und der hohe Energieverbrauch, führten dazu, dass ab den 1950er Jahren versucht wurde, die Relais und Schütze durch kontaktlos arbeitende Bauelemente zu ersetzen, z. B. durch Elektronenröhren und Ferritkerne, durch pneumatische Bauelemente und später durch Logik-Elemente aus Halbleiterbauelementen [ObZa1964], [TSS1967], [TöKr1973]. Für spezielle Anwendungen kamen programmierbare Logik-Schaltkreise (PLDs – Programmable Logic Devices) zum Einsatz [Sca2001].

Bereits in den 1960er Jahren wurden zur Realisierung von Steuerungen auch Minicomputer in Form von Prozessrechnern eingesetzt. 1969 stellte die Firma Modicon (USA) ein Steuergerät vor, das noch keine Mikroprozessoren enthielt, sondern auf der Basis von Halbleiterbauelementen arbeitete, und dessen Funktionalität durch ein in einem Speicher abgelegtes Anwenderprogramm bestimmt wurde. 1974 kamen dann auch in Deutschland die ersten programmierbaren Steuergeräte der Firma Klaschka auf den Markt, die bereits auf der Basis von Mikroprozessoren arbeiteten. Man nannte diese Geräte „*Speicherprogrammierbare Steuereinrichtungen*“ oder kurz „Speicherprogrammierbare Steuerungen“ (SPS). In den USA ist dafür die Bezeichnung „Programmable Logic Controller“, kurz PLC, gebräuchlich. Es handelt sich dabei um eine softwaremäßige Realisierung von Steueralgorithmen. Die Funktionalität der Steuerung kann durch Programmierung leicht geändert werden, ohne dass hardwaremäßige Verbindungen anders verlegt werden müssen.

Um eine Abgrenzung zu den speicherprogrammierbaren Steuereinrichtungen herzustellen, hat man für die hardwaremäßige Realisierung von Steuereinrichtungen nachträglich die Bezeichnung „*Verbindungsprogrammierte Steuereinrichtungen*“ eingeführt [Got1984].

3.3.2 Verbindungsprogrammierte Steuereinrichtungen (VPS)

In diesem Abschnitt soll zunächst auf die Mittel zur Realisierung von verbindungsprogrammierten Steuereinrichtungen hingewiesen werden, die in den 1950er und 1960er Jahren in der industriellen Steuerungstechnik zu einem enormen Entwicklungsschub geführt haben und die außerdem einen gewaltigen Aufschwung der diskreten Mathematik zur Folge hatten. Das sind insbesondere elektromagnetische Relais (Abschn. 1.2.2.2), pneumatische Logik-Elemente und elektronische Logik-Elemente (Gatter) auf der Basis von Dioden und Transistoren.

Abbildung 3.6 zeigt eine Anordnung aus einem *Relais* und drei verschiedenen Kontakten, die von diesem betätigt werden können. Der Arbeitskontakt des Relais X wird mit x und der Ruhekontakt mit $\bar{x}$ bezeichnet. x und $\bar{x}$ sind als binäre Signale bzw. als binäre

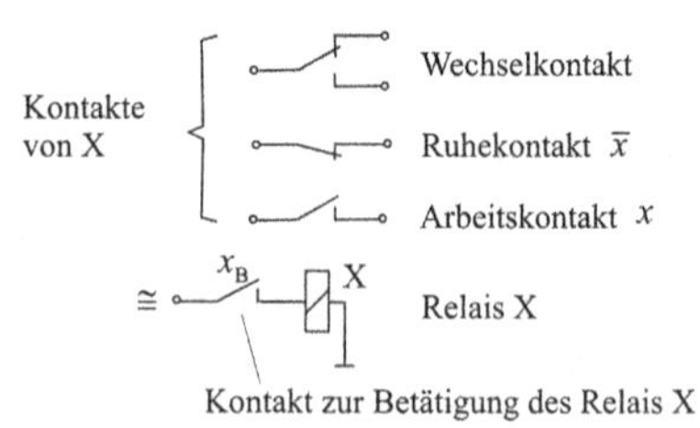

Abb. 3.6 Darstellung eines Relais mit Kontakten

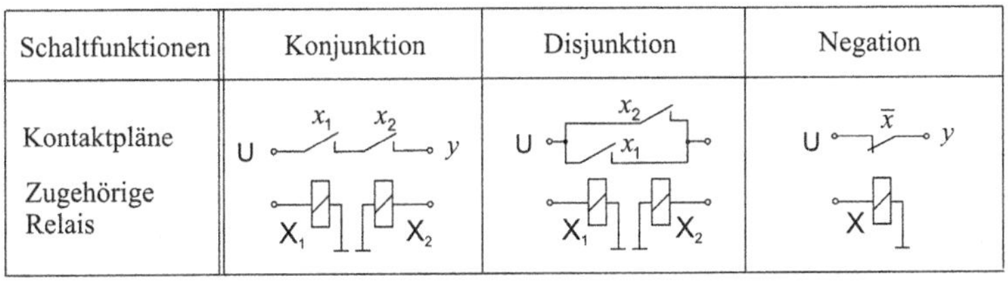

Schaltfunktionen	Konjunktion	Disjunktion	Negation
Kontaktpläne Zugehörige Relais	U x_1 x_2 y X_1 X_2	U x_2 x_1 X_1 X_2	U $\bar{x}$ y X

Abb. 3.7 Realisierung von Schaltfunktionen mit Kontakten von elektromechanischen Relais

Variable aufzufassen. In der in Abb. 3.6 gezeichneten Stellung gilt $x = 0$ und $\bar{x} = 1$. Wenn das Relais X über den Kontakt x_{B} betätigt wird, wird der Arbeitskontakt geschlossen (dann ist $x = 1$), der Ruhekontakt geöffnet (dann ist $\bar{x} = 0$) und der Wechselkontakt umgeschaltet.

In Abb. 3.7 ist angedeutet, wie die UND-Funktion (Konjunktion), die ODER-Funktion (Disjunktion) und die NICHT-Funktion (Negation) durch Zusammenschalten von Kontakten realisiert werden können. Die UND-Verknüpfung liefert genau dann den Wert 1 für y, wenn beide Arbeitskontakte geschlossen sind. Bei der ODER-Verknüpfung gilt genau dann $y = 1$, wenn entweder einer der beiden Kontakte oder beide Kontakte geschlossen sind.

Bei *pneumatischen Logik-Elementen* entfällt der wesentliche Nachteil der elektromagnetischen Relais, nämlich die Störanfälligkeit der Kontakte aufgrund von Korrosion. Außerdem besitzen sie gute Eigenschaften bezüglich des Explosionsschutzes. Sehr verbreitet waren in Deutschland in den 1960er Jahren das pneumatische Logik-Bausteinsystem DRELOBA [TSS1967] mit einem Doppelmembranrelais als Kernstück zur Realisierung logischer Verknüpfungen vom Reglerwerk Dresden und die Membranelemente der Firma SAMSOMATIC.

In der Abb. 3.8 sind *Logik-Elemente mit Dioden und Transistoren* in Positiver Logik dargestellt. Bei dieser Technik entspricht der logische Wert 1 dem H-(High-)Pegel und der Wert 0 dem L-(Low-)Pegel. Bei negativer Logik ist es umgekehrt [TöKr1973]. Bei einem

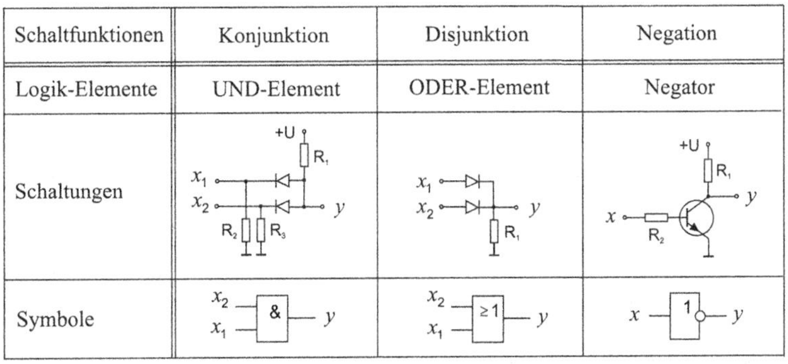

Schaltfunktionen	Konjunktion	Disjunktion	Negation
Logik-Elemente	UND-Element	ODER-Element	Negator
Schaltungen	+U R_1 x_1 x_2 y R_2 R_3	x_1 x_2 y R_1	+U R_1 y x R_2
Symbole	x_2 x_1 & y	x_2 x_1 ≥1 y	x 1 y

Abb. 3.8 Logik-Elemente mit Dioden und Transistoren in positiver Logik zur Realisierung von Schaltfunktionen

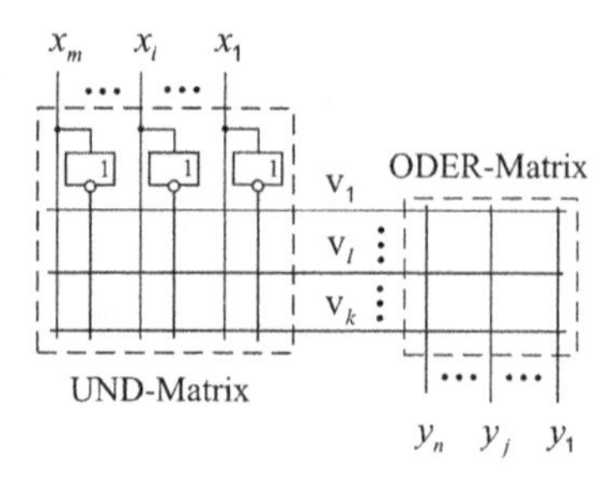

Abb. 3.9 Grundstruktur programmierbarer Logik-Bausteine

UND-Element, das in positiver Logik realisiert ist, liegt y immer dann auf dem L-Pegel, wenn einer der beiden Eingänge den L-Pegel hat, weil dann der zugehörige Widerstand R_2 bzw. R_3 kurzgeschlossen ist. Nur wenn beide Eingänge H-Pegel haben, liegt auch y auf H-Pegel. Beim ODER-Element ergibt sich für y ein H-Pegel, wenn einer der Eingänge auf H-Pegel liegt. Die angegebenen Logik-Elemente können in beliebiger Weise zu zwei- oder mehrstufigen Schaltungen zusammengefügt werden. Derartig aufgebaute Logik-Elemente waren z. B. wesentliche Bestandteile der Steuerungssysteme Simatic der Firma Siemens und Translog von den Elektroapparatewerken Berlin-Treptow.

Bei den *programmierbaren Logik-Schaltkreisen* (Programmable Logic Divices: PLD) handelt es sich um Schaltkreise, die aus zwei Matrixfeldern mit Zeilen- und Spaltenleitungen bestehen (Abb. 3.9). An den Spaltenleitungen des links angeordneten Matrixfeldes, das als UND-Matrix bezeichnet wird, liegen die Eingangssignale x_i in negierter bzw. unnegierter Form an. Die Zeilenleitungen des linken Matrixfeldes werden als Zeilenleitung im rechten Matrixfeld weitergeführt, über dessen Spaltenleitungen Ausgangssignale y_j ausgegeben werden können. Das rechte Matrixfeld wird ODER-Matrix genannt.

In der UND-Matrix lassen sich die einzelnen Zeilen als UND-Elemente ausbilden. Das soll in Abb. 3.10a am Beispiel der Zeile v_1 demonstriert werden. Dazu werden zwischen einzelnen der senkrecht gezeichneten Leitungen, an denen die Eingangssignale als x_i bzw. $\bar{x}_i$ anliegen, und der Leitung v_1, die einen Ausgang dieser Matrix bildet, Dioden in Sperrrichtung eingefügt. Außerdem befindet sich zwischen dieser waagerechten Leitung und +U ein Widerstand R. Durch Vergleich mit Abb. 3.8 erkennt man, dass es sich bei der auf

Abb. 3.10 UND- und ODER-Elemente in programmierbaren Logik-Bausteinen

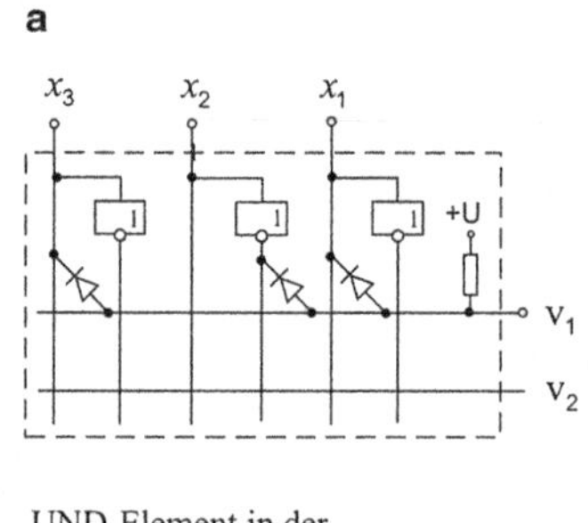

UND-Element in der UND-Matrix

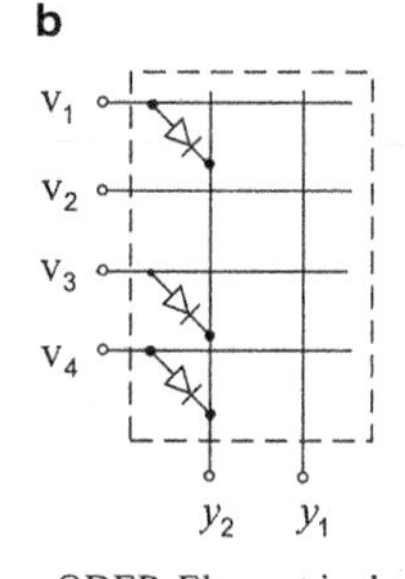

ODER-Element in der ODER-Matrix

diese Weise entstandenen Schaltung um ein UND-Element mit den Eingängen x_3, x_2 und x_1 und dem Ausgang v_1 handelt.

Wenn man in der ODER-Matrix (Abb. 3.10b) zwischen waagerechte Leitungen, z. B. zwischen die Leitungen v_1, v_3, v_4, und einer senkrechten Leitung Dioden in Durchlassrichtung einfügt, ergibt sich ein ODER-Element mit den Eingängen v_1, v_3 und v_4 und dem Ausgang y_2, was sich leicht durch Vergleich mit Abb. 3.8 bestätigen lässt.

In der UND- und der ODER-Matrix können die Dioden zwischen zwei Leitungen entweder bei der Herstellung fest eingefügt oder elektrisch programmierbar konzipiert werden. Unter diesem Aspekt unterscheidet man drei Arten von programmierbaren Logik-Bausteinen bzw. Schaltkreisen:

- PROM (Programmable Read Only Memory)
  Die UND-Matrix ist fest programmiert, die ODER-Matrix ist programmierbar.
- PLA (Programmable Logic Array)
  Die UND-Matrix und die ODER-Matrix sind programmierbar.
- PAL (Programmable Array Logic)
  Die UND-Matrix ist programmierbar und die ODER-Matrix ist fest programmiert.

Mit allen drei Schalkreisarten können durch das Zusammenwirken der UND- und der ODER-Matrix zweistufige UND-ODER-Schaltungen aufgebaut werden, die sich jeweils durch Schaltausdrücke beschreiben lassen, welche so genannte disjunktive Normalformen darstellen (Abschn. 3.4.4). Der Entwurf von Verknüpfungssteuerungen auf der Basis von PLA-Schaltkreisen wird in Beispiel 3.3 in Abschn. 3.4.10 behandelt.

3.3.3 Speicherprogrammierbare Steuereinrichtungen (SPS)

Eine *SPS* ist ein Mikrorechner, der eine spezielle Ein-/Ausgabeperipherie besitzt und sich durch eine *zyklische Programmabarbeitung* auszeichnet. Während in der üblichen Datenverarbeitung ein Programm einen Anfang und ein Ende hat, wird ein SPS-Programm nach einem Durchlauf immer wieder von vorn abgearbeitet (Abb. 3.11). Zu Beginn jedes Zy-

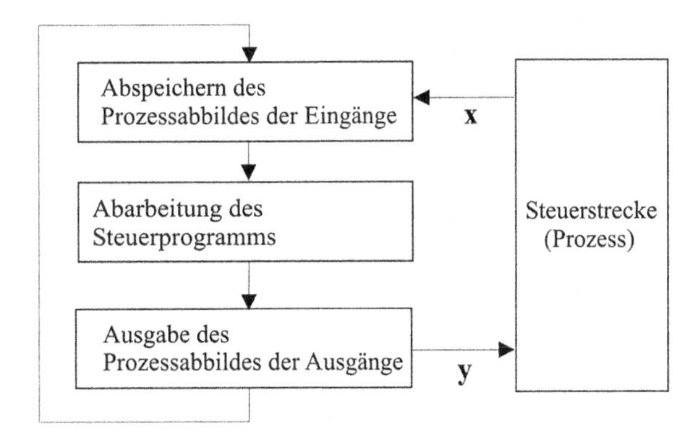

Abb. 3.11 Permanent zyklischer Betrieb einer SPS

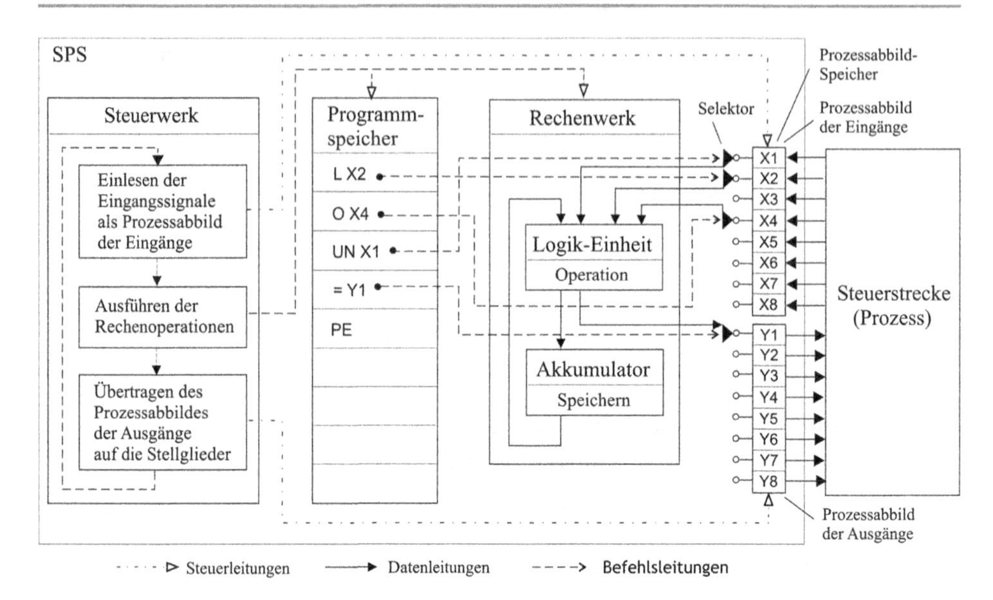

Abb. 3.12 Funktionsschema einer einfachen SPS [Zan1996]

klus werden die Werte 0 oder 1 aller Mess- und Bediensignale, die den Eingangsvektor **x** der SPS bilden, als *Prozessabbild der Eingänge* abgespeichert. Damit wird garantiert, dass während eines Zyklus auf der Basis konstanter Werte der Eingangssignale gerechnet wird. Die durch logische Verknüpfung der Eingangssignale berechneten Werte des Ausgangsvektors **y** werden als Prozessabbild der Ausgänge abgespeichert und am Ende jedes Zyklus an die Stellglieder ausgegeben.

Bezüglich des Aufbaus moderner SPS wird auf die Spezialliteratur verwiesen, z. B. [WeZa1991]. Die prinzipielle Arbeitsweise von SPS soll anhand des Funktionsschemas einer einfachen SPS gemäß Abb. 3.12 erläutert werden. Sie enthält die beiden Abbildspeicher (RAM) zur Speicherung der zu den Abtastzeiten vorhandenen Werte der Eingangs- und Ausgangssignale, ein Rechenwerk, den Programmspeicher (RAM) und das Steuerwerk. Das Steuerwerk gibt den permanent zyklischen Ablauf vor und bestimmt dadurch das Zusammenspiel von Rechenwerk und Programmspeicher sowie die Signalauswahl aus den Abbildspeichern durch die Selektoren. Das Rechenwerk besteht hier aus einem Akkumulator und einer Logik-Einheit, in der logische Verknüpfungen (Operationen) ausgeführt werden können. Für die Operationen werden folgende Abkürzungen vereinbart: L für Laden, O für ODER-Verknüpfung, U für UND-Verknüpfung, N für Negation. PE bedeutet Programmende. Der Akkumulator dient zur Speicherung von Zwischenergebnissen, die von der Logik-Einheit geliefert werden.

Zur Veranschaulichung eines Zyklus der SPS wird der Schaltausdruck $y_1 = (x_2 \vee x_4)\bar{x}_1$ zugrunde gelegt. Die sich daraus ergebende Anweisungsliste für die Berechnung von y_1 ist im Programmspeicher (Abb. 3.12) eingetragen. Zu Beginn des Zyklus werden die aktuellen Werte der Eingangssignale X1, X2 und X4 in die betreffenden Prozessabbildspeicher geladen. Als Nächstes wird im Rechenwerk die im Programmspeicher abgelegte Anweisungsliste sequentiell abgearbeitet, in dem zunächst das Signal X2 und dann das Signal X4 in die Logik-Einheit geleitet und anschließend beide Signale durch ODER verknüpft werden. Das Ergebnis wird im Akkumulator zwischengespeichert. Anschließend wird der negierte Wert des Signals X1 in die Logik-Einheit geladen und mit dem Wert aus dem Akkumulator konjunktiv verknüpft. Der sich dabei ergebende Wert wird als Wert für Y1 in den Prozessabbildspeicher der Ausgänge geladen und am Zyklusende an die Steuerstrecke ausgegeben. Danach wird der nächste Zyklus mit den aktualisierten Signalwerten gestartet. In modernen SPS besitzt das Rechenwerk neben einer Logik-Einheit auch eine Arithmetik-Einheit (ALU – Arithmetic-Logic-Unit). Damit lassen sich mit SPS nicht nur binäre Steuerungen, sondern auch Regelungen realisieren.

Neben der Signalverarbeitung beinhaltet eine SPS auch noch Programmier-, Fehlerbeseitigungs- und Prüffunktionen sowie Funktionen zur Mensch-Maschine-Kommunikation und zur Kommunikation mit anderen Systemen. Bezüglich der Software von SPS unterscheidet man zwischen *Systemsoftware* und *Anwendersoftware*. Bei der Systemsoftware handelt es sich vor allem um Software zur Konfigurierung, Parametrierung, Testung und Inbetriebnahme einer SPS. Um eine SPS für eine vorgegebene Steuerungsaufgabe einsetzen zu können, muss auf der Basis dieser vom Hersteller vorgegebenen Softwarekomponenten das Anwenderprogramm entwickelt werden. Dabei geht es vor allem darum, die für die Lösung der Steuerungsaufgabe notwendigen Steueralgorithmen in die SPS zu implementieren.

Zur Programmierung der SPS werden verschiedene *Fachsprachen* angeboten, die in erster Linie aus den Beschreibungsmitteln abgeleitet wurden [Asp1993], [Asp2000], [Bra1999], [WeZa1991]. Fachsprachen unterscheiden sich von den Beschreibungsmitteln dadurch, dass ihnen Compiler beigeordnet sind, mit denen der Quelltext in die SPS-Maschinensprache übersetzt wird. Folgende Fachsprachen sind genormt [IEC1131-3]:

AWL (Anweisungsliste),
KOP (Kontaktplan), abgeleitet vom Stromlaufplan für Kontakt-Relais,
FUP (Funktionsplan), abgeleitet vom Logik-Plan,
SFC (Sequential Funktion Chart, Ablaufsprache), abgeleitet vom steuerungstechnisch interpretierten Petri-Netz (Steuernetz).

3.3.4 Forderungen an zu entwerfende Steuereinrichtungen

Der Entwurf von kombinatorischen und sequentiellen Steuereinrichtungen ist ein wesentlicher Inhalt der Kernprojektierung von Automatisierungsanlagen [BiHo2009]. Dabei geht es darum, ausgehend von einer informell gegebenen Aufgabenstellung für zu steuernde Aktionen einen durch formale Mittel beschriebenen Steueralgorithmus zu entwickeln, auf dessen Basis die Steuerungsaufgabe als verbindungsprogrammierte oder speicherprogrammierbare Steuereinrichtung realisiert werden kann. Die zu entwerfenden Steuereinrichtungen müssen dabei neben der Forderung nach einer korrekten Umsetzung der Steuerungsaufgabe unter Umständen weitere Forderungen erfüllen.

Bis Anfang der 1970er Jahre bestand die Hauptforderung bei der Realisierung von verbindungsprogrammierten Steuereinrichtungen darin, die Kosten für die benötigten Bauelemente möglichst gering zu halten. Deshalb ging es darum, Steuereinrichtungen so zu entwerfen, dass sie aus einer möglichst geringen Anzahl von Relais bzw. Logik- und Speicherelementen bestehen. Dafür wurden Verfahren entwickelt, mit denen sich einerseits die Anzahl der Relaiskontakte und damit indirekt die Anzahl der benötigten Relais und andererseits auch die Anzahl von Logik-und Speicherelementen minimieren lässt (Abschn. 3.4 und 3.5).

Beim Einsatz der in den 1970er Jahren aufkommenden speicherprogrammierbaren Steuereinrichtungen änderte sich das. Jetzt ging es hauptsächlich darum, den Entwurf der Steueralgorithmen im Hinblick auf die immer komplexer werdenden Steuerungen unter Verwendung von SPS-Fachsprachen effizienter zu gestalten. Damit ist allerdings noch nichts darüber ausgesagt, wie sich die Effizienz des Entwurfs erhöhen lässt.

Neben den genannten Hauptforderungen gab es schon immer weitere Forderungen [Boc1975], die hier aufgelistet werden:

- Niedrige Hardwarekosten,
- niedrige Softwarekosten,
- niedrige Entwurfskosten,
- niedrige Inbetriebnahmekosten,
- hohe Arbeitsgeschwindigkeit,
- geringer Energieverbrauch,
- geringe Wärmeentwicklung,
- hohe Zuverlässigkeit,
- systematische Vorgehensweise beim Entwurf,
- Übersichtlichkeit und leichte Verständlichkeit der Steueralgorithmen,
- leichte Verifizierbarkeit und Testbarkeit der Steueralgorithmen.

Die Prioritäten dieser Forderungen haben sich im Laufe der Jahre verändert. Die Forderung bezüglich minimaler Hardwarekosten steht nicht mehr im Vordergrund. Leider ist es aber bisher nicht gelungen, die restlichen Forderungen mathematisch so zu formulieren, dass sich daraus Verfahren herleiten lassen, mit denen man ihnen in direkter Weise gerecht werden kann, wie dies eben mit den Minimierungsverfahren der Fall ist.

Bei genauerer Betrachtung stellt man aber fest, dass einige der genannten Forderungen in gewisser Weise mit der Forderung nach einer geringen Anzahl von Bau- bzw. Funktionselementen korrelieren. Das soll als erstes *für VPS* erläutert werden:

- Bei einer Hardwarerealisierung werden der Energieverbrauch und die Wärmeentwicklung umso geringer sein, je weniger Elemente, z. B. Schaltkreise, die betreffende verbindungsprogrammierte Steuereinrichtung enthält.

- Die Zuverlässigkeit wird i. Allg. größer werden, wenn man beim Entwurf zunächst versucht, mit möglichst wenigen Bauelementen auszukommen. Erst durch gezielte Vervielfachung von Bauelementen z. B. in Form von Auswahlsystemen lässt sich die Zuverlässigkeit dann weiter erhöhen.
- Eine bessere Übersichtlichkeit und Verständlichkeit sowie eine leichtere Verifizierbarkeit und Testbarkeit der Steueralgorithmen kann dadurch erreicht werden, dass man sie nicht rein intuitiv entwirft, sondern z. B. Schaltausdrücke systematisch als disjunktive oder konjunktive Normalformen darstellt und dann versucht, die Anzahl der Funktionselemente durch Minimierung möglichst gering zu halten. Auch die Verifizierbarkeit und Testbarkeit wird durch bessere Übersichtlichkeit erleichtert.

Somit zeigt sich, dass man bei einer Realisierung als VPS durch eine Minimierung der Anzahl an Bauelementen nicht nur die Forderung nach geringen Hardwarekosten erfüllen kann, sondern auch einigen der übrigen Forderungen gerecht wird. Deshalb erscheint bei VPS eine Aufwandsminimierung mitunter zweckmäßig zu sein.

Die für VPS angestellten Betrachtungen lassen sich hinsichtlich einiger Forderungen auch auf SPS übertragen. Wie bereits angedeutet, geht es beim Einsatz von SPS um eine Erhöhung der Effizienz des Entwurfs und damit u. a. um eine Verringerung der Entwurfskosten. Das kann man aber dadurch erreichen, dass man auch hier beim Entwurf der Steueralgorithmen Forderungen bezüglich der Übersichtlichkeit und leichten Verständlichkeit sowie der einfachen Verifizierbarkeit und Testbarkeit berücksichtigt. Diese Forderungen lassen sich bei SPS ähnlich wie bei VPS dadurch erfüllen, indem man die Anzahl der in der Beschreibung der Steueralgorithmen bzw. der SPS-Fachsprachen verwendeten Funktionselemente verringert bzw. minimiert.

3.4 Beschreibung und Entwurf kombinatorischer Steuereinrichtungen

3.4.1 Zur historischen Entwicklung der Schaltalgebra

Nachdem um 1938 nahezu gleichzeitig von A. Nakashima und M. Hanzava aus Japan [NaHa1938], W.I. Schestakow aus der UdSSR [Sche1938] und C.E. Shannon aus den USA [Sha1938] entdeckt wurde, dass die boolesche Algebra zur Beschreibung von Kontaktschaltungen verwendet werden kann (Abschn. 1.2.3.2), begannen umfangreiche und tiefer gehende Untersuchungen zur Beschreibung und Vereinfachung von kombinatorischen Schaltsystemen. Hier sind insbesondere die Österreicherin H. Piesch [Pie1939], M.A. Gawrilow [Gaw1943] aus der UdSSR und die Österreicher O. Plechl und A. Duschek [PlDu1946] zu nennen. In der Folgezeit erschienen dann Hunderte von Publikationen. Es entstanden zunächst verschiedene Verfahren zur Kürzung von Schaltungen. Die bekanntesten sind wohl die Verfahren von Karnaugh [Kar1953], Quine-McCluskey [Qui1952], [McC1956] und Kasakow [Kas1962].

Wesentliche Beiträge zur Entwicklung der Schaltalgebra leistete H. Rohleder, der als Physiker und Mathematiker an den Universitäten in Berlin, Dresden und Leipzig wirkte. Er vervollständigte die Minimierungstheorie für disjunktive Normalformen, indem er eine Halbordnungsrelation für das Enthaltensein von Normalformen und einen Auswahlausdruck zur Bildung von minimalen Normalformen einführte [Roh1959], [Roh1962]. Im Hinblick auf eine Minimierung von binären Systemen mit mehrere Ausgängen, insbesondere von PLA-Strukturen, wurde diese Normalformtheorie für Einzelausdrücke auf Systeme (Bündel) von Schaltausdrücken erweitert [Zan1970]. Das Verdienst von D. Bochmann ist es, das von M. Böhringer durch die Einführung von Strichvariablen [Böhr1966] initiierte Prinzip der logischen Ableitungen konsequent zu einem Kalkül ausgebaut zu haben [Boc1975], [BoPo1981].

3.4.2 Grundfunktionen der Schaltalgebra

Wie im Abschn. 3.2.2 bereits dargelegt, lassen sich kombinatorische Systeme bzw. Steuereinrichtungen durch Schaltfunktionen beschreiben (Gln. 3.1 und 3.2), durch die jeder definierten Eingangskombination (**x**), d. h. jeder Belegung des Eingangsvektors **x**, eindeutig eine Ausgangskombination (**y**), d. h. eine Belegung des Ausgangsvektors **y**, zugeordnet wird. Beschränkt man sich auf Systeme mit einem Ausgangssignal y und m Eingangssignalen, so ergibt sich folgende m-stellige Schaltfunktion:

$$y = h(x_m, \ldots, x_i, \ldots, x_1) \tag{3.4}$$

Zur Darstellung von Schaltfunktionen eignen sich z. B. Wertetabellen, die auch als Schaltbelegungstabellen oder Wahrheitstabellen bezeichnet werden, und Schaltausdrücke. Besonders übersichtlich lassen sich Schaltfunktionen durch *Logik-Pläne* (d. h. Signalflussdarstellungen mit Logikelementen) oder durch *Kontaktpläne* darstellen (Abschn. 3.4.4).

In Abb. 3.13 sind alle einstelligen und in Abb. 3.14 alle zweistelligen Schaltfunktionen zusammengestellt. Dabei sind die Wertekombinationen der Eingangsvariablen nicht wie bei der üblichen Darstellung der Wertetabelle gemäß Abb. 3.2 in senkrechter Richtung angeordnet, sondern jeweils oben links in waagerechter Richtung eingetragen. Bei m Eingangsvariablen gibt es 2^m Wertekombinationen, bei einstelligen Funktionen also zwei und bei zweistelligen Funktionen vier. Bei Funktionen von m Variablen mit jeweils 2^m Wertekombinationen lassen sich $(2^m)^m$ unterschiedliche Funktionen bilden. Das heißt, für eine

x	0 1	Funktionsname	Formale Darstellung	Verbale Form
y_0	0 0	Null-Funktion	0	y_0 ist konstant 0
y_1	1 0	Identität	x	y_1 ist identisch x
y_2	1 0	Negation	$\bar{x}$	y_2 ist x negiert
y_3	1 1	Eins-Funktion	1	y_3 ist konstant 1

Abb. 3.13 Zusammenstellung der einstelligen Schaltfunktionen

x_2 x_1	0011 0101	Funktionsname	Erläuterung des Operationsprinzips	Symbol. Darstell.	Darstellung als konj. Normalf.
y_0	0000	Null-Funktion	$y_0 = 0$	0	$y_0 = 0$
y_1	0001	Konjunktion	$y_1 = 1$ wenn $x_2 = 1$ und $x_1 = 1$	$x_2 \wedge x_1$	$y_1 = x_2 \wedge x_1$
y_2	0010	Inhibition von x_2	$y_2 = 1$, wenn $x_2 > x_1$	$x_2 > x_1$	$y_2 = x_2 \wedge \bar{x}_1$
y_3	0011	Identität von x_2	$y_3 = x_2$	x_2	$y_3 = x_2$
y_4	0100	Inhibition von x_1	$y_4 = 1$, wenn $x_1 > x_2$	$x_1 > x_2$	$y_4 = \bar{x}_2 \wedge x_1$
y_5	0101	Identität von x_1	$y_5 = x_1$	x_1	$y_5 = x_1$
y_6	0110	Antivalenz	$y_6 = x_1$, wenn $x_2 \neq x_1$	$x_2 \not: x_1$	$y_6 = \bar{x}_2 x_1 \vee x_2 \bar{x}_1$
y_7	0111	Disjunktion	$y_7 = 1$, wenn $x_2 = 1$ oder $x_1 = 1$	$x_2 \vee x_1$	$y_7 = x_2 \vee x_1$
y_8	1000	NOR-Funktion	$y_8 = 0$,wenn $x_2 = 1$ oder $x_1 = 1$	$x_2 \downarrow x_1$	$y_8 = \overline{x_2 \vee x_1}$
y_9	1001	Äquivalenz	$y_9 = 1$, wenn $x_2 = x_1$	$x_2 : x_1$	$y_9 = x_2 x_1 \vee \bar{x}_2 \bar{x}_1$
y_{10}	1010	Negation von x_1	$y_{10} = 1$, wenn $x_1 = 0$	$\bar{x}_1$	$y_{10} = \bar{x}_1$
y_{11}	1011	Implikation	$y_{11} = 1$, wenn $x_1 \leq x_2$	$x_1 \rightarrow x_2$	$y_{11} = x_2 \vee \bar{x}_1$
y_{12}	1100	Negation von x_2	$y_{12} = 1$, wenn $x_2 = 0$	$\bar{x}_2$	$y_{12} = \bar{x}_2$
y_{13}	1101	Implikation	$y_{13} = 1$, wenn $x_2 \leq x_1$	$x_2 \rightarrow x_1$	$y_{13} = \bar{x}_2 \vee x_1$
y_{14}	1110	NAND-Funktion	$y_{14} = 0$, wenn $x_2 = 1$ und $x_1 = 1$	$x_2 \mid x_1$	$y_{14} = \overline{x_2 \wedge x_1}$
y_{15}	1111	Eins-Funktion	$y_{15} = 1$	1	$y_{15} = 1$

Abb. 3.14 Zusammenstellung der zweistelligen Schaltfunktionen

unabhängige Variable gibt es vier einstellige und für zwei Variablen insgesam16 zweistellige Grundfunktionen. Diese vier bzw. 16 verschiedenen Schaltfunktionen $y_j = h_j(\mathbf{x})$ sind in den tabellarischen Zusammenstellungen in senkrechter Richtung aufgelistet.

In der letzten Spalte der Tabelle in Abb. 3.14 sind zu jeder Schaltfunktion zusätzlich die Funktionsgleichungen in einer Darstellung als konjunktive Normalform angegeben. Die Darstellung von Schaltfunktionen unter Verwendung der Operationen Konjunktion, Disjunktion und Negation führt zu einer mathematischen Struktur, die man einen *booleschen Verband* nennt. Damit verbunden ist der Begriff „boolesche Algebra" und der speziell auf binäre Systeme bezogene Begriff „Schaltalgebra".

3.4.3 Grundgesetze und Rechenregeln der Schaltalgebra

In der Schaltalgebra gelten folgende *Grundgesetze*:

Kommutativgesetze (Vertauschungsgesetze)

$$x_2 \wedge x_1 = x_1 \wedge x_2; \tag{3.5}$$

$$x_2 \vee x_1 = x_1 \vee x_2. \tag{3.6}$$

Assoziativgesetze (Verbindungsgesetze)

$$x_3 \wedge x_2 \wedge x_1 = x_3 \wedge (x_2 \wedge x_1) = (x_3 \wedge x_2) \wedge x_1 = (x_3 \wedge x_1) \wedge x_2; \quad (3.7)$$

$$x_3 \vee x_2 \vee x_1 = x_3 \vee (x_2 \vee x_1) = (x_3 \vee x_2) \vee x_1 = (x_3 \vee x_1) \vee x_2. \quad (3.8)$$

Distributivgesetze (Verteilungsgesetze)

$$x_3 \wedge (x_2 \vee x_1) = (x_3 \wedge x_2) \vee (x_3 \wedge x_1); \quad (3.9)$$

$$x_2 \vee (x_1 \wedge x_0) = (x_3 \vee x_2) \wedge (x_3 \vee x_1). \quad (3.10)$$

Idempotenzgesetze

$$x \wedge x = x; \quad (3.11)$$

$$x \vee x = x. \quad (3.12)$$

Absorptionsgesetze

$$x_2 \wedge (x_2 \vee x_1) = x_2; \quad (3.13)$$

$$x_2 \vee (x_2 \wedge x_1) = x_2. \quad (3.14)$$

Inversionsgesetze (De Morgansche Theoreme)

$$\overline{x_2 \wedge x_1} = \bar{x}_2 \vee \bar{x}_1; \quad (3.15)$$

$$\overline{x_2 \vee x_1} = \bar{x}_2 \wedge \bar{x}_1. \quad (3.16)$$

Die Gültigkeit der angegebenen Grundgesetze kann z. B. dadurch nachgewiesen werden, dass man überprüft, ob sich bei allen Belegungen der jeweils vorkommenden Variablen für die links und rechts des Gleichheitszeichens stehenden Schaltausdrücke der gleiche Wert ergibt (Wertverlaufsgleichheit).

Darüber hinaus sind folgende *Umformungsregeln* von Bedeutung.

Bei Verknüpfungen von Variablen mit ihrer Negation gilt:

$$x \wedge \bar{x} = 0; \quad (3.17)$$

$$x \vee \bar{x} = 1. \quad (3.18)$$

Bei Verknüpfungen von Variablen mit Konstanten ergibt sich:

$$x \wedge 1 = x; \quad (3.19)$$

$$x \vee 1 = 1; \quad (3.20)$$

$$x \wedge 0 = 0; \quad (3.21)$$

$$x \vee 0 = x. \quad (3.22)$$

Konvention in der Operatorenfolge

Genauso wie in der normalen Algebra die Konvention gilt, dass Punktrechnung vor Strichrechnung geht, wird in der Schaltalgebra vereinbart, dass die *Konjunktion Vorrang vor der Disjunktion* hat. Damit können der Operator $\wedge$ und die Klammern um einen Konjunktionsterm zugunsten der Lesbarkeit weggelassen werden. Von dieser Vereinbarung wird im Folgenden Gebrauch gemacht. Die *distributiven Gesetze* gemäß Gln. 3.9 und 3.10 lauten dann:

$$x_3(x_2 \vee x_1) = x_3x_2 \vee x_3x_1; \tag{3.23}$$

$$x_3 \vee x_2x_1 = (x_3 \vee x_2)(x_3 \vee x_1). \tag{3.24}$$

Für die *Absorptionsgesetze* gemäß Gln. 3.13 und 3.14 folgt entsprechend:

$$x_2(x_2 \vee x_1) = x_2; \tag{3.25}$$

$$x_2 \vee x_2x_1 = x_2. \tag{3.26}$$

Aus den Grundgesetzen lassen sich Rechenregeln ableiten, die, wie die Grundgesetze selbst, dazu verwendet werden können, Schaltausdrücke mit einer bestimmten Zielstellung identisch umzuformen bzw. zu vereinfachen. Die wichtigsten Rechenregeln sind die Ausklammerregeln und die Kürzungsregeln.

Ausklammerregeln

Aus den Distributionsgesetzen (Gln. 3.23 und 3.24) folgt unmittelbar:

$$x_4x_1 \vee x_3x_1 \vee x_2x_1 = (x_4 \vee x_3 \vee x_2)x_1; \tag{3.27}$$

$$(x_4 \vee x_1)(x_3 \vee x_1)(x_2 \vee x_1) = x_4x_3x_2 \vee x_1. \tag{3.28}$$

Bei der *Ausklammerung* kommt es darauf an, in Schaltausdrücken gleiche Variablen oder auch gleiche Variablenkombinationen so auszuklammern, dass Klammerausdrücke mit weniger logischen Operationen entstehen.

Kürzungsregeln

$$x_2x_1 \vee x_2\bar{x}_1 = x_2. \tag{3.29}$$

Nachweis (mit Bezug auf Gln. 3.27 und 3.18): $x_2x_1 \vee x_2\bar{x}_1 = x_2(x_1 \vee \bar{x}_1) = x_2$.

$$(x_2 \vee x_1)(x_2 \vee \bar{x}_1) = x_2. \tag{3.30}$$

Nachweis (mit Bezug auf Gln. 3.28 und 3.17): $(x_2 \vee x_1)(x_2 \vee \bar{x}_1) = x_2 \vee x_1\bar{x}_1 = x_2$.

Bei der Kürzung geht es darum, in Schaltausdrücken jeweils zwei Terme mit den gleichen Variablen zu finden, die sich an genau einer Stelle unterscheiden, d. h. bei denen eine Variable in einem Term unnegiert und im anderen negiert vorkommt.

3.4.4 Darstellung von Schaltausdrücken durch Logik- und Kontaktpläne

Logik-Pläne und Kontaktpläne sind nicht nur für verbindungsprogrammierte Steuereinrichtungen (VPS) von Bedeutung. Aus ihnen sind auch die SPS-Fachsprachen FUP und KOP hervorgegangen (Abschn. 3.3.3). Die Erstellung von Logik- und Kantaktplänen soll anhand des folgenden Schaltausdrucks demonstriert werden.

$$y = x_4\bar{x}_1 \vee x_3x_2 \vee x_3x_1. \tag{3.31}$$

Die Darstellung dieses Ausdrucks in Form eines Logik-Plans und eines Kontaktplans zeigt Abb. 3.15. Für eine Realisierung als VPS sind 5 Logik-Elemente bzw. 6 Kontakte erforderlich.

Durch Ausklammern der Variablen x_3 aus dem Ausdruck gemäß Gl. 3.31 ergibt sich folgender Klammerausdruck.

$$y = x_4\bar{x}_1 \vee x_3(x_2 \vee x_1). \tag{3.32}$$

In Abb. 3.16 sind zu dem Ausdruck gemäß Gl. 3.32 der Logik-Plan und der Kontaktplan dargestellt.

Durch das Ausklammern wird die Anzahl der Kontakte verringert. Die Anzahl der benötigten Logik-Elemente verändert sich in diesem Beispiel nicht. Es erhöht sich aber die Anzahl der Stufen, was bei einer VPS-Realisierung zu einer Erhöhung der Arbeitsgeschwindigkeit führt. Ob ein Ausklammern bei einer Realisierung mit Logik-Elementen sinnvoll ist, muss von Fall zu Fall entschieden werden.

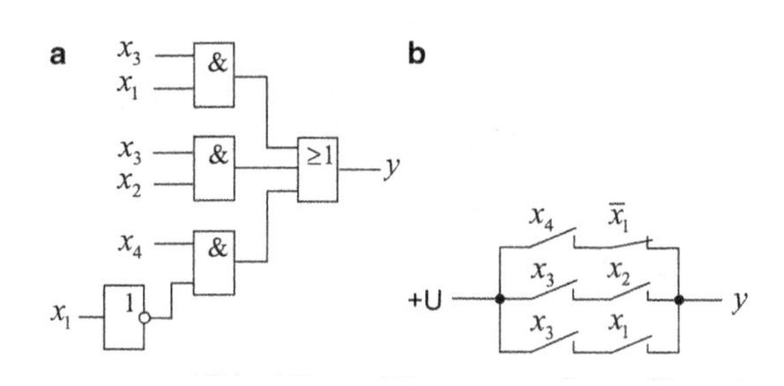

Abb. 3.15 Logik- und Kontaktplan zu Gl. 3.31

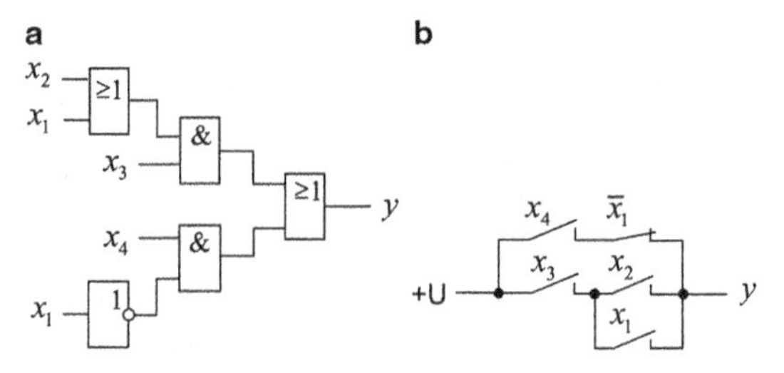

Abb. 3.16 Logik- und Kontaktplan zu Gl. 3.32

3.4.5 Disjunktive und konjunktive Normalformen

Für die schaltalgebraische Darstellung von Schaltfunktionen auf der Basis der logischen Operationen *Konjunktion*, *Disjunktion* und *Negation* lassen sich gewisse Standardformen vereinbaren, die man als disjunktive bzw. konjunktive Normalformen bezeichnet. Dazu sollen zunächst einige Begriffe definiert werden.

Eine Konjunktion von Variablen heißt *Fundamentalkonjunktion* FK, wenn jede in ihr auftretende Variable nur einmal vorkommt, und zwar entweder in unnegierter oder in negierter Form. Beispiele für Fundamentalkonjunktionen sind die Terme x_2x_1 und $x_3\bar{x}_1$. Dagegen sind die Konjunktionen $x_2\bar{x}_2x_1$ und $x_3x_3\bar{x}_1$ keine Fundamentalkonjunktionen.

Eine Disjunktion von Variablen wird *Fundamentaldisjunktion* FD genannt, wenn jede in ihr auftretende Variable nur einmal vorkommt, und zwar entweder in unnegierter oder in negierter Form.

Eine *disjunktive Normalform* DN ist eine Disjunktion von Fundamentalkonjunktionen. Eine *konjunktive Normalform* KN ist eine Konjunktion von Fundamentaldisjunktionen.

Ein Beispiel für eine disjunktive Normalform einer Funktion ist der folgende Ausdruck:

$$\mathrm{DN} = x_3x_1 \vee \bar{x}_3x_2\bar{x}_1 \vee x_3\bar{x}_2. \tag{3.33}$$

Ein entsprechendes Beispiel für eine konjunktive Normalform ist der folgende Ausdruck:

$$\mathrm{KN} = (x_3 \vee \bar{x}_2)(x_2 \vee x_1)(x_3 \vee \bar{x}_2 \vee \bar{x}_1). \tag{3.34}$$

Enthält eine Fundamentalkonjunktion alle Variablen einer Funktion, so wird sie auch als *Elementarkonjunktion* EK bezeichnet. Der zur Funktion $y = h(x_3, x_2, x_1)$ gehörende Term $\bar{x}_3x_2\bar{x}_1$ in Gl. 3.33 ist demzufolge eine Elementarkonjunktion.

Wenn in einer Fundamentaldisjunktion alle Variablen vorkommen, die zum Vorbereich einer Funktion gehören, dann handelt es sich um eine *Elementardisjunktion* ED. In Gl. 3.34 ist $(x_3 \vee \bar{x}_2 \vee \bar{x}_1)$ eine Elementardisjunktion von $y = h(x_3, x_2, x_1)$.

Bei der Beschreibung kombinatorischer Steuereinrichtungen treten im Allgemeinen komplexe Schaltfunktionen auf, die z. B. in Form von Wertetabellen gegeben sein können. Dabei kommt es dann darauf an, zu einer gegebenen Wertetabelle eine *Funktionsgleichung* anzugeben. Dies kann entweder in Form einer konjunktiven oder einer disjunktiven Normalform erfolgen.

Die Herleitung dieser Normalformen soll am Beispiel einer dreistelligen Funktion $y = h(x_3, x_2, x_1)$ erläutert werden, deren Wertetabelle in Abb. 3.17 links vom Doppelstrich dargestellt ist. In der linken Spalte der Wertetabelle sind alle Eingangskombinationen $\mathbf{x}_k$, d. h. alle möglichen Wertekombinationen bzw. Belegungen für die drei unabhängigen Variablen x_3, x_2 und x_1 aufgelistet. Der Index k von $\mathbf{x}_k$ gibt dabei das *duale Äquivalent der Eingangskombination* an. Daneben sind die Werte für y eingetragen, die den einzelnen Eingangskombinationen gemäß der Funktion h zugeordnet sind.

Zu jeder Eingangskombination $\mathbf{x}_k$ einer Schaltfunktion $y = h(\mathbf{x})$ lässt sich eine Konjunktion bilden, die sich dadurch auszeichnet, dass die Variablen, die in der Eingangskom-

Abb. 3.17 Elementarkonjunktionen und Elementardisjunktionen einer dreistelligen Schaltfunktion

$x_3x_2x_1$	k	y	Elementar-konjunktionen	Elementar-disjunktionen
0 0 0	0	0	$\bar{x}_3\bar{x}_2\bar{x}_1$	$x_3 \vee x_2 \vee x_1$
0 0 1	1	0	$\bar{x}_3\bar{x}_2x_1$	$x_3 \vee x_2 \vee \bar{x}_1$
0 1 0	2	0	$\bar{x}_3x_2\bar{x}_1$	$x_3 \vee \bar{x}_2 \vee x_1$
0 1 1	3	1	$\bar{x}_3x_2x_1$	$x_3 \vee \bar{x}_2 \vee \bar{x}_1$
1 0 0	4	1	$x_3\bar{x}_2\bar{x}_1$	$\bar{x}_3 \vee x_2 \vee x_1$
1 0 1	5	1	$x_3\bar{x}_2x_1$	$\bar{x}_3 \vee x_2 \vee \bar{x}_1$
1 1 0	6	0	$x_3x_2\bar{x}_1$	$\bar{x}_3 \vee \bar{x}_2 \vee x_1$
1 1 1	7	1	$x_3x_2x_1$	$\bar{x}_3 \vee \bar{x}_2 \vee \bar{x}_1$

bination $\mathbf{x}_k$ durch den Wert 0 gekennzeichnet sind, in der Konjunktion in negierter Form vorkommen, und die Variablen, die den Wert 1 haben, in unnegierter Form vorhanden sind. Da in diesen Konjunktionen alle Variablen dieser Funktion entweder in unnegierter oder in negierter Form vorkommen, handelt es sich um *Elementarkonjunktionen* EK_k. Diese sind in der linken Spalte des rechten Teils der Tabelle (Abb. 3.17) eingetragen.

In entsprechender Weise lässt sich zu jeder Eingangskombination $\mathbf{x}_k$ einer Schaltfunktion $y = h(\mathbf{x})$ auch eine *Elementardisjunktion* ED_k bilden, die sich dadurch auszeichnet, dass die Variablen, die in der Eingangskombination durch den Wert 0 gekennzeichnet sind, in der Disjunktion in unnegierter Form vorkommen, und die Variablen, die den Wert 1 haben, in negierter Form vorhanden sind. Diese Elementardisjunktionen sind in der rechten Spalte des rechten Teils der Tabelle (Abb. 3.17) eingetragen.

Eigenschaften von Elementarkonjunktionen
Zu jeder Eingangskombination $\mathbf{x}_k$ einer Schaltfunktion $y = h(\mathbf{x})$ existiert genau eine Elementarkonjunktion EK_k, die den *Wert 1* annimmt, wenn eine Belegung der Eingangsvariablen auftritt, die der Eingangskombination $\mathbf{x}_k$ entspricht.

Eigenschaften von Elementardisjunktionen
Zu jeder Eingangskombination $\mathbf{x}_k$ einer Schaltfunktion $y = h(\mathbf{x})$ existiert genau eine Elementardisjunktion ED_k, die den *Wert 0* annimmt, wenn eine Belegung der Eingangsvariablen auftritt, die der Eingangskombination $\mathbf{x}_k$ entspricht.

Zwischen den Elementarkonjunktionen EK_i und den zugehörigen Elementardisjunktionen ED_i existieren gemäß den De Morganschen Theoremen folgende Zusammenhänge:

$$\overline{\mathrm{EK}_k} = \mathrm{ED}_k, \qquad (3.35)$$

$$\overline{\mathrm{ED}_k} = \mathrm{EK}_k. \qquad (3.36)$$

Für die Funktion gemäß Abb. 3.17 soll das an zwei Beispielen demonstriert werden:

$$\overline{\mathrm{EK}_2} = \overline{\bar{x}_3x_2\bar{x}_1} = x_3 \vee \bar{x}_2 \vee x_1 = \mathrm{ED}_2, \qquad (3.37)$$

$$\overline{\mathrm{ED}_5} = \overline{\bar{x}_3 \vee x_2 \vee \bar{x}_1} = x_3\bar{x}_2x_1 = \mathrm{EK}_5. \qquad (3.38)$$

Unter Bezugnahme auf die Eigenschaften von Elementarkonjunktionen kann zu einer Schaltfunktion $y = h(\mathbf{x})$ ein Schaltausdruck dadurch gebildet werden, dass man die Elementarkonjunktionen, denen für y der Wert 1 zugeordnet ist, disjunktiv verknüpft. Eine Disjunktion der Elementarkonjunktionen einer Schaltfunktion $y = h(\mathbf{x})$, denen der Funktionswert 1 zugeordnet ist, wird *kanonische disjunktive Normalform* KDNF genannt. Für die in Abb. 3.17 als Wertetabelle dargestellte Schaltfunktion $y = h(\mathbf{x})$ ergibt sich die folgende kanonische disjunktive Normalform:

$$\text{KDNF} = \bar{x}_3 x_2 x_1 \vee x_3 \bar{x}_2 \bar{x}_1 \vee x_3 \bar{x}_2 x_1 \vee x_3 x_2 x_1 . \tag{3.39}$$

Eigenschaften von kanonischen disjunktiven Normalformen
Eine kanonische disjunktive Normalform nimmt immer dann den *Wert 1* an, wenn auf Grund einer Belegung der Eingangsvariablen eine Eingangskombination $\mathbf{x}_k$ auftritt, der der Wert 1 zugeordnet ist. Ansonsten ist ihr Wert 0.

Wenn man sich auf die Eigenschaften von Elementardisjunktionen bezieht, kann zu einer Schaltfunktion $y = h(\mathbf{x})$ auch ein Schaltausdruck dadurch gebildet werden, dass man die Elementardisjunktionen, denen für y der Wert 0 zugeordnet ist, konjunktiv verknüpft. Eine Konjunktion von Elementardisjunktionen einer Schaltfunktion $y = h(\mathbf{x})$, denen der Funktionswert 0 zugeordnet ist, wird *kanonische konjunktive Normalform* KKNF genannt. Für die in Abb. 3.17 dargestellte Schaltfunktion $y = h(x_2, x_1, x_0)$ ergibt sich folgende kanonische konjunktive Normalform:

$$\text{KKNF} = (x_3 \vee x_2 \vee x_1)(x_3 \vee x_2 \vee \bar{x}_1)(x_3 \vee \bar{x}_2 \vee x_1)(\bar{x}_3 \vee \bar{x}_2 \vee x_1). \tag{3.40}$$

Eigenschaften von kanonischen konjunktiven Normalformen
Eine kanonische konjunktive Normalform nimmt dann den *Wert 0* an, wenn auf Grund einer Belegung der Eingangsvariablen eine Eingangskombination $\mathbf{x}_k$ anliegt, der der Wert 0 zugeordnet ist. Ansonsten ist ihr Wert 1.

3.4.6 Vorgehen beim Entwurf kombinatorischer Steuereinrichtungen

3.4.6.1 Entwurfsschritte

Beim Entwurf kombinatorischer Steuereinrichtungen kommt es darauf an, ausgehend von einer informell gegebenen Aufgabenstellung eine formale Darstellung als Grundlage für die Realisierung zu erstellen (s. Beispiel 3.1 im Abschn. 3.4.10). Im Abschn. 3.3.4 wurde darauf hingewiesen, dass dabei bestimmte Forderungen zu beachten sind. Daraus ergibt sich folgende *Vorgehensweise für den Entwurf kombinatorischer Steuerungen:*

1. Darstellung der Steuerungsalgorithmen in Form von Wertetabellen;
2. Aufstellen von Schaltausdrücken in Form (kanonischer) disjunktiver oder konjunktiver Normalformen;

3. Gegebenenfalls Vereinfachung der Schaltausdrücke durch Kürzen oder Ausklammern;
4. Darstellung der als Schaltausdrücke vorliegenden Steueralgorithmen in Form von Kontaktplänen oder Logikplänen;
5. Bei einer Realisierung mittels SPS Umwandlung der Kontakt- bzw. Logikpläne in die Fachsprachen KOP oder FUB.

Bei dieser Vorgehensweise können unabhängig von einer vorgesehenen Realisierung als VPS oder als SPS eine gute Übersichtlichkeit und Verständlichkeit sowie eine leichte Verifizierbarkeit und Testbarkeit der Steueralgorithmen erreicht werden (Abschn. 3.3.4). Bei VPS können durch diese Vorgehensweise auch die übrigen der im Abschn. 3.3.4 angegebenen Forderungen berücksichtigt werden.

3.4.6.2 Kürzen von Schaltausdrücken durch Anwendung der Kürzungsregeln

In diesem Abschnitt wird zunächst gezeigt, wie das Kürzen der Schaltausdrücke (Schritt 3) durch direktes Anwenden der Kürzungsregeln gemäß Gl. 3.29 bzw. 3.30 vorzunehmen ist. Durch die Anwendung der Kürzungsregeln, die im Abschn. 3.4.3 aus den Rechenregeln abgeleitet wurden, ist gewährleistet, dass die entstehenden gekürzten Ausdrücke bei allen Wertekombinationen der zugrunde liegenden Schaltfunktion den gleichen Wahrheitswert besitzen wie der ursprüngliche Ausdruck. Solche Schaltausdrücke nennt man *wertverlaufsgleich*.

Als erstes soll die Anwendung der Kürzungsregel gemäß Gl. 3.29 auf die kanonische disjunktive Normalform gemäß Gl. 3.39 demonstriert werden, die aus vier Elementarkonjunktionen EK_i besteht.

$$\mathrm{KDNF} = \bar{x}_3 x_2 x_1 \vee x_3 \bar{x}_2 \bar{x}_1 \vee x_3 \bar{x}_2 x_1 \vee x_3 x_2 x_1 \tag{3.41}$$

In diesem Schaltausdruck unterscheiden sich die Elementarkonjunktionen EK_3 und EK_7 sowie die Elementarkonjunktionen EK_4 und EK_5 jeweils in einer Variablen (die Indizes geben die dualen Äquivalente der Elementarkonjunktionen an). Dadurch ergeben sich die folgenden beiden Kürzungsmöglichkeiten:

$$\bar{x}_3 x_2 x_1 \vee x_3 x_2 x_1 = x_2 x_1; \tag{3.42}$$

$$x_3 \bar{x}_2 \bar{x}_1 \vee x_3 \bar{x}_2 x_1 = x_3 \bar{x}_2. \tag{3.43}$$

Damit erhält man als gekürzten Schaltausdruck folgende disjunktive Normalform, die nur noch zwei Fundamentalkonjunktionen mit je zwei Variablen enthält:

$$\mathrm{DNF} = x_2 x_1 \vee x_3 \bar{x}_2. \tag{3.44}$$

Die Kürzung der Gl. 3.41 zur Gl. 3.44 soll nun in Abb. 3.18 anhand von Wertetabellen veranschaulicht werden. Das ist für die systematischen Kürzungsverfahren gemäß Abschn. 3.4.8 von Bedeutung. In der linken Tabelle sind die Elementarkonjunktionen der

Abb. 3.18 Veranschaulichung der Kürzung der KDNF gemäß Gl. 3.41

KDNF (Gl. 3.41)	Wertekombinationen des Binärvektors		DNF (Gl. 3.44)	Wertekombinationen des Ternärvektors
EK	$x_3x_2x_1$		FK	$x_3x_2x_1$
$\bar{x}_3x_2x_1$	0 1 1	}	x_2x_1	- 1 1
$x_3x_2x_1$	1 1 1			
$x_3\bar{x}_2\bar{x}_1$	1 0 0	}	$x_3\bar{x}_2$	1 0 -
$x_3\bar{x}_2x_1$	1 0 1			

Gl. 3.41 und die zugehörigen Wertekombinationen (Belegungen) dargestellt. Die durch Kürzung der Elementarkonjunktionen EK_3 und EK_7 bzw. EK_4 und EK_5 entstehenden Fundamentalkonjunktionen FK sind in der rechten Tabelle eingetragen. Daneben sind die entsprechenden Wertekombinationen angegeben, wobei die durch die Kürzung weggefallenen Variablen durch einen Strich ersetzt sind. Wertekombinationen, die einen oder mehrere Striche enthalten, werden *gekürzte Wertekombinationen* genannt. Für „gekürzte Wertekombinationen" wird auch der Begriff *Ternärvektor* verwendet [Boc1982].

Bei der Darstellung von Schaltfunktionen als Tabellen von gekürzten Wertekombinationen ist zu beachten, dass der Strich (–) nicht beliebig durch 0 *oder* 1 ersetzt werden darf, wie das bei dem weiter unten noch einzuführende Zeichen Φ für die Ausgangsvariablen y der Fall ist, durch das gleichgültige Elementarkonjunktionen gekennzeichnet werden. Bei den Eingangsvariablen muss der Strich durch 0 *und* 1 ersetzt werden. Dadurch ergeben sich aus einer gekürzten Wertekombination die beiden ursprünglichen Wertekombinationen des zugrunde liegenden Binärvektors. Enthält eine gekürzte Wertekombination mehrere Striche, dann müssen für die Striche insgesamt alle möglichen Kombinationen aus 0 und 1 eingesetzt werden.

Im Folgenden wird die Kürzungsregel gemäß Gl. 3.30 auf die kanonische konjunktive Normalform gemäß Gl. 3.40 der in Abb. 3.17 dargestellten Schaltfunktion $y = h(x_2, x_1, x_0)$ angewendet.

$$\mathrm{KKNF} = (x_3 \vee x_2 \vee x_1)(x_3 \vee x_2 \vee \bar{x}_1)(x_3 \vee \bar{x}_2 \vee x_1)(\bar{x}_3 \vee \bar{x}_2 \vee x_1). \tag{3.45}$$

Eine Kürzung ist zwischen den Elementardisjunktionen ED_0 und ED_1 sowie zwischen den Elementardisjunktionen ED_2 und ED_6 möglich:

$$(x_3 \vee x_2 \vee x_1)(x_3 \vee x_2 \vee \bar{x}_1) = x_3 \vee x_2; \tag{3.46}$$

$$(x_3 \vee \bar{x}_2 \vee x_1)(\bar{x}_3 \vee \bar{x}_2 \vee x_1) = \bar{x}_2 \vee x_1. \tag{3.47}$$

Als gekürzten Ausdruck erhält man folgende konjunktive Normalform:

$$\mathrm{KNF} = (x_3 \vee x_2)(\bar{x}_2 \vee x_1). \tag{3.48}$$

Dieser Ausdruck enthält nur noch zwei Fundamentaldisjunktionen mit je zwei Variablen.

Bei dem gewählten Beispiel ließ sich eine Kürzung lediglich zwischen jeweils zwei Elementarkonjunktionen bzw. Elementardisjunktionen durchführen. Mitunter lassen sich gekürzte Terme, die die gleichen Variablen in unnegierter oder negierter Form enthalten, sich aber an genau einer Stelle unterscheiden, wieder untereinander kürzen. Wenn man dies solange fortsetzt, bis keine Kürzung mehr möglich ist, ergeben sich die „kürzesten" Terme. Sie werden bei disjunktiven Normalformen *Primkonjunktionen* und bei konjunktiven Normalformen *Primdisjunktionen* genannt. Als Oberbegriff ist „Primimplikanten" gebräuchlich. In der DNF gemäß Gl. 3.44 handelt es sich bei den beiden Fundamentalkonjunktionen x_2x_1 und $x_3\bar{x}_2$ um Primkonjunktionen. In der KNF gemäß Gl. 3.48 sind die beiden Fundamentaldisjunktionen $x_3 \vee x_2$ und $\bar{x}_2 \vee x_1$ Primdisjunktionen. Die gekürzte disjunktive Normalform gemäß Gl. 3.44 wird als minimale disjunktive und die gekürzte konjunktive Normalform gemäß Gl. 3.48 als minimale konjunktive Normalform bezeichnet.

3.4.6.3 Einbeziehung von gleichgültigen Eingangskombinationen

Bei praktisch vorliegenden Problemstellungen für kombinatorische Steuereinrichtungen ist nicht für jede Eingangskombination der zugehörige Wert der Ausgangsvariablen eindeutig vorgegeben. Der Grund dafür ist darin zu sehen, dass es entweder aus bestimmten Gründen gleichgültig ist, welcher Wert des Ausgangssignals einer Eingangskombination zugeordnet ist, oder dass die betreffende Eingangskombination aufgrund von technischen Beschränkungen überhaupt nicht auftreten kann. In beiden Fällen soll von nicht definierten bzw. *gleichgültigen Eingangskombinationen* (Belegungen) gesprochen werden. Es handelt sich dann um unvollständig bestimmte oder *partielle Schaltfunktionen.* Um zum Ausdruck zu bringen, dass der Wert einer Eingangskombination gleichgültig ist, wird das Zeichen Φ verwendet. Φ kann in beliebiger Weise durch 1 oder 0 ersetzt werden. Gleichgültige Eingangskombinationen können bei der Vereinfachung von Schaltausdrücken im Sinne einer günstigen Kürzung genutzt werden. Zur Demonstration dieses Sachverhalts dient der folgende Schaltausdruck.

$$y = h(x_4, x_3, x_2, x_1) = x_4\bar{x}_3\bar{x}_2x_1 \vee x_4\bar{x}_3x_2x_1 \vee \bar{x}_4\bar{x}_3x_2\bar{x}_1. \tag{3.49}$$

Bei diesem Ausdruck ist nur eine Kürzung zwischen den Elementarkonjunktionen EK_9 und EK_{11} möglich, die zur folgenden minimalen disjunktiven Normalform führt:

$$y = x_4\bar{x}_3x_1 \vee \bar{x}_4\bar{x}_3x_2\bar{x}_1. \tag{3.50}$$

Sowohl in Gl. 3.49 als auch in Gl. 3.50 ist y bei den drei Wertekombinationen 1001, 1011 und 0010 gleich 1.

Bei der betrachteten Schaltfunktion h mögen die beiden Elementarkonjunktionen $\mathrm{EK}_0 = \bar{x}_4\bar{x}_3\bar{x}_2\bar{x}_1$ und $\mathrm{EK}_5 = \bar{x}_4x_3\bar{x}_2x_1$ gleichgültig sein. Sie können, in Klammern gesetzt, in den Ausdruck von Gl. 3.49 aufgenommen werden. Man erhält dann:

$$y = h(x_4, x_3, x_2, x_1) = x_4\bar{x}_3\bar{x}_2x_1 \vee x_4\bar{x}_3x_2x_1 \vee \bar{x}_4\bar{x}_3x_2\bar{x}_1 \vee (\bar{x}_4\bar{x}_3\bar{x}_2\bar{x}_1) \vee (\bar{x}_4x_3\bar{x}_2x_1). \tag{3.51}$$

Jetzt kann außer zwischen EK_9 und EK_{11} auch zwischen EK_2 und der gleichgültigen Elementarkonjunktion EK_0 gekürzt werden. Dadurch ergibt sich nun folgende minimale disjunktive Normalform:

$$y = x_4\bar{x}_3x_1 \vee \bar{x}_4\bar{x}_3\bar{x}_1. \tag{3.52}$$

Sie wird ebenfalls bei den Wertekombinationen 1001, 1011 und 0010 gleich 1. Sie würde auch im Gegensatz zu den Ausdrücken in Gln. 3.49 und 3.50 bei 0000 den Wert 1 annehmen. Diese Wertekombination tritt aber nicht auf, da die Elementarkonjunktion $\bar{x}_4\bar{x}_3\bar{x}_2\bar{x}_1$ gleichgültig ist. Die gleichgültige Elementarkonjunktion $EK_5 = \bar{x}_4x_3\bar{x}_2x_1$ kann nicht zur Kürzung herangezogen werden, da es in dem Ausdruck gemäß Gl. 3.51 keine Elementarkonjunktion gibt, die mit der Elementarkonjunktion $\bar{x}_4x_3\bar{x}_2x_1$ gekürzt werden kann. Sie kann gleich null gesetzt, d. h. weggelassen werden.

3.4.7 Minimierungsstrategie der Normalformtheorie

Bei Schaltfunktionen mit einer größeren Anzahl von Variablen ist eine direkte Anwendung der Kürzungsregeln, wie das im Abschn. 3.4.6 praktiziert wurde, uneffektiv. Für solche Problemstellungen sollten besser systematische Kürzungsverfahren genutzt werden. Dafür soll in diesem Abschnitt zunächst die grundsätzliche Strategie für kanonische disjunktive Normalformen erläutert werden. Es geht dabei um die systematische Ermittlung von Primkonjunktionen (s. Abschn. 3.4.6.2), aus denen dann „gekürzte“ bzw. minimale disjunktive Normalformen zu bilden sind [Roh1959]. Für konjunktive Normalformen lassen sich entsprechende Vorgehensweisen angeben.

Zunächst soll der Begriff *Primkonjunktion* definiert werden. Dazu ist es notwendig, eine *Enthaltenseinsrelation* einzuführen, durch die eine Beziehung zwischen Fundamentalkonjunktionen ausgedrückt werden kann. Die in den Fundamentalkonjunktionen in unnegierter oder negierter Form vorkommenden Variablen werden dabei als Konjunktionsglieder bezeichnet.

Für die weiteren Betrachtungen werden folgende Symbole verwendet:

k Fundamentalkonjunktion,
e Elementarkonjunktion,
E Menge von Elementarkonjunktionen e,
n kanonische disjunktive Normalform.

Definition 3.3 (Enthaltenseinsrelation für Fundamentalkonjunktionen) Für zwei Fundamentalkonjunktionen k_1 und k_2 gilt $k_1 \subseteq k_2$ (in Worten: k_1 ist enthalten in oder gleich k_2), wenn jedes Konjunktionsglied von k_1 auch Konjunktionsglied von k_2 ist. Die Schreibweise $k_1 \subset k_2$ (in Worten: k_1 ist echt enthalten in k_2) bedeutet, dass $k_1 \subseteq k_2$ und $k_1 \neq k_2$ gilt.

Wenn es sich bei einer Fundamentalkonjunktion p um eine Primkonjunktion handelt, muss bei einer Belegung bzw. Wertekombination, die p zu eins macht, auch $n = 1$ sein. n kann auch noch bei anderen Belegungen, bei denen p nicht den Wert 1 annimmt, den Wert 1 haben. Dieser Sachverhalt lässt sich durch die Implikation $p \leq n$ zum Ausdruck bringen (Abschn. 3.4.2). Damit kann unter Bezugnahme auf Definition 3.3 die Primkonjunktion definiert werden.

▶ **Definition 3.4** Eine Fundamentalkonjunktion p heißt *Primkonjunktion* von n, wenn gilt:

1. $p \leq n$;
2. Es gibt kein p^* mit $p^* \subset p$ und $p^* \leq n$.

Diese Definition soll anhand der folgenden kanonischen disjunktiven Normalform erläutert werden:

$$n = x_3\bar{x}_2x_1 \vee x_3x_2x_1 \vee \bar{x}_3\bar{x}_2\bar{x}_1.$$

Es ist offensichtlich, dass auf die Elementarkonjunktionen $x_3\bar{x}_2x_1$ und $x_3x_2x_1$ die Kürzungsregel Gl. 3.29 angewendet werden kann und dass sich dadurch der gekürzte Ausdruck x_3x_1 ergibt, der eine Primkonjunktion darstellt, weil keine weitere Kürzungsmöglichkeit mehr besteht.

Nun soll gezeigt werden, dass man diese Primkonjunktion auch auf der Basis der Definition 3.4 ermitteln kann, ohne die Kürzungsregel anwenden zu müssen. Dazu ist zu überprüfen, ob z. B. $x_3\bar{x}_2x_1$ bereits eine Primkonjunktion ist oder ob man erst durch Weglassen von Konjunktionsgliedern zu einer Primkonjunktion gelangt. Es ist

$$x_3\bar{x}_2x_1 \leq n, \quad \text{denn für die Belegung 101 gilt } n = 1;$$

Nun ist zu überprüfen, ob man aus $x_3\bar{x}_2x_1$ noch Konjunktionsglieder weglassen kann:

$$x_3\bar{x}_2 > n, \quad \text{denn für 100 gilt } x_3\bar{x}_2 = 1 \text{ und } n = 0;$$

Der Ausdruck $x_3\bar{x}_2$ erfüllt nicht die Bedingung 1 der Definition 3.4 und kommt deshalb nicht in Betracht. Ein weiterer Versuch ergibt:

$$x_3x_1 \leq n, \quad \text{denn für 111 und 101 gilt } n = 1;$$

Der Ausdruck erfüllt die Bedingung 1.

$$x_3 > n, \quad \text{denn für 100 gilt } n = 0;$$
$$x_1 > n, \quad \text{denn für 110 gilt } n = 0.$$

Damit ist x_3x_1 eine Primkonjunktion. Es handelt sich um eine Fundamentalkonjunktion, bei der kein Konjunktionsglied mehr weggelassen werden kann, ohne dass die Implikation $x_3x_1 \leq n$ verletzt wird. Diese Primkonjunktion wurde auch durch Anwenden der

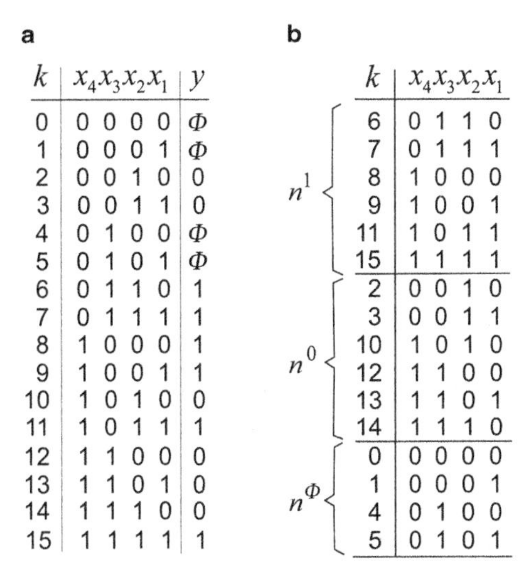

a

k	$x_4x_3x_2x_1$	y
0	0 0 0 0	Φ
1	0 0 0 1	Φ
2	0 0 1 0	0
3	0 0 1 1	0
4	0 1 0 0	Φ
5	0 1 0 1	Φ
6	0 1 1 0	1
7	0 1 1 1	1
8	1 0 0 0	1
9	1 0 0 1	1
10	1 0 1 0	0
11	1 0 1 1	1
12	1 1 0 0	0
13	1 1 0 1	0
14	1 1 1 0	0
15	1 1 1 1	1

b

	k	$x_4x_3x_2x_1$
n^1	6	0 1 1 0
	7	0 1 1 1
	8	1 0 0 0
	9	1 0 0 1
	11	1 0 1 1
	15	1 1 1 1
n^0	2	0 0 1 0
	3	0 0 1 1
	10	1 0 1 0
	12	1 1 0 0
	13	1 1 0 1
	14	1 1 1 0
n^Φ	0	0 0 0 0
	1	0 0 0 1
	4	0 1 0 0
	5	0 1 0 1

Abb. 3.19 Beispiel einer partiellen Schaltfunktion. **a** Wertetabelle, **b** Darstellung von n^1, n^0 und n^Φ

Kürzungsregel gefunden. Auf der direkten Interpretation der Definition der Primkonjunktion basiert das Verfahren von Kasakow (Abschn. 3.4.8.3).

Wie bereits im Abschn. 3.4.6.2 gezeigt wurde, lassen sich so genannte gleichgültige Eingangskombinationen einbeziehen, um günstigere Kürzungsergebnisse zu erzielen. Um diese Möglichkeit auch bei den systematischen Kürzungsverfahren nutzen zu können, muss dies bereits bei der Definition der Primkonjunktion berücksichtigt werden. Es geht also darum, eine Primkonjunktion für unvollständig bestimmte bzw. *partielle Schaltfunktionen* zu definieren [Roh1962]. Man spricht dann auch von einer *Primkonjunktion bezüglich der gleichgültigen Eingangskombinationen*. Dazu ist es zweckmäßig, die zu den gleichgültigen Eingangskombinationen gehörenden Elementarkonjunktionen in einer kanonischen disjunktiven Normalform n^Φ zusammenzufassen. n^Φ soll *Ausnahmeausdruck* genannt werden. Auf diese Weise lässt sich dann eine partielle Schaltfunktion $y = h(\mathbf{x})$ durch drei kanonische disjunktive Normalformen n^1, n^0 und n^Φ darstellen. Dieser Sachverhalt wird in Abb. 3.19 anhand einer vierstelligen partiellen Schaltfunktion $y = h(\mathbf{x})$ veranschaulicht.

Diese drei kanonischen disjunktiven Normalformen können durch Gegenüberstellung ihres Wertes bei einer Wertekombination bzw. Belegung b und des Funktionswertes $y = h(b)$ bei der Belegung b wie folgt definiert werden (Wert(n, b) bedeutet dabei Wert von n bei der Belegung b):

Definition 3.5 Für alle Belegungen b der Variablen von $h(\mathbf{x})$ gelte:

$$\begin{aligned}
\text{Wert}(n^1, b) &= 1, \quad \text{wenn } h(b) = 1;\\
\text{Wert}(n^0, b) &= 1, \quad \text{wenn } h(b) = 0;\\
\text{Wert}(n^\Phi, b) &= 1, \quad \text{wenn } h(b) = \Phi.
\end{aligned}$$

Es gelten folgende Beziehungen:

$$n^1 \vee n^0 \vee n^\Phi = 1 \tag{3.53}$$

$$n^1 n^0 = n^1 n^\Phi = n^0 n^\Phi = 0 \tag{3.54}$$

$$n^1 = \overline{n^0 \vee n^\Phi} \tag{3.55}$$

$$n^0 = \overline{n^1 \vee n^\Phi} \tag{3.56}$$

$$n^\Phi = \overline{n^1 \vee n^0} \tag{3.57}$$

Zur eindeutigen Beschreibung einer partiellen Schaltfunktion reichen jeweils zwei der drei Normalformen n^1, n^0 und n^Φ aus.

Definition 3.6 Eine Fundamentalkonjunktion p heißt *Primkonjunktion von n^1 bezüglich n^Φ*, wenn gilt:

1. $p \leq n^1 \vee n^\Phi$;
2. Es gibt kein p^* mit $p^* \subset p$ und $p^* \leq n^1 \vee n^\Phi$;
3. Es gibt wenigstens eine Belegung b, für die gilt:

$$\text{Wert}(p, b) = 1 \quad \text{und} \quad \text{Wert}(n^1, b) = 1.$$

Die Bedingungen 1 und 2 in Definition 3.6 besagen, dass bei der Bildung der Primkonjunktionen zunächst n^Φ zu berücksichtigen ist. Durch die Bedingung 3 wird aber einschränkend vorgeschrieben, dass mindestens eine echte Elementarkonjunktion aus n^1 an der Kürzung beteiligt gewesen sein muss, mit anderen Worten, dass p nicht ausschließlich durch Kürzung von Elementarkonjunktionen aus n^Φ entstanden ist. Denn nur dann ist p Primkonjunktion von n^1 bezüglich n^Φ.

Neben den „kürzesten“ Fundamentalkonjunktionen, den Primkonjunktionen, gibt es zu einer Schaltfunktion $h(\mathbf{x})$ auch „kürzeste“ disjunktive Normalformen, die *minimale disjunktive Normalformen* genannt werden. Zur Definition des Begriffes „minimale disjunktive Normalform“ wird noch eine Enthaltenseinsrelation von Normalformen benötigt.

Definition 3.7 (Enthaltenseinsrelation für Normalformen) Für zwei disjunktive Normalformen n_1 und n_2 gilt $n_1 \subseteq n_2$, wenn sich jeder Fundamentalkonjunktion k_{1i} von n_1 eineindeutig eine Fundamentalkonjunktion k_{2j} von n_2 zuordnen lässt, sodass $k_{1i} \subseteq k_{2j}$ ist.

Definition 3.8 Die Gleichung $m =_{n^\Phi} n^1$ ist bei einer Belegung b genau dann richtig, d. h. die Schaltausdrücke m und n_1 sind genau dann gleich bezüglich n^Φ, wenn $\text{Wert}(m, b) = \text{Wert}(n^1, b)$ oder wenn $\text{Wert}(n^\Phi, b) = 1$ ist.

Definition 3.9 Der Ausdruck m heißt *minimale disjunktive Normalform* von n^1 bezüglich n^Φ, wenn gilt:

1. $m =_{n\Phi} n^1$;
2. es gibt kein m' mit $m' =_{n\Phi} n^1$ und $m' \subset m$.

Zu einer Schaltfunktion kann es mehrere minimale Normalformen geben. Aus der Menge der minimalen Normalformen lässt sich über eine zu definierende Längenfunktion (z. B. Zahl der UND-Glieder oder Gesamtzahl der Eingänge aller UND-Glieder) eine optimale Normalform auswählen.

Der Zusammenhang zwischen minimalen Normalformen und Primkonjunktionen wird durch die beiden folgenden Sätze der Normalformtheorie von H. Rohleder beschrieben, deren Sinn im Prinzip aus den vorangestellten Definitionen verständlich wird. Bezüglich der Beweise der Sätze wird auf [Roh1959] und [Roh1962] verwiesen.

Satz 3.1 Ist m eine minimale disjunktive Normalform von n^1 bezüglich n^Φ, so ist jede Fundamentalkonjunktion p von m Primkonjunktion von n^1 bezüglich n^Φ.

Satz 3.2 Ist m eine disjunktive Normalform, deren Fundamentalkonjunktionen p Primkonjunktionen von n^1 bezüglich n^Φ sind, so ist $m =_{n\Phi} n^1$, wenn es zu jeder Elementarkonjunktion von n^1 eine Primkonjunktion p von m mit $p \subseteq e$ gibt.

Durch diese Sätze wird die Minimierungsstrategie für Schaltausdrücke unter Berücksichtigung von gleichgültigen Eingangskombinationen begründet.

Wenn sich für eine Schaltfunktion mehrere minimale disjunktive Normalformen mit unterschiedlichen Variablenzahlen ergeben, wird die kürzeste als *optimale disjunktive Normalform* bezeichnet.

Vorgehen zur Bestimmung einer minimalen bzw. optimalen disjunktiven Normalform

1) Bestimmung der Primkonjunktionen p von n^1 bezüglich n^Φ.
2) Auswahl einer Untermenge von Primkonjunktionen aus der Menge der insgesamt bestimmten Primkonjunktionen mit dem Ziel, das für jede Elementarkonjunktion e von n^1 mindestens eine Primkonjunktion p mit $p \subseteq e$ in eine minimale Normalform aufgenommen wird und das diese Untermenge eine minimale Mächtigkeit besitzt.
3) Bestimmung einer optimalen disjunktiven Normalform aus der Menge der ermittelten minimalen Normalformen.

Wenn $p \subseteq e$ gilt, sagt man auch, dass die Primkonjunktion p die Elementarkonjunktion e „abdeckt". Bei der Bildung einer minimalen disjunktiven Normalform kommt es also darauf an, dass alle Elementarkonjunktionen von n^1 mit einer minimalen Anzahl von Primkonjunktionen „abgedeckt" werden. Anstelle von „Enthaltenseinsrelation" könnte man auch von einer „Abdeckungsrelation" sprechen.

3.4.8 Kürzungsverfahren

Auf der Basis der im Abschn. 3.4.7 angegebenen Definitionen und Sätze der Normalformtheorie sollen in den folgenden Unterkapiteln drei bekannte Kürzungsverfahren vorgestellt und miteinander verglichen werden. Alle drei Verfahren werden auf die in Abb. 3.19 dargestellte partielle Schaltfunktion angewendet, deren Teilnormalformen hier noch einmal angegeben werden:

$$n^1 = \bar{x}_4 x_3 x_2 \bar{x}_1 \vee \bar{x}_4 x_3 x_2 x_1 \vee x_4 \bar{x}_3 \bar{x}_2 \bar{x}_1 \vee x_4 \bar{x}_3 \bar{x}_2 x_1 \vee x_4 \bar{x}_3 x_2 x_1 \vee x_4 x_3 x_2 x_1 \quad (3.58)$$

$$n^0 = \bar{x}_4 \bar{x}_3 x_2 \bar{x}_1 \vee \bar{x}_4 \bar{x}_3 x_2 x_1 \vee x_4 \bar{x}_3 x_2 \bar{x}_1 \vee x_4 x_3 \bar{x}_2 \bar{x}_1 \vee x_4 x_3 \bar{x}_2 x_1 \vee x_4 x_3 x_2 \bar{x}_1 \quad (3.59)$$

$$n^{\Phi} = \bar{x}_4 \bar{x}_3 \bar{x}_2 \bar{x}_1 \vee \bar{x}_4 \bar{x}_3 \bar{x}_2 x_1 \vee \bar{x}_4 x_3 \bar{x}_2 \bar{x}_1 \vee \bar{x}_4 x_3 \bar{x}_2 x_1 \quad (3.60)$$

3.4.8.1 Kürzungsverfahren von Karnaugh

Bei dem Kürzungsverfahren von Karnaugh [Kar1953] sind die Schaltfunktionen in Form von so genannten Karnaugh-Tafeln darzustellen. In Abb. 3.20 sind solche Tafeln für Funktionen von drei, vier und fünf Variablen angegeben. Für jede weitere Variable ist die Tafel jeweils zu verdoppeln.

Die Eingangsvariablen x_i werden in der angegebenen Weise in zwei Gruppen aufgeteilt. Die erste Gruppe von Variablen wird dem linken Rand und die zweite dem oberen Rand zugeordnet. Die Wertekombinationen für die Variablen der beiden Gruppen sind dabei so an die Ränder zu schreiben, dass sich die Wertekombinationen benachbarter Zeilen bzw. Spalten in genau einer Stelle unterscheiden.

Entsprechend der Randbeschriftungen gehört zu jedem Feld einer Karnaugh-Tafel eine Gesamtwertekombination aller Variablen, d. h. eine Eingangskombination, die einer Elementarkonjunktion entspricht. Jede Elementarkonjunktion unterscheidet sich von allen in benachbarten Feldern eingetragenen Elementarkonjunktionen in einer Stelle. Diese Nachbarschaftsbeziehung gilt nicht nur innerhalb der Tafel, sondern erstreckt sich auch außerhalb der Tafel über den oberen zum unteren und über den linken zum rechten Rand. In die einzelnen Felder einer Tafel sind die den Elementarkonjunktionen gemäß der vorge-

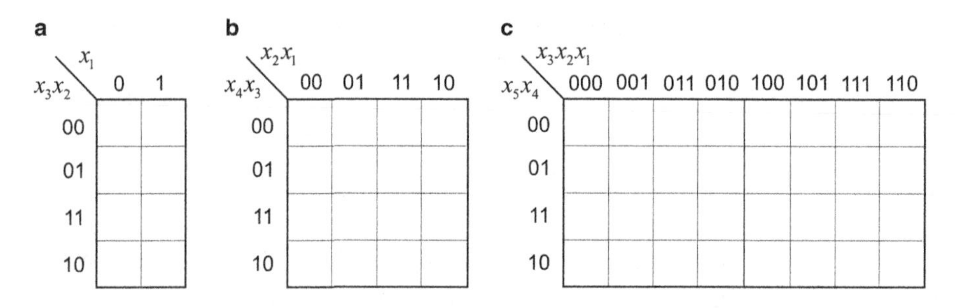

Abb. 3.20 Anordnung der Karnaugh-Tafeln. **a** für drei Variablen; **b** für vier Variablen; **c** für fünf Variablen

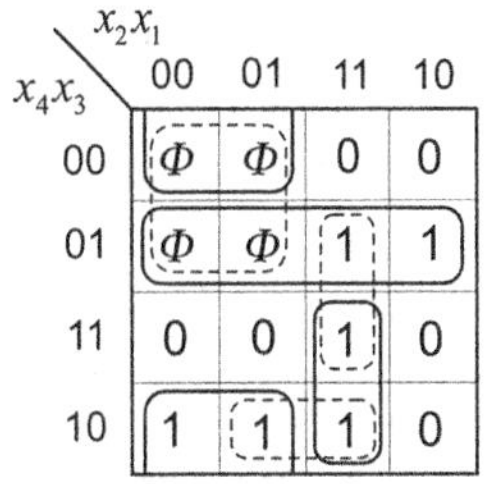

Abb. 3.21 Darstellung der Schaltfunktion gemäß Gln. 3.58, 3.59 und 3.60

x_4x_3 \ x_2x_1	00	01	11	10
00	Φ	Φ	0	0
01	Φ	Φ	1	1
11	0	0	1	0
10	1	1	1	0

gebenen Schaltfunktion $y = h(\mathbf{x})$ zugeordneten Funktionswerte 0 und 1 oder das Zeichen Φ einzutragen.

In Abb. 3.21 ist die durch die Gln. 3.58, 3.59 und 3.60 beschriebene Schaltfunktion in Form einer Karnaugh-Tafel dargestellt. Da sich benachbarte Felder der Karnaugh-Tafel genau an einer Stelle unterscheiden, entspricht die Zusammenfassung von zwei benachbarten Feldern, in denen eine 1 eingetragen ist, einer Kürzung gemäß der Kürzungsregel Gl. 3.29.

Wenn man die 1-Felder mit den Elementarkonjunktionen $x_4x_3x_2x_1$ und $x_4\bar{x}_3x_2x_1$ zu einem Zweierblock zusammenfasst, ist das also gleichbedeutend mit der Bildung des gekürzten Terms $x_4x_2x_1$. Da eine weitere Kürzung dieses Terms nicht möglich ist, handelt es sich hierbei um eine Primkonjunktion. Damit durch die Blockbildung auch eine Mehrfachanwendung der Kürzungsregel dargestellt werden kann, muss die Blockgröße stets $\mathrm{B} = 2^k$ (mit $k = 1, 2, 3, \ldots$) sein. Der Exponent k gibt die Anzahl der Kürzungsstufen und die Anzahl der durch Kürzung herausfallenden Variablen an. Es kommen also nur Zweier-, Vierer-, Achterblöcke usw. in Betracht. Die Eintragungen Φ sind so durch die Werte 1 oder 0 zu ersetzen, dass sich möglichst große Blöcke ergeben.

Vorgehensweise beim Karnaugh-Verfahren

1) Darstellung der zu kürzenden Schaltfunktion $y = h(\mathbf{x})$ in Form einer Karnaugh-Tafel: Die den Elementarkonjunktionen zugeordneten Funktionswerte 1 oder 0 sind in die betreffenden Felder einzutragen. Felder, die einer gleichgültigen Elementarkonjunktion entsprechen, werden mit Φ gekennzeichnet.
2) Bilden von Blöcken in der Karnaugh-Tafel:
Die in der Tafel enthaltenen Einsen sind *zu möglichst großen* und *möglichst wenigen* Zweier-, Vierer-, Achterblöcken usw. zusammenzufassen, sodass jede Eins in mindestens einem Block enthalten ist. Die Blockbildung kann dabei über die Ränder hinweg erfolgen. Eine Eins kann dabei auch in verschiedene Blöcke einbezogen werden. Die Zeichen Φ sind so durch die Werte 1 oder 0 zu ersetzen, dass sich eine möglichst günstige Zusammenfassung zu Blöcken ergibt. Alle Blöcke maximaler Größe verkörpern Primkonjunktionen. Eine Zusammenfassung von Feldern zu Blöcken, die ausschließlich das Zeichen Φ enthalten, ist zu unterlassen, da sich dadurch keine Primkonjunktionen ergeben, d. h. in jedem Block muss mindesten eine Eins vorkommen (Abschn. 3.4.7).

3) Bilden einer minimalen disjunktiven Normalform aus den in Form von Blöcken dargestellten Primkonjunktionen:
   Die den Blöcken entsprechenden gekürzten Fundamentalkonjunktionen erhält man dadurch, dass man die Variablen, die in der Randbeschriftung eines Blockes konstante Werte haben, konjunktiv miteinander verknüpft. Durch disjunktive Verknüpfung aller so gebildeten Fundamentalkonjunktionen ergibt sich der gekürzte Schaltausdruck, der bei korrektem Vorgehen eine minimale Normalform darstellt.

Anmerkung: Wenn man bei der Bildung von Zweier-, Vierer-, Achterblöcke usw. in korrekter Weise vorgegangen ist, d. h. nur Einsen und gegebenenfalls gleichgültige Werte zusammengefasst und keine Nullen einbezogen wurden, dabei jedoch nicht die größtmöglichen Blöcke zustande gekommen sind, dann erhält man immerhin eine quasiminimale Lösung.

Für die in der Karnaugh-Tafel in Abb. 3.21 dargestellte partielle Schaltfunktion ergibt sich nach Auslesen der Primkonjunktionen aus den durchgehend umrandeten Blöcken die folgende minimale disjunktive Normalform:

$$n = x_4 x_2 x_1 \vee \bar{x}_3 \bar{x}_2 \vee \bar{x}_4 x_3. \tag{3.61}$$

Die in Abb. 3.21 zusätzlich eingetragenen Blöcke mit einer gestrichelten Umrandung sind redundant, da sie zur Abdeckung der Einsen nicht benötigt werden.

Mit dem Karnaugh-Verfahren kann für Schaltfunktionen mit bis zu vier unabhängigen Variablen in anschaulicher Weise von Hand eine Kürzung unter Berücksichtigung gleichgültiger Eingangskombinationen durch intuitives Probieren durchgeführt werden. Die dabei durchzuführende Blockbildung entspricht einer Mehrfachanwendung der Kürzungsregel gemäß Gl. 3.29. Mit steigender Anzahl von Variablen wird das Verfahren immer unübersichtlicher, da die Tafeln mit jeder zusätzlichen Variablen doppelt so groß werden müssen.

3.4.8.2 Kürzungsverfahren von Quine-McCluskey

Mit dem Kürzungsverfahren von Quine-McCluskey lassen sich Primkonjunktionen durch systematisches Kürzen von Elementarkonjunktionen durch Anwenden der Kürzungsregel gemäß Gl. 3.29 bestimmen. Die Kürzungsregel wird dabei zunächst systematisch auf den Ausdruck $n^1 \vee n^\Phi$ angewendet, um somit erst einmal die Primkonjunktionen von $n^1 \vee n^\Phi$ zu bestimmen. Anschließend werden die Terme ausgesondert, die nur durch Kürzung von Elementarkonjunktionen aus n^Φ entstanden sind. Der verbleibende Rest an „Kürzungsprodukten" stellt die Primkonjunktionen von n^1 bezüglich n^Φ dar. Die im Folgenden angegebene Vorgehensweise basiert auf den Arbeiten [Qui1952], [McC1956] und [Roh1962]. Zur Demonstration des Verfahrens von Quine-McCluskey dient ebenfalls die durch die Gln. 3.58, 3.59 und 3.60 beschriebene partielle Schaltfunktion $y = \phi(\mathbf{x})$. Dabei wird von den dualen Äquivalenten der Elementarkonjunktionen ausgegangen. In der Beschreibung wird dafür die Bezeichnung Elementarkonjunktion verwendet.

Vorgehensweise beim Verfahren von Quine-McCluskey

1) Die Elementarkonjunktionen von n^1 und n^{Φ} werden in einer Liste 1 nach Gruppen mit steigender Anzahl von Einsen geordnet. Links neben die Elementarkonjunktionen werden ihre dezimalen Äquivalente i geschrieben. Die gleichgültigen Elementarkonjunktionen werden durch ein Φ gekennzeichnet (Abb. 3.22).
2) Die Elementarkonjunktionen (bzw. die gekürzten Terme) aus jeweils zwei direkt aufeinander folgenden Gruppen der Liste 1 werden systematisch bezüglich der Anwendbarkeit der Kürzungsregel gemäß Gl. 3.29 verglichen. Die gekürzten Terme, in denen die herausgelassenen Variablen durch einen Strich ersetzt sind, werden, geordnet nach Gruppen mit gleicher Anzahl von Einsen, in eine neue Liste (Liste 2 usw.) als gekürzte Terme bzw. gekürzte Wertekombinationen eingetragen. Die an der Kürzung beteiligten Elementarkonjunktionen (bzw. Terme) der alten Liste werden abgehakt. Die dezimalen Äquivalente der an der Kürzung beteiligten Elementarkonjunktionen (bzw. Terme) werden in eine neue Liste übernommen.
3) Auf die Terme der jeweils neuen Liste wird Schritt 2 angewendet. (*Hier lassen sich nur die Terme miteinander kürzen, die Striche an der gleichen Stelle haben.*) Die gekürzten Terme werden, wiederum geordnet nach Gruppen mit gleicher Anzahl von Einsen, in eine neue Liste geschrieben.
4) Das Verfahren wird so lange fortgesetzt, bis keine Kürzung mehr möglich ist. In den nicht abgehakten Termen aller Listen werden die dezimalen Äquivalente gestrichen, die zu Elementarkonjunktionen von n^{Φ} gehören. Alle nicht abgehakten Terme, die wenigstens durch ein nicht gestrichenes dezimales Äquivalent markiert sind, sind Primkonjunktionen von n^1 bezüglich n^{Φ}.
5) Zur Bildung einer minimalen Normalform ist aus der Menge der ermittelten Primkonjunktionen für jede Elementarkonjunktion (gemäß den Sätzen 3.1 und 3.2 im Abschn. 3.4.7) mindestens eine Primkonjunktion von n^1 bezüglich n^{Φ} bereitzustellen, die in dieser Elementarkonjunktion enthalten ist (dazu wird im Abschn. 3.4.8.4 ein systematisches Vorgehen angegeben).

Nach Abarbeitung der angegebenen Vorschrift ergeben sich folgende Primkonjunktionen:

$$p_1 = x_4\bar{x}_3x_1,$$
$$p_2 = x_3x_2x_1,$$
$$p_3 = x_4x_2x_1,$$
$$p_4 = \bar{x}_3\bar{x}_2,$$
$$p_5 = \bar{x}_4x_3.$$

Der Term $\bar{x}_4\bar{x}_2$ ist keine Primkonjunktion von n^1 bezüglich n^{Φ}; denn an seiner Bildung sind nur Elementarkonjunktionen von n^{Φ} beteiligt.

Abb. 3.22 Beispiel zum Verfahren von Quine-McCluskey

Liste 1

Dez. i	Dual. $x_4x_3x_2x_1$
Φ 0	0000 √
Φ 1	0001 √
Φ 4	0100 √
8	1000 √
Φ 5	0101 √
6	0110 √
9	1001 √
7	0111 √
11	1011 √
15	1111 √

Liste 2

Dez.	Dual. $x_4x_3x_2x_1$
0, 1	000- √
0, 4	0-00 √
0, 8	-000 √
1, 5	0-01 √
1, 9	-001 √
4, 5	010- √
4, 6	01-0 √
8, 9	100- √
5, 7	01-1 √
6, 7	011- √
9, 11	10-1 p_1
7, 15	-111 p_2
11, 15	1-11 p_3

Liste 3

Dez.	Dual. $x_4x_3x_2x_1$
~~0~~, ~~1~~, ~~4~~, ~~5~~	0-0- ⁄
~~0~~, ~~1~~, 8, 9	-00- p_4
~~4~~, ~~5~~, 6, 7	01-- p_5

Aus den aufgelisteten Primkonjunktionen lässt sich ebenfalls die minimale disjunktive Normalform n_1 bilden, die bereits mit dem Karnaugh-Verfahren ermittelt wurde und als Gl. 3.61 dargestellt ist (Abschn. 3.4.8.1). Für die Bildung von minimalen disjunktiven Normalformen wird im Abschn. 3.4.8.4 ein systematisches Verfahren angegeben.

3.4.8.3 Kürzungsverfahren von Kasakow

Beim Verfahren von Kasakow [Kas1962] werden die Primkonjunktionen nicht durch Anwenden der Kürzungsregeln, sondern auf der Basis einer direkten Interpretation der Definition der Primkonjunktion von n^1 bezüglich n^{Φ} (Definition 3.6 im Abschn. 3.4.7) bestimmt. Dazu wird jede Elementarkonjunktion von n^1 mit den Elementarkonjunktionen von n^0 verglichen, um festzustellen, welche Primkonjunktionen in ihr enthalten sind. Damit eine in einer Elementarkonjunktion von n^1 enthaltene Variablenkombination als Primkonjunktion p in Frage kommt, muss gemäß Teilbedingung 1 der Definition 3.6 bei allen Belegungen, bei denen $p = 1$ wird, auch $n^1 \vee n^{\Phi} = 1$ und demzufolge $n^0 = 0$ sein. Es darf also keine Belegung geben, die gleichermaßen p und n^0 zu eins macht. Um dies zu erreichen, muss sich p von jeder Elementarkonjunktion von n^0 in mindestens einer Variablen unterscheiden.

Um die Teilbedingung 2 der Definition 3.6 zu erfüllen, muss sichergestellt werden, dass es zu einer als Primkonjunktion p in Betracht gezogenen Variablenkombination keine Variablenkombination gibt, die in p enthalten ist. Denn dann würde es sich bei p nicht um eine Primkonjunktion handeln. Dieser Fall tritt dann nicht ein, wenn man bei der Suche nach Variablenkombinationen, die die Eigenschaft von Primkonjunktionen von n^1 bezüglich n^{Φ} erfüllen, mit Einzelvariablen beginnt. Sollte dabei die Teilbedingung noch nicht erfüllt sein, kann mit Zweierkombinationen fortgefahren werden usw. Auf diese Weise ist es möglich, durch systematisches Probieren Primkonjunktionen zu „konstruieren".

Die Teilbedingung 3 der Definition 3.6 wird dadurch erfüllt, dass man bei der Konstruktion einer Primkonjunktion p von einer Elementarkonjunktionen e_i von n^1 ausgeht.

Damit ist garantiert, dass die Primkonjunktion p in e_i enthalten ist und dass keine Variablenkombinationen als Primkonjunktionen in Betracht gezogen werden, die ausschließlich aus gleichgültigen Elementarkonjunktionen hervorgegangen sind.

Vorgehensweise beim Verfahren von Kasakow

1) Die zu n^1 gehörenden Elementarkonjunktionen sind zum n^1-Feld und die zu n^0 gehörenden Elementarkonjunktionen zum n^0-Feld zusammenzustellen.
2) Beginnend mit der ersten Elementarkonjunktion des n^1-Feldes sind in ihr enthaltene Variablenkombinationen zu bilden. Zu beginnen ist mit Einzelvariablen, fortzusetzen mit Zweierkombinationen, Dreierkombinationen usw. Ist eine gebildete Variablenkombination des n^1-Feldes in keiner Elementarkonjunktion des n^0-Feldes enthalten, dann ist sie Primkonjunktion von n^1 bezüglich n^{Φ}. Die ermittelte Primkonjunktion ist neben die betreffende Elementarkonjunktion in ein gesondertes Feld einzutragen. Zu einer Elementarkonjunktion lassen sich i. Allg. mehrere Primkonjunktionen bilden. Ergeben sich Variablenkombinationen, in denen eine bereits vorher ermittelte Primkonjunktion enthalten ist, so sind diese wegzulassen.
3) Wenn eine Primkonjunktion gefunden wurde, kann zunächst erst noch überprüft werden, ob sie auch in anderen Elementarkonjunktionen von n^1 enthalten ist.
4) Fortsetzen des Verfahrens gemäß Schritt 2 mit der jeweils nächsten Elementarkonjunktion, bis alle Elementarkonjunktionen des n^1-Feldes abgearbeitet sind.
5) Aus der Menge der ermittelten Primkonjunktionen sind solche Primkonjunktionen auszuwählen, die möglichst viele Elementarkonjunktionen des n^1-Feldes „abdecken", und zur gekürzten bzw. minimalen Normalform zusammenzustellen.

Zur Demonstration des Verfahrens von Kasakow dient ebenfalls die durch die Gln. 3.58, 3.59 und 3.60 beschriebene Schaltfunktion, die in Abb. 3.23 in Form des n^1-Feldes und des n^0-Feldes dargestellt ist. Die systematische Suche beginnt bei der Elementarkonjunktion e_6 des n^1-Feldes. Es wird zuerst die Variable x_4 betrachtet. Sie kommt in negierter Form vor. Durch $\bar{x}_4$ ist keine Unterscheidung von e_2 und von e_3 des n^0-Feldes möglich. Aus dem gleichen Grund kommen auch die Variablen x_3, x_2 und x_1 nicht in Betracht. Deshalb wird nun zu $\bar{x}_4$ die Variable x_3 hinzugenommen. Die Variablenkombination $\bar{x}_4 x_3$ ist in keiner Elementarkonjunktion von n^0 enthalten. $\bar{x}_4 x_3$ ist demzufolge Primkonjunktion von n^1 bezüglich n^{Φ}. Weitere Variablenkombinationen von e_6, durch die eine Unterscheidung von allen Elementarkonjunktionen von n^0 möglich wäre, existieren nicht.

Für jede Elementarkonjunktion muss eine von den in der gleichen Zeile eingetragenen Primkonjunktionen so ausgewählt werden, dass alle Elementarkonjunktionen durch möglichst wenig Primkonjunktionen *„abgedeckt"* werden. Es ergibt sich ebenfalls die minimale Normalform n_1 gemäß Gl. 3.61 (Abschn. 3.4.8.1).

Beim Kürzungsverfahren von Kasakow werden die Primkonjunktionen, die jeweils in einer Elementarkonjunktion enthalten sind, durch systematisches Probieren ermittelt. Es lässt sich auch so modifizieren, dass es als systematisches Verfahren eingesetzt werden

Abb. 3.23 Beispiel zum Verfahren von Kasakow

		$x_4x_3x_2x_1$	Primkonjunktionen
n^1	6	0 1 1 0	$\bar{x}_4x_3$
	7	0 1 1 1	$\bar{x}_4x_3$, $x_3x_2x_1$
	8	1 0 0 0	$\bar{x}_3\bar{x}_2$
	9	1 0 0 1	$\bar{x}_3\bar{x}_2$, $x_4\bar{x}_3x_1$
	11	1 0 1 1	$x_4\bar{x}_3x_1$, $x_4x_2x_1$
	15	1 1 1 1	$x_4x_2x_1$, $x_3x_2x_1$
n^0	2	0 0 1 0	
	3	0 0 1 1	
	10	1 0 1 0	
	12	1 1 0 0	
	13	1 1 0 1	
	14	1 1 1 0	

kann [Zan1982]. Das Kasakow-Verfahren ist für größere Variablenzahlen anwendbar. Es lässt sich besonders vorteilhaft anwenden, wenn die Anzahl der Elemente von n^{Φ} groß ist gegenüber der Anzahl von n^1 und der Anzahl von n^0.

3.4.8.4 Auswahl von Primkonjunktionen

Während man beim Karnaugh-Verfahren durch die Blockbildung bei geringen Variablenzahlen und einiger Übung eine minimale oder quasiminimale Normalform finden kann, fallen beim Quine-McCluskey-Verfahren und beim Kasakow-Verfahren zunächst nur Primkonjunktionen an. Bei beiden Verfahren lassen sich aber für die Auswahl von Primkonjunktionen zur Bestimmung von minimalen Normalformen Hilfsmittel verwenden, die nun vorgestellt werden sollen.

Auswahlausdruck

Um aus der Menge der Primkonjunktionen einer partiellen Schaltfunktion die Primkonjunktionen auszuwählen, die für die Bildung minimaler disjunktiver Normalformen benötigt werden, kann ein *aussagenlogischer Ausdruck* verwendet werden. Zu seiner Darstellung werden die folgenden Symbole benötigt:

E Menge aller Elementarkonjunktionen e_1 von n^1,
P Menge aller Primkonjunktionen p von n^1 bezüglich n^{Φ},
$\mathbf{P}_e$ Menge der Primkonjunktionen von n^1 bezüglich n^{Φ}, die in e enthalten sind ($p_j \subseteq e$),
a_j zweiwertige Aussagenvariable, die angibt, ob eine Primkonjunktion p_j in der Elementarkonjunktion e enthalten ist.

Bei der Auswahl von Primkonjunktionen zur Bildung minimaler Normalformen kommt es darauf an, für jede Elementarkonjunktion e von n^1 zunächst alle in ihr enthaltenen Primkonjunktionen p_j als Menge $\mathbf{P}_e$ zu erfassen. Die Eigenschaft von p_j, in e enthalten zu sein, wird durch die Aussagenvariable a_j gekennzeichnet. Für eine Elementarkonjunktion e sind alle a_j, die darauf hinweisen, dass die Primkonjunktion p_j in ihr enthalten ist, disjunktiv zu verknüpfen, um dadurch anzudeuten, dass zu ihrer Abdeckung eine der gekennzeichneten Primkonjunktionen verwendet werden kann. Da alle Elementarkonjunktionen von n^1 durch je eine Primkonjunktion abgedeckt werden müssen, sind die sich für die einzelnen Elementarkonjunktionen ergebenden Disjunktionen der Variablen a_j konjunktiv miteinander zu verknüpfen.

Für das Beispiel gemäß den Gln. 3.58, 3.59 und 3.60 ergaben sich in den Abschn. 3.4.8.2 und 3.4.8.3 folgende Enthaltenseinsrelationen zwischen den Elementarkonjunktionen und den Primkonjunktionen:

$$
\begin{aligned}
e_6 &= \bar{x}_4 x_3 x_2 \bar{x}_1 \text{ enthält } p_5 = \bar{x}_4 x_2 \text{ (charakterisiert durch } a_5);\\
e_7 &= \bar{x}_4 x_3 x_2 x_1 \text{ enthält } p_2 = x_3 x_2 x_1 \text{ und } p_5 = \bar{x}_4 x_3 \text{ (charakterisiert durch } (a_2 \vee a_5));\\
e_8 &= x_4 \bar{x}_3 \bar{x}_2 \bar{x}_1 \text{ enthält } p_4 = \bar{x}_3 \bar{x}_2 \text{ (charakterisiert durch } a_4);\\
e_9 &= x_4 \bar{x}_3 \bar{x}_2 x_1 \text{ enthält } p_1 = x_4 \bar{x}_3 x_1 \text{ und } p_4 = \bar{x}_3 \bar{x}_2 \text{ (charakterisiert durch } (a_1 \vee a_4));\\
e_{11} &= x_4 \bar{x}_3 x_2 x_1 \text{ enthält } p_1 = x_4 \bar{x}_3 x_1 \text{ und } p_3 = x_4 x_2 x_1 \text{ (charakterisiert durch } a_1 \vee a_3));\\
e_{15} &= x_4 x_3 x_2 x_1 \text{ enthält } p_2 = x_3 x_2 x_1 \text{ und } p_3 = x_4 x_2 x_1 \text{ (charakterisiert durch } (a_2 \vee a_3)).
\end{aligned}
$$

Der Zusammenhang zwischen den Elementarkonjunktionen und den Aussagenvariablen a_i zur Beschreibung der Enthaltenseins- bzw. Abdeckungsrelationen als Grundlage für die Auswahl von Primkonjunktionen zur Bildung minimaler Normalformen kann folgendermaßen veranschaulicht werden:

$$
A = \underbrace{a_5}_{e_6}\ \underbrace{(a_2 \vee a_5)}_{e_7}\ \underbrace{a_4}_{e_8}\ \underbrace{(a_1 \vee a_4)}_{e_9}\ \underbrace{(a_1 \vee a_3)}_{e_{11}}\ \underbrace{(a_2 \vee a_3)}_{e_{15}}\,. \tag{3.62}
$$

Durch die geschweiften Klammern wird dabei veranschaulicht, welche Primkonjunktionen in einer Elementarkonjunktion e_i enthalten sind bzw. welche Primkonjunktionen eine Elementarkonjunktion „abdecken". Um diesen Zusammenhang aussagenlogisch exakt zu formulieren, wird zur Darstellung der Disjunktion mehrerer Aussagenvariablen das Zeichen $\bigvee$ (in Worten: große Disjunktion) und zur Darstellung der konjunktiven Verknüpfung aller Disjunktionen das Zeichen $\bigwedge$ (in Worten: große Konjunktion) verwendet. Damit ergibt sich folgender aussagenlogischer Ausdruck, der von H. Rohleder eingeführt und als *Auswahlausdruck* bezeichnet wurde [Roh1959]:

$$
A = \bigwedge_{e_i \in \mathbf{E}} \bigvee_{p_j \in \mathbf{P}} a_j\,. \tag{3.63}
$$

Dieser aussagenlogische Ausdruck A für die Auswahl von Primkonjunktionen zur Bildung minimaler Normalformen ist nicht zu verwechseln mit den Schaltausdrücken zur Beschreibung von binären Systemen. Für seine Umformung können aber die gleichen Methoden verwendet werden.

Der in der Darstellung gemäß Gl. 3.62 enthaltene aussagenlogische Ausdruck für das obige Beispiel soll nochmals in direkter Form wiedergegeben werden:

$$A = a_4 a_5 (a_1 \vee a_3)(a_1 \vee a_4)(a_2 \vee a_3)(a_2 \vee a_5). \tag{3.64}$$

Durch Anwendung der Umformungsregel gemäß Gl. 3.25 sowie durch Ausdistributieren der verbleibenden Klammerausdrücke und Weglassen überflüssiger Terme wird daraus die folgende disjunktive Normalform:

$$A = a_3 a_4 a_5 \vee a_1 a_2 a_4 a_5. \tag{3.65}$$

Die beiden Fundamentalkonjunktionen der Gl. 3.65 kennzeichnen durch die in ihnen vorkommenden Variablen die Primkonjunktionen, die jeweils zur Bildung einer minimalen disjunktiven Normalform benötigt werden. Für das betrachtete Beispiel gibt es zwei minimale disjunktive Normalformen, nämlich

$$n_1 = x_4 x_2 x_1 \vee \bar{x}_3 \bar{x}_2 \vee \bar{x}_4 x_3; \tag{3.66}$$

$$n_2 = x_4 \bar{x}_3 x_1 \vee x_3 x_2 x_1 \vee \bar{x}_3 \bar{x}_2 \vee \bar{x}_4 x_3. \tag{3.67}$$

Die Bestimmung der minimalen Normalformen über einen Auswahlausdruck bildet die systematische Fortsetzung der in den Abschn. 3.4.8.2 und 3.4.8.3 demonstrierten Verfahren von Quine-McCluskey und von Kasakow.

Die minimale disjunktive Normalform n_1 gemäß Gl. 3.66 würde man aufgrund der geringeren Anzahl an Funktionselementen als *optimale disjunktive Normalform* auswählen. n_1 stimmt auch mit dem in Gl. 3.61 angegebenen Ausdruck überein, der sich bereits beim Karnaugh-Verfahren ergeben hat.

Auswahltabelle

Anstelle des Auswahlausdrucks kann man auch eine Auswahltabelle verwenden. Abbildung 3.24 zeigt eine solche Tabelle für das Beispiel aus den Abschn. 3.4.8.2 und 3.4.8.3.

In der Auswahltabelle sind in waagerechter Richtung die Elementarkonjunktionen e von n^1 und in senkrechter Richtung die ermittelten Primkonjunktionen angeordnet. Durch ein Kreuz ist vermerkt, welche Primkonjunktionen in den einzelnen Elementarkonjunktionen enthalten sind. Die Spalten der Auswahltabelle entsprechen mit ihren Kreuzen den Konjunktionsgliedern (d. h. den Disjunktionen von Variablen a_j) im Auswahlausdruck A gemäß Gl. 3.62. Wenn eine Elementarkonjunktion nur durch eine Primkonjunktion

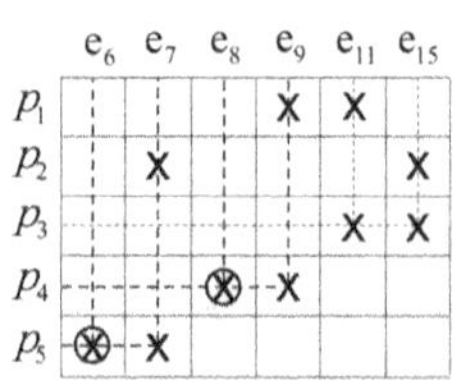

Abb. 3.24 Auswahltabelle für Primkonjunktionen

abgedeckt wird, muss diese Primkonjunktion unbedingt in die minimale Normalform aufgenommen werden. Im betrachteten Beispiel betrifft das die Primkonjunktionen p_4 und p_5, die die Elementarkonjunktionen e_6 bzw. e_8 abdecken. Es handelt sich hierbei um Kernprimkonjunktionen. In der Auswahltabelle kann eine Spalte e_a gestrichen werden, wenn es eine Spalte e_b gibt, die höchstens an den Stellen ein Kreuz enthält, an denen auch die Spalte e_a ein Kreuz besitzt. Das entspricht einer Kürzung gemäß Gl. 3.25. Im betrachteten Beispiel trifft das auf die Spalten e_7 und e_9 zu, die ebenfalls durch p_4 bzw. p_5 abgedeckt sind. Nun sind noch die Elementarkonjunktionen e_{13} und e_{15} abzudecken. Für beide kommt p_3 in Betracht. Auch über die Auswahltabelle ergibt sich die minimale disjunktive Normalform n_1 gemäß Gl. 3.66.

Bei den drei in diesem Abschnitt vorgestellten Kürzungsverfahren wurde von einer kanonischen disjunktiven Normalform ausgegangen. In der Praxis liegen die Aufgabenstellungen aber mitunter als nichtkanonische disjunktive Normalform bzw. als eine ihr entsprechende Schaltbelegungstabelle vor. In solchen Fällen müsste dann erst die zugehörige kanonische disjunktive Normalform gebildet werden, in dem zu jeder Fundamentalkonjunktion FK der disjunktiven Normalform die Menge der Elementarkonjunktionen erzeugt wird, in denen die betreffende Fundamentalkonjunktion FK enthalten ist. In [Zan1973] ist ein Verfahren angegeben, das eine Modifikation des Kasakow-Verfahrens darstellt und mit dem es möglich ist, die minimalen Normalformen einer nichtkanonischen disjunktiven Normalform auf direkte Weise zu bestimmen.

3.4.9 Gerichtete zeitliche Ableitungen von binären Signalen

Für bestimmte Anwendungen interessieren Signale, die in Abhängigkeit von der Vorderflanke (d. h. bei einer Werteänderung von 0 nach 1) oder der Rückflanke (d. h. bei einer Werteänderung von 1 nach 0) eines binären Signals x gebildet werden. Diese Flankensignale können als technische Interpretationen der zeitlichen Ableitung einer binären Zeitfolge x angesehen werden [Böhr1966], [BoPo1981].

Eine derartige Zeitfolge ist in Abb. 3.25 dargestellt. Es handelt sich dabei um eine Folge von Rechteckimpulsen. Aufgrund der Signalwechsel von x ergeben sich in der Zeitfolge

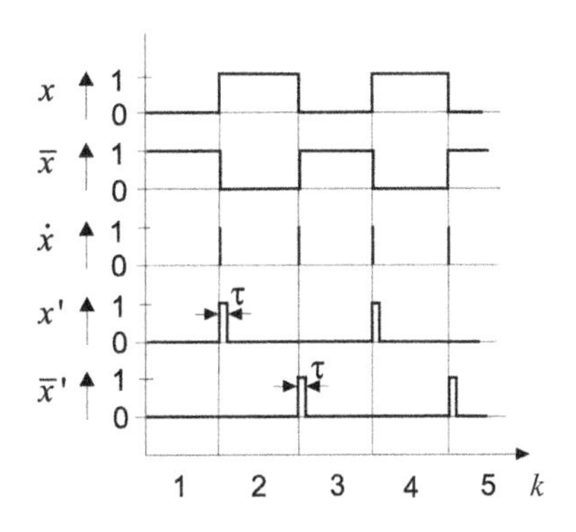

Abb. 3.25 Darstellung von gerichteten zeitlichen Ableitungen

Intervalle, in denen für x abwechselnd die Werte 0 oder 1 auftreten. Die Intervalle sollen fortlaufend durch natürliche Zahlen gekennzeichnet werden. In jeweils zwei aufeinander folgenden Zeitintervallen k und $k + 1$ besitzt x also unterschiedliche Werte. Diese Werte sollen durch ${}^{k}x$ und ${}^{k+1}x$ dargestellt werden.

Die zeitliche Ableitung $\dot{x}$ einer solchen Zeitfolge eines binären Signals kann man sich als eine Folge von Nadelimpulsen vorstellen, die bei jedem Signalwechsel von x auftreten, wobei deren Breite gegen null geht und deren Höhe als logischer Wert 1 definiert ist. Eine derartige Folge von Nadelimpulsen ist in Abb. 3.25 als $\dot{x}$ dargestellt. Zu jedem Signalwechsel gehört ein Nadelimpuls.

Die zeitliche Ableitung $\dot{x}$ einer binären Zeitfolge lässt sich als Antivalenzoperation (s. Abschn. 3.4.2) beschreiben [BoPo1981]:

$$\dot{x} = ({}^{k}x \nsim {}^{k+1}x) = ({}^{k}\bar{x} \wedge {}^{k+1}x) \vee ({}^{k}x \wedge {}^{k+1}\bar{x}). \tag{3.68}$$

Gemäß Gl. 3.68 nimmt die zeitliche Ableitung $\dot{x}$ einer Variablen x dann den Wert 1 an, wenn der Wert ${}^{k}x = 0$ im Zeitintervall k in den Wert ${}^{k+1}x = 1$ im Zeitintervall $k + 1$ wechselt. Denn genau in diesem Moment ist ${}^{k}\bar{x} \wedge {}^{k+1} x = 1$. Das Gleiche gilt, wenn ein Wechsel von ${}^{k}x = 1$ in ${}^{k+1}x = 0$ stattfindet. Denn genau in diesem Moment gilt ${}^{k}x \wedge {}^{k+1} \bar{x} = 1$. Bei den Signalwechseln ist $\dot{x} = 1$, zu allen anderen Zeitpunkten gilt $\dot{x} = 0$. Die Signale, die der zeitlichen Ableitung $\dot{x}$ entsprechen, treten also sowohl bei der Vorder- als auch bei der Rückflanke von x auf und existieren während einer Zeit, die gegen null geht.

Bei den Flankensignalen handelt es sich aber um Signale, die entweder bei der Vorderflanke oder bei der Rückflanke auftreten. Die Flankensignale müssen außerdem eine endliche Zeit τ anliegen, damit sie z. B. zum Umsteuern von Binärspeichern (z. B. Flipflops) verwendet werden können. Sie sollen in Form so genannter Strichvariablen x' und $\bar{x}'$ [Böhr1966] beschrieben werden.

Das Flankensignal x' (in Worten: „x Strich“), das einer Vorderflanke von x zugeordnet ist, entsteht bei der Änderung des Signals x von 0 (d. h. ${}^{k}\bar{x} = 1$) nach 1 (d. h. ${}^{k+1}x = 1$) und lässt sich aus der allgemeinen Ableitung $\dot{x}$ gemäß Gl. 3.68 wie folgt herleiten:

$$x' = {}^{\mathrm{k}}\bar{x} \wedge {}^{\mathrm{k+1}}x.$$

Definition 3.10 Das Flankensignal x' hat nach einem Wechsel des Signals x von 0 nach 1 während einer Zeitdauer τ den Wert 1. Ansonsten besitzt es den Wert 0.

Das Flankensignal $\bar{x}'$ (in Worten: „x quer Strich“), das einer Rückflanke von x zugeordnet ist, entsteht bei der Änderung des Signals x von 1 (d. h. ${}^{k}x = 1$) nach 0 (d. h. ${}^{k+1}\bar{x} = 1$) und ergibt sich aus der allgemeinen Ableitung $\dot{x}$ gemäß Gl. 3.68 wie folgt:

$$\bar{x}' = {}^{k}x \wedge {}^{k+1}\bar{x}.$$

Definition 3.11 Das Flankensignal $\bar{x}'$ hat nach einem Wechsel des Signals x von 1 nach 0 während einer Zeitdauer τ den Wert 1. Ansonsten besitzt es den Wert 0.

Die Flankensignale x' und $\bar{x}'$ sind ebenfalls in Abb. 3.25 dargestellt. Sie spielen bei flankengesteuerten Automaten eine Rolle (Abschn. 3.5.3.3).

Für die Flankensignale x' und $\bar{x}'$ gelten folgende Beziehungen:

$$x' \wedge x = x', \tag{3.69}$$

$$x' \vee x = x, \tag{3.70}$$

$$x' \wedge \bar{x} = 0, \tag{3.71}$$

$$x' \vee \bar{x} = x', \tag{3.72}$$

$$\bar{x}' \wedge x = 0, \tag{3.73}$$

$$\bar{x}' \vee x = x, \tag{3.74}$$

$$\bar{x}' \wedge \bar{x} = \bar{x}, \tag{3.75}$$

$$\bar{x}' \vee \bar{x} = \bar{x}'. \tag{3.76}$$

Flankensignale können entweder durch Differenzierglieder (Abb. 3.26) oder durch Logik-Schaltungen (Abb. 3.27) realisiert werden. Bei der Realisierung durch Logik-Schaltungen werden die in Logik-Elementen auftretenden Verzögerungen genutzt.

Die Flankensignale x' und $\bar{x}'$, die nur jeweils in einem Intervall τ nach einer Änderung von x als Signale existieren, werden beide in den betreffenden Intervallen durch den

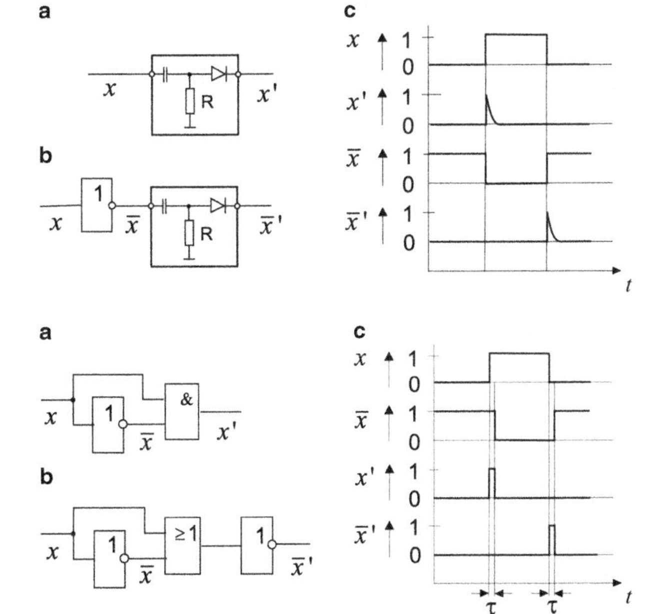

Abb. 3.26 Realisierung der Strichvariablen durch Differenzierglieder. **a** Realisierung von x', **b** Realisierung von $\bar{x}'$, **c** zeitlicher Ablauf

Abb. 3.27 Realisierung der Strichvariablen durch Logik-Elemente. **a** Realisierung von x', **b** Realisierung von $\bar{x}'$, **c** zeitlicher Ablauf

Wert 1 dargestellt (Abb. 3.25, 3.26 und 3.27). Ob es sich um x' oder $\bar{x}'$ handelt, hängt von der Änderungsrichtung von x ab, d. h. von ${}^{k}x$ und ${}^{k+1}x$. Um die Flankensignale bzw. die Strichvariablen voneinander unterscheiden zu können, ist es zweckmäßig, für sie „Pseudowerte“ zu vereinbaren.

Flankensignale bzw. Strichvariablen x' bzw. $\bar{x}'$ besitzen während der Zeit τ ihres Auftretens die Pseudowerte $1'$ bzw. $0'$. Ansonsten haben sie den Wert 0.

Es wird vereinbart, dass in den Eingangsvektoren $\mathbf{x}$ eine Eingangsvariable x_i oder eine negierte Eingangsvariable $\bar{x}_i$ durch eine Strichvariable x_i' bzw. durch eine Strichvariable $\bar{x}_i'$ ersetzt werden kann. Die Wertekombinationen von Eingangsvektoren $\mathbf{x}$, die neben den Werten 0 und 1 von binären Variablen auch die Pseudowerte $1'$ und $0'$ von Strichvariablen enthalten, sollen als *Stricheingangskombinationen* $\mathbf{x}'$ bezeichnet werden:

$$\mathbf{x}' = (e_m, \ldots, e_i, \ldots, e_1).$$

Bei den Elementen e_i einer Stricheingangskombination ${}^{k+1}\mathbf{x}'$ kann es sich also entweder um normale logische Werte 0 und 1 oder um Pseudowerte $1'$ und $0'$ handeln. Diese Werte hängen von der Eingangskombination ${}^{k}\mathbf{x}$ vor der Werteänderung und der Eingangskombination ${}^{k+1}\mathbf{x}$ nach der Werteänderung ab. Denn zwischen einer Stricheingangskombination ${}^{k+1}\mathbf{x}'$ und der Voreingangskombination ${}^{k}\mathbf{x}$ und der Folgeeingangskombination ${}^{k+1}\mathbf{x}$ besteht folgende eineindeutige Beziehung:

$${}^{k+1}\mathbf{x}' = \delta({}^{k+1}\mathbf{x}, {}^{k}\mathbf{x}). \tag{3.77}$$

Die Werte der Elemente ${}^{k+1}e_i$ einer Stricheingangskombination ${}^{k+1}\mathbf{x}'$ ergeben sich deshalb gemäß folgender Bildungsvorschrift aus den Werten für x in den Eingangskombinationen ${}^{k}\mathbf{x}$ und ${}^{k+1}\mathbf{x}$:

$${}^{k+1}e_i = \begin{cases} 0, & \text{falls } {}^{k}x = 0 \text{ und } {}^{k+1}x = 0, \\ 1, & \text{falls } {}^{k}x = 1 \text{ und } {}^{k+1}x = 1, \\ 0', & \text{falls } {}^{k}x = 1 \text{ und } {}^{k+1}x = 0, \\ 1', & \text{falls } {}^{k}x = 0 \text{ und } {}^{k+1}x = 1. \end{cases} \tag{3.78}$$

Zur Veranschaulichung dieses Sachverhalts dienen die in Abb. 3.28 angegebenen Beispiele.

Abb. 3.28 Beispiele für Stricheingangskombinationen

	a	b	c
${}^{k}\mathbf{x}$ =	1 0 0	1 0 0	1 0 0
${}^{k+1}\mathbf{x}$ =	1 1 0	0 0 0	0 1 0
${}^{k+1}\mathbf{x}'$ =	1 1' 0	0' 1 0	0' 1' 0

Zu den Stricheingangskombinationen in Abb. 3.28 gehören folgende *Strichelementarkonjunktionen*:

a) $x_3 x'_2 \bar{x}_1$,
b) $\bar{x}'_3 x_2 \bar{x}_1$,
c) $\bar{x}'_3 x'_2 \bar{x}_1$.

Stricheingangskombinationen bzw. Strichelementarkonjunktionen spielen bei flankengesteuerten Automaten eine Rolle (s. Abschn. 3.5.3.3 und 3.5.7). In diesem Zusammenhang sind folgende Kürzungsregeln von Bedeutung (a ist dabei ein beliebiger Konjunktionsterm):

$$x'_1 a \vee x'_1 \bar{a} = x'_1 \tag{3.79a}$$

$$\bar{x}'_1 a \vee \bar{x}'_1 \bar{a} = \bar{x}'_1 \tag{3.79b}$$

3.4.10 Entwurfsbeispiele für kombinatorische Verknüpfungssteuerungen

Beispiel 3.1 (Lampensteuerungen: Wechselschaltung und Kreuzschaltung)

- *Aufgabenstellung für die Wechselschaltung*

Eine Lampe soll abwechselnd ein- und ausgeschaltet werden können, indem zwei Schalterkontakte in beliebiger Reihenfolge geschlossen und geöffnet werden. Dieses Verhalten ist durch eine Wertetabelle zu beschreiben, aus der eine Schaltung mit Arbeits- und Ruhekontakten zu entwickeln ist. Diese Kontaktschaltung ist dann in eine Schaltung mit handelsüblichen Wechselschaltern umzuwandeln.

- *Lösung für die Wechselschaltung*

Als Anfangsstellung der Schalter x_1 und x_2 wird Folgendes vereinbart. Wenn beide Variablen x_1 und x_2 den Wert 0 besitzen, ist die Lampe ausgeschaltet, d. h. $y = 0$. Damit ergibt sich die in Abb. 3.29 dargestellte Wertetabelle. Daraus ist ersichtlich, dass diese Aufgabe durch eine kombinatorische Steuereinrichtung realisiert werden kann. Es handelt sich also um eine Verknüpfungssteuerung.

Aus der Wertetabelle ergibt sich die folgende disjunktive Normalform:

$$y = \bar{x}_2 x_1 \vee x_2 \bar{x}_1 \tag{3.80}$$

Der zugehörige Stromlaufplan ist in Abb. 3.30 als Kontaktschaltung dargestellt. Die zum gleichen Schalter gehörenden Arbeitskontakte x_i und Ruhekontakte $\bar{x}_i$ lassen sich

Abb. 3.29 Wertetabelle für die Wechselschaltung

x_2	x_1	y
0	0	0
0	1	1
1	1	0
1	0	1

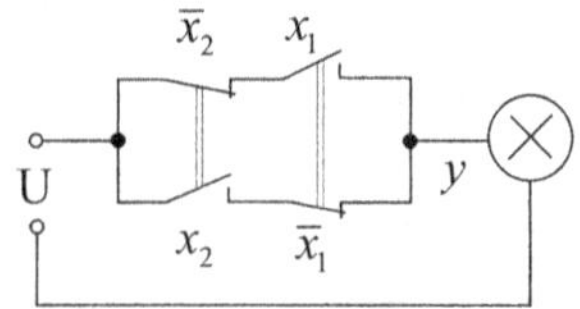

Abb. 3.30 Schaltung mit Arbeits- und Ruhekontakten

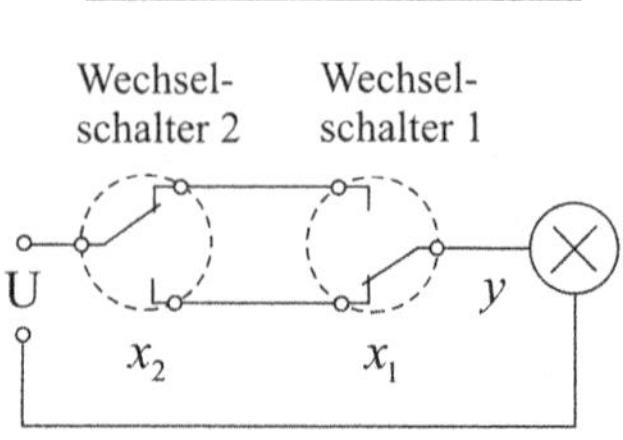

Abb. 3.31 Wechselschaltung

zu Wechselkontakten zusammenfassen. Damit ergibt sich die übliche Wechselschaltung mit zwei Wechselschaltern (Abb. 3.31).

- *Aufgabenstellung für die Kreuzschaltung*

Eine Lampe soll abwechselnd ein- und ausgeschaltet werden können, indem drei Schalterkontakte in beliebiger Reihenfolge geschlossen und geöffnet werden. Dieses Verhalten ist durch eine Wertetabelle zu beschreiben, aus der eine Schaltung mit Arbeits- und Ruhekontakten zu entwickeln ist. Diese Kontaktschaltung ist dann in eine Schaltung umzuwandeln, in der handelsübliche Wechsel- und Kreuzschalter verwendet werden.

- *Lösung für die Kreuzschaltung*

Abbildung 3.32 zeigt die Wertetabelle für die zu entwerfende Kreuzschaltung. Daraus ist ersichtlich, dass auch dieser Entwurfsaufgabe eine eindeutige Abbildung zugrunde liegt. Daraus kann geschlussfolgert werden, dass sich als Lösung eine Verknüpfungssteuerung ergibt.

Aus der Wertetabelle resultiert die folgende disjunktive Normalform:

$$y = \bar{x}_3\bar{x}_2x_1 \vee \bar{x}_3x_2\bar{x}_1 \vee x_3x_2x_1 \vee x_3\bar{x}_2\bar{x}_1. \tag{3.81}$$

Abb. 3.32 Wertetabelle für die Kreuzschaltung

x_3	x_2	x_1	y
0	0	0	0
0	0	1	1
0	1	1	0
0	1	0	1
1	0	0	0
1	0	1	1
1	1	1	0
1	1	0	1

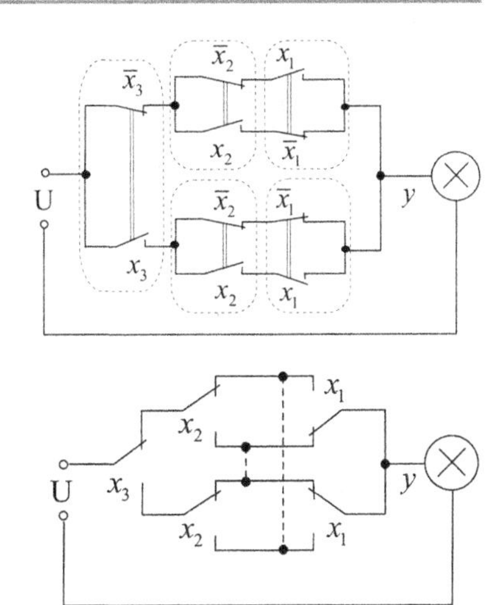

Abb. 3.33 Schaltung mit Arbeits- und Ruhekontakten gemäß Gl. 3.83

Abb. 3.34 Schaltung mit Wechselkontakten, abgeleitet aus Abb. 3.33

Durch Ausklammern von $\bar{x}_3$ und x_3 erhält man:

$$y = \bar{x}_3(\bar{x}_2 x_1 \vee x_2 \bar{x}_1) \vee x_3(x_2 x_1 \vee \bar{x}_2 \bar{x}_1). \tag{3.82}$$

Der zugehörige Kontaktplan ist in Abb. 3.33 dargestellt.

Wenn man in Abb. 3.33 die zum gleichen Schalter gehörenden Arbeitskontakte x_i und Ruhekontakte $\bar{x}_i$ zu Wechselkontakten zusammenfasst, erhält man die Schaltung gemäß Abb. 3.34.

In der Schaltung gemäß Abb. 3.34 sind die beiden Wechselkontakte x_1 ausgangsseitig miteinander verbunden. Je nach Stellung dieser Wechselkontakte liegen entweder die beiden Mittelleitung oder die obere und die untere Leitung auf gleichem Potenzial. Deshalb lassen sich zwischen den betreffenden Leitungen die gestrichelt eingezeichneten Verbindungen bzw. Brücken einfügen (Abb. 3.35). Damit können die beiden Wechselkontakte x_1 zu einem Wechselkontakt zusammengelegt werden. Dadurch ergibt sich die bekannte Kreuzschaltung mit zwei (dreipoligen) Wechselschaltern und einem vierpoligen Schalter, der als Kreuzschalter bezeichnet wird. Beim Kreuzschalter handelt es sich um einen Schalter mit zwei gekoppelten Wechselkontakten.

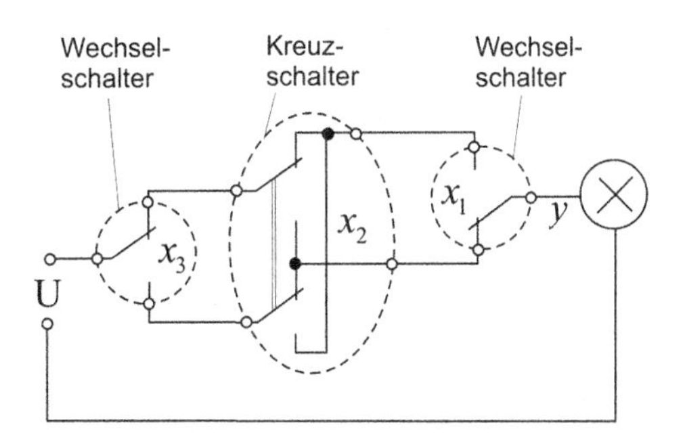

Abb. 3.35 Kreuzschaltung

Beispiel 3.2 (Steuerung zur Verriegelung von Förderbändern)

- *Aufgabenstellung*

Eine Förderanlage umfasst vier Zuförderbänder, über die ein Abförderband beschickt werden kann. Für jedes Förderband sind ein EIN-Taster und ein AUS-Taster vorgesehen. Durch die Steuereinrichtung sind folgende Bedingungen zu realisieren.

Bedingung 1: Die vier Zuförderbänder dürfen nur eingeschaltet sein, wenn das Abförderband läuft.

Bedingung 2: Es ist zu verhindern, dass mehr als zwei Förderbänder gleichzeitig laufen.

Bedingung 3: Es ist zu sichern, dass bei Betrieb eines der vier Zuförderbänder das Abförderband nicht abgeschaltet werden kann.

Bedingung 4: Die vier Zuförderbänder müssen ausgeschaltet werden, wenn das Abförderband aufgrund einer Störung zum Stillstand kommt.

(Das Problem der Notabschaltung der gesamten Anlage wird hier nicht mit betrachtet.)

- *Lösung*

In Abb. 3.36 ist ein Schema für die Verriegelungssteuerung der Förderbänder dargestellt. Für die Bedienung der fünf Förderbänder i $(0 \leq i \leq 4)$ werden EIN-Taster und

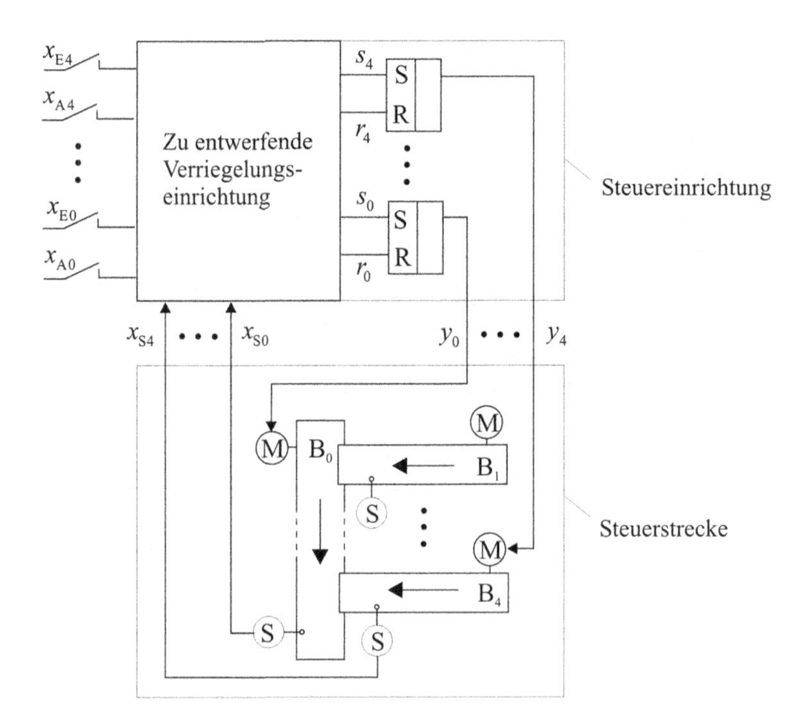

Abb. 3.36 Schema der Verriegelungssteuerung von Förderbändern

AUS-Taster mit nach geschalteten Binärspeichern (Flipflops) verwendet. Die Förderbänder werden durch je einen Motor angetrieben. Durch Sensoren (Bewegungsmelder) wird der Steuereinrichtung rückgemeldet, ob ein Förderband läuft. Für die Bedien-, Mess- und Stellsignalen werden folgende Bezeichnungen festgelegt:

x_{E0} EIN-Taster für Abförderband B_0,
x_{A0} AUS-Taster für Abförderband B_0,
x_{S0} Sensorsignal vom Abförderband B_0,
$x_{\mathrm{E}i}$ EIN-Taster für Zuförderband B_i $(1 \leq i \leq 4)$,
$x_{\mathrm{A}i}$ AUS-Taster für Zuförderband B_i $(1 \leq i \leq 4)$,
$x_{\mathrm{S}i}$ Sensorsensor vom Zuförderband B_i mit $(1 \leq i \leq 4)$,
s_i Setzsignale für die Binärspeicher $(0 \leq i \leq 4)$,
r_i Rücksetzsignale für die Binärspeicher $(0 \leq i \leq 4)$,
y_i Stellsignale für die Antriebsmotoren der Förderbänder $(0 \leq i \leq 4)$.

Bei den in der Aufgabenstellung formulierten Bedingungen muss man zwischen Verriegelungsbedingungen und Zwangsbedingungen unterscheiden. Bei einer Verriegelungsbedingung muss eine Bedienhandlung verhindert, bei einer Zwangsbedingung muss sie erzwungen werden. Die einzelnen Bedingungen sollen durch Schaltausdrücke b_{Ti}^k beschrieben werden.

Bedeutung der Indizes in b_{Ti}^k:

k gibt die Nummer der Bedingung gemäß Aufgabenstellung an;
T beschreibt, ob es sich um ein Signal vom EIN-Taster ($T = \mathrm{E}$) oder um ein Signal vom AUS-Taster ($T = \mathrm{A}$) handelt.
i bezieht sich auf das jeweilige Förderband $(0 \leq i \leq 4)$;

- Formale Beschreibung von Bedingung 1

Die Bedingung 1 stellt eine Verriegelungsbedingung für die EIN-Taster $x_{\mathrm{E}i}$ aller Zuförderbänder B_i mit $1 \leq i \leq 4$ dar und wird mit $b_{\mathrm{E}i}^1$ bezeichnet. Wenn das Abförderband B_0 läuft, gilt $x_{\mathrm{S0}} = 1$. Die formale Schreibweise für Bedingung 1, bezogen auf ein Zuförderband i, ist also:

$$b_{\mathrm{E}i}^1 = x_{\mathrm{S0}} \quad \text{mit } 1 \leq i \leq 4. \tag{3.83}$$

- Formale Beschreibung von Bedingung 2

Die Bedingung 2 ist eine Verriegelungsbedingung und gilt für die EIN-Taster $x_{\mathrm{E}i}$ aller vier Zuförderbänder $(1 \leq i \leq 4)$. Sie wird mit $b_{\mathrm{E}i}^2$ bezeichnet und lässt sich für ein bestimmtes Zuförderband als Funktion der Signale der Bewegungsmelder der restlichen Zuförderbänder berechnen. Für das Zuförderband B_1 gilt:

$$b_{\mathrm{E1}}^2 = \varphi(x_{\mathrm{S2}}, x_{\mathrm{S3}}, x_{\mathrm{S4}}). \tag{3.84}$$

Abb. 3.37 Wertetabelle für Bedingung 2 (bezogen auf das Zuförderband 1)

x_{S4}	x_{S3}	x_{S2}	b^2_{E1}
0	0	0	1
0	0	1	1
0	1	0	1
0	1	1	0
1	0	0	1
1	0	1	0
1	1	0	0
1	1	1	0

Diese Funktion ist als Wertetabelle in Abb. 3.37 dargestellt. Wenn die Bewegungsmeldersignale von zwei der restlichen drei Zuförderbänder 2, 3 und 4 den Wert 1 besitzen, muss b^2_{E1} den Wert 0 annehmen. Wenn höchstens ein Zuförderband eingeschaltet ist, besitzt b^2_{E1} den Wert 1.

Da also das Einschalten eines Zuförderbandes verhindert werden soll, wenn bereits zwei Zuförderbänder laufen, bietet sich hier die Darstellung der Funktion gemäß Abb. 3.37 als kanonische konjunktive Normalform an, die eine Konjunktion von Elementardisjunktionen darstellt. Eine kanonische konjunktive Normalform nimmt immer dann den Wert 0 an, wenn eine Eingangskombination anliegt, der der Wert 0 zugeordnet ist (Abschn. 3.4.5).

Für b^2_{E1} ergibt sich die folgende kanonische konjunktive Normalform:

$$b^2_{E1} = (\bar{x}_{S4} \vee \bar{x}_{S3} \vee \bar{x}_{S2})(\bar{x}_{S4} \vee \bar{x}_{S3} \vee x_{S2})(\bar{x}_{S4} \vee x_{S3} \vee \bar{x}_{S2})(x_{S4} \vee \bar{x}_{S3} \vee \bar{x}_{S2}). \quad (3.85)$$

Durch Kürzung des ersten Terms mit den drei anderen entsprechend der Kürzungsregel gemäß Gl. 3.30 erhält man:

$$b^2_{E1} = (\bar{x}_{S4} \vee \bar{x}_{S3})(\bar{x}_{S4} \vee \bar{x}_{S2})(\bar{x}_{S3} \vee \bar{x}_{S2}). \quad (3.86)$$

Dieser Ausdruck ist dann 0, wenn eine der drei in ihm vorkommenden Fundamentaldisjunktionen den Wert 0 besitzt. Die Schaltausdrücke für die restlichen Zuförderbänder lassen sich aufgrund von Analogiebetrachtungen wie folgt angeben:

$$b^2_{E2} = (\bar{x}_{S4} \vee \bar{x}_{S3})(\bar{x}_{S4} \vee \bar{x}_{S1})(\bar{x}_{S3} \vee \bar{x}_{S1}), \quad (3.87)$$

$$b^2_{E3} = (\bar{x}_{S4} \vee \bar{x}_{S2})(\bar{x}_{S4} \vee \bar{x}_{S1})(\bar{x}_{S2} \vee \bar{x}_{S1}), \quad (3.88)$$

$$b^2_{E4} = (\bar{x}_{S3} \vee \bar{x}_{S2})(\bar{x}_{S3} \vee \bar{x}_{S1})(\bar{x}_{S2} \vee \bar{x}_{S1}). \quad (3.89)$$

- Formale Beschreibung von Bedingung 3

Die Bedingung 3 ist eine Verriegelungsbedingung, die sich auf den AUS-Taster des Abförderbandes B_0 bezieht, und wird mit b^3_{A0} bezeichnet. Wenn ein Zuförderband läuft, liefert der zugehörige Bewegungsmelder das Signal $x_{Si} = 1$. Die UND-Verknüpfung der negierten Bewegungsmeldersignale aller Zuförderbänder bildet die Verriegelungsbedingung b^3_{A0} für das Ausschalten des Abförderbandes B_0.

$$b^3_{\mathrm{A0}} = \bar{x}_{\mathrm{S4}}\bar{x}_{\mathrm{S3}}\bar{x}_{\mathrm{S2}}\bar{x}_{\mathrm{S1}}. \tag{3.90}$$

Dieser Schaltausdruck nimmt den Wert 0 an, wenn mindestens eins der Bewegungsmeldersignale den Wert 1 hat.

- Formale Beschreibung von Bedingung 4

Die Bedingung 4 bezieht sich auf die AUS-Taster der Zuförderbänder 1 bis 4. Es müssen alle Zuförderbänder ausgeschaltet werden, wenn das Bewegungsmeldersignal x_{S0} den Wert 0 angenommen hat. Es handelt sich also um vier Zwangsbedingungen, die durch $b^4_{\mathrm{A}i}$ zusammengefasst wie folgt ausgedrückt werden:

$$b^4_{\mathrm{A}i} = \bar{x}_{\mathrm{S0}} \quad \text{mit } 1 \leq i \leq 4. \tag{3.91}$$

Mit den hergeleiteten Bedingungen ergeben sich folgende Schaltausdrücke für die Setz- und Rücksetzsignale der Binärspeicher, über die die Stellsignale y beeinflusst werden.

Beim Setzsignal s_0 zur Bildung des Stellsignals y_0 existiert keine Verriegelungsbedingung.

$$s_0 = x_{\mathrm{E0}}. \tag{3.92}$$

Das Rücksetzsignal r_0 hängt von der Verriegelungsbedingung b^3_{A0} ab (Gl. 3.88).

$$r_0 = x_{A0}b^3_{\mathrm{A0}} = x_{\mathrm{A0}}\bar{x}_{\mathrm{S4}}\bar{x}_{\mathrm{S3}}\bar{x}_{\mathrm{S2}}\bar{x}_{\mathrm{S1}}. \tag{3.93}$$

Bei den Setzsignalen s_i $(1 \leq i \leq 4)$ sind die Verriegelungsbedingungen $b^1_{\mathrm{E}i}$ (Gl. 3.81) und $b^2_{\mathrm{E}i}$ (Gln. 3.84, 3.85, 3.86, 3.87) zu beachten. Bei den Rücksetzsignalen r_i $(1 \leq i \leq 4)$ ist die Zwangsbedingung $b^4_{\mathrm{A}i}$ (Gl. 3.89) zu berücksichtigen, die disjunktiv mit den Signalen der AUS-Taster zu verknüpfen ist.

$$s_1 = x_{\mathrm{E1}}b^1_{\mathrm{E1}}b^2_{\mathrm{E1}} = x_{\mathrm{E1}}x_{\mathrm{S0}}(\bar{x}_{\mathrm{S4}} \vee \bar{x}_{\mathrm{S3}})(\bar{x}_{\mathrm{S4}} \vee \bar{x}_{\mathrm{S2}})(\bar{x}_{\mathrm{S3}} \vee \bar{x}_{\mathrm{S2}}); \tag{3.94}$$

$$r_1 = x_{\mathrm{A1}} \vee b^4_{\mathrm{A1}} = x_{\mathrm{A1}} \vee \bar{x}_{\mathrm{S0}}; \tag{3.95}$$

$$s_2 = x_{\mathrm{E2}}b^1_{\mathrm{E2}}b^2_{\mathrm{E2}} = x_{\mathrm{E2}}x_{\mathrm{S0}}(\bar{x}_{\mathrm{S4}} \vee \bar{x}_{\mathrm{S3}})(\bar{x}_{\mathrm{S4}} \vee \bar{x}_{\mathrm{S1}})(\bar{x}_{S3} \vee \bar{x}_{\mathrm{S1}}); \tag{3.96}$$

$$r_2 = x_{\mathrm{A2}} \vee b^4_{\mathrm{A2}} = x_{\mathrm{A2}} \vee \bar{x}_{S0}; \tag{3.97}$$

$$s_3 = x_{\mathrm{E3}}b^1_{\mathrm{E3}}b^2_{\mathrm{E3}} = x_{\mathrm{E3}}x_{\mathrm{S0}}(\bar{x}_{\mathrm{S4}} \vee \bar{x}_{\mathrm{S2}})(\bar{x}_{\mathrm{S4}} \vee \bar{x}_{\mathrm{S1}})(\bar{x}_{\mathrm{S2}} \vee \bar{x}_{\mathrm{S1}}); \tag{3.98}$$

$$r_3 = x_{\mathrm{A3}} \vee b^4_{\mathrm{A3}} = x_{\mathrm{A3}} \vee \bar{x}_{\mathrm{S0}}; \tag{3.99}$$

$$s_4 = x_{\mathrm{E4}}b^1_{\mathrm{E4}}b^2_{\mathrm{E4}} = x_{\mathrm{E4}}x_{\mathrm{S0}}(\bar{x}_{\mathrm{S3}} \vee \bar{x}_{\mathrm{S2}})(x_{\mathrm{S3}} \vee \bar{x}_{\mathrm{S1}})(\bar{x}_{\mathrm{S2}} \vee \bar{x}_{\mathrm{S1}}); \tag{3.100}$$

$$r_4 = x_{\mathrm{A4}} \vee b^4_{\mathrm{A4}} = x_{\mathrm{A4}} \vee \bar{x}_{\mathrm{S0}}. \tag{3.101}$$

Die Schaltausdrücke für die Setz- und Rücksetzsignale gemäß Gln. 3.94 bis 3.101 sind in Abb. 3.38 als Logik-Plan dargestellt. Auf dieser Basis kann die Verknüpfungssteue-

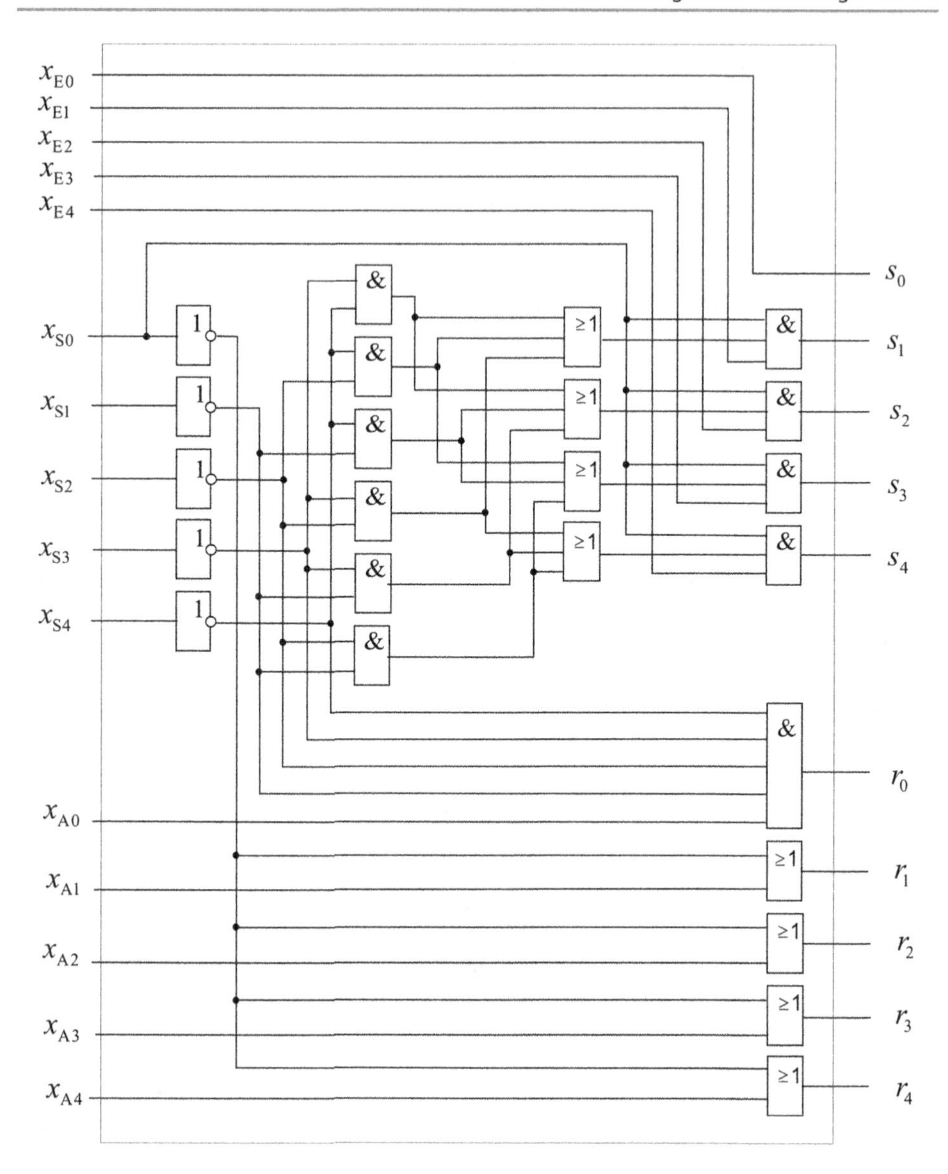

Abb. 3.38 Verriegelungseinrichtung für die Förderbänder gemäß Abb. 3.36

rung entweder mittels einer verbindungsprogrammierten oder einer speicherprogrammierbaren Steuereinrichtung realisiert werden.

Es ist offensichtlich, dass die Minimierung der Verriegelungsbedingungen b_{Ei}^2 gemäß Gl. 3.82 bzw. Gl. 3.83 wesentlich zur Übersichtlichkeit des Steueralgorithmus beigetragen hat. Wenn man die kanonischen konjunktiven Normalformen direkt umgesetzt hätte, wäre ein stark aufgeblähter Logik-Plan die Folge gewesen.

Beispiel 3.3 (Realisierung eines Schaltausdrucks mittels eines PLA-Schaltkreises)

- *Aufgabenstellung*

Die minimale disjunktive Normalform gemäß Gl. 3.66 ist mittels eines PLA-Schaltkreises zu realisieren. Dazu sind in einer Darstellung entsprechend Abb. 3.39 die zu programmierenden Dioden durch schräge Verbindungslinien einzuzeichnen. Es ist einzuschätzen, welche Vorteile sich bei der Realisierung von Steuerungen mit einer großen Anzahl an Eingangsvariablen x und Ausgangsvariablen y mittels PLA-Schaltkreisen ergeben können, wenn man eine Minimierung der zu realisierenden Schaltausdrücke durchführt, d. h wenn die zu programmierenden Schaltfunktionen nicht als kanonische disjunktive Normalformen, sondern als minimale disjunktive Normalformen zugrunde gelegt werden.

- *Lösung*

Zur Realisierung der minimalen Normalform n_1 sind also nur vier Funktionselemente der UND-Matrix erforderlich. Bei der direkten Realisierung der kanonischen disjunktiven Normalform gemäß Abb. 3.16 wären es sechs Funktionselemente gewesen. Bei Schaltfunktionen mit einer größeren Anzahl an Variablen kann der Unterschied mitunter beträchtlich sein. Damit lassen sich PLA-Schaltkreise bei einer Minimierung der zu realisierenden Schaltausdrücke im Allgemeinen wesentlich ökonomischer nutzen, da man die eingesparten Flächen für die Realisierung weiterer Schaltfunktionen verwenden kann und insgesamt Schaltkreise einspart.

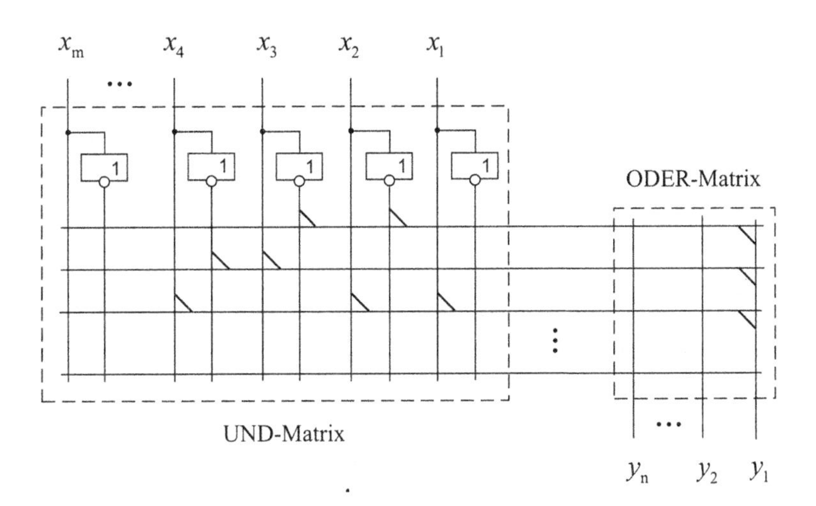

Abb. 3.39 Realisierung des Schaltausdrucks gemäß Gl. 3.66 mittels eines PLA-Schaltkreises

3.5 Beschreibung sequentieller Steuereinrichtungen durch deterministische Automaten

3.5.1 Zur historischen Entwicklung der angewandten Automatentheorie

3.5.1.1 Entwicklung erster Automatenmodelle durch Huffman, Mealy und Moore

In diesem Abschnitt soll vor allem auf die ersten grundlegenden Modelle deterministischer Automaten hingewiesen werden, die zur Beschreibung binärer Schaltungen geschaffen wurden. Sie stellen wesentliche Grundsteine in der Entwicklung der Automatentheorie dar.

Nachdem man Ende der 1930er Jahre entdeckt hatte, dass die Schaltalgebra als eine Ausprägung der booleschen Algebra zur Beschreibung von Schaltungen mit Kontaktrelais verwendet werden kann (Abschn. 1.2.3.2), stellte man wenig später fest, dass sich mit ihr allein jedoch nicht alle Relaisschaltungen eindeutig beschreiben lassen. Das war zwar bei Schaltungen möglich, in denen Relais als Eingangselemente lediglich zum direkten Schalten von Kontakten dienen, denn bei derartigen Schaltungen lassen sich die Ausgangskombinationen den Eingangskombinationen durch Schaltfunktionen eindeutig zuordnen. Solche Schaltungen wurden *statische* oder *kombinatorische* Schaltungen genannt.

Man erkannte, dass es außer ihnen auch noch Schaltungen gibt, in denen sich zwei Arten von Relais unterscheiden lassen, die unterschiedliche Aufgaben zu erfüllen haben und die man *Primär- und Sekundärrelais* nannte. Über die Primärrelais werden z. B. Kontakte geschlossen und dadurch Sekundärrelais eingeschaltet, die sich dann über einen eigenen Kontakt selbst halten, auch wenn die Kontakte der Primärrelais wieder geöffnet werden. Über die Sekundärrelais wurden also sog. Selbsthaltekreise gebildet (Abb. 2.8b im Abschn. 2.3.2), die binäre Speicher darstellen und die bereits damals im Sinne von Zuständen („Secondary Relay States“) betrachte wurden. Bei diesen Schaltungen hängen die Ausgangskombinationen nicht nur von den Eingangskombinationen ab, sondern auch noch von den Zuständen. Man nannte die Schaltungen mit Speichern *dynamisch* oder *sequentiell* (s. Abschn. 3.2.2, in dem der Unterschied zwischen kombinatorischen und sequentiellen Systemen allgemein erläutert wird). G.A. Montgomerie hatte bereits 1948 erkannt [Mon1948], dass man für die Beschreibung von sequentiellen Schaltungen andere Mittel und Methoden benötigt als die bei kombinatorischen Schaltungen zugrunde gelegten Schaltbelegungstabellen. Deshalb schlug er eine Darstellung in Form von speziellen Matrizen vor.

Das erste brauchbare Modell zur Beschreibung sequentieller Relais-Schaltungen mit Primär- und Sekundärrelais, die ungetaktet bzw. asynchron arbeiten, wurde 1954 von D.A. Huffman [Huf1954] in Form einer sog. „Flow Table“ vorgeschlagen. In den folgenden zwei Jahren publizierten G.H. Mealy [Mea1955] und E.F. Moore [Moo1956] zwei weitere Modelle für sequentielle Schaltungen, die insbesondere für getaktete bzw. synchrone Systeme vorgesehen waren und die heute in der Automatentheorie eine größere

Rolle spielen als das Modell von Huffman. Man spricht dabei von Moore- und Mealy-Automaten. Eine genauere Interpretation der Automatenmodelle von Huffman, Mealy und Moore erfolgt im Abschn. 3.5.2.

3.5.1.2 Entwicklung von Synthesemethoden für sequentielle Systeme

In den zitierten Publikationen von Huffman, Mealy und Moore wurden aber nicht nur die Modelle vorgestellt, sondern auch erste Methoden angegeben, mit denen eine Synthese sequentieller Schaltungen auf der Basis von Relais und anderen elektronischen Bauelementen, wie z. B. Elektronenröhren, durchgeführt werden kann. Das Hauptziel bei der Synthese sequentieller Schaltungen war in den 1950er und 1960er Jahren, wie auch beim Entwurf kombinatorischer Schaltungen, die Minimierung des Hardware-Aufwands, um die Kosten möglichst gering zu halten. Darüber hinaus ging es um die Vermeidung störender dynamischer Effekte wie Hasard- und Wettlauferscheinungen [Zan1982]. In diesem Zusammenhang wurden in der Grundlagenforschung insbesondere folgende Problemkomplexe bearbeitet:

1. Minimierung der Anzahl innerer Zustände;
2. aufwandsgünstige Kodierung der Zustände mit der Nebenbedingung, die Wettlauffreiheit zu gewährleisten;
3. Minimierung der Schaltausdrücke für die Ausgangs- und die Speichersignale.

Zu diesen Komplexen erschien weltweit eine Vielzahl von Publikationen. Als praxisrelevante Ergebnisse der Grundlagenforschung entstanden national und international Prorammsysteme zum rechnergestützten Entwurf von binären Steuerungen [ZOH1973], [GaDe1974].

3.5.1.3 Bemerkungen zur heutigen Bedeutung von Automatenmodellen

Bis Anfang der 1970er Jahre war die Beschreibung sequentieller Steuerungen durch deterministische Automaten von hoher Relevanz. Die Minimierung des Hardware-Aufwands stand so lange im Vordergrund, wie Steuerungen ausschließlich als *VPS* (Abschn. 3.3.2) realisiert wurden. Die Nutzung dieser Methoden setze allerdings voraus, dass die Eingangs- und Ausgangskombinationen alle Variablen enthielten, die im Definitions- und Wertebereich der Automatenfunktionen vorkamen. Dadurch wurde die Beschreibung meist stark aufgebläht.

Beim *Einsatz von SPS* ab Anfang der 1970er Jahre entfiel die Hardware-Minimierung, sodass nun Automatengraphen mit unvollständig definierten Eingangs- und Ausgangskombinationen zur Beschreibung der Steueralgorithmen von SPS verwendet werden konnten. Automatenmodelle verloren dann aber mit der Einführung steuerungstechnisch interpretierter Petri-Netze (SIPN) an Bedeutung, weil diese als Beschreibungsmittel für Steueralgorithmen weitergehende Möglichkeiten bieten. Mit ihnen lässt sich sehr günstig Parallelität darstellen (Abschn. 3.6).

Automatenmodelle spielen aber in der Steuerungstechnik auch heute noch eine gewisse Rolle, wenn es darum geht, das sequentielle Verhalten von Steuerungen explizit durch eine Überführungs- und eine Ausgabefunktion auszudrücken, was durch Petri-Netze nicht möglich ist. Unabhängig davon kann man davon ausgehen, dass neben einer SPS-Realisierung auch zukünftig im Rahmen der Entwicklung von Industrie 4.0 (s. Abschn. 1.2.3.6) eine Realisierung auf der Basis von programmierbaren Schaltkreisen als VPS (Abschn. 3.3.2) für eingebettete Systeme gefragt sein wird. Dabei kann auch eine Minimierung auf der Basis einer Beschreibung durch Automatenmodelle erforderlich sein. Aus den genannten Gründen soll in diesem Buch auch ein Überblick über die Beschreibungs- und Minimierungsmöglichkeiten auf der Basis von Automatenmodellen gegeben werden (Abschn. 3.5.5 und 3.5.6).

Darüber hinaus lässt sich anhand sequentieller Systeme sehr anschaulich demonstrieren, dass es bezüglich des Verhaltens von Steuerungs- und Reglungssystemen einerseits mit dem Rückkopplungsprinzip eine wesentliche Gemeinsamkeit gibt, dass jedoch andererseits bezüglich der Beschreibung des detaillierten Verhaltens und der Ausführung der einzelnen Entwurfsschritte unüberbrückbare Gegensätze existieren.

Das Haupteinsatzgebiet der Automatentheorie ist heute die Informatik (Definition regulärer Sprachen, Entwurf von Algorithmen, Softwareentwicklung, Compilierung). Neben den deterministischen Automaten werden dabei auch nichtdeterministische und stochastische Automaten verwendet. In der Steuerungstechnik können nichtdeterministische Automaten für die Beschreibung des Verhaltens von Steuerstrecken verwendet werden (Abschn. 4.4).

3.5.2 Interpretation der Huffman-, Mealy- und Moore-Automaten

3.5.2.1 Voraussetzungen für vergleichende Betrachtungen

Die Automatenmodelle von Huffman, Moore und Mealy wurden von ihren Entwicklern in den betreffenden Publikationen ([Huf1954], [Mea1955], [Moo1956]) in unterschiedlicher Form dargestellt, sodass sie nicht ohne weiteres vergleichbar sind. Das hat später teilweise zu begrifflichen Konfusionen und Missdeutungen geführt, auf die Wendt hingewiesen hat [Wen1998]. Offensichtlich war aufgrund der unterschiedlichen Darstellungsform nicht klar erkenntlich, ob z. B. beim Moore-Automaten die Ausgabe vom Vorzustand oder vom Folgezustand abhängt.

Zunächst kann grob eingeschätzt werden, dass alle drei Modelle auf einer Überführungs- und einer Ausgabefunktion (Definition 3.2 im Abschn. 3.2.2) basieren. Diese Funktionen sind aber in den Originalpublikationen lediglich in tabellarischer oder verbaler Form oder durch Gleichungen ohne zeitlichen Bezug angegeben. Um die Modelle vergleichend einschätzen zu können, sollen die ihnen zugrunde liegenden Funktionen hier durch Funktionsgleichungen beschrieben werden, aus denen die zeitliche Reihenfolge eindeutig ersichtlich ist. Aufeinander folgende Zeitintervalle, die das „Vorher" und das „Danach" bezüglich der einbezogenen Größen charakterisieren, sollen dabei durch die Hochindizes

k bzw. $k + 1$ einheitlich gekennzeichnet werden. Durch den Index k soll dabei der Zustand kenntlich gemacht werden, von dem aus der Zustandsübergang startet, und durch $k + 1$ der entsprechende Folgezustand. Dabei muss auch beachtet werden, ob sich das jeweilige Modell auf eine getaktete bzw. synchrone oder eine ungetatete bzw. asynchrone Betriebsart bezieht. Dafür gilt:

- Bei einer *ungetakteten (asynchronen) Betriebsart* können sich der innere Zustand oder/und die Ausgangskombination nur bei einer Änderung der Eingangskombination ändern, was zu beliebigen Zeiten erfolgen kann. Die neue Eingangskombination erhält dann den Zeitindex $k + 1$, während der mit ihr zusammenwirkende Startzustand im Definitionsbereich der Überführungsfunktion den Index k besitzt.
- Bei einer *getakteten (synchronen) Betriebsart* kann eine Änderung des inneren Zustandes oder/und der Ausgangskombination nur zu definierten Zeiten durch einen Taktimpuls eingeleitet werden. Die Eingangskombination kann sich zu einem beliebigen Zeitpunkt zwischen zwei Taktimpulsen ändern. Im Definitionsbereich der Überführungsfunktion erhalten sowohl der Startzustand als auch die anstehende Eingangskombination den Zeitindex k.

3.5.2.2 Huffman-Automat

Huffman führte sein Automatenmodell [Huf1954] in Form einer „Flusstafel" („Flow Table") ein (Abb. 3.40). Am oberen Rand der Flusstafel stehen die Wertekombinationen der Eingangssignale. Im Mittelteil der Tabelle sind die für die Schaltung eingeführten Zustände als natürliche Zahlen eingetragen. Da die Flusstafel dazu entwickelt wurde, ungetaktete Schaltungen zu beschreiben, muss in ihr auch die Stabilität der jeweils eingenommenen Folgezustände dargestellt werden. Bei den durch Kreise eingerahmten Zuständen handelt es um die stabilen Zustände, von denen aus in Abhängigkeit von den anliegenden Eingangskombinationen Übergänge in Folgezustände erfolgen können, die ohne Kreis darzustellen sind. Die am rechten Rand aufgelisteten Ausgangskombinationen sind jeweils dem in der gleichen Zeile stehenden stabilen Zustand zugeordnet. Am linken Rand ist die gewählte Kodierung dieser Zustände als Wertekombination der Speichersignale z_1 und z_2 angegeben.

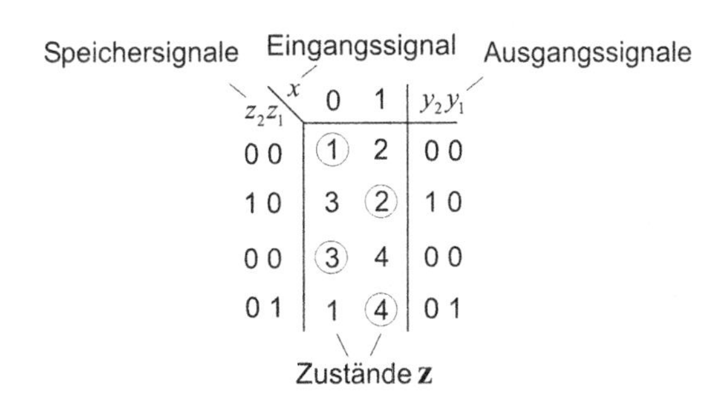

Abb. 3.40 Beispiel einer Flusstabelle nach Huffman

Bei der in Abb. 3.40 dargestellten Flusstabelle gelangt man z. B. von dem in der Zeile 1 eingetragenen Zustand 1, der bei $x = 0$ stabil ist, beim Auftreten der *nächsten* Eingangskombination, die im gewählten Beispiel dem Signalwert $x = 1$ entspricht, in den Folgezustand 2, der in der gleichen Zeile ohne Kreis eingetragen ist. Da die von Huffman untersuchten Relaisschaltungen ungetaktet bzw. asynchron arbeiten, muss man davon ausgehen, dass das Eingangssignal $x = 1$ nun weiter auf den Folgezustand 2 einwirkt. Die Schaltung soll aber nach dem Übergang im Zustand 2 verharren. Deshalb muss bei $x = 1$ in der Zeile 2 der Zustand 2 als stabiler Zustand eingetragen werden.

Man erkennt, dass in der Flusstabelle zwei Funktionen dargestellt sind, eine Überführungsfunktion f, die jeweils einem aktuellen Zustand und der als nächstes auftretende Eingangskombination eindeutig einen stabilen Folgezustand zuordnen, und eine Ausgabefunktion g, durch die dem stabilen Folgezustand eindeutig eine Ausgangskombination zugeordnet wird (Abschn. 3.2.2). Außerdem lässt sich aus der Flusstabelle eine Stabilitätsbedingung abheben, die im Rahmen der Überführungsfunktion dafür sorgt, dass ein durch eine bestimmte Eingangskombination initiierter Folgezustand beim weiteren Anstehen dieser Eingangskombination stabil ist. Damit ergibt sich mit den vereinbarten Indizes:

Formale Darstellung des Automatenmodells von Huffman

- Überführungsfunktion: ${}^{k+1}\mathbf{z} = f({}^{k}\mathbf{z}, {}^{k+1}\mathbf{x})$;
- Ausgabefunktion: ${}^{k+1}\mathbf{y} = g({}^{k+1}\mathbf{z})$;
- Stabilitätsbedingung: ${}^{k+1}\mathbf{z} = f(f({}^{k}\mathbf{z}, {}^{k+1}\mathbf{x}), {}^{k+1}\mathbf{x})$.

Die in dieser Form interpretierte Flusstabelle von Huffman kann als das erste formale Modell eines endlichen deterministischen Automaten angesehen werden, welches das Verhalten ungetakteter (asynchroner) Schaltungen beschreibt.

3.5.2.3 Mealy-Automat

Mealy legte seinem Modell einer sequentiellen Schaltung in [Mea1955] folgende verbale Definition zugrunde:

> A switching circuit is a circuit with a finite number of inputs, outputs and (internal) states. Its present output combination and next state are determined uniquely by the present input combination and the present state.

Daraus ergibt sich mit den vereinbarten Indizes (s. Abschn. 3.5.2.1):

Formale Darstellung des Automatenmodells von Mealy

- Überführungsfunktion: ${}^{k+1}\mathbf{z} = f({}^{k}\mathbf{z}, {}^{k}\mathbf{x})$;
- Ausgabefunktion: ${}^{k}\mathbf{y} = g({}^{k}\mathbf{z}, {}^{k}\mathbf{x})$;

Im Definitionsbereich der Überführungsfunktion besitzen Zustand und Eingangskombination den gleichen Taktindex. Daran erkennt man, dass es sich um ein Modell von getakteten Schaltungen handelt. Da die Definitionsbereiche von Überführungs- und Ausgabefunktion gleich sind, ergibt sich, dass die Ausgabe während des Zustandsübergangs erfolgt. In der zitierten Publikation hat Mealy noch ein modifiziertes Modell angegeben, das im Sinne von Huffman für ungetaktete Relaisschaltungen angewendet werden kann.

3.5.2.4 Moore-Automat

In der Publikation von Moore [Moo1956] findet man in der Einführung folgende Formulierung:

> The behavior of sequential machines is strictly deterministic in that the present state of a machine depends only on its previous input and previous state, and the present output depends only on the present state.

Um eine Vergleichbarkeit mit den Modellen von Huffman und Mealy zu gewährleisten, müssen die gegenwärtigen Größen im Modell von Moore mit dem Index $k + 1$ und die vorhergehenden Größen mit dem Index k versehen werden (s. Abschn. 3.5.2.1). Damit ergibt sich:

Formale Darstellung des Automatenmodells von Moore

- Überführungsfunktion: ${}^{k+1}\mathbf{z} = f({}^{k}\mathbf{z}, {}^{k}\mathbf{x})$;
- Ausgabefunktion: ${}^{k+1}\mathbf{y} = g({}^{k+1}\mathbf{z})$;

Man erkennt, dass es sich auch beim Moore-Automaten um ein Modell von getakteten Schaltungen handelt. Aus der Ausgabefunktion ist ersichtlich, dass die Ausgabe vom Folgezustand und nicht vom Vorzustand abhängt.

3.5.3 Klassifizierung von deterministischen Automaten

3.5.3.1 Vorbemerkungen

In der Definition 3.2 (Abschn. 3.2.2) wurden sequentielle Systeme zunächst ganz allgemein durch zwei Abbildungen beschrieben. Die Abbildung

$$f : \mathbf{Z} \times \mathbf{X} \rightarrow \mathbf{Z}. \tag{3.102}$$

bringt zum Ausdruck, dass Paaren von Zuständen $z \in \mathbf{Z}$ und Eingaben $\mathbf{x} \in \mathbf{X}$ eindeutig Zustände $z \in \mathbf{Z}$ zugeordnet werden. Als Zusatzbedingung gilt, dass die Zustände z, die zum Vorbereich der Überführungsfunktion f gehören, die Startzustände sind, von denen aus der jeweilige Überführungsvorgang gestartet wird, und die Zustände, die den Nachbereich bilden, die entsprechenden Folgezustände darstellen.

Durch die Abbildung

$$g : \mathbf{Z} \times \mathbf{X} \rightarrow \mathbf{Y}. \tag{3.103}$$

wird ausgedrückt, dass Paaren von Zuständen $\mathbf{z} \in \mathbf{Z}$ und Eingaben $\mathbf{x} \in \mathbf{X}$ eindeutig Ausgaben $\mathbf{y} \in \mathbf{Y}$ zuzuordnen sind. Dabei wird aber nichts darüber ausgesagt, ob die Zustände $\mathbf{z}$, die zum Vorbereich der Ausgabefunktion g gehören, Startzustände oder Folgezustände im Sinne der Funktion f sind. Außerdem lässt es die Vorstellung vom Verhalten sequentieller Systeme zu, dass $\mathbf{X}$ im Vorbereich der Abbildung g auch eine leere Menge sein kann, sodass die Ausgabe dann nur vom Zustand abhängt.

Darstellung der Überführungsfunktion durch eine Ergibt-Anweisung

Bei der Interpretation der Automatenmodelle von Huffman, Mealy und Moore wurde davon ausgegangen, dass ein Überführungsvorgang in einem Zeitintervall k beginnt und im Zeitintervall $k + 1$ endet. Der im Zeitintervall k existierende Zustand wurde durch ${}^{k}\mathbf{z}$ und der Folgezustand durch ${}^{k+1}\mathbf{z}$ gekennzeichnet. Die Kennzeichnung der Eingangskombination $\mathbf{x}$ im Vorbereich von f durch einen Zeitindex richtet sich danach, ob es sich um eine ungetaktete oder eine getaktete Betriebsart handelt. Die Schreibweise der Überführungsfunktion ergab sich dabei bei *getakteter Betriebsart* in der Form

$${}^{k+1}\mathbf{z} = f({}^{k}\mathbf{z}, {}^{k}\mathbf{x}). \tag{3.104}$$

und bei *ungetakteter Betriebsart* folgendermaßen:

$${}^{k+1}\mathbf{z} = f({}^{k}\mathbf{z}, {}^{k+1}\mathbf{x}). \tag{3.105}$$

Wichtig bei diesen zwei Darstellungsarten gemäß Gln. 3.104 und 3.105 ist eigentlich nur die Unterscheidung zwischen Vor- und Folgezustand durch die Indizes k und $k + 1$. Die Unterscheidung der im Argument von f stehenden Eingangskombinationen bezüglich ihrer Zuordnung zu Zeitintervallen bei ungetakteter und getakteter Betriebsart kann entfallen, weil es im Sinne der funktionellen Beschreibung nur wichtig ist, dass es sich in beiden Fällen um die den Übergang auslösenden Eingangskombinationen handelt. Aus dem Kontext der Steuerungsaufgabe kann man erkennen, ob es sich um eine ungetaktete und oder eine getaktete Betriebsart handelt. Unter diesem Aspekt kann man die Überführungsfunktion auch in Form einer *Ergibt-Anweisung* darstellen, bei der man ohne Taktindizes auskommt und durch die aber zum Ausdruck gebracht wird, dass sich beim Einwirken einer Eingangskombination aus dem Vorzustand ein entsprechender Folgezustand ergibt:

$$\mathbf{z} := f(\mathbf{z}, \mathbf{x}). \tag{3.106}$$

Durch entsprechende Konkretisierung der zur Beschreibung sequentieller Systeme in allgemeiner Form gemäß Gln. 3.104 und 3.105 definierten Abbildungen f und g lassen sich dann verschiedene Ausprägungen dieser allgemeinen Darstellung bilden. Neben den bereits behandelten Modellen von Huffman, Mealy und Moore lassen sich auch weitere Automatenmodelle kreieren (Abschn. 3.5.3.2 und Abschn. 3.5.3.3).

Klassifizierungsmerkmale

Bei der Klassifizierung der Automatenmodelle sollen folgende Merkmale zugrunde gelegt werden:

- Art der Ansteuerung der Binärspeicher:
  Bisher wurde davon ausgegangen, dass die Binärspeicher dadurch gesetzt bzw. rückgesetzt werden, dass die dafür vorgesehenen Setz- und Rücksetzsignale z. B. den Wert 1 annehmen. Diese Art der Ansteuerung wird *Amplitudensteuerung* genannt. Dafür wird in der Klassifizierung der *Buchstabe A* verwendet. Die Speicherelemente können aber auch durch Flankensignale umgesteuert werden (Abschn. 3.4.9). Man spricht dann von einer *Flankensteuerung*. Dafür wird in der Klassifizierung der *Buchstabe F* benutzt.
- Art der Ausgabefunktion
  Es ist zu unterscheiden, ob die Ausgabe von einem Zustand und einer Eingangskombination abhängt (in der Klassifizierung gekennzeichnet durch die *Buchstaben ZX*) oder nur von einem Zustand (gekennzeichnet durch den *Buchstaben Z*) und ob als Zustand der Vorzustand oder der Folgezustand angesetzt wird.
- Zustandsstabilisierung
  Es ist zu beachten, ob bei der Zustandsüberführung eine Zustandsstabilisierung durch eine *Stabilitätsbedingung* erfolgen muss. Das ist immer dann der Fall, wenn die initiierende Eingangskombination länger auf den Vorzustand einwirkt als der Übergangsvorgang dauert.

Die Darlegungen der folgenden Unterabschnitte des Abschn. 3.5 basieren auf den Ausführungen in [Zan1982].

3.5.3.2 Amplitudengesteuerte Automaten

AZX-Automaten

Bei AZX-Automaten hängt die Ausgangskombination $\mathbf{y}$ gemäß der Ausgabefunktion g sowohl von einem Zustand als auch von einer Eingangskombination $\mathbf{x}$ ab. Ein Unterscheidungsmerkmal besteht darin, ob es sich bei dem Zustand im Argument von g um den Vorzustand $\mathbf{z}$ oder um den Folgezustand $f(\mathbf{z}, \mathbf{x})$ handelt. Ein weiteres Unterscheidungsmerkmal bezieht sich darauf, ob die Stabilisierung des Folgezustands strukturell oder funktionell erfolgt (Abschn. 3.5.4.2). Bei einer funktionellen Zustandsstabilisierung ist im Rahmen der Zustandsüberführungsfunktion f eine Stabilitätsbedingung $f(\mathbf{z}, \mathbf{x}) = f(f(\mathbf{z}, \mathbf{x}), \mathbf{x})$ vorzusehen.

Automatentyp AZX1 (Dieser Automat entspricht dem *Mealy-Automaten.*)

$$\left.\begin{aligned} \mathbf{z} &:= f(\mathbf{z}, \mathbf{x}) \\ \mathbf{y} &= g(\mathbf{z}, \mathbf{x}) \end{aligned}\right\} \tag{3.107}$$

Automatentyp AZX2

$$\left.\begin{aligned} \mathbf{z} &:= f(\mathbf{z}, \mathbf{x}) \\ \mathbf{y} &= g(\mathbf{z}, \mathbf{x}) \\ f(\mathbf{z}, \mathbf{x}) &= f(f(\mathbf{z}, \mathbf{x}), \mathbf{x}) \end{aligned}\right\} \tag{3.108}$$

Automatentyp AZX3

$$\left.\begin{aligned} \mathbf{z} &:= f(\mathbf{z}, \mathbf{x}) \\ \mathbf{y} &= g(f(\mathbf{z}, \mathbf{x}), \mathbf{x}) \end{aligned}\right\} \tag{3.109}$$

Automatentyp AZX4

$$\left.\begin{aligned} \mathbf{z} &:= f(\mathbf{z}, \mathbf{x}) \\ \mathbf{y} &= g(f(\mathbf{z}, \mathbf{x}), \mathbf{x}) \\ f(\mathbf{z}, \mathbf{x}) &= f(f(\mathbf{z}, \mathbf{x}), \mathbf{x}) \end{aligned}\right\} \tag{3.110}$$

AZ-Automaten

Als AZ-Automaten sollen amplitudengesteuerte Automaten bezeichnet werden, deren Ausgangskombination $\mathbf{y}$ nur von einem Zustand, und zwar entweder vom Vorzustand $\mathbf{z}$ oder vom Folgezustand $f(\mathbf{z}, \mathbf{x})$, abhängt. Als Unterscheidungsmerkmal wird außerdem die Stabilitätsbedingung herangezogen.

Automatentyp AZ1

$$\left.\begin{aligned} \mathbf{z} &:= f(\mathbf{z}, \mathbf{x}) \\ \mathbf{y} &= g(\mathbf{z}) \end{aligned}\right\} \tag{3.111}$$

Automatentyp AZ2

$$\left.\begin{aligned} \mathbf{z} &:= f(\mathbf{z}, \mathbf{x}) \\ \mathbf{y} &= g(\mathbf{z}) \\ f(\mathbf{z}, \mathbf{x}) &= f(f(\mathbf{z}, \mathbf{x}), \mathbf{x}) \end{aligned}\right\} \tag{3.112}$$

Automatentyp AZ3 (Dieser Automat entspricht dem *Moore-Automaten*.)

$$\left.\begin{aligned} \mathbf{z} &:= f(\mathbf{z}, \mathbf{x}) \\ \mathbf{y} &= g(f(\mathbf{z}, \mathbf{x})) \end{aligned}\right\} \tag{3.113}$$

Automatentyp AZ4 (Dieser Automat entspricht dem *Huffman-Automaten*.)

$$\left.\begin{aligned} \mathbf{z} &:= f(\mathbf{z}, \mathbf{x}) \\ \mathbf{y} &= g(f(\mathbf{z}, \mathbf{x})) \\ f(\mathbf{z}, \mathbf{x}) &= f(f(\mathbf{z}, \mathbf{x}), \mathbf{x}) \end{aligned}\right\} \tag{3.114}$$

3.5.3.3 Flankengesteuerte Automaten

Bei flankengesteuerten Automaten werden Flankensignale (Abschn. 3.4.9) zum Umschalten der Speicherelemente, die die inneren Zustände eines sequentiellen Systems repräsentieren, verwendet. Bei diesen Automaten sind deshalb Stricheingangskombinationen $\mathbf{x}'$ (Abschn. 3.4.9) im Argument der Überführungsfunktion f zu verwenden [Zan1982].

FZX-Automaten

Als FZX-Automaten sollen flankengesteuerte Automaten bezeichnet werden, bei denen die Ausgangskombination sowohl vom Folgezustand als auch von einer Eingangskombination $\mathbf{x}$ abhängt. Als Unterscheidungsmerkmal kommt die Stabilitätsbedingung in Betracht.

Automatentyp FZX1

$$\left.\begin{aligned} \mathbf{z} &:= f(\mathbf{z}, \mathbf{x}') \\ \mathbf{y} &= g(f(\mathbf{z}, \mathbf{x}'), \mathbf{x}) \end{aligned}\right\} \tag{3.115}$$

Automatentyp FZX2

$$\left.\begin{aligned} \mathbf{z} &:= f(\mathbf{z}, \mathbf{x}') \\ \mathbf{y} &= g(f(\mathbf{z}, \mathbf{x}'), \mathbf{x}) \\ f(\mathbf{z}, \mathbf{x}') &= f(f(\mathbf{z}, \mathbf{x}'), \mathbf{x}') \end{aligned}\right\} \tag{3.116}$$

FZ-Automaten

FZ-Automaten sind flankengesteuerte Automaten, bei denen die Ausgangskombination nur vom Folgezustand abhängt. Die Stabilitätsbedingung bildet das Unterscheidungsmerkmal.

Automatentyp FZ1

$$\left.\begin{aligned} \mathbf{z} &:= f(\mathbf{z}, \mathbf{x}') \\ \mathbf{y} &= g(f(\mathbf{z}, \mathbf{x}')) \end{aligned}\right\} \tag{3.117}$$

Automatentyp FZ2

$$\left.\begin{aligned} \mathbf{z} &:= f(\mathbf{z}, \mathbf{x}') \\ \mathbf{y} &= g(f(\mathbf{z}, \mathbf{x}')) \\ f(\mathbf{z}, \mathbf{x}') &= f(f(\mathbf{z}, \mathbf{x}'), \mathbf{x}') \end{aligned}\right\} \tag{3.118}$$

3.5.4 Technische Betriebsarten von Automaten

3.5.4.1 Beziehungen zwischen der Betriebsart und der Realisierung als SPS oder VPS

Die Realisierbarkeit der angegebenen Automatentypen setzt geeignete technische Betriebsarten voraus [Zan1982]. Als Alternativen kommen in Betracht:

1) Ungetakteter bzw. asynchroner oder getakteter bzw. synchroner Betrieb,
2) Stabilisierung eingenommener Zustände durch strukturelle Maßnahmen oder durch eine Stabilitätsbedingung in Form der Zustandsüberführungsfunktion,
3) Umsteuerung der für die Realisierung der Automatenzustände verwendeten Speicherelemente durch Amplitudensignale oder durch Flankensignale.

Ob die jeweiligen Betriebsarten beim Entwurf einer Steuerung zu berücksichtigen sind oder ob sie a priori vorliegen, hängt von der Realisierungsart ab.

Bei einer reinen *Hardwarerealisierung als VPS* (Abschn. 3.3.2) müssen die Entscheidungen bezüglich der Wahl der Betriebsarten in den Entwurfsprozess einbezogen werden. Dabei muss z. B. festgelegt werden, in welcher Form ein Taktbetrieb oder eine Strukturstabilisierung anstelle einer Funktionsstabilisierung realisiert werden soll. Zu beachten ist auch, dass sich bestimmte Betriebsarten gegenseitig bedingen können. Durch geeignete Festlegungen lässt sich von vornherein der Realisierungsaufwand beeinflussen.

Bei einer *Realisierung mittels speicherprogrammierbaren Steuereinrichtungen* sind die notwendigen Betriebsarten mit in das Funktionsprinzip der SPS integriert. Durch den permanentzyklischen Betrieb (Abschn. 3.3.3) werden die aktuellen Signale zu Beginn eines Zyklus abgetastet, während des Zyklus im Rechenwerk verarbeitet und am Ende des Zyklus als Ergebnis ausgegeben. Das entspricht dem Taktbetrieb und der Strukturstabilisierung bei der VPS-Realisierung. Flankensignale werden bei SPS durch so genannte Wischfunktionen erzeugt [WeZa1991], die wie bei der Hardwarerealisierung durch Logikelemente unter Nutzung von Verzögerungszeiten gebildet werden (Abschn. 3.4.9).

3.5.4.2 Wahl der Betriebsarten bei VPS

Bei einer *ungetakteten* (asynchronen) Betriebsart kann ein durch eine Eingangskombination ${}^{k+1}\mathbf{x}$ verursachter Zustandsübergang ${}^{k+1}\mathbf{z} = f({}^{k}\mathbf{z}, {}^{k+1}\mathbf{x})$ beim weiteren Einwirken von ${}^{k+1}\mathbf{x}$ auf ${}^{k+1}\mathbf{z}$ zu einer erneuten, ungewollten Zustandsänderung ${}^{k+2}\mathbf{z} = f({}^{k+1}\mathbf{z}, {}^{k+1}\mathbf{x})$ führen. Das kann entweder durch eine Stabilitätsbedingung ${}^{k+1}\mathbf{z} = f({}^{k+1}\mathbf{z}, {}^{k+1}\mathbf{x})$ oder durch Verkürzung der Wirkdauer von ${}^{k+1}\mathbf{x}$ verhindert werden. Erreichen lässt sich das z. B. dadurch, dass zur Zustandsüberführung anstelle der Eingangskombination ${}^{k+1}\mathbf{x}$ eine Stricheingangskombination ${}^{k+1}\mathbf{x}'$ verwendet wird, d. h. dass das Umstellen durch eine Flankensteuerung erfolgt. Die Breite eines Flankensignals bestimmt die Wirkdauer der betreffenden Eingangskombination.

Bei einer *getakteten* (synchronen) Betriebsart kann eine Änderung des inneren Zustands und der Ausgangskombination nur zu definierten Zeiten durch einen Taktimpuls eingeleitet werden. Die Eingangskombinationen können sich dagegen zu einem beliebigen Zeitpunkt zwischen zwei aufeinander folgenden Taktimpulsen ändern.

Abbildung 3.41 zeigt zwei Varianten einer getakteten Betriebsart. Ein Schaltakt wird jeweils durch zwei aufeinander folgende Taktimpulse begrenzt. Für die Erläuterungen werden die Zustände $\mathbf{z} = (z_2, z_1)$ sowie die Signalkombinationen $\mathbf{x} = (x_2, x_1)$ und $\mathbf{y} = (y_2, y_1)$ durch den Index k des Schalttaktes gekennzeichnet, in dem sie entstanden sind bzw. entstehen.

Bei der in Abb. 3.41a dargestellten Variante aktiviert der Taktimpuls i am Ende des Taktintervalls k während seiner gesamten Breite die Überführungs- und die Ausgabefunktion. Dabei wird aus den im Schalttakt k anstehenden Signalkombinationen ${}^{k}\mathbf{z}$ und ${}^{k}\mathbf{x}$ die die im Schalttakt $k+1$ geltende Ausgangskombination ${}^{k+1}\mathbf{y}$ gemäß ${}^{k+1}\mathbf{y} = g({}^{k}\mathbf{z}, {}^{k}\mathbf{x})$ gebildet. Da der Taktimpuls eine bestimmte Zeit lang anliegt, kann der neu gebildete Zustand ${}^{k+1}\mathbf{z}$ mit der noch freigegebenen Eingangskombination ${}^{k}\mathbf{x}$ gemäß $f({}^{k+1}\mathbf{z}, {}^{k}\mathbf{x})$ zur Bildung eines von ${}^{k+1}\mathbf{z}$ verschiedenen Zustands führen. Bei der Variante gemäß Abb. 3.41a ist also der Folgezustand ${}^{k+1}\mathbf{z}$ nicht stabil. Um das zu erreichen, müsste eine Stabilitätsbedingung vorgesehen werden. Es handelt sich dann um einen Automaten vom Typ AZX2.

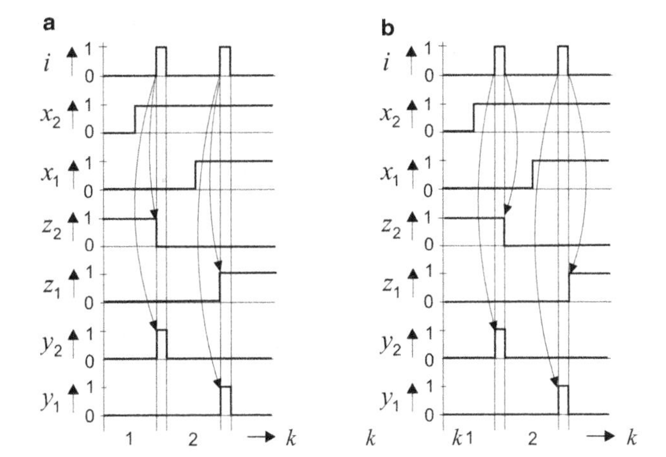

Abb. 3.41 Varianten des zeitlichen Ablaufs bei getakteter Betriebsart

Bei der in Abb. 4.41b dargestellten Variante einer getakteten Betriebsart erfolgt die Zustandsumstellung erst beim Weggang des Taktimpulses, also durch einen von seiner hinteren Flanke abgeleiteten Impuls. Bei dieser Variante sind der Folgezustand ${}^{k+1}\mathbf{z}$ und die Eingangskombination ${}^{k}\mathbf{x}$ nicht zur gleichen Zeit wirksam, sodass kein neuer Zustand entstehen kann. In diesem Fall ist keine Stabilitätsbedingung erforderlich. Das Verhalten von Variante b kann durch einen Automaten vom Typ AZX1 beschrieben werden.

Zur Realisierung des Taktbetriebs kann auch das Master-Slave-Prinzip genutzt werden (Abschn. 3.5.6.5, Abb. 3.49). Dabei werden zwei in Kaskade geschaltete, getaktete Speicherelemente, ein Master- und ein Slave-Flipflop, verwendet. Beim Eintreffen eines Taktimpulses wird der Masterspeicher und bei seinem Weggang der Slave-Speicher gesetzt. Durch diesen zweistufigen Taktbetrieb wird automatisch ausgeschlossen, dass der Folgezustand ${}^{k+1}\mathbf{z}$ und die Eingangskombination, die diesen Zustand hervorgerufen hat, gleichzeitig wirksam werden. Dadurch wird die Entstehung eines neuen Zustands verhindert. Das Verhalten entspricht ebenfalls einem Automaten vom Typ AZX1.

3.5.5 Darstellung von Automaten durch Graphen und Tabellen

Anhand des folgenden Beispiels soll demonstriert werden, wie die Automatenfunktionen f und g durch Graphen oder Tabellen dargestellt werden können.

Beispiel 3.4 (Impulsverteiler)

- *Aufgabenstellung*

Unter Zugrundelegung verschiedener Automatentypen sind Logik-Pläne für einen *Impulsverteiler* zu entwerfen, durch den die Impulse einer am Eingang x_2 einlaufenden Impulsfolge abwechselnd auf zwei Ausgänge y_2 und y_1 geleitet werden. Wenn zwischen zwei aufeinander folgenden Impulsen am Eingang x_2 ein Impuls am Eingang x_1 erscheint, ist die Reihenfolge der Impulsverteilung zu vertauschen. Zur Erläuterung der Aufgabenstellung dient das in Abb. 3.42 angegebene Ablaufdiagramm.

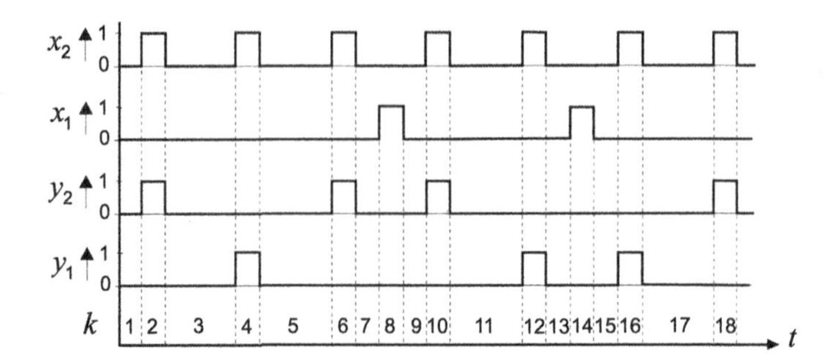

Abb. 3.42 Ablaufdiagramm zum Beispiel 3.4

Als Erstes werden Automatengraphen und Automatentabellen auf der Basis der Automatentypen AZX4 und AZX1 erstellt. Die Fortsetzung dieses Beispiels folgt im Abschn. 3.5.6. Die endgültigen Lösungen sind in Abb. 3.54 und 3.56 dargestellt.

Um das in Abb. 3.42 dargestellte Verhalten in Form eines Automatengraphen zu beschreiben, müssen Zustände eingeführt werden. Man könnte an die Lösung dieser Aufgabe so herangehen, dass man zunächst anhand des Ablaufdiagramms die Mehrdeutigkeiten in der Zuordnung von Ausgangs- zu Eingangskombinationen feststellt und durch Einführen von Zuständen für die einzelnen Zeitintervalle insgesamt eine eindeutige Zuordnung sicherstellt, wie das im Abschn. 3.2.2 beschrieben ist (s. Abb. 3.5). Die Zustände sind dann als Knoten des Automatengraphen darzustellen, denen dann auch die entsprechenden Ausgaben zuzuordnen sind. Die Knoten sind durch gerichtete Kanten zu verbinden, die insgesamt die Überführungsfunktion repräsentieren.

Hier soll so vorgegangen werden, dass man den Automatengraphen schrittweise entwickelt, indem man für das erste Zeitintervall des Ablaufdiagramms einen Zustand einführt und diesen als Knoten darstellt, in dem auch die zugehörige Ausgangskombination eingetragen wird. Dann wird eine Kante in einen Folgeknoten gezeichnet, für den man einen Zustand einführt, der zum zweiten Zeitintervall gehört usw. Unter Berücksichtigung der Funktionen des betreffenden Automatentyps sind den Knoten und Kanten die Eingangs- und Ausgangskombination zuzuordnen. Dabei muss immer darauf geachtet werden, dass sich keine Mehrdeutigkeiten ergeben. Diese zweite Vorgehensweise soll zunächst für den Automatentyp AZX4 erläutert werden. Ihm liegen die Automatenfunktionen gemäß Gl. 3.110 zugrunde (Abschn. 3.5.3.2):

$$\left.\begin{aligned} \mathbf{z} &:= f(\mathbf{z}, \mathbf{x}) \\ \mathbf{y} &= g(f(\mathbf{z}, \mathbf{x}), \mathbf{x}) \\ f(\mathbf{z}, \mathbf{x}) &= f(f(\mathbf{z}, \mathbf{x}), \mathbf{x}) \end{aligned}\right\}$$

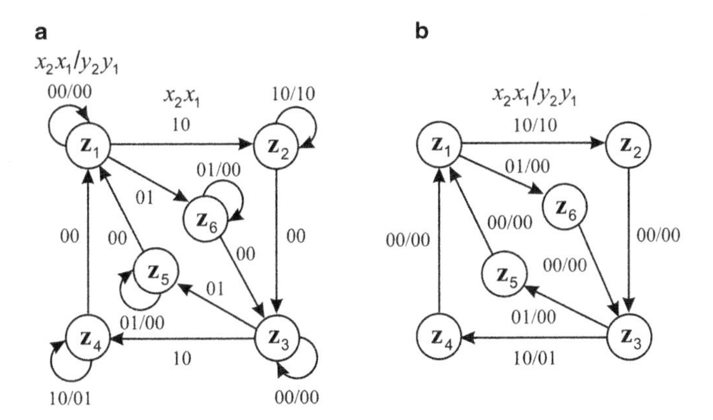

Abb. 3.43 Automatengraphen zum Beispiel 3.4. **a** bei einer Realisierung durch einen Automaten vom Typ AZX4, **b** bei einer Realisierung durch einen Automaten vom Typ AZX1

Im Folgenden wird beschreiben, wie der in der Abb. 3.43a dargestellt Automatengraph schrittweise entwickelt werden kann.

Für das Zeitintervall $k = 1$ (Abb. 3.42) wird der Zustand $\mathbf{z}_1$ festgelegt. Er wird in den ersten Knoten des zu erstellenden Graphen eingetragen (Abb. 3.43a). Für die Eingangskombination, die in den Zustand $\mathbf{z}_1$ führt, gilt in diesem Intervall $(x_2x_1) = 00$. Diese Eingangskombination sorgt gemäß der bei diesem Automatentyp geltenden Stabilitätsbedingung auch für die Stabilisierung von $\mathbf{z}_1$. Die Stabilitätsbedingung wird an eine Kante geschrieben, die von $\mathbf{z}_1$ ausgeht und wieder in $\mathbf{z}_1$ einmündet (Stabilitätsschleife). Das bedeutet auch: $\mathbf{z}_1$ ist Folgezustand von sich selbst. Da die Ausgangskombination $(y_2y_1) = 00$ bei diesem Automatentyp von der Eingangskombination $(x_2x_1) = 00$, die den Übergang ausgelöst hat, und vom Folgezustand abhängt (also von $\mathbf{z}_1$), wird sie ebenfalls an dieser Stabilitätsschleife notiert.

Wenn nun im Zustand $\mathbf{z}_1$ die Eingangskombination $(x_2x_1) = 10$ auftritt (Zeitintervall $k = 2$), erfolgt der Übergang in einen neuen Zustand, der dem Zeitintervall $k = 2$ entspricht und das Symbol $\mathbf{z}_2$ erhält. Dieser Zustand wird in einem weiteren Knoten des Graphen dargestellt. Die Eingangskombination $(x_2x_1) = 10$, die den Übergang von $\mathbf{z}_1$ nach $\mathbf{z}_2$ bewirkt hat, wird an der Kante zwischen $\mathbf{z}_1$ nach $\mathbf{z}_2$ und an der Stabilitätsschleife am Knoten $\mathbf{z}_2$ notiert. In entsprechender Weise sind die Zustände $\mathbf{z}_3$ und $\mathbf{z}_4$ einzuführen. Sie gelten in den Zeitintervallen 3 und 4. Dem Zeitintervall 5 kann dann wieder der Zustand $\mathbf{z}_1$ zugeordnet werden usw.

Nun wird angenommen, dass nach dem Zustand $\mathbf{z}_3$ im Zeitintervall 8 ein Umschaltimpuls x_1 auftritt, d. h. die Eingangskombination $(x_2x_1) = 01$ anliegt. Für diese Situation wird der Zustand $\mathbf{z}_5$ eingeführt. Auf diese Weise erhält man schließlich den gesamten in Abb. 3.43a dargestellten Automatengraphen.

Ist eine *Realisierung mittels SPS* vorgesehen, dann kann die Stabilitätsbedingung im Automatengraphen gemäß Abb. 3.43a entfallen, da die Stabilisierung durch den permanent zyklischen Betrieb der SPS erfolgt (Abschn. 3.3.3).

Ausgehend von dem in Abb. 3.42 dargestellten Ablaufdiagramm soll nun erläutert werden, wie der Automatengraph für den Automaten vom Typ AZX1 entwickelt werden kann. Für diesen Automatentyp gilt Gl. 3.107 (Abschn. 3.5.3.2):

$$\left.\begin{aligned} \mathbf{z} &:= f(\mathbf{z}, \mathbf{x}) \\ \mathbf{y} &= g(\mathbf{z}, \mathbf{x}) \end{aligned}\right\}$$

Für das Zeitintervall $k = 1$ (Abb. 3.43b) wird wieder der Zustand $\mathbf{z}_1$ eingeführt, der durch die Eingangskombination $(x_2x_1) = 00$ hervorgerufen wurde. Da es bei diesem Automaten keine Stabilitätsbedingung gibt, entfällt die Stabilitätsschleife. Wenn die Eingangskombination $(x_2x_1) = 10$ auftritt, erfolgt ein Übergang in den Zustand $\mathbf{z}_2$. Dabei wird gleichzeitig die Ausgangskombination $(y_2y_1) = 10$ ausgegeben. Neben die Kante zwischen $\mathbf{z}_1$ und $\mathbf{z}_2$ wird deshalb notiert: $(x_2x_1)/(y_2y_1) = 10/10$. In entsprechender Weise ergibt sich der gesamte in Abb. 3.43b dargestellte Automatengraph. Hier ist von vornherein eine Abhängigkeit der Ausgangskombinationen vom Vorzustand und der Eingangskombination, die den betreffenden Übergang hervorgerufen hat, vorhanden.

Da der Automat vom Typ AZX1 keine Stabilitätsbedingung besitzt, muss die Zustandsstabilisierung durch strukturelle Maßnahmen erfolgen (Abschn. 3.5.4.2).

Im Hinblick auf die Durchführung einer Synthese ist es zweckmäßig, Steuerungsaufgaben in Form von *Automatentabellen* darzustellen, weil bei den Syntheseverfahren im Allgemeinen von Tabellen ausgegangen wird. Das soll nun anhand des Beispiels 3.4 (s. oben) erläutert werden. Die Automatentabellen sind matrixförmig aufgebaut. Am linken Rand werden die Zustände notiert, am oberen Rand die Eingangskombinationen, die als Argument der betreffenden Übergangs- und Ausgabefunktionen in Betracht kommen (Abb. 3.44). In die einzelnen Felder werden die jeweiligen Folgezustände eingetragen.

Falls die Zustände bereits eingeführt wurden und die Aufgabenstellung damit als Automatengraph vorliegt, müssen die im Graphen dargestellten Automatenfunktionen lediglich in geeigneter Form in die betreffende Tabelle übertragen werden (Abb. 3.44). Wenn man von einem Zustand $\mathbf{z}$ ausgeht, der am linken Rand der Tabelle in einer bestimmten Zeile notiert ist, dann sind alle Folgezustände $f(\mathbf{z}, \mathbf{x})$ dieses Zustands innerhalb dieser Zeile in die Spalte einzutragen, die durch die betreffende Eingangskombination $\mathbf{x}$ gekennzeichnet ist. Beim Automatentyp AZX4 ist auch der Zustand $\mathbf{z}$, von dem ausgegangen wurde, als stabiler Zustand in unterstrichener Form in die Spalte einzuschreiben, die durch die Eingangskombination $\mathbf{x}$ gekennzeichnet ist.

Wenn noch kein Automatengraph kreiert wurde, müssen die Zustände sukzessive in eine „vorgefertigte" Automatentabelle eingeschrieben werden, indem mit einem Zustand

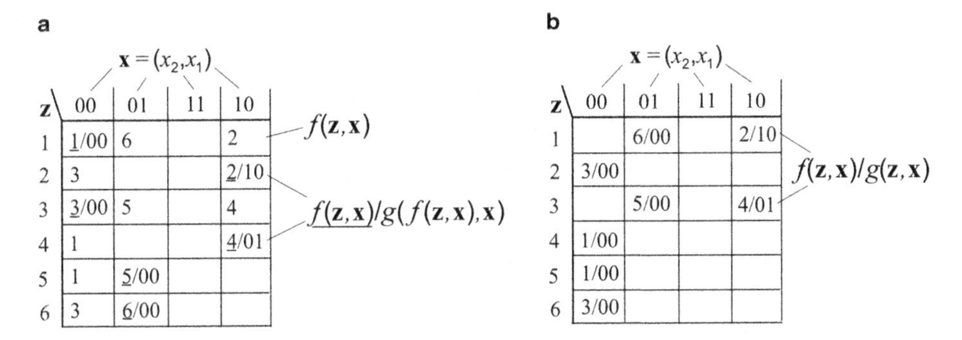

a

$\mathbf{x} = (x_2, x_1)$

z \ x	00	01	11	10
1	1/00	6		2
2	3			2/10
3	3/00	5		4
4	1			4/01
5	1	5/00		
6	3	6/00		

b

$\mathbf{x} = (x_2, x_1)$

z \ x	00	01	11	10
1		6/00		2/10
2	3/00			
3		5/00		4/01
4	1/00			
5	1/00			
6	3/00			

Abb. 3.44 Automatentabellen zum Beispiel 3.4. **a** bei einer Realisierung durch einen Automaten vom Typ AZX4, **b** bei einer Realisierung durch einen Automaten vom Typ AZX1

am linken Rand begonnen wird, die entsprechenden Folgezustände der Reihe nach eingetragen und die zugehörigen Ausgangskombinationen notiert werden.

Anmerkung

Das Beispiel 3.4 zeigt, dass das intuitive Einführen von Zuständen beim Entwurf von sequentiellen Steuereinrichtungen im Allgemeinen nicht trivial ist. Deshalb wird im Kap. 4 vorgeschlagen, bei Entwürfen von Steuerungen für ereignisdiskrete Prozesse von Prozessmodellen auszugehen, auf deren Basis sich die Steueralgorithmen durch einfache Transformationen systematisch generieren lassen.

3.5.6 Synthese sequentieller binärer Systeme

3.5.6.1 Vorbemerkungen

Im Rahmen der Synthese sequentieller binärer Systeme können folgende Schritte ausgeführt werden [Zan1982]:

1. Reduktion der Anzahl von Zuständen (kurz: Zustandsreduktion)
   Bei der Entwicklung eines Automatengraphen oder einer Automatentabelle auf der Basis einer vorgegebenen Aufgabenstellung sind sukzessive Zustände einzuführen (s. Abschn. 3.5.5). Um sicher zu gehen, dass sich dabei keine Widersprüche ergeben, werden i. Allg. zunächst mehr Zustände festgelegt als zur Funktionsbeschreibung unbedingt erforderlich sind. Erst wenn eine Aufgabe in ihrer Gesamtheit beschrieben vorliegt, lassen sich die Verhältnisse besser überschauen und überflüssige Zustände leichter erkennen. Sie können dann auf der Basis systematischer Verfahren eliminiert werden. Dieser Schritt kann auch weggelassen werden, wenn die Aufwandsminimierung nicht im Vordergrund steht.

2. Kodierung der Zustände
   Wenn die Anzahl der benötigten Zustände festliegt, sind den einzelnen Zuständen Kombinationen von Speichersignalen (kurz: *Speicherkombinationen*) zuzuordnen. Die Speichersignale sind dabei Ausgangssignale von Binär-Speichern. Bei dieser Zustandskodierung ist gleichzeitig darauf zu achten, dass so genannte Wettlauferscheinungen vermieden werden.
3. Berechnung der Schaltausdrücke
   Ausgehend von der festgelegten Kodierung sind aus der Überführungs- und der Ausgabefunktion die Arbeitsbedingungen für die Ausgangssignale sowie die der Speichersignale bzw. der Setz- und Rücksetzsignale der Speicherelemente zu berechnen.

In welchem Umfang diese drei Syntheseschritte auszuführen sind, hängt davon ab, inwieweit die einzelnen im Abschn. 3.3.4 formulierten Forderungen an zu entwerfende Steuereinrichtungen im konkreten Fall von Bedeutung sind. Bei der Synthese sequentieller Systeme ist zu beachten, dass das Ergebnis beeinflusst wird durch

- die Wahl des Automatenmodells,
- die Wahl der Betriebsart,
- die Wahl der Speicherelemente.

Die einzelnen Syntheseschritte werden in den folgenden Abschnitten anhand des Beispiels 3.4 demonstriert werden.

3.5.6.2 Grundlegende Aussagen zur Zustandsreduktion

Um die Anzahl der benötigten Speicherelemente zu verringern, kann versucht werden, Zustände, die das „Gleiche leisten", zusammenzulegen. Ob zwei Zustände $\mathbf{z}_i$ und $\mathbf{z}_j$ das „Gleiche leisten", hängt von dem Verhalten ab, das sich am Ausgang des Automaten einstellt, wenn man ihn einmal in den Zustand $\mathbf{z}_i$ und das andere Mal in den Zustand $\mathbf{z}_j$ versetzt und jeweils gleiche *Eingangsfolgen* p (d. h. Folgen von Eingangskombinationen) einwirken lässt. Sind in beiden Fällen für alle definierten Eingangsfolgen die ihnen zugeordneten *Ausgangsfolgen* $\rho_{\mathbf{z}_i}(p)$ und $\rho_{\mathbf{z}_j}(p)$ (d. h. Folgen von Ausgangskombinationen) gleich, so sind die Zustände $\mathbf{z}_i$ und $\mathbf{z}_j$ offensichtlich bezüglich des Gesamtverhaltens des Automaten äquivalent und können zusammengelegt werden. Die Gleichheit zweier Ausgangsfolgen bedingt, dass beim Auftreten einer Eingangskombination $\mathbf{x}$ in der Eingangsfolge p an den gleichen Stellen der Ausgangsfolgen $\rho_{\mathbf{z}_i}(p)$ und $\rho_{\mathbf{z}_j}(p)$ die gleichen Ausgangskombinationen $\mathbf{y}$ ausgegeben werden [Zan1982].

Im Allgemeinen müssen aber Eingangsfolgen, die für $\mathbf{z}_i$ definiert sind, nicht auch für $\mathbf{z}_j$ definiert sein. Des Weiteren können einzelne Ausgangsvariablen in den Ausgangskombinationen nicht bestimmt sein. Deshalb beziehen sich die nachfolgenden Erläuterungen von vornherein nicht auf die Gleichheit von Ausgangskombinationen, sondern auf ihre *Verträglichkeit*. Nicht definierte Ausgangsvariablen in einer Ausgangskombination sollen dabei durch einen Strich (–) bzw. durch das Symbol Φ gekennzeichnet werden.

Definition 3.12 Zwei *Ausgangskombinationen* $\mathbf{y}_a = (y_n^a, \ldots, y_\alpha^a, \ldots, y_1^a)$ und $\mathbf{y}_b = (y_n^b, \ldots, y_\alpha^b, \ldots, y_1^b)$ mit $\mathbf{y}_a \in \{0, 1, -\}^n$ und $\mathbf{y}_b \in \{0, 1, -\}^n$ heißen *verträglich* ($\mathbf{y}_a \simeq \mathbf{y}_b$), wenn für alle α mit $1 \leq \alpha \leq n$ gilt: Ist $y_\alpha^a = 0$, dann steht an der Stelle y_α^b nicht der Wert 1, und ist $y_\alpha^a = 1$, dann steht an der Stelle y_α^b nicht der Wert 0 und umgekehrt. Andernfalls sind $\mathbf{y}_a$ und $\mathbf{y}_b$ *unverträglich* ($\mathbf{y}_a \not\simeq \mathbf{y}_b$).

Auch bezüglich der Zustände ist die Äquivalenzrelation von Zuständen durch eine Verträglichkeitsrelation zu ersetzen.

Definition 3.13 Zwei *Zustände* $\mathbf{z}_i$ und $\mathbf{z}_j$ eines Automaten heißen *verträglich* ($\mathbf{z}_i \simeq \mathbf{z}_j$), wenn für alle Eingangsfolgen p, die sowohl für $\mathbf{z}_i$ als auch für $\mathbf{z}_j$ definiert sind, die innerhalb der Ausgangsfolgen $\rho_{\mathbf{z}_i}(p)$ und $\rho_{\mathbf{z}_j}(p)$ an gleicher Stelle stehenden und den betreffenden Eingangskombinationen der Eingangsfolgen zugeordneten Ausgangskombinationen verträglich sind. Andernfalls sind $\mathbf{z}_i$ und $\mathbf{z}_j$ *unverträglich* ($\mathbf{z}_i \not\simeq \mathbf{z}_j$).

Um auf dieser Basis zu überprüfen, ob zwei Zustände $\mathbf{z}_i$ und $\mathbf{z}_j$ verträglich sind, müsste man auf jeweils zwei Zustände alle definierten Eingangsfolgen anwenden und die entstehenden Ausgangsfolgen auf Verträglichkeit überprüfen. Da die Eingangsfolgen unendlich lang sein können, ist ein derartiges Vorgehen unzweckmäßig.

Man kann aber auch darauf abzielen, anstelle der Verträglichkeit die *Unverträglichkeit* zweier Zustände festzustellen. Dazu wird zunächst das Verhalten eines Automaten bei der ersten Eingangskombination $\mathbf{x}$ einer Eingangsfolge, die sowohl für $\mathbf{z}_i$ als auch für $\mathbf{z}_j$ definiert ist, betrachtet. Wenn sich bereits bei der ersten Eingangskombination einer Eingangsfolge, die für $\mathbf{z}_i$ und $\mathbf{z}_j$ definiert ist, ergibt, dass die in diesen Zuständen ausgegebenen Ausgangskombinationen unverträglich sind, ist bereits im ersten Schritt eine Entscheidung bezüglich der Unverträglichkeit von $\mathbf{z}_i$ und $\mathbf{z}_j$ möglich. Wenn das nicht der Fall ist, hängt die Entscheidung über die Unverträglichkeit von $\mathbf{z}_i$ und $\mathbf{z}_j$ noch davon ab, ob die durch die Eingangskombination $\mathbf{x}$ hervorgerufenen Folgezustände $f(\mathbf{z}_i, \mathbf{x})$und $f(\mathbf{z}_j, \mathbf{x})$ unverträglich sind usw.

Eine systematische Überprüfung der Zustände eines Automaten auf ihre Unverträglichkeit kann auf der Basis einer Darstellung in Form einer Automatentabelle durchgeführt werden. Zur Erläuterung wird die Automatentabelle gemäß Abb. 3.44a verwendet.

Wenn es sich um eine Eingangsfolge handelt, die sowohl für $\mathbf{z}_i$ als auch für $\mathbf{z}_j$ definiert ist, muss die erste Eingangskombination der für beide Zustände definierten Eingangsfolge in der gleichen Spalte der Automatentabelle eingetragen sein. In diesem Sinne sollen als Erstes die Zustände $\mathbf{z}_1$ und $\mathbf{z}_2$ in der Automatentabelle gemäß Abb. 3.44a überprüft werden. Es ergibt sich, dass es keine Eingangsfolge gibt, die sowohl für $\mathbf{z}_1$ als auch für $\mathbf{z}_2$ definiert ist, da $\mathbf{z}_1$ und $\mathbf{z}_2$ nicht gemeinsam in einer Spalte vorkommen. Damit existieren auch keine Paare unverträglicher Ausgangskombinationen und keine Paare unverträglicher Folgezustände. Das bedeutet, dass die Zustände $\mathbf{z}_1$ und $\mathbf{z}_2$ nicht unverträglich sind.

Die Zustände $\mathbf{z}_2$ und $\mathbf{z}_4$ kommen gemeinsam in einer Spalte vor. Für sie existieren zwei Eingangsfolgen, die eine beginnt mit $(x_2x_1) = 00$ und die andere mit $(x_2x_1) = 10$. Für die zweite Folge ergeben sich mit $(y_2y_1) = 10$ und $(y_2y_1) = 01$ zwei Ausgangskombinationen, die unverträglich sind. Damit sind die Zustände $\mathbf{z}_2$ und $\mathbf{z}_4$ unverträglich.

Die Zustände $\mathbf{z}_1$ und $\mathbf{z}_3$ kommen ebenfalls gemeinsam in einer Spalte vor. Für sie sind zwei Eingangsfolgen definiert, eine beginnt mit $(x_2x_1) = 01$ und die andere mit $(x_2x_1) = 10$. Für $(x_2x_1) = 10$ ergeben sich die beiden Folgezustände $\mathbf{z}_2$ und $\mathbf{z}_4$, die entsprechend der vorherigen Aussage unverträglich sind. Damit gilt: $\mathbf{z}_1 \not\simeq \mathbf{z}_3$.

Bei Betrachtung der Zustände $\mathbf{z}_1$ und $\mathbf{z}_3$ ergab sich die Aussage, dass zwei Zustände $\mathbf{z}_i$ und $\mathbf{z}_j$ unverträglich sind, wenn ihre Folgezustände $f(\mathbf{z}_i, \mathbf{x})$ und $f(\mathbf{z}_j, \mathbf{x})$ unverträglich sind. Die Beziehung $f(\mathbf{z}_i, \mathbf{x}) \not\simeq f(\mathbf{z}_j, \mathbf{x})$ stellt dabei die Bedingung dafür dar, dass die Zustände $\mathbf{z}_i$ und $\mathbf{z}_j$ unverträglich sind. Diese *bedingte Unverträglichkeit* wird wie folgt notiert:

$$(\mathbf{z}_i \not\simeq \mathbf{z}_j)/\{f(\mathbf{z}_i, \mathbf{x}) \not\simeq f(\mathbf{z}_j, \mathbf{x})\}. \tag{3.119}$$

Das Zustandspaar $(\mathbf{z}_i, \mathbf{z}_j)$ soll als *Startpaar* und das Zustandspaar $(f(\mathbf{z}_i, \mathbf{x}), f(\mathbf{z}_j, \mathbf{x}))$ als *Folgepaar* bezeichnet werden. Falls das Folgepaar unverträglich ist, ist auch das Startpaar unverträglich. Die entsprechende Notation lautet:

$$[(\mathbf{z}_i \not\simeq \mathbf{z}_j)/(f(\mathbf{z}_i, \mathbf{x}) \not\simeq f(\mathbf{z}_j, \mathbf{x}))] \wedge [f(\mathbf{z}_i, \mathbf{x}) \not\simeq f(\mathbf{z}_j, \mathbf{x})] \rightarrow (\mathbf{z}_i \not\simeq \mathbf{z}_j). \tag{3.120}$$

Wenn sich für zwei Zustände $\mathbf{z}_i$ und $\mathbf{z}_j$ sowohl eine bedingte Unverträglichkeit als auch eine direkte Unverträglichkeit ergibt, dominiert die direkte Unverträglichkeit.

$$[(\mathbf{z}_i \not\simeq \mathbf{z}_j)/(f(\mathbf{z}_i, \mathbf{x}) \not\simeq f(\mathbf{z}_j, \mathbf{x}))] \wedge (\mathbf{z}_i \not\simeq \mathbf{z}_j) \rightarrow (\mathbf{z}_i \not\simeq \mathbf{z}_j) \tag{3.121}$$

Auf dieser Basis lassen sich für die unter Gln. 3.107 bis 3.118 aufgeführten amplitudengesteuerten und flankengesteuerten Automaten einheitliche Algorithmen zur Ermittlung unverträglicher Zustände anhand von Automatenmodellen angeben [Zan1971a], [Zan1971b], [Zan1982]. Als Hilfsmittel kann dabei eine Verträglichkeitstabelle verwendet werden (s. Abb. 3.45 und 3.46), die für jedes Zustandspaar eines Automaten ein Feld besitzt. Im Falle einer Unverträglichkeit zweier Zustände ist in das betreffende Feld ein Kreuz einzutragen. Bei einer bedingten Unverträglichkeit ist in dem zugehörigen Feld zunächst das Folgepaar zu notieren. Wenn sich bei der weiteren Überprüfung herausstellt, dass das Folgepaar auch unverträglich ist, ist es durch ein Kreuz zu ersetzen.

3.5.6.3 Zustandsreduktion bei amplitudengesteuerten Automaten

In diesem Abschnitt wird auf das Beispiel 3.4 (Impulsverteiler, s. Abschn. 3.5.5) Bezug genommen. Auf der Basis der Ausführungen von Abschn. 3.5.6.2 ergibt sich:

Vorgehensweise bei der Ermittlung unverträglicher Zustände von amplitudengesteuerten Automaten

1. Darstellung der Überführungsfunktionen f (ggf. inklusive Stabilitätsbedingung) und der Ausgabefunktion g des betreffenden AZX-Automaten oder AZ-Automaten in Form einer Automatentabelle.

2. Vergleich der zu jeweils zwei Zuständen gehörenden Zeilen der Automatentabelle.
   Zwei Zustände $\mathbf{z}_i$ und $\mathbf{z}_j$ sind unverträglich, wenn eine der folgenden Bedingungen erfüllt ist:
   a) Innerhalb einer Spalte sind in beiden zu den zwei Zuständen $\mathbf{z}_i$ und $\mathbf{z}_j$ gehörenden Zeilen Ausgangskombinationen eingetragen, die unverträglich sind.
      Die Unverträglichkeit der Zustände $\mathbf{z}_i$ und $\mathbf{z}_j$ ist in dem betreffenden Feld der Verträglichkeitstabelle durch ein Kreuz zu vermerken.
   b) Innerhalb einer Spalte sind in beiden zu den zwei Zuständen $\mathbf{z}_i$ und $\mathbf{z}_j$ gehörenden Zeilen Folgezustände $f(\mathbf{z}_i, \mathbf{x})$ und $f(\mathbf{z}_j, \mathbf{x})$ eingetragen, die unverträglich sind.
      Ob die Zustände $f(\mathbf{z}_i, \mathbf{x})$ und $f(\mathbf{z}_j, \mathbf{x})$ tatsächlich unverträglich sind, muss jedoch erst in einem weiteren Schritt überprüft werden. Deshalb ist zunächst das Folgepaar $f(\mathbf{z}_i, \mathbf{x}), f(\mathbf{z}_j, \mathbf{x})$ dieser Aussage über bedingte Verträglichkeit in dem zum Startpaar $(\mathbf{z}_i, \mathbf{z}_j)$ gehörenden Feld der Verträglichkeitstabelle zu notieren. Dieser Eintrag kann entfallen, wenn in dem betreffenden Feld bereits ein Kreuz enthalten ist.
3. Auswertung der Aussagen über bedingte Unverträglichkeit.
   Wenn das Folgepaar $(f(\mathbf{z}_i, \mathbf{x}), f(\mathbf{z}_j, \mathbf{x}))$ einer Aussage $(\mathbf{z}_i \not\simeq \mathbf{z}_j)/\{f(\mathbf{z}_i, \mathbf{x}) \not\simeq f(\mathbf{z}_j, \mathbf{x})\}$ über bedingte Verträglichkeit tatsächlich unverträglich ist, ist in das zum Startpaar $(\mathbf{z}_i, \mathbf{z}_j)$ gehörende Feld der Verträglichkeitstabelle ein Kreuz einzutragen.
   Diese Auswertung ist solange sukzessive fortzusetzen, bis in der Verträglichkeitstabelle kein Folgepaar mehr existiert, das unverträglich ist.

Abbildung 3.45a, b sowie Abb. 3.46a, b veranschaulichen die Zustandsreduktion entsprechend dem oben angegebenen Algorithmus für die beiden im Rahmen des Beispiels 3.4 (Abschn. 3.5.5) aufgestellten Automatentabellen für die amplitudengesteuerten Automaten vom Typ AZX4 und AZX1 unter Verwendung von Verträglichkeitstabellen.

Zusammenlegung verträglicher Zustände zu Verträglichkeitsklassen

Eine Menge paarweise verträglicher Zustände heißt *Verträglichkeitsklasse*. Anhand von Verträglichkeitstabellen (Abb. 3.45b und 3.46b) lässt sich ermitteln, welche Zustände jeweils zusammengelegt werden können. Den Feldern, die kein Kreuz enthalten, entsprechen paarweise verträgliche Zustände. Für den Automatentyp AZX4 gemäß Abb. 3.45 sind das die Zustände 2 und 6 sowie die Zustände 4 und 5, die jeweils zu einem neuen Zustand zusammengelegt werden können. Für die sich durch diese Zusammenlegung ergebenden vier Zustände des reduzierten AZX4-Automaten werden folgende Buchstaben verwendet:

$$\mathrm{A} = \{1\}, \quad \mathrm{B} = \{2, 6\}, \quad \mathrm{C} = \{3\}, \quad \mathrm{D} = \{4, 5\}.$$

Durch Überlagerung der zu den Zuständen 2 und 6 bzw. 4 und 5 gehörenden Zeilen der Automatentabelle zu neuen Zeilen B und D ergibt sich dann unter Verwendung der neuen Buchstaben die reduzierte Automatentabelle gemäß Abb. 3.45c. In entsprechender Weise erhält man den reduzierten Automatengraphen gemäß Abb. 3.45d.

Abb. 3.45 Zustandsreduktion für Automatentyp AZX4 (Beispiel 3.4)

a

$\mathbf{x} = (x_2, x_1)$

z	00	01	11	10
1	1/00	6		2
2	3			2/10
3	3/00	5		4
4	1			4/01
5	1	5/00		
6	3	6/00		

Automatentabelle (gemäß Abb 3.44a)

b

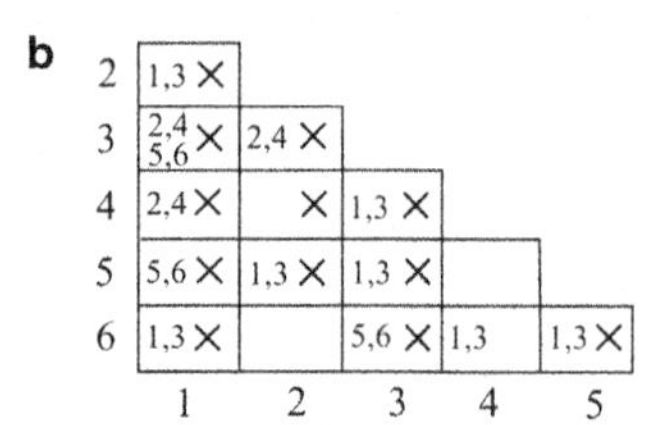

	1	2	3	4	5
2	1,3 ×				
3	2,4 5,6 ×	2,4 ×			
4	2,4 ×	×	1,3 ×		
5	5,6 ×	1,3 ×	1,3 ×		
6	1,3 ×		5,6 ×	1,3	1,3 ×

Verträglichkeitstabelle

c

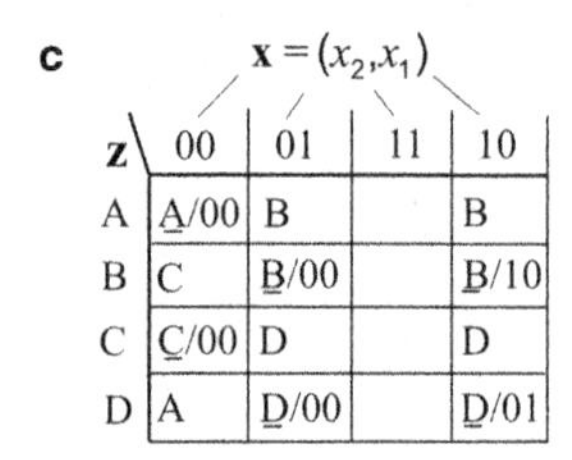

$\mathbf{x} = (x_2, x_1)$

z	00	01	11	10
A	A/00	B		B
B	C	B/00		B/10
C	C/00	D		D
D	A	D/00		D/01

Reduzierte Automatentabelle

d

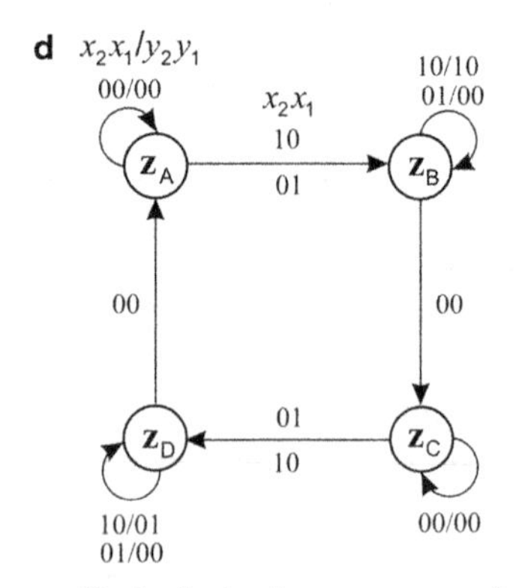

Reduzierter Automatengraph

Abb. 3.46 Zustandsreduktion für Automatentyp AZX1 (Beispiel 3.4)

a $\mathbf{x} = (x_2, x_1)$

z \ x	00	01	11	10
1		6/00		2/10
2	3/00			
3		5/00		4/01
4	1/00			
5	1/00			
6	3/00			

Automatentabelle (gemäß Abb 3.44b)

b

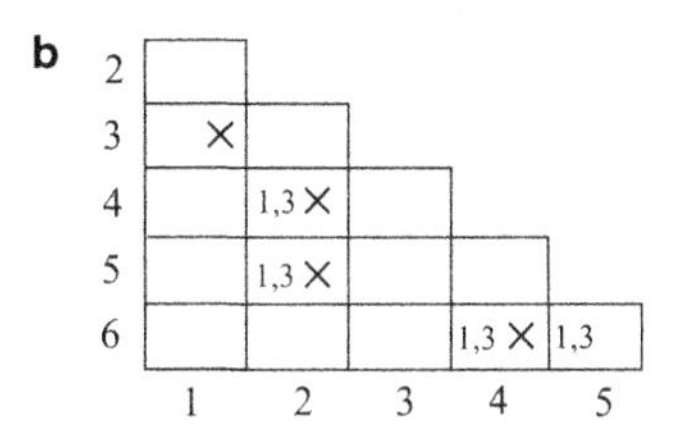

Verträglichkeitstabelle

c $\mathbf{x} = (x_2, x_1)$

z \ x	00	01	11	10
E	F/00	E/00		E/10
F	E/00	F/00		F/01

Reduzierte Automatentabelle

d x_2x_1/y_2y_1

10/10
01/00

z_E

00/00 00/00

z_F

10/01
01/00

Reduzierter Automatengraph

Bei dem zunächst betrachteten AZX4-Automaten ließen sich nur je zwei Zustände zusammenlegen. Im Allgemeinen wird versucht, mehr als zwei Zustände zu einem neuen Zustand zusammenzulegen. Dann müssen alle diese Zustände paarweise miteinander verträglich sein. Sie bilden dann eine *Verträglichkeitsklasse*.

Definition 3.14 Eine Menge von Zuständen eines Automaten heißt *maximale Verträglichkeitsklasse*, wenn

1. alle Zustände dieser Menge paarweise verträglich sind und
2. es keinen Zustand des Automaten gibt, der mit allen Zuständen dieser Menge verträglich ist, aber nicht in ihr enthalten ist.

Gemäß der Verträglichkeitstabelle (Abb. 3.46b) existieren für den Automatentyp AZX1 zwei Möglichkeiten für eine Zusammenfassung paarweise verträglicher Zustände zu jeweils zwei Verträglichkeitsklassen, die insgesamt alle Zustände enthalten. Man spricht dann von einer *Kollektion von Verträglichkeitsklassen*. Die Verträglichkeitsklassen der beiden Kollektionen sind als die neuen Zustände E und F bzw. G und H aufzufassen:

1) $\mathrm{E} = \{1, 2, 6\}, \mathrm{F} = \{3, 4, 5\}$
2) $\mathrm{G} = \{1, 4, 5\}, \mathrm{H} = \{2, 3, 6\}$

Die Kollektion 1) ist in Abb. 3.46c als reduzierte Automatentabelle und in Abb. 3.46d als reduzierter Automatengraph dargestellt.

Berücksichtigung der bedingten Unverträglichkeit bei der Zusammenlegung von Zuständen

Ein *besonderer Fall bei der Zusammenlegung von Zuständen* liegt vor, wenn in einem Feld der Verträglichkeitstabelle kein Kreuz eingetragen ist, aber ein Folgezustandspaar $[f(\mathbf{z}_i, \mathbf{x}) \not\simeq f(\mathbf{z}_j, \mathbf{x})]$ einer Aussage $(\mathbf{z}_i \not\simeq \mathbf{z}_j)/[f(\mathbf{z}_i, \mathbf{x}) \not\simeq f(\mathbf{z}_j, \mathbf{x})]$ über bedingte Unverträglichkeit notiert ist. In diesem Fall sind die Zustände $\mathbf{z}_i$ und $\mathbf{z}_j$ zwar verträglich, sie dürfen aber nur dann zusammengelegt werden, wenn auch die Zustände $f(\mathbf{z}_i, \mathbf{x})$ und $f(\mathbf{z}_j, \mathbf{x})$ des Folgepaars zu einem Zustand zusammengefasst werden. Wenn diese Zustände im reduzierten Automaten nicht zusammengefasst werden, dann würde sich das so auswirken, als wären die Folgezustände $f(\mathbf{z}_i, \mathbf{x})$ und $f(\mathbf{z}_j, \mathbf{x})$ unverträglich. Das würde zu Widersprüchen führen.

Die Menge der Aussagen $b = (\mathbf{z}_i \not\simeq \mathbf{z}_j)/\{f(\mathbf{z}_i, \mathbf{x}) \not\simeq f(\mathbf{z}_j, \mathbf{x})\}$ über eine bedingte Unverträglichkeit zweier Zustände $\mathbf{z}_i$ und $\mathbf{z}_j$ eines Automaten, bei denen weder die Zustände $f(\mathbf{z}_i, \mathbf{x})$ und $f(\mathbf{z}_j, \mathbf{x})$ noch die Zustände $\mathbf{z}_i$ und $\mathbf{z}_j$ selbst unverträglich sind, wird mit $\mathbf{UB}$ bezeichnet.

Definition 3.15 (Abgeschlossenheit einer Kollektion von Verträglichkeitsklassen) Eine Kollektion von Verträglichkeitsklassen heißt *in sich abgeschlossen*, wenn innerhalb dieser Kollektion zu jeder Verträglichkeitsklasse, die das Startpaar S_b einer Aussage $b \in \mathbf{UB}$ über die bedingte Unverträglichkeit zweier Zustände $\mathbf{z}_i$ und $\mathbf{z}_j$ enthält, eine Verträglichkeitsklasse existiert, in der das zugehörige Folgepaar F_b vorkommt.

▶ **Definition 3.16** Eine Kollektion von Verträglichkeitsklassen heißt eine *minimale Kollektion von Verträglichkeitsklassen*, wenn

1. jeder Zustand eines Automaten in mindestens einer Verträglichkeitsklasse dieser Kollektion vorkommt,
2. sie in sich abgeschlossen ist und
3. eine minimale Anzahl von Verträglichkeitsklassen enthält.

Die minimalen Kollektionen von Verträglichkeitsklassen entsprechend den Lösungen mit einer minimalen Anzahl von Zuständen. Um dabei nicht nur eine minimale Anzahl von Zuständen sondern auch einen minimalen Aufwand an Logikelementen zu erhalten, können in einer Kollektion mehrfach vorkommende Zustände unter der Bedingung weggelassen werden, dass die Abgeschlossenheit gewährleistet bleibt und jeder Zustand in mindestens einer Verträglichkeitsklasse vorkommt. Bezüglich einer ausführlichen Darstellung anhand von Beispielen wird auf [Zan1982] verwiesen.

3.5.6.4 Zustandsreduktion bei flankengesteuerten Automaten

Da die Zustandsüberführung bei flankengesteuerten Automaten durch Stricheingangskombinationen $\mathbf{x}'$ erfolgt (Abschn. 3.4.9), müssen bei der Überprüfung auf Unverträglichkeit von Zuständen sowohl die Folgeeingangskombination ${}^{k+1}\mathbf{x}$ von $\mathbf{x}'$ als auch die Voreingangskombination ${}^{k}\mathbf{x}$ einbezogen werden. Das kann bei Nutzung von Automatentabellen dadurch geschehen, dass links neben die aufgelisteten Zustände jeweils die Voreingangskombination ${}^{k}\mathbf{x}$ der Stricheingangskombinationen $\mathbf{x}'$ vermerkt wird, durch die der Übergang in den betreffenden Zustand verursacht wurde. Zur Erläuterung dieses Sachverhalts ist in Abb. 3.47a eine Automatentabelle dargestellt, die hier aus dem Beispiel 3.5

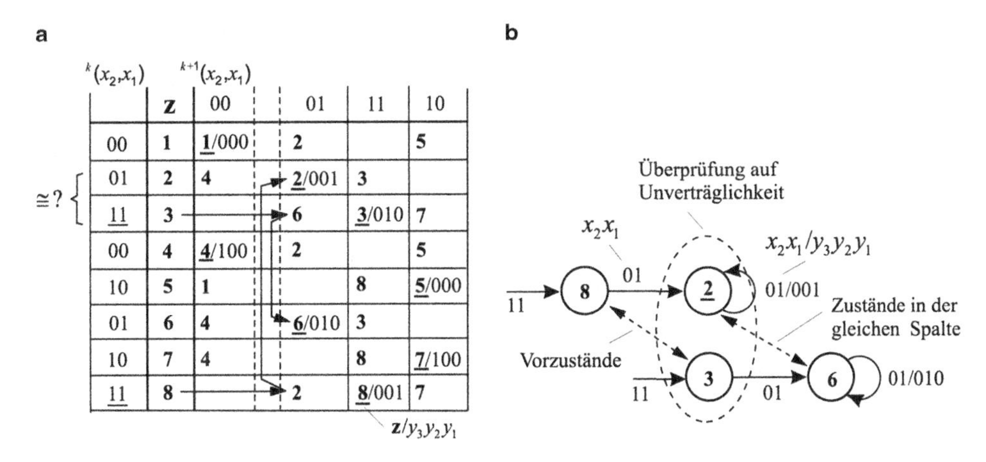

${}^{k}(x_2,x_1)$	**z**	${}^{k+1}(x_2,x_1)$ 00	01	11	10
00	1	1/000	2		5
01	2	4	2/001	3	
11	3		6	3/010	7
00	4	4/100	2		5
10	5	1		8	5/000
01	6	4	6/010	3	
10	7	4		8	7/100
11	8		2	8/001	7

Abb. 3.47 Erstellung einer Automatentabelle für flankengesteuerte Automaten. **a** Automatentabelle gemäß Abb. 3.58b, **b** Veranschaulichung des Schrittes 3 der Vorgehensweise zur Ermittlung unverträglicher Zustände

vorweggenommen ist, das im Abschn. 3.5.7 behandelt wird. Diese Automatentabelle ergibt sich dort als Abb. 3.58b aus dem Automatengraphen gemäß Abb. 3.58a.

Die Automatentabelle in Abb. 3.47a enthält allerdings noch zusätzlich Bezugspfeile, die zum besseren Verständnis der im Folgenden angegebenen Vorgehensweise zur Ermittlung unverträglicher Zustände bei flankengesteuerten Automaten dienen sollen.

Vorgehensweise bei der Ermittlung unverträglicher Zustände von flankengesteuerten Automaten

1. Darstellung der Überführungsfunktion f (gegebenenfalls einschließlich der Stabilitätsbedingung bei Typ FZX2 und FZ2) und der Ausgabefunktion g der FZX-Automaten oder FZ-Automaten in Form einer Automatentabelle mit Angabe der Voreingangskombinationen gemäß Abb. 3.47a.
2. Vergleich von jeweils zwei Zeilen der Automatentabelle, die die gleiche Voreingangskombination haben.
   Die zu den betreffenden Zeilen gehörenden Zustände $\mathbf{z}_i$ und $\mathbf{z}_j$ sind unverträglich, wenn in einer Spalte eine der folgenden Bedingungen erfüllt ist:
   a) In einer Spalte sind in beiden zu den zwei Zuständen $\mathbf{z}_i$ und $\mathbf{z}_j$ gehörenden Zeilen Ausgangskombinationen eingetragen, die unverträglich sind. Die Unverträglichkeit der Zustände $\mathbf{z}_i$ und $\mathbf{z}_j$ ist in dem betreffenden Feld der Verträglichkeitstabelle durch ein Kreuz zu vermerken.
   b) In einer Spalte sind in beiden zu den zwei Zuständen $\mathbf{z}_i$ und $\mathbf{z}_j$ gehörenden Zeilen Folgezustände $f(\mathbf{z}_i, \mathbf{x})$ und $f(\mathbf{z}_j, \mathbf{x})$ eingetragen, die unverträglich sind. Das Folgepaar $[f(\mathbf{z}_i, \mathbf{x}), f(\mathbf{z}_j, \mathbf{x})]$ dieser Aussage über bedingte Unverträglichkeit ist in dem zum Startpaar $(\mathbf{z}_i, \mathbf{z}_j)$ gehörenden Feld der Verträglichkeitstabelle zu notieren. Dieser Eintrag kann entfallen, wenn in dem betreffenden Feld bereits ein Kreuz enthalten ist.
3. Dieser Schritt ist nur bei FZX2- und FZ2-Automaten auszuführen (Diese Automaten besitzen eine Stabilitätsbedingung).
   Vergleich von jeweils zwei Zeilen, die dadurch gekennzeichnet sind, dass in mindestens einer Spalte in der einen Zeile ein unterstrichener (d. h. stabiler) Zustand und in der anderen Zeile ein von diesem verschiedener ununterstrichener Zustand vermerkt ist.
   Die in der betreffenden Spalte eingetragenen Zustände sind unverträglich, wenn der unterstrichene Zustand einen Vor-Zustand hat, der am linken Rand durch die gleiche Eingangskombination gekennzeichnet ist wie der Vorzustand des ununterstrichenen Zustandes, und wenn der unterstrichene Zustand mit dem ununterstrichenen Zustand unverträglich ist.
4. Auswertung der Aussagen über bedingte Unverträglichkeit.
   Wenn das Folgepaar $f(\mathbf{z}_i, \mathbf{x}), f(\mathbf{z}_j, \mathbf{x})$ einer Aussage $(\mathbf{z}_i \not\sim \mathbf{z}_j)/\{f(\mathbf{z}_i, \mathbf{x}) \not\sim f(\mathbf{z}_j, \mathbf{x})\}$ über bedingte Unverträglichkeit tatsächlich unverträglich ist, ist in das zum Startpaar $(\mathbf{z}_i, \mathbf{z}_j)$ gehörende Feld der Verträglichkeitstabelle ein Kreuz einzutragen.
   Diese Auswertung ist solange sukzessive fortzusetzen, bis sich keine weiteren Paare unverträglicher Zustände mehr ergeben.

Abbildung 3.47b dient im Zusammenhang mit den in Abb. 3.47a eingetragenen Bezugspfeilen zur Veranschaulichung des Schrittes 3 der angegebenen Vorgehensweise zur Ermittlung unverträglicher Zustände. Es ist darin eine Konstellation wiedergegeben, in der durch die gleiche Stricheingangskombination $\mathbf{x}' = 0'1$ (Abschn. 3.4.9) sowohl ein Übergang ausgehend vom Zustand $\mathbf{z}_8$ in den Zustand $\mathbf{z}_2$ als auch vom Zustand $\mathbf{z}_3$ in den Zustand $\mathbf{z}_6$ erfolgt.

Wenn man davon ausgehen würde, dass die Zustände $\mathbf{z}_2$ und $\mathbf{z}_3$ verträglich wären und sie deshalb zusammenlegt, dann würde vom Zustand $\mathbf{z}_8$ ein Durchlauf über den Zustand $\mathbf{z}_2$ in den Zustand $\mathbf{z}_6$ erfolgen, obwohl für den Zustand $\mathbf{z}_2$ eine Stabilitätsbedingung festgelegt ist und dabei die Ausgabe $(y_3, y_2, y_1) = 001$ vorgeschrieben ist. Im Zustand $\mathbf{z}_6$ gilt aber die Ausgabe 010. Das ist ein Widerspruch. Hier ist nämlich die bedingte Verträglichkeit $(\mathbf{z}_2 \not\simeq \mathbf{z}_3)/(\mathbf{z}_2 \not\simeq \mathbf{z}_6)$ zu beachten. Wenn $\mathbf{z}_2$ und $\mathbf{z}_6$ verträglich wären, könnten die Zustände $\mathbf{z}_2$ und $\mathbf{z}_3$ unter der Bedingung verschmolzen werden, dass alle drei Zustände $\mathbf{z}_2$, $\mathbf{z}_3$ und$\mathbf{z}_6$ zu einem Zustand zusammengelegt werden (s. Definition 3.15 im Abschn. 3.5.6.3).

Wenn man bei der Zustandsreduktion von den klassischen Automatenmodellen ausgeht, erfordert dies die Disjunktheit der zu vergleichenden Eingangskombinationen. Wenn diese Disjunktheit nicht von vornherein vorhanden ist, muss sie im Nachhinein hergestellt werden, was mit einem zusätzlichen Aufwand verbunden ist. Deshalb wurden verallgemeinerte Automatengraphen und Steuergraphen entwickelt, bei denen eine Zustandsreduktion auch beim Vorliegen nichtdisjunkter Eingangskombinationen in direkter Weise ausgeführt werden kann [OKF1978], [Kra1979], [Zan1982].

3.5.6.5 Zustandskodierung

In diesem Abschnitt wird auf das Beispiel 3.4 (Impulsverteiler, s. Abschn. 3.5.5 und 3.5.6.3) Bezug genommen.

Im Abschn. 3.2.2 wurden die Zustände $\mathbf{z}$ eines sequentiellen Systems bzw. eines endlichen Automaten im Hinblick auf eine technische Realisierung als Binärvektoren $\mathbf{z} = (z_l, \ldots, z_\kappa, \ldots, z_1)$ von Ausgangssignalen z_κ einer vorgebbaren Anzahl l von Speicherelementen aufgefasst (kurz als Speichervariablen z_κ bezeichnet). Da die Zustände zunächst als paarweise verschiedene abstrakte Größen eingeführt werden, müssen ihnen im Laufe der Synthese eineindeutig Wertekombinationen des zugrunde gelegten Binärvektors zugeordnet werden. Diesen Syntheseschritt nennt man Zustandskodierung.

Bei einer ungünstigen Zuordnung kann es vorkommen, dass bei einem Zustandsübergang mehrere Speichersignale ihren Wert ändern müssen. Wenn die Umschaltgeschwindigkeiten unterschiedlich sind und dadurch so genannte *Wettlauferscheinungen* auftreten, kann es vorkommen, dass sich während des Übergangsvorgangs Kode-Zeichen ergeben, die eigentlich anderen Zuständen zugeordnet sind, sodass sich nach dem Übergang falsche Zustände einstellen können. Die Entstehung solcher Wettläufe soll durch Abb. 3.48 veranschaulicht werden. In gestrichelten Kreisen sind die Kode-Zeichen eingetragen, die während des Übergangs vom Zustand $\mathbf{z}$ mit dem Kode-Zeichen 000 zum Zustand $f(\mathbf{z}, \mathbf{x})$ mit dem Kode-Zeichen 110 aufgrund von Wettläufen auftreten können.

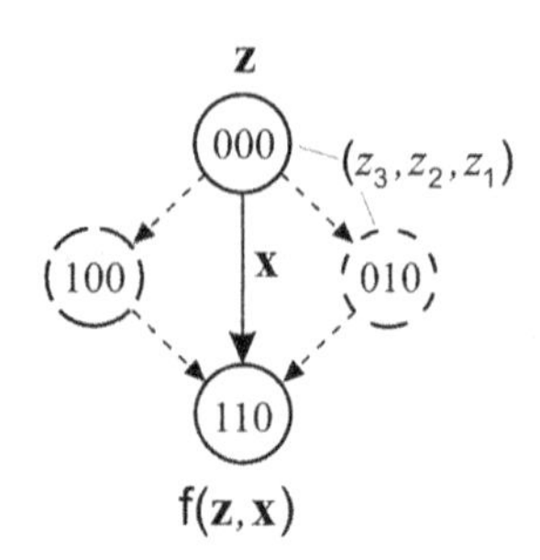

Abb. 3.48 Zur Entstehung von Wettläufen

Bei der Kodierung kommt es in erster Linie darauf an, Fehler zu vermeiden, die durch Wettläufe entstehen können. Bei einer VPS-Realisierung kann darüber hinaus die Kodierung so gewählt werden, dass der Aufwand an Logik- und Speicherelementen möglichst gering wird. Das kann unter Umständen auch bei einer SPS von Vorteil sein, wenn z. B. keine Ablaufsprachen zur Verfügung stehen und zur Programmierung Ablaufketten auf der Basis von Logik- und Speicherelementen verwendet werden müssen.

Man unterscheidet zwischen einer Standardkodierung und einer allgemeinen Binärkodierung.

Standardkodierung

Bei der Standardkodierung, die auch „1-aus-n-Kodierung" genannt wird, werden ausschließlich Kode-Zeichen verwendet, die neben Nullen nur eine Eins enthalten. Jedem Zustand ist dabei eineindeutig eine Speichervariable zugeordnet. Die Anzahl der einzusetzenden Speicherelemente ist damit gleich der Anzahl der Zustände.

Die Standardkodierung führt dazu, dass sich bei einem Zustandsübergang fälschlicherweise nur Kode-Zeichen ergeben können, die entweder zwei Einsen oder die nur Nullen enthalten. Kode-Zeichen, die ausschließlich aus Nullen bestehen, sind keinem Zustand zugeordnet. Durch sie können demzufolge keine Übergänge in falsche Zustände verursacht werden. Die zwei Einsen, die bei einem Übergang im Kode-Zeichen fälschlicherweise auftreten können, gehören immer zum jeweiligen Vorzustand und zum betreffenden Folgezustand. Um bei einer Standardkodierung Fehler durch Wettläufe zu vermeiden, kommt es darauf an, durch besondere Maßnahmen dafür zu sorgen, dass erst der dem Folgezustand zugeordnete Speicher auf 1 und dann der zum Vorzustand gehörende Speicher auf 0 gesetzt wird. Das kann bei Ablaufbeschreibungen oder bei Taktkettenstrukturen durch eine zusätzliche Variable in den Übergangsbedingungen realisiert werden [Zan1982].

Eigenschaften der Standardkodierung:

- Der Entwurfsaufwand für die Festlegung der Kodierung ist vernachlässigbar gering.
- Sie gewährleistet eine hohe Transparenz.
- Der Spielraum für eine Aufwandsminimierung ist gering.
- Wettlauffehler können auf einfache Weise durch Einführung zusätzlicher Variablen in den Übergangsbedingungen vermieden werden.

Allgemeine Binär-Kodierung
Bei der allgemeinen Binär-Kodierung sind beliebige Kode-Zeichen zugelassen. Der Zusammenhang zwischen der Anzahl a der Speicher und der Anzahl b der Zustände ist durch die Beziehung $a \geq \operatorname{ld} b$ gegeben, wobei ld der Logarithmus zur Basis 2, ist.

Eigenschaften der allgemeinen Binärkodierung:

- Der Spielraum für die Minimierung ist groß.
- Man kann eine geringere Anzahl von Speicherelementen erreichen als bei der Standardkodierung.
- Die Transparenz der Lösung ist gering.

Zur Vermeidung von Wettlauffehlern gibt es bei einer allgemeinen Binärkodierung verschiedene Möglichkeiten:

Vermeidung von Wettlauffehlern durch Taktbetrieb
Wettlauffehler können generell durch eine Zweifachtaktung nach dem Master-Slave-Prinzip vermieden werden, was durch Hintereinanderschaltung von zwei Flipflops, einem Master und einem Slave, realisiert werden kann (Abb. 3.49). Der Master-Flipflop wird direkt durch das Taktsignals c umgesteuert, der Slave-Flipflop erst durch das negierte Taktsignal $\bar{c}$. Die während eines Zustandsübergangs aufgrund von Wettläufen zwischenzeitlich auftretenden falschen Kode-Zeichen wirken sich zunächst nur auf den Ausgang z' des Master-Flipflops aus. Sie werden noch nicht am Ausgang z des Slave-Flipflops wirksam. Die Zeitdifferenz zwischen einem Taktimpuls und seiner Negation ist so bemessen, dass bis zum Beenden des Übergangsvorgangs eine Korrektur an z' erfolgen kann. Erst dann wird der korrekte Wert des betreffenden Speichersignals z vom Slave-Flipflop weitergeleitet.

Vermeidung von Wettlauffehlern durch Anwendung einer Binärkodierung mit der Hamming-Distanz d = 1
Eine nahezu triviale Möglichkeit zur Vermeidung von Wettlauffehlern besteht darin, die Kode-Zeichen so zu wählen, dass sich bei den Zustandsübergängen jeweils nur eine Speichervariable ändert. Das entspricht einer Hamming-Distanz $\mathrm{d} = 1$. Dadurch können Wettläufe gar nicht erst entstehen und somit keine Wettlauffehler auftreten.

Das äußerst einfache Prinzip ist jedoch nicht allgemein anwendbar. Wenn die Struktur des zugrunde liegenden Graphen das nicht zulässt, ist es mitunter durch Einführen von Umwegen dennoch möglich, eine Binärkodierung mit einer Hamming-Distanz $\mathrm{d} = 1$ durchzuführen [Zan1982].

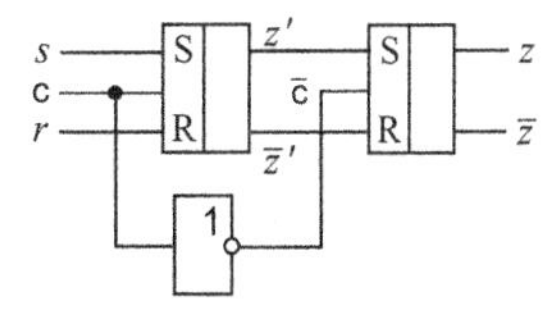

Abb. 3.49 Master-Slave-Prinzip zur Vermeidung von Wettlauffehlern

Vermeidung von Wettlauffehlern durch Anwendung einer Übergangstrennkodierung

Bei der Übergangstrennkodierung geht es darum, alle durch die gleiche Eingangskombination hervorgerufenen Übergänge durch eine Speichervariable zu unterscheiden und dabei insgesamt mit möglichst wenig Speichervariablen auszukommen. Dieses Problem kann relativ günstig unter Verwendung von Partitionen (Zerlegungen) von Zustandsmengen gelöst werden [HaSt1966], [Zan1982, 1. Aufl.].

Durchführung der Zustandskodierung im Beispiel 3.4

Bei der Behandlung des Beispiels 3.4 als Automat vom Typ AZX4 ergab sich im Abschn. 3.5.6.3 ein reduzierter Automatengraph mit vier Zuständen (Abb. 3.45d). Die Zustandsübergänge sind dabei so beschaffen, dass bei der Kodierung mittels zwei Speichersignalen die Hamming-Distanz $d = 1$ möglich ist. Die Kode-Zeichen bzw. Wertekombinationen (z_2, z_1) für die Zustände A, B, C und D werden dabei wie folgt festgelegt:

$$\text{A} \mathrel{\hat{=}} 00, \quad \text{B} \mathrel{\hat{=}} 01, \quad \text{C} \mathrel{\hat{=}} 11, \quad \text{D} \mathrel{\hat{=}} 10$$

Da diesem Automatentyp eine Stabilitätsbedingung zugrunde liegt, sind für die Zustandsstabilisierung keine weiteren Maßnahmen erforderlich.

In Abb. 3.50a ist nochmals die reduzierte Automatentabelle aus Abb. 3.45c dargestellt. In dieser Tabelle werden nun die Zustandssymbole A, B, C und D durch die festgelegten Kode-Zeichen ersetzt. Die sich auf diese Weise ergebende kodierte Tabelle wird aus Gründen der besseren Übersicht gleich in zwei Tabellen zerlegt. Die Tabelle gemäß Abb. 3.50b enthält nur die Kode-Zeichen für die Zustände in Form von Speichersignalkombinationen (z_2, z_1), ergänzt durch Symbole Φ für gleichgültige Werte. In die Tabelle gemäß Abb. 3.50c wurden die Signalkombinationen der Ausgangssignale y_2 und y_1 übernommen. Beide Tabellen stellen jeweils zwei kombinierte Karnaugh-Tafeln dar.

Bei der Behandlung des Beispiels 3.4 als Automat vom Typ AZX1 ergab sich ein reduzierter Automatengraph mit nur zwei Zuständen (Abb. 3.46d), die im Abschn. 3.5.6.3 mit E und F bezeichnet wurden. Bei den beiden Übergängen zwischen den beiden Zuständen können keine Wettläufe auftreten. Die Kode-Zeichen werden wie folgt festgelegt:

$$\text{E} \mathrel{\hat{=}} 0, \quad \text{F} \mathrel{\hat{=}} 1$$

a

z \ x_2,x_1	00	01	11	10
A	$\underline{\text{A}}$/00	B		B
B	C	$\underline{\text{B}}$/00		$\underline{\text{B}}$/10
C	$\underline{\text{C}}$/00	D		D
D	A	$\underline{\text{D}}$/00		$\underline{\text{D}}$/01

b

z_2z_1 \ x_2,x_1 (z_2z_1)	00	01	11	10
00	00	01	$\Phi\Phi$	01
01	11	01	$\Phi\Phi$	01
11	11	10	$\Phi\Phi$	10
10	00	10	$\Phi\Phi$	10

c

z_2z_1 \ x_2,x_1 (y_2y_1)	00	01	11	10
00	00	$\Phi\Phi$	$\Phi\Phi$	$\Phi\Phi$
01	$\Phi\Phi$	00	$\Phi\Phi$	10
11	00	$\Phi\Phi$	$\Phi\Phi$	$\Phi\Phi$
10	$\Phi\Phi$	00	$\Phi\Phi$	01

Abb. 3.50 Karnaugh-Tafeln zum Beispiel 3.4 (für Automatentyp AZX4). **a** Reduzierte Automatentabelle gemäß Abb. 3.46c, **b** Kombinierte Karnaugh-Tafel für die Speichersignale z_2 und z_1, **c** Kombinierte Karnaugh-Tafel für die Ausgangssignale y_2 und y_1

a

z \ x_2,x_1	00	01	11	10
E	F/00	E/00		E/10
F	E/00	F/00		F/01

b

z \ x_2,x_1	00	01	11	10	
0	1	0	Φ	0	z
1	0	1	Φ	1	

c

z \ x_2,x_1	00	01	11	10	
0	00	00	$\Phi\Phi$	10	y_2y_1
1	00	00	$\Phi\Phi$	01	

Abb. 3.51 Karnaugh-Tafeln zum Beispiel 3.4 (für Automatentyp AZX1). **a** Reduzierte Automatentabelle gemäß Abb. 3.50c, **b** Karnaugh-Tafel für das Speichersignal z, **c** Kombinierte Karnaugh-Tafel für die Ausgangssignale y_2 und y_1

Die reduzierte Automatentabelle aus Abb. 3.46c ist nochmals in Abb. 3.51a dargestellt. In dieser Tabelle sind die Zustandssymbole F und E durch die Kode-Zeichen 0 und 1 zu ersetzen. Die sich auf diese Weise ergebende kodierte Automatentabelle wird auch für diese Lösung gleich in die Karnaugh-Tafeln für z (s. Abb. 3.51b) bzw. für y_2 (s. Abb. 3.51c) und y_1 zerlegt.

Da der Automatentyp AZX1 keine Stabilitätsbedingung umfasst, sind für die Zustandsstabilisierung noch besondere strukturelle Maßnahmen erforderlich (s. Abschn. 3.5.6.6 und Abb. 3.56).

3.5.6.6 Berechnung der Schaltausdrücke bei sequentiellen Systemen

In diesem Abschnitt wird auf das Beispiel 3.4 (Impulsverteiler, s. Abschn. 3.5.5) Bezug genommen.

Berechnung der Schaltausdrücke für die Ausgangssignale bei allgemeiner Binärkodierung

Die Schaltausdrücke für die Ausgangssignale können auf der Basis der Karnaugh-Tafeln, die sich aus der reduzierten Automatentabelle ergeben, oder aus den diesen Tafeln entsprechenden Wertetabellen berechnet werden können.

Berechnung der Ausdrücke für die Ausgangssignale im Beispiel 3.4

Für den *Automaten vom Typ AZX4* des Beispiels 3.4 (s. Abschn. 3.5.5, 3.5.6.3 und 3.5.6.5) erhält man aus der Karnaugh-Tafel gemäß Abb. 3.50c folgende Ausdrücke:

$$y_2 = \bar{z}_2 x_2, \tag{3.122}$$

$$y_1 = z_2 x_2. \tag{3.123}$$

Für den *Automaten vom Typ AZX1* ergibt sich aus Abb. 3.51c:

$$y_2 = \bar{z} x_2, \tag{3.124}$$

$$y_1 = z x_2. \tag{3.125}$$

Berechnung der Schaltausdrücke für die Speichersignale bei allgemeiner Binärkodierung

In entsprechender Weise ließen sich aus den Karnaugh-Tafeln bzw. den Wertetabellen für sequentielle Systeme auch Schaltausdrücke für die Speichersignale z berechnen.

Sie sind aber hauptsächlich nur dann von Bedeutung, wenn es um eine Realisierung mit Relais geht. Die binären Speicher werden dabei durch die Schaltausdrücke für z als frei ausgebildete Rückführkreise beschrieben, was in Relaisschaltungen den Selbsthaltekreisen entspricht. Bei Relaisschaltungen sind zusätzlich mögliche Hasardfehler zu beachtet [Zan1982]. Auf die Synthese von Relaisschaltungen soll hier nicht weiter eingegangen werden.

Berechnung der Schaltausdrücke für die Setz- und Rücksetzsignale von Speicherelementen

Aus den Karnaugh-Tafeln für die Speichervariablen (Abb. 3.50b und 3.51b) bzw. den entsprechenden Schaltbelegungstabellen geht hervor, wie sich bei einem Zustandsübergang gemäß der Überführungsfunktion ${}^{k+1}\mathbf{z} = f({}^{k}\mathbf{z}, \mathbf{x})$ die Werte der jeweiligen Speichervariable z_i ändern. Der Wert eines Speichersignals z_i im Zeitintervall k soll allgemein mit ${}^{k}z_i$ und der Wert im Zeitintervall $k+1$ mit ${}^{k+1}z_i$ bezeichnet werden.

Es kommt nun darauf an zu erörtern, wie die durch die Überführungsfunktion vorgegebenen Übergänge von ${}^{k}z_i$ nach ${}^{k+1}z_i$ durch verschiedene Typen binärer Speicherelemente (Flipflops) realisiert werden können. Hierfür müssen die Werte der dazu erforderlichen Setzsignale s und Rücksetzsignale r in Abhängigkeit von den Übergängen ${}^{k}z \rightarrow {}^{k+1}z$ spezifiziert werden. Zu diesem Zweck ist in Abb. 3.52 eine Wertetabelle angegeben, in der die zu generierenden Wertekombinationen der Setzsignale s und Rücksetzsignale r bei den verschiedenen Flipflop-Typen als Funktion der den Signalwechseln ${}^{k}z \rightarrow {}^{k+1}z$ entsprechenden Wertekombinationen $({}^{k}z, {}^{k+1}z)$ dargestellt sind.

Zu den Umformungsregeln gemäß Abb. 3.52 werden nun kurze Erläuterungen gegeben.

Bei einem RS-Flipflop gilt:

- Bei $({}^{k}z^{k+1}z) = 00$ darf das Setzsignal s nicht den Wert 1 annehmen. Es gilt $s = 0$. Der Wert des Rücksetzsignals r kann dabei 0 der 1 sein. Es gilt also $r = \Phi$ (gleichgültig).
- Bei $({}^{k}z^{k+1}z) = 01$ erfolgt das Setzen ($s = 1$). r muss dabei *den Wert* 0 *haben.*
- Bei $({}^{k}z^{k+1}z) = 10$ muss rückgesetzt werden, d. h. $r = 1$. s muss dabei 0 sein.
- Bei $({}^{k}z^{k+1}z) = 11$ darf das Rücksetzsignal nicht 1 sein. Hier gilt $r = 0$ und $s = \Phi$.

	RS-Flipflop		S-Flipflop		R-Flipflop		E-Flipflop		JK-Flipflop		D-Flipflop	T-Flipflop
${}^{k}z$ ${}^{k+1}z$	s	r	s	r	s	r	s	r	s	r	u	u
0 0	0	Φ	0	Φ	Φ^*	Φ	Φ^*	Φ	0	Φ	0	0
0 1	1	0	1	Φ	1	0	1	0	1	Φ	1	1
1 0	0	1	0	1	Φ	1	0	1	Φ	1	0	1
1 1	Φ	0	Φ	Φ^*	Φ	0	Φ	Φ^*	Φ	0	1	0

Abb. 3.52 Umformungsregeln zur Spezifizierung der Werte für s und r zur Realisierung der Übergänge ${}^{k}z \rightarrow {}^{k+1}z$ bei verschiedenen Flipflop-Typen

Beim S-Flipflop ergeben sich aufgrund des dominierenden Setzens folgende Abweichungen gegenüber dem RS-Flipflop. Wenn $s = 1$ ist, kann r den Wert 0 oder 1 annehmen. Es gilt $r = \Phi$. Das bedeutet auch: Wenn bei der Kombination $({}^k z, {}^{k+1} z) = 11$ das Setzsignal anstelle von Φ den Wert 1 besitzt, muss r nicht unbedingt 0 sein, sondern kann in diesem Fall auch den Wert 1 annehmen. Der Wert von r ist hier also bedingt gleichgültig. Das wird durch das Zeichen Φ^* zum Ausdruck gebracht. Zwischen Φ und Φ^* gilt folgende Beziehung:

$$\Phi \geq \Phi^*. \tag{3.126}$$

D-Flipflops und T-Flipflops besitzen nur einen Eingang, der mit u (Umschaltsignal) bezeichnet werden soll. Beim T-Flipflop gilt: Wenn sich der Wert des Speichersignals von 0 nach 1 oder von 1 nach 0 ändert, muss u den Wert 1 annehmen. Wenn sich das Speichersignal nicht ändert, muss $u = 0$ sein. Dieses Umschalten erfolgt auf der Basis einer Flankensteuerung, wie sie in Abschn. 3.4.9 beschrieben wurde. Damit ist auch eine Stabilisierung des Speichersignals z verbunden. Durch Einsatz von T-Flipflops zur Realisierung der Zustände $\mathbf{z}$ sequentieller Systeme ist also gleichzeitig eine Zustandsstabilisierung möglich.

Berechnung der Setz- und Rücksetzsignale im Beispiel 3.4 (Impulsverteiler, s. Abschn. 3.5.5, 3.5.6.3 und 3.5.6.5)

Aus den Karnaugh-Tafeln für die Speichersignale der Automatentypen AZX4 bzw. AZX1 (Abb. 3.50b und 3.51b) lassen sich mit Hilfe der Umformungsregeln gemäß Abb. 3.52 die Werte für die Setz- und Rücksetzsignale aus den zu realisierenden Übergängen ${}^k z \rightarrow {}^{k+1} z$ durch Vergleich der Eintragungen am Rand und der Eintragungen in den einzelnen Feldern ermitteln.

Für die Lösung des Impulsverteilers auf der Basis eines AZX4-Automaten sollen RS-Flipflops verwendet werden. Für die Setz- und Rücksetzsignale ergeben sich die in Abb. 3.53b, c dargestellten Karnaugh-Tafeln.

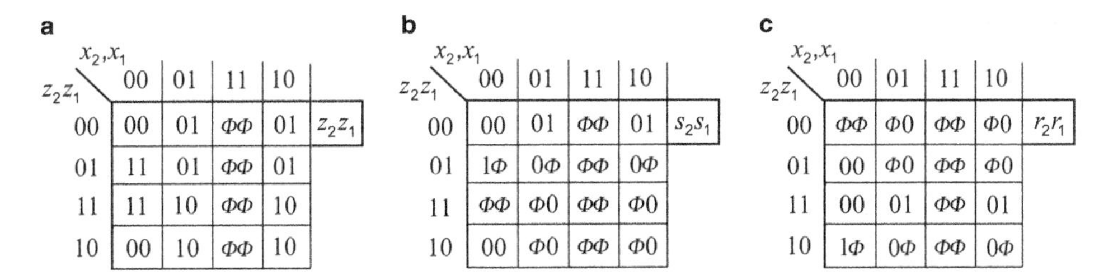

a

z_2z_1 \ x_2,x_1	00	01	11	10	
00	00	01	$\Phi\Phi$	01	z_2z_1
01	11	01	$\Phi\Phi$	01	
11	11	10	$\Phi\Phi$	10	
10	00	10	$\Phi\Phi$	10	

b

z_2z_1 \ x_2,x_1	00	01	11	10	
00	00	01	$\Phi\Phi$	01	s_2s_1
01	1Φ	0Φ	$\Phi\Phi$	0Φ	
11	$\Phi\Phi$	$\Phi 0$	$\Phi\Phi$	$\Phi 0$	
10	00	$\Phi 0$	$\Phi\Phi$	$\Phi 0$	

c

z_2z_1 \ x_2,x_1	00	01	11	10	
00	$\Phi\Phi$	$\Phi 0$	$\Phi\Phi$	$\Phi 0$	r_2r_1
01	00	$\Phi 0$	$\Phi\Phi$	$\Phi 0$	
11	00	01	$\Phi\Phi$	01	
10	1Φ	0Φ	$\Phi\Phi$	0Φ	

Abb. 3.53 Ermittlung der Werte der Setz- und Rücksetzsignale beim AZX4-Automaten. **a** Karnaugh-Tafel für die Speichersignale gemäß Abb. 3.50b, **b** Karnaugh-Tafel für die Setzsignale, **c** Karnaugh-Tafel für die Rücksetzsignale

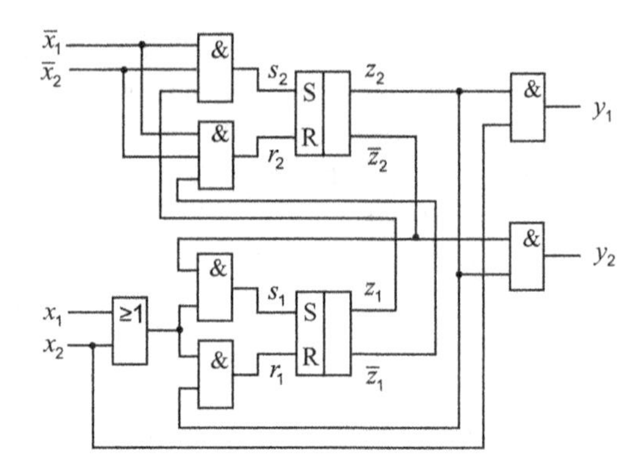

Abb. 3.54 Lösung des Beispiels 3.4 als AZX4-Automaten mit RS-Flipflops

Aus den Karnaugh-Tafeln für die Setz- und Rücksetzsignale ergeben sich für den AZX4-Automaten folgende Ausdrücke:

$$s_2 = z_1 \bar{x}_2 \bar{x}_1, \tag{3.127}$$

$$s_1 = \bar{z}_2 (x_2 \vee x_1), \tag{3.128}$$

$$r_2 = \bar{z}_1 \bar{x}_2 \bar{x}_1, \tag{3.129}$$

$$r_1 = z_2 (x_2 \vee x_1). \tag{3.130}$$

Mit den Gln. 3.127 bis 3.130 und den Gln. 3.122 und 3.125 ergibt sich für das Beispiel 3.4 als Lösung auf der Basis eines AZX4-Automaten bei Zugrundelegung von RS-Flipflops der in Abb. 3.54 dargestellte Logikplan.

Für die zweite Lösung des Beispiels 3.4 wurde ein AZX1-Automat vorgesehen. Da dieser Automatentyp keine Stabilitätsbedingung besitzt, muss die Zustandsstabilisierung durch andere Maßnahmen erfolgen. Man kann z. B. Flipflops verwenden, bei denen die Einwirkdauer der Ansteuersignale der Speicherelemente so kurz ist, dass die Eingangskombination, die einen Übergang verursacht hat, nicht mit dem sich ergebenden Folgezustand zusammenwirken kann. So ein Flipflop-Typ ist das T-Flipflop.

Für den AZX1-Automaten soll deshalb ein T-Flipflop verwendet werden, bei dem das Umschalten durch ein Signal u erfolgt.

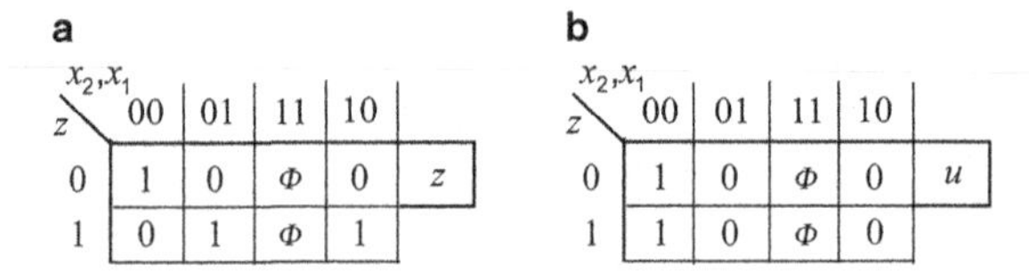

a

z \ x_2, x_1	00	01	11	10	
0	1	0	Φ	0	z
1	0	1	Φ	1	

b

z \ x_2, x_1	00	01	11	10	
0	1	0	Φ	0	u
1	1	0	Φ	0	

Abb. 3.55 Ermittlung der Werte des Umsteuersignals u beim AZX1-Automaten. **a** Karnaugh-Tafel für das Speichersignal z gemäß Abb. 3.51b, **b** Karnaugh-Tafel für das Umschaltsignal u

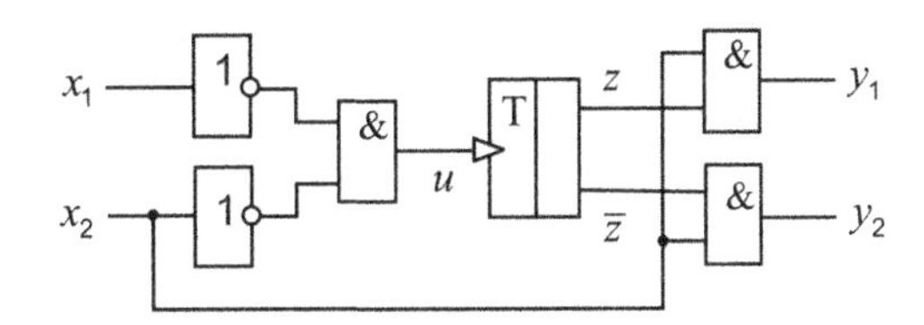

Abb. 3.56 Lösung des Beispiels 3.4 als AZX1-Automat mit einem T-Flipflop

In Abb. 3.55a ist für den AZX1-Automaten nochmals die Karnaugh-Tafel für das Speichersignal z dargestellt. Aus dieser Tafel lässt sich mit den Umformregeln gemäß Abb. 3.52 die Karnaugh-Tafel für das Umschaltsignal u herleiten (Abb. 3.55b).

Aus der Karnaugh-Tafel gemäß Abb. 3.55b erhält man den Schaltausdruck für u:

$$u = \bar{x}_2 \bar{x}_1. \tag{3.131}$$

Mit den Gln. 3.131, 3.124 und 3.125 ergibt sich als zweite Lösung für das Beispiel 3.4 (Abschn. 3.5.5) der in Abb. 3.56 dargestellte Logik-Plan mit einem T-Flipflop.

3.5.7 Entwurfsbeispiel für sequentielle Verknüpfungssteuerungen

Im Abschn. 2.2.3 wurde eine *Verknüpfungssteuerung* als ein Vorgang definiert (Definition 2.4), bei dem bei einer Werteänderung von binären Bedien- und/oder Messsignalen durch logische Verknüpfung gemäß einem in der Steuereinrichtung fungierenden Steueralgorithmus eine Werteänderung von binären Stellsignalen eintritt, wodurch über Stelleinrichtungen in der Steuerstrecke ein oder mehrere zwei- bzw. mehrwertige Steuergrößen beeinflusst werden. Dabei wurden als Kennzeichen der Verknüpfungssteuerung ein *offener Wirkungsablauf* in einer Steuerkette und ein *diskreter Wertebereich der Steuergrößen* angegeben.

Bisher war man der Auffassung, dass die Steuereinrichtung von Verknüpfungssteuerungen keine Speicherelemente enthält, d. h. dass sie ein rein kombinatorisches System darstellt, z. B. [Lun2005], [Lan2010]. Im Abschn. 2.2.3 wurde aber bereits darauf hingewiesen, dass die Steuereinrichtung einer Verknüpfungssteuerung durchaus auch ein sequentielles System sein kann, in dem die Stellsignale neben Bedien- und Messsignalen von inneren Zuständen abhängen. Aus diesem Grund muss man zwischen kombinatorischen und sequentiellen Verknüpfungssteuerungen unterscheiden. Die Steuereinrichtungen von sequentiellen Verknüpfungssteuerungen besitzen also eine interne Rückkopplung, während sich Steuereinrichtungen von Ablaufsteuerungen durch eine externe Rückkopplung über die Steuerstrecke auszeichnen.

Im Folgenden wird als Beispiel einer sequentiellen Verknüpfungssteuerung die Steuerung einer Signalleuchte für eine abgestufte Anzeige einer Störung entworfen.

Beispiel 3.5 (Steuerung einer Signalleuchte)

- *Aufgabenstellung*

Es ist eine Steuerung einer Signalleuchte für die Anzeige einer Störung bzw. eines Fehlers zu entwerfen. Durch die Signalleuchte sollen folgende Situationen abgestuft angezeigt werden:

- Wenn der Fehler neu aufgetreten ist und noch nicht quittiert wurde, ist diese Situation durch schnelles Blinklicht (SB) anzuzeigen.
- Wenn der Fehler neu aufgetreten ist und beim Betätigen einer Quittiertaste noch ansteht, ist dies durch Dauerlicht (D) kenntlich zu machen.
- Wenn der quittierte und noch anstehende Fehler beseitigt wurde, muss das Dauerlicht in langsames Blinklicht (LB) übergehen.
- Beim Quittieren der Beseitigung des Fehlers muss das langsame Blinklicht in Ruhelicht (Leuchte aus) wechseln.
- Geht ein neu aufgetretener Fehler noch vor dem Quittieren wieder weg, dann muss anstelle des noch anstehenden schnellen Blinklichts nun langsames Blinklicht erscheinen, das erst beim erneuten Betätigen der Quittiertaste in Ruhelicht übergeht.
- Tritt nach dem Weggang des Fehlers noch vor dem Quittieren dieser Situation der Fehler erneut auf, muss auf das langsame Blinklicht schnelles Blinklicht folgen.

Generell kann davon ausgegangen werden, dass immer die letzte Situationsänderung anzuzeigen ist. Deshalb spricht man bei dieser Signalisierungsart auch von einer Letztwertsignalisierung [Zan1963].

Zur Veranschaulichung der Aufgabenstellung dient das in Abb. 3.57 dargestellte Schema. Die Signale haben folgende Bedeutung:

x_1 Fehlersignal ($x_1 = 1$, wenn ein Fehler ansteht),
x_2 Quittiersignal ($x_2 = 1$, wenn Quittiertaste betätigt),
y_1 Ausgangssignal (wenn $y_1 = 1$, dann Freigabe eines schnellen Blinksignals SB),
y_2 Ausgangssignal (wenn $y_2 = 1$, dann Einschalten von Dauerlicht),
y_3 Ausgangssignal (wenn $y_3 = 1$, dann Freigabe eines langsamen Blinksignals LB).

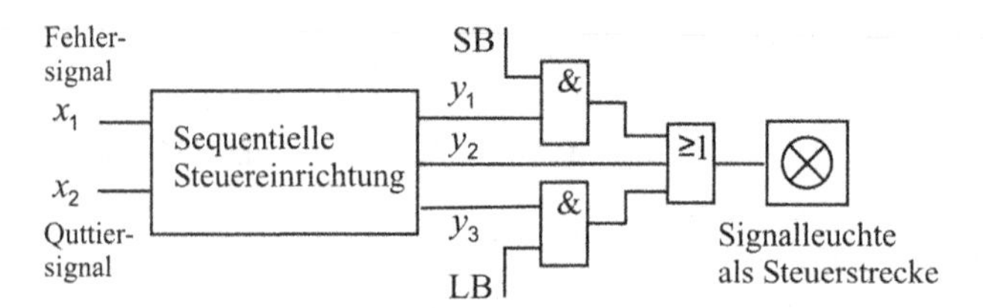

Abb. 3.57 Schaltungsschema zur Verknüpfungssteuerung einer Signalleuchte (SB – schnelles Blinklicht. LB – langsames Blinklicht)

- *Vorbemerkungen*

Aus der Aufgabenstellung geht hervor, dass es sich bei der Signalleuchte um eine Steuergröße handelt, die einen diskreten Wertebereich besitzt. Die Signalleuchte kann vier Stellungen bzw. vier Signalwerte einnehmen: Ruhelicht, Dauerlicht, schnelles Blinklicht und langsames Blinklicht. Gemäß Abschn. 2.2.3 ist zur Einstellung von diskreten Werten einer Steuergröße eine Verknüpfungssteuerung erforderlich. Da aber den einzelnen Eingangskombinationen laut Aufgabenstellung jeweils unterschiedliche Ausgangskombinationen zugeordnet sind, lässt sich diese Steuerung nur als sequentielles System realisieren. Dafür soll bei der Lösung der Aufgabe ein flankengesteuerter Automat vom Typ FZX2 zugrunde gelegt werden, der eine Stabilitätsbedingung besitzt (Abschn. 3.5.3.3) und bei dem neben den Eingangskombinationen $\mathbf{x}$ auch Stricheingangskombinationen $\mathbf{x}'$ eine Rolle spielen.

- *Lösung*

Die Abläufe, die sich aufgrund der zeitlichen Aufeinanderfolge der geforderten Situationen ergeben, sind in Abb. 3.58a in Form eines Automatengraphen dargestellt.

Für die Synthese von sequentiellen Systemen auf der Basis von flankengesteuerten Automaten wurde im Abschn. 3.5.6.4 eine Automatentabelle mit einer zusätzlichen Spalte für die Voreingangskombinationen ${}^{k}\mathbf{x}$ der Stricheingangskombinationen $\mathbf{x}'$ vorgeschlagen. Abbildung 3.58b zeigt eine derartige Tabelle, die aus dem Automatengraphen abgeleitet ist. Die gleiche Tabelle wurde bereits im Abschn. 3.5.6.4 verwendet, um die dort angegebene Vorgehensweise bei der Zustandsreduktion flankengesteuerter Automaten zu erläutern. Durch entsprechendes Umsetzen dieser Vorgehensweise für die Ermittlung unverträglicher Zustände von FZX2-Automaten ergibt sich dann die in Abb. 3.58c dargestellte Verträglichkeitstabelle.

Aus der Verträglichkeitstabelle lassen sich zwei minimale Kollektionen mit jeweils zwei Verträglichkeitsklassen (Abschn. 3.5.6.3) bilden, die als neue Zustände mit A und B bzw. C und D bezeichnet werden:

1) $\mathrm{A} = \{1, 3, 5, 6\}, \mathrm{B} = \{2, 4, 7, 8\}$
2) $\mathrm{C} = \{1, 2, 5, 8\}, \mathrm{D} = \{3, 4, 6, 7\}$

Auf der Basis der Kollektion 1) kann aus dem Automatengraphen gemäß Abb. 3.58a durch Zusammenlegen der entsprechenden Zustände der in Abb. 3.58d dargestellte reduzierte Automatengraph gebildet werden. Die Realisierung dieses Graphen mit zwei Zuständen kann mit einem Speicherelement (RS-Flipflop mit dem Ausgang z) erfolgen. Die Kode-Zeichen werden für den Zustand A mit $z = 0$ und für den Zustand B mit $z = 1$ festgelegt.

Damit lassen sich die Schaltausdrücke für die Ausgangssignale y_3, y_2 und y_1 in Abhängigkeit von den Eingangssignalen x_2 und x_1 und dem Speichersignal z in Form

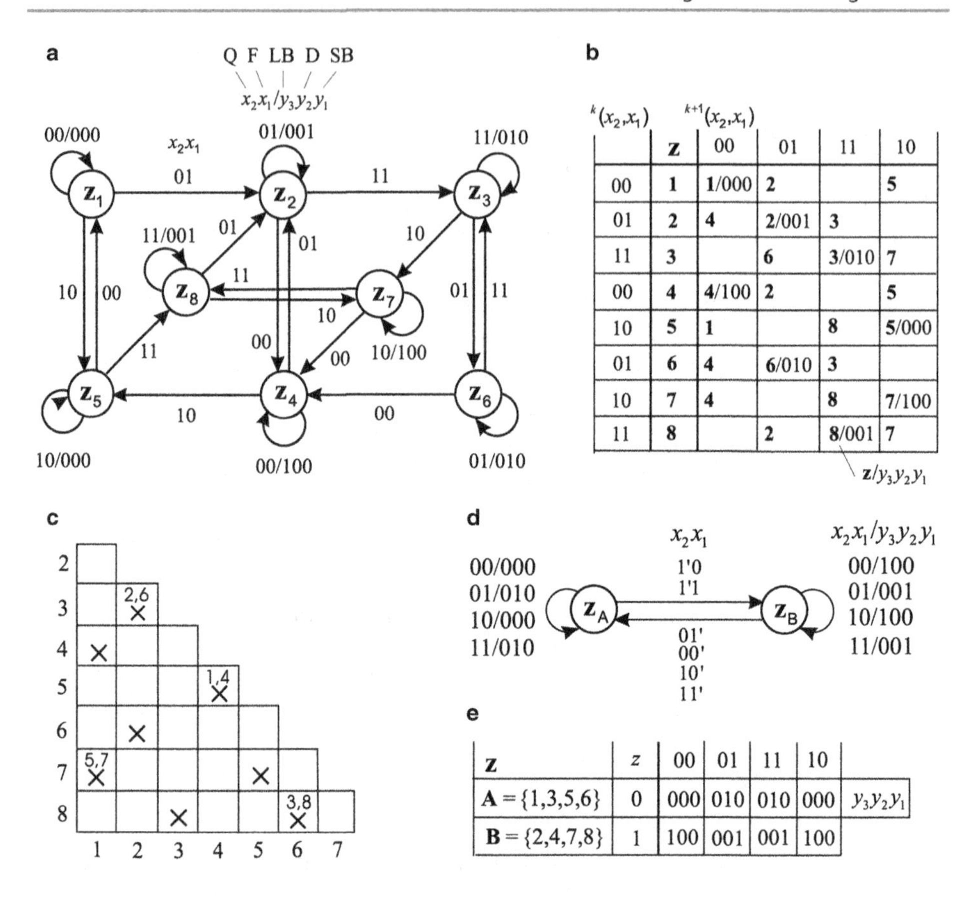

$^k(x_2,x_1)$	**z**	$^{k+1}(x_2,x_1)$ 00	01	11	10
00	**1**	**1/000**	**2**		**5**
01	**2**	**4**	**2/001**	**3**	
11	**3**		**6**	**3/010**	**7**
00	**4**	**4/100**	**2**		**5**
10	**5**	**1**		**8**	**5/000**
01	**6**	**4**	**6/010**	**3**	
10	**7**	**4**		**8**	**7/100**
11	**8**		**2**	**8/001**	**7**

z/$y_3y_2y_1$

Z	z	00	01	11	10	
A = {1,3,5,6}	0	000	010	010	000	$y_3y_2y_1$
B = {2,4,7,8}	1	100	001	001	100	

Abb. 3.58 Zusammenstellung der Zwischenergebnisse bei der Lösung des Beispiels 3.5. **a** Automatengraph, **b** Automatentabelle, **c** Verträglichkeitstabelle, **d** Reduzierter Automatengraph, **e** Karnaugh-Tafel für die Ausgangssignale

der in Abb. 3.58e angegebenen Karnaugh-Tafel darstellen. Daraus ergeben sich die Schaltausdrücke für die Ausgangssignale wie folgt:

$$y_3 = z\bar{x}_1, \tag{3.132}$$

$$y_2 = \bar{z}x_1, \tag{3.133}$$

$$y_1 = zx_1. \tag{3.134}$$

Das Setzsignal s und das Rücksetzsignal r für den RS-Flipflop ergeben sich aus dem reduzierten Automatengraphen gemäß Abb. 3.58d, in dem man die Stricheingangskombinationen, die den Übergänge von $\mathbf{z}_A$ nach $\mathbf{z}_B$ bzw. von $\mathbf{z}_B$ nach $\mathbf{z}_A$ zugeordnet sind, jeweils disjunktiv verknüpft und entsprechend Gl. 3.79a bzw. Gl. 3.79b kürzt.

$$s = \bar{x}_2x_1' \vee \bar{x}_2\bar{x}_1' \vee x_2\bar{x}_1' \vee x_2x_1' = x_1' \vee \bar{x}_1', \tag{3.135}$$

$$r = x_2'\bar{x}_1 \vee x_2'x_1 = x_2'. \tag{3.136}$$

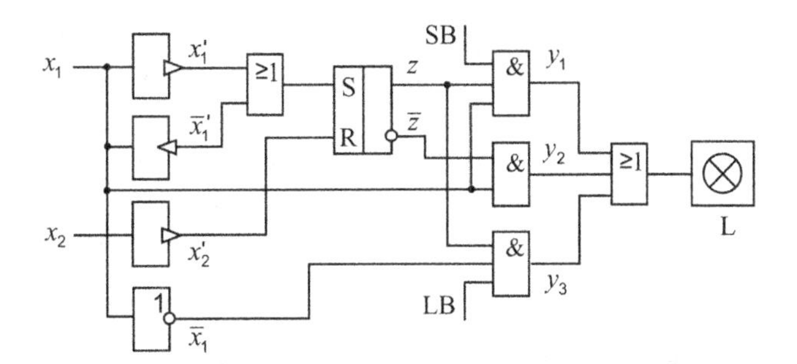

Abb. 3.59 Logik-Plan für die sequentielle Verknüpfungssteuerung einer Signalleuchte

Mit den Gln. 3.132 bis 3.136 erhält man den in Abb. 3.59 dargestellten Logik-Plan für die zu entwerfende Steuereinrichtung der sequentiellen Verknüpfungssteuerung. Bezüglich der Realisierung der Stricheingangsvariablen wird auf Abschn. 3.4.9 verwiesen. In Abb. 3.59 ist das durch Sondersymbole dargestellt. Um UND-Glieder einzusparen, wurden das schnelle und das langsame Blinksignal gegenüber dem Schema in Abb. 3.57 jeweils mit an die UND-Glieder zur Bildung von y_3 bzw. y_1 geführt.

Die in Abb. 3.59 dargestellte Logik-Schaltung besitzt zwar einen internen Speicher aber keine externe Rückkopplung über eine Steuerstrecke. Die Steuergröße ist keine analoge Prozessgröße, sondern ein mehrwertiges Signal. Es handelt sich deshalb nicht um eine Ablaufsteuerung, sondern um eine sequentielle Verknüpfungssteuerung (s. Abschn. 2.2.3).

Anmerkungen zum Beispiel 3.5

- Wenn man im Hinblick auf eine SPS-Realisierung versuchen würde, den sich primär ergebenden Automatengraphen gemäß Abb. 3.58a direkt in eine Ablaufsprache (z. B. S7-Graph) umzusetzen, würden sich sehr unübersichtliche und kaum nachvollziehbare Abläufe ergeben. Geht man bei der Umsetzung dagegen vom reduzierten Automatengraphen gemäß Abb. 3.58d aus, so erhält man eine sehr einfache Darstellung mittels dieser Fachsprache. Daraus geht hervor, dass eine Zustandsreduktion unter Umständen auch bei einer SPS-Realisierung sehr zweckmäßig sein kann.
- Ausgehend vom primär erstellten Automatengraphen gemäß Abb. 3.58a würde sich ohne Zustandsreduktion auch ein sehr umfangreicher Logik-Plan ergeben. Wenn keine Ablaufsprache verfügbar ist und man z. B. die Fachsprache FUP verwenden muss, würde die Umsetzung in diese Fachsprache äußerst aufwendig sein. Es würde auch ein sehr unübersichtlicher und schwer zu verifizierender Logik-Plan entstehen. Deshalb kann es mitunter auch sinnvoll sein, den Logik-Plan zu minimieren, wie das hier erfolgt ist.
- Wenn man beim Entwurf der Steuereinrichtung für die Signalleuchte anstelle des flankengesteuerten Automaten vom Typ FZX2 z. B. einen amplitudengesteuerten Automaten vom Typ AZX4 zugrunde gelegt hätte, dann würde man zwei RS-Flipflops und mehr als doppelt so viele Logik-Elemente benötigen [Zan1982]. Wie das bereits aus dem Beispiel 3.4 hervorging, wird auch bei diesem Beispiel deutlich, dass die geeignete Wahl des Automatentyps wesentlich den erforderlichen Realisierungsaufwand beeinflusst.

- Das Beispiel 3.5 zeigt, dass bei sequentiellen Verknüpfungssteuerungen mitunter eine sehr detaillierte Funktionsspezifizierung erforderlich sein kann. Das wäre sicher mit Automatengraphen und Steuernetzen in gleicher Weise möglich. Wenn es aber darüber hinaus auch noch um eine Reduktion der Anzahl von Zuständen bzw. Schritten oder gar um eine Minimierung von Logik-Plänen geht, bietet die Nutzung von Automatengraphen Vorteile, da hierfür ausgereiftere Synthesemethoden existieren.

3.6 Beschreibung sequentieller Steuereinrichtungen durch Steuernetze

3.6.1 Zur historischen Entwicklung der Petri-Netze

Der Name „Petri-Netz" geht auf den Mathematiker Carl Adam Petri zurück, der 1962 in seiner Dissertation „Kommunikation mit Automaten" [Pet1962] neue Möglichkeiten zur Modellierung von Prozessabläufen in Rechenautomaten vorschlug. Er strebte damit an, dass in der Informatik nicht ausschließlich von sequentiellen Modellen ausgegangen wird, wie dies z. B. bei der Nutzung deterministischer Automaten der Fall ist, sondern dass vielmehr das Ursache-Wirkung-Prinzip zugrunde gelegt und die Orientierung auf globale Zustände aufgegeben wird. Auf diese Weise ist es möglich, auch parallele Prozesse zu beschreiben und zu analysieren.

Die Dissertation von Petri wurde zunächst kaum beachtet. Als man sich Ende der 1960er Jahre in den USA am MIT intensiver mit den Arbeiten von C.A. Petri beschäftigt hatte, kam der Durchbruch. Seine Ideen kehrten daraufhin unter dem Namen „Petri-Netze" nach Europa zurück. Die inzwischen von A.W. Holt [HoCo1970] eingeführten graphischen Symbole für die Netzelemente „Stellen" und „Transitionen" ermöglichen eine übersichtliche Darstellung der Netze. In der Folgezeit begann eine rasante Entwicklung der Petri-Netz-Theorie, z. B. [Sta1980], [Rei1986], [Bau1990], [Abe1990].

Die Petri-Netze stellen ein sehr universelles Beschreibungsmittel dar. Mit ihnen lassen sich ganz verschiedenartige Prozesse aus unterschiedlichen Bereichen allgemein darstellen. Meist ist eine effiziente Nutzung aber nur auf der Basis einer fachspezifischen Interpretation der Stellen und Transitionen möglich. Das ist insbesondere auch auf dem Gebiet der binären Steuerungstechnik der Fall. In Europa begann man sich Ende der 1970er Jahre an zwei Stellen damit zu beschäftigen.

In einem Vortrag auf dem 2. IFAC-Symposium 1977 in Dresden stellte Rainer König zum ersten Mal eine steuerungstechnische Interpretation von Petri-Netzen vor [Kön1977]. In seiner Dissertation, die er 1980 an der Sektion Mathematik der TU Dresden einreichte [Kön1980], schuf er ein umfassendes mathematisches Fundament für die steuerungstechnisch interpretierten Petri-Netze, die er SIPN nannte [KöQu1988].

20 Jahre später publizierte auch C. Jörns in [Jör1997] eine steuerungstechnische Interpretation unter dem Namen SIPN, die sich aber nur geringfügig von der ursprünglichen Version von König unterscheidet. Während bei König den Stellen allgemein Systeme par-

tieller Schaltfunktionen $\mathbf{y} = \varphi(\mathbf{x})$ zugeordnet werden können und damit zugelassen wird, dass die Ausgangssignale y auch von den Belegungen der Eingangssignale x abhängen können, beschränkt sich die Interpretation von Jörns auf konstante Werte der Ausgangssignale [Lit2005].

Auch in Frankreich wurde ab 1977 auf Initiative von M. Blanchard im Rahmen einer Kommission, der Vertreter mehrerer akademischer und industrieller Einrichtungen angehörten, an einer Konzeption für ein Mittel zur Beschreibung von Steueralgorithmen für speicherprogrammierbare Steuereinrichtungen gearbeitet. Kurze Zeit später wurde ein Repräsentationsmodell vorgestellt, das an Petri-Netze angelehnt war und den Namen GRAFCET erhielt [DaAl1992]. GRAFCET (Akronym für Graphe Fonctionnel de Etapes/Transitions) wurde zunächst französischer und ab 1987 auch internationaler Standard (EN60848). GRAFCET kann als Vorläufer des SFC (**S**equential **F**unction **C**hart) aus dem internationalen Standard IEC 61131-3 angesehen werden.

Für steuerungstechnisch interpretierte Petri-Netze wird in diesem Buch der Begriff Steuernetze verwendet.

3.6.2 Grundbegriffe des Petri-Netz-Konzepts

Ein Petri-Netz ist ein gerichteter bipartiter Graph mit den beiden Knotenmengen **S** und **T**. Die Elemente s von **S** werden *Stellen* (oder Plätze) genannt und graphisch durch Kreise symbolisiert. Die Elemente t von **T** heißen *Transitionen* und werden als Linien (oder als Rechtecke) dargestellt (Abb. 3.60). Durch *gerichtete Kanten* f, dargestellt als Pfeile, werden bestehende Beziehungen zwischen den Stellen und den Transitionen ausgedrückt. Kanten zwischen Stellen oder zwischen Transitionen sind nicht zulässig, d. h. es dürfen nicht zwei Stellen oder zwei Transitionen direkt aufeinander folgen.

Eine gerichtete Kante von einer Stelle zu einer Transition heißt *Praekante* und von einer Transition zu einer Stelle *Postkante* [Sta1980], [KöQu1988]. Sowohl von einer Stelle s als auch von einer Transition t können mehrere Kanten abgehen. In eine Stelle oder in eine Transition können mehrere Kanten einmünden. Die Menge aller mögliche Praekanten ist $\mathbf{S} \times \mathbf{T}$ und die Menge aller möglichen Postkanten $\mathbf{T} \times \mathbf{S}$. Für die Menge **Prae** der Praekanten eines Petri-Netzes gilt $\mathbf{Prae} \subseteq \mathbf{S} \times \mathbf{T}$und für die Menge **Post** seiner Postkanten

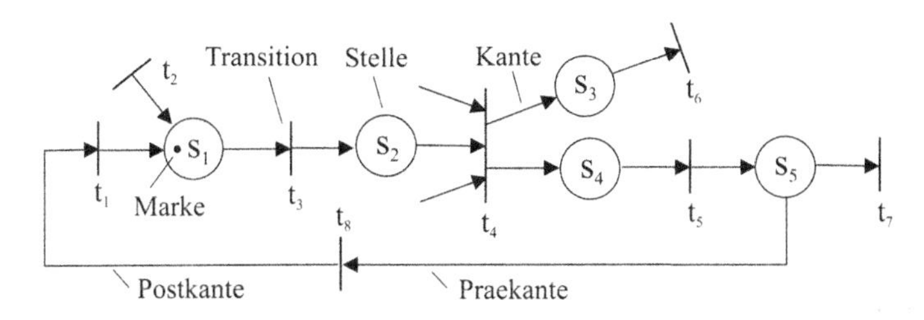

Abb. 3.60 Ausschnitt aus einem Petri-Netz

Post $\subseteq$ **T** $\times$ **S**. Die Vereinigung **F** $=$ **Prae** $\cup$ **Post** stellt die Menge aller Kanten f eines Petri-Netzes dar. **F** wird auch als *Flussrelation* bezeichnet.

Die Netzelemente *Stellen*, *Transitionen*, *Praekanten* und *Postkanten* bestimmen die Struktur eines Petri-Netzes. Zur Darstellung dynamischer Aspekte existiert ein *Markierungskonzept*, gemäß dem die Stellen des Netzes markiert, d. h. durch *Marken* gekennzeichnet werden können. Die Marken werden als Punkte in den Kreisen des Petri-Netzes eingetragen. Damit wird darauf hingewiesen, dass die betreffende Stelle aktiv ist. Zur Darstellung besonderer Eigenschaften kann eine Stelle auch mehrere Marken enthalten.

Das Markierungskonzept sieht außerdem vor, dass Marken durch „Schalten" von Transitionen gemäß vorzugebender Schaltregeln zwischen Stellen entlang der Kanten bewegt werden können. Durch den sich dabei ergebenden „Markenfluss" kann die Anzahl der Marken in den Stellen verändert werden. Auf diese Weise lassen sich Prozesse modellieren. Es können auch mehrere Stellen gleichzeitig markiert sein. Dadurch können sehr übersichtlich parallele Prozesse dargestellt werden.

Die Anzahl der Marken, die eine Stelle s enthält, wird als Markierung $m(\mathrm{s})$ bezeichnet. Die Markierung m der Stellen eines Petri-Netzes lässt sich als Abbildung der Menge seiner Stellen **S** in die Menge **N** der natürlichen Zahlen darstellen:

$$m : \mathbf{S} \rightarrow \mathbf{N} \tag{3.137}$$

Die Anfangsmarkierung wird durch m_0 bezeichnet.

Die Markierung m gemäß Gl. 3.137, die in einer bestimmten Situation des Prozessablaufs auftritt, kann auch durch einen *Markierungsvektor* **m** beschrieben werden, dessen Komponenten jeweils die Anzahl der in einer Stelle $\mathrm{s}_i \in \mathbf{S}$ enthaltenen Marken durch $m(\mathrm{s}_i)$ mit $1 \leq i \leq p$ angeben.

$$\mathbf{m} = (m(\mathrm{s}_1), \ldots, m(\mathrm{s}_i), \ldots, m(\mathrm{s}_p)). \tag{3.138}$$

Im Markierungskonzept spielen außer der Markierung noch folgende Größen eine Rolle:

- *Kantengewicht* w: Durch w wird festgelegt, wie viele Marken durch eine Kante $\mathrm{f} \in \mathbf{F}$ maximal transportiert werden können;
- *Stellenkapazität* c: c gibt für eine Stelle $\mathrm{s} \in \mathbf{S}$ ihr Fassungsvermögen an Marken an.

Mit den vereinbarten Größen kann ein Petri-Netz wie folgt definiert werden:

Definition 3.17 (Petri-Netz) Das Tupel PN $= (\mathbf{S}, \mathbf{T}, \mathbf{F}, w, c, m_0)$ heißt *Petri-Netz*, wenn gilt:

1. **S** und **T** sind endliche nichtleere Mengen mit $\mathbf{S} \cap \mathbf{T} = \emptyset$;
2. $\mathbf{F} \subseteq (\mathbf{S} \times \mathbf{T}) \cup (\mathbf{T} \times \mathbf{S})$;
3. $w : \mathbf{F} \rightarrow \mathbf{N} \setminus \{0\}$;
4. $c : \mathbf{S} \rightarrow \mathbf{N}$;
5. $m_0 : \mathbf{S} \rightarrow \mathbf{N}$.

3.6.3 Binäre Petri-Netze

Für die Modellierung binärer Steuerungen sind vor allem binäre Petri-Netze von Bedeutung.

Definition 3.18 (Binäres Petri-Netze) Das Petri-Netz PN $= (\mathbf{S}, \mathbf{T}, \mathbf{F}, w, c, m_0)$ wird *binäres Petri-Netz BPN* genannt, wenn

1. für alle Stellen s $\in \mathbf{S}$ die Stellenkapazität $c(\mathrm{s}) = 1$ ist;
2. für alle Kanten f $\in \mathbf{F}$ das Kantengewicht $w(\mathrm{f}) = 1$ ist und
3. für die Markierung m_0 gilt: m_0: $\mathbf{S} \rightarrow \{0, 1\}$.

In binären Petri-Netzen können die Stellen also höchstens eine Marke enthalten. Es können mehrere Stellen gleichzeitig markiert sein. Eine *Marke* kennzeichnet dabei jeweils eine aktive Stelle. Über jede Kante kann höchstens eine Marke transportiert werden. Durch den *Markenfluss* können diskrete Vorgänge nachgebildet werden.

Das Weiterleiten von Marken erfolgt über die Transitionen auf der Basis einer so genannten *Schaltregel*. Durch sie wird festgelegt, unter welchen Bedingungen Transitionen eines Petri-Netzes schaltbar sind. Für die Formulierung der Schaltregel müssen noch folgende Mengen eingeführt werden:

- Menge $\mathbf{V}(\mathrm{t})$ der Vorgängerstellen einer Transition t:

$$\mathbf{V}(\mathrm{t}) = \{\mathrm{s} \mid \mathrm{s} \in \mathbf{S} \wedge (\mathrm{s}, \mathrm{t}) \in \mathbf{Prae}\};$$

- Menge $\mathbf{F}(\mathrm{t})$ der Folgestellen einer Transition t:

$$\mathbf{F}(\mathrm{t}) = \{\mathrm{s} \mid \mathrm{s} \in \mathbf{S} \wedge (\mathrm{t}, \mathrm{s}) \in \mathbf{Post}\}.$$

Definition 3.19 (Schaltregel für binäre Petri-Netze) Eine Transition t eines binären Petri-Netzes *ist schaltbar*, wenn

1. jede ihrer Vorgängerstellen $s \in \mathbf{V}(\mathrm{t})$ eine Marke enthält, d. h. wenn gilt: $\forall \mathrm{s}[\mathrm{s} \in \mathbf{V}(\mathrm{t}) \rightarrow m(\mathrm{s}) = 1]$;
2. keine ihrer Folgestellen markiert ist, d. h. $\forall \mathrm{s}[\mathrm{s} \in \mathbf{F}(\mathrm{t}) \rightarrow m(\mathrm{s}) = 0]$.

Wenn eine schaltbare Transition t schaltet, werden aus den Stellen s $\in V(\mathrm{t})$ die Marken entfernt und die Stellen $\mathrm{s}' \in \mathbf{F}(\mathrm{t})$ markiert, d. h. nach dem Schalten gilt:

$$\forall \mathrm{s}[\mathrm{s} \in \mathbf{V}(\mathrm{t}) \rightarrow m(\mathrm{s}) = 0] \quad \text{und} \quad \forall \mathrm{s}[\mathrm{s} \in \mathbf{F}(\mathrm{t}) \rightarrow m(\mathrm{s}) = 1]. \qquad \text{(Ende d. Def.)}$$

Die angegebene Schaltregel wird *sichere Schaltregel* genannt. In Abhängigkeit von der Art der technischen Realisierung kann die zweite Bedingung mitunter entfallen. Dann spricht man von der *einfachen Schaltregel*.

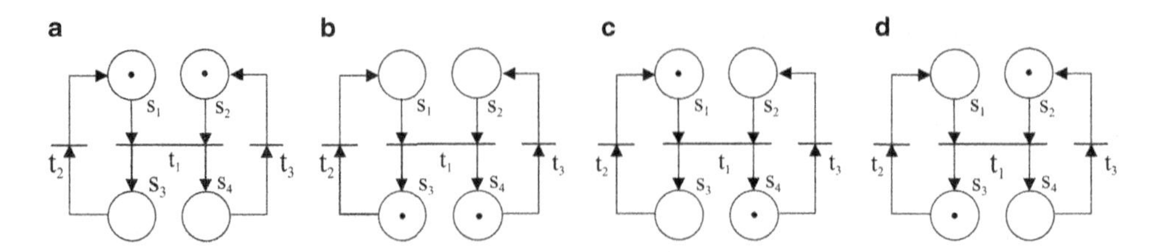

Abb. 3.61 Sequentielles Schalten von Transitionen

Wenn man ausgehend von einer Anfangsmarkierung eines binären Petri-Netzes auf der Basis der Schaltregel die schaltbaren Transitionen ermittelt, nach dem alternativen Schalten dieser Transitionen jeweils die Folgemarkierung feststellt und in dieser Weise fortfährt, dann ergeben sich Markierungsfolgen mit entsprechenden Verzweigungen. Das soll anhand des in Abb. 3.61a dargestellten Petri-Netzes demonstriert werden.

Die Markierungsfolgen können als Folgen von Markierungsvektoren $\mathbf{m} = (m(s_1), \ldots, m(s_i), \ldots, m(s_p))$ (s. Gl. 3.138) angegebenen werden, wobei für binäre Petri-Netze gilt: $m(s_i) \in \{0, 1\}$. Für die in Abb. 3.61a eingetragene Anfangsmarkierung ergibt sich: $\mathbf{m}_0 = (1100)$. Die Folge von Markierungsvektoren kann in Form eines so genannten Erreichbarkeitsgraphen [KöQu1988], [Abe1990] dargestellt werden. Abbildung 3.62 zeigt den Erreichbarkeitsgraphen für das binäre Petri-Netz gemäß Abb. 3.61a.

In den ersten Knoten des Erreichbarkeitsgraphen ist die Anfangsmarkierung $\mathbf{m}_0$ eingetragen. In dieser Situation ist die Transition t_1 schaltbar. Nach dem Schalten ergibt sich die in Abb. 3.61b eingetragene Markierung als Markierungsvektor $\mathbf{m}_1 = (0011)$. Nun kann entweder t_2 oder t_3 schalten. Wenn t_2 zuerst schaltet, entsteht der Markierungsvektor $\mathbf{m}_2 = (1001)$, der in Abb. 3.61c dargestellt ist, im anderen Fall tritt der Markierungsvektor $\mathbf{m}_3 = (0110)$ auf, der durch Abb. 3.61d kenntlich gemacht wird. Von $\mathbf{m}_2$ geht es im Erreichbarkeitsgraphen über t_3 und von $\mathbf{m}_3$ über t_2 zur Anfangsmarkierung $\mathbf{m}_0$. Damit ist der Erreichbarkeitsgraph komplett.

Erreichbarkeitsgraphen können zur Analyse von Petri-Netzen verwendet werden [Abe1990].

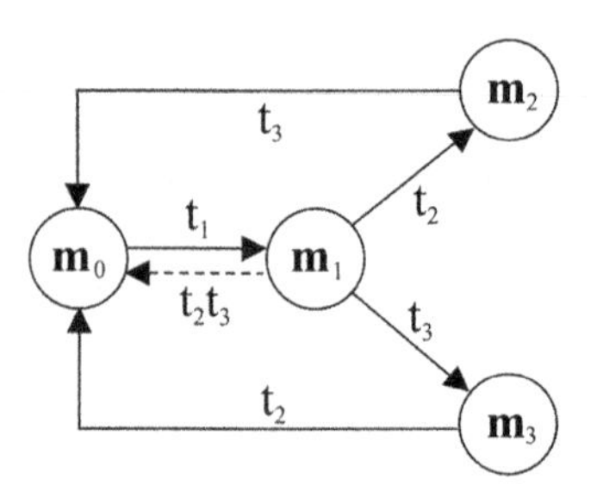

Abb. 3.62 Erreichbarkeitsgraph zu Abb. 3.61

3.6.4 Eigenschaften von binären Petri-Netzen

Wesentliche Eigenschaften von Petri-Netzen werden als Verklemmung, Lebendigkeit, Sicherheit und Konfliktfreiheit bezeichnet, die hier insbesondere in Bezug auf binäre Petri-Netze angegeben werden:

Verklemmung
Eine Markierung m eines Petri-Netzes PN heißt *Verklemmung*, wenn es keine Transition von PN gibt, die bei dieser Markierung schaltbar ist.

Lebendigkeit
Ein Petri-Netz PN heißt *lebendig*, wenn der Erreichbarkeitsgraph von PN keine Markierung enthält, die eine Verklemmung ist.

Sicherheit
Ein binäres Petri-Netz heißt *sicher*, wenn es keine Stelle s gibt, in der beim Schalten von Transitionen die Platzkapazität $c(\mathrm{s}) = 1$ überschritten wird.

Eine Gefährdung der Sicherheit tritt ein, wenn ausgehend von zwei Stellen eine alternative Zusammenführung in eine gemeinsame Folgestelle vorhanden ist. Abbildung 3.63 zeigt eine solche Zusammenführung ausgehend von den Stellen s_1 und s_2 über die Transitionen t_1 bzw. t_2 zur Stelle s_3. Wenn t_1 und t_2 gleichzeitig schalten, können in s_3 zwei Marken gelangen. Damit wird in s_3 die Stellenkapazität für binäre Petri-Netze überschritten und der sicheren Schaltregel widersprochen. In diesem Fall liegt ein so genannter *Vorwärtskonflikt* vor.

Eine Konfliktsituation entsteht in binären Petri-Netzen auch, wenn bei einer alternativen Verzweigungen (Abb. 3.64) ausgehend von einer Stelle s_1 über mindestens zwei Transitionen t_1 und t_2 auf die Marke von s_1 zugegriffen werden kann. Da s_1 markiert ist, sind beide Transitionen schaltbar. Sie stehen im Konflikt, welche von ihnen zuerst schalten kann. Durch gleichzeitiges Schalten von t_1 und t_2 müsste die Marke von s_1 „geteilt" werden und das ist nicht möglich. In diesem Fall liegt ein *Rückwärtskonflikt* vor.

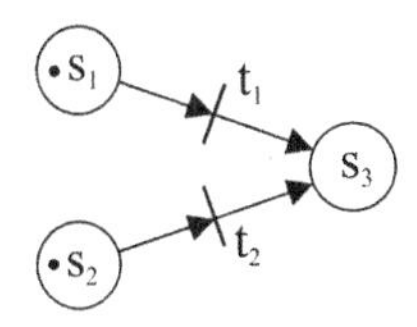

Abb. 3.63 Vorwärtskonflikt

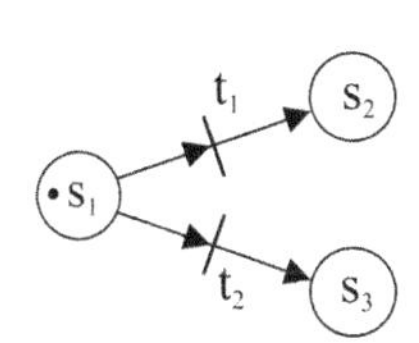

Abb. 3.64 Rückwärtskonflikt

Konfliktfreiheit

Ein binäres Petri-Netz BPN heißt *konfliktfrei*, wenn bei keiner erreichbaren Markierung zwei Transitionen im Konflikt stehen.

Die Gewährleistung der Eigenschaften *Lebendigkeit*, *Sicherheit* und *Konfliktfreiheit* ist oberstes Gebot bei der Nutzung binärer Petri-Netze in der Steuerungstechnik. Durch geeignete Analysemethoden kann festgestellt werden, ob ein entworfenes Petri-Netz die genannten Eigenschaften besitzt oder nicht. Bei einem negativen Ergebnis muss dann durch strukturelle oder andere Maßnahmen versucht werden, diese Eigenschaften zu erzielen. Man unterscheidet dabei zwischen zwei Arten von *netztheoretischen Analysemethoden* [KöQu1988], [Abe1990].

Bei den *graphentheoretischen Analysemethoden* geht es um die Konstruktion und Auswertung von *Erreichbarkeitsgraphen* (Abschn. 3.6.3). Diese Graphen können aber unter Umständen einen beträchtlichen Umfang annehmen. Deshalb ist eine Analyse auf dieser Basis für die Steuerungspraxis mitunter problematisch.

Eine Alternative bilden *algebraische Analysemethoden*, die auf der Ermittlung so genannter Netzinvarianten basieren. Man unterscheidet Transitionen- bzw. T-Invarianten und Stellen- bzw. S-Invarianten. Es handelt sich dabei um Lösungen spezieller Gleichungssysteme, die es ermöglichen, allein aus der Struktur von Petri-Netzen Schlussfolgerungen zum dynamischen Verhalten zu ziehen.

Es existiert eine Vielzahl von netztheoretischen Analysemethoden, für die teilweise auch entsprechende Rechnerprogramme geschaffen wurden. Stellvertretend dafür sei das Buch „Analyse von Petri-Netz-Modellen“ von P.H. Starke [Sta1990] genannt, in dem auch wesentliche Algorithmen des von ihm in Zusammenarbeit mit S. Roch entwickelten Programmsystems INA (**I**ntegrierter **N**etz**a**nalysator) vorgestellt werden.

Die gängigen Analysemethoden liefern zunächst nur eine Aussage darüber, ob die erstrebten Eigenschaften wie Lebendigkeit, Sicherheit und Konfliktfreiheit vorhanden sind. Das Nichtvorhandensein einer gewünschten Eigenschaft wird als Fehler deklariert. Allenfalls wird noch der Ort des Auftretens eines Fehlers aufgezeigt, z. B. durch einen Hinweis auf bestimmte Netzelemente. Was zu kurz kommt, sind Anleitungen für die zielgerichtete Durchführung struktureller Maßnahmen, um einen erkannten Fehler zu beheben. Der Aufwand für die dabei zu erbringenden ingenieurtechnischen Leistungen ist insbesondere bei komplexen, beliebig strukturierten Netzen nicht zu unterschätzen.

Es gibt Netzklassen, die a priori bestimmte Eigenschaften besitzen. Diese Eigenschaften hängen teilweise davon ab, ob die Petri-Netze zusammenhängend sind. Die Zusammenhangseigenschaften werden hier wie folgt definiert.

► **Definition 3.20** Ein Petri-Netz wird als *zusammenhängend* bezeichnet, wenn es von jeder Stelle einen gerichteten Weg zu einer festgelegten Endstelle gibt.

► **Definition 3.21** Ein Petri-Netz ist *stark zusammenhängend*, wenn von jeder Stelle zu jeder anderen Stelle ein gerichteter Weg existiert.

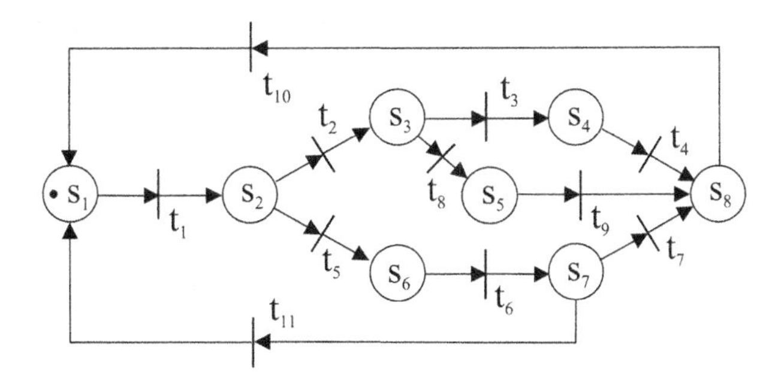

Abb. 3.65 Beispiel einer binären Zustandsmaschine

3.6.5 Petri-Netz-Klassen mit spezifischen Eigenschaften

Zwei Netzklassen, die sich durch spezifische Eigenschaften auszeichnen, sind Zustandsmaschinen und Synchronisationsgraphen. Da es hier um den Einsatz von Petri-Netzen in der binären Steuerungstechnik geht, wird von binären Petri-Netzen ausgegangen, d. h. sowohl bei den Zustandsmaschinen als auch bei den Synchronisationsgraphen wird eine Stellenkapazität $c = 1$ und ein Kantengewicht $w = 1$ zugrunde gelegt.

Definition 3.22 Eine *Zustandsmaschine* ist ein Petri-Netz, in dem jede Transition t genau eine Vorgängerstelle s und genau eine Folgestelle s′ besitzt.

In Abb. 3.65 ist ein Beispiel einer binären Zustandsmaschine dargestellt. Dieses Netz ist stark zusammenhängend. Ersetzt man in einer Zustandsmaschine jede Transition t inklusive ihrer Praekante (p, t) und ihrer Postkante (t, p′) durch *eine* Kante, so erhält man einen Automatengraphen mit Knoten, die den Zuständen entsprechen, und Kanten, die die Knoten verbinden. Das erklärt den Namen *Zustandsmaschine*. Durch Zustandsmaschinen können Abläufe mit alternativen Verzweigungen und Zusammenführungen beschrieben werden. Eine Darstellung paralleler Abläufe ist mit ihnen nicht möglich.

Eigenschaften von binären Zustandsmaschinen [Sta1980], [KöQu1988], [Abe1990]

- Konflikte können in Zustandsmaschinen nur durch strukturelle Maßnahmen oder durch zusätzliche Bedingungen, die sich z. B. bei einer steuerungstechnischen Interpretation der Netzelemente ergeben, beseitigt werden (Abschn. 3.6.8.1).
- In stark zusammenhängenden und konfliktfreien Zustandsmaschinen wird die Anzahl von Marken beim Schalten von Transitionen nicht verändert.
- Ist eine Zustandsmaschine stark zusammenhängend und konfliktfrei, dann ist sie bei jeder Anfangsmarkierung, die genau eine Marke aufweist, lebendig und sicher.

Definition 3.23 Ein *Synchronisationsgraph* ist ein Petri-Netz, in dem jede Stelle s genau eine Vortransition und genau eine Folgetransition besitzt.

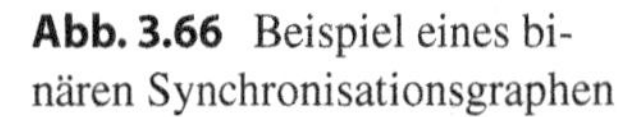

Abb. 3.66 Beispiel eines binären Synchronisationsgraphen

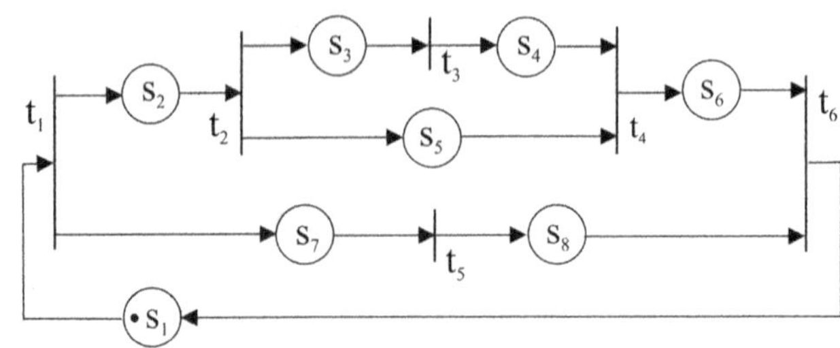

In Abb. 3.66 ist ein Beispiel eines binären Synchronisationsgraphen dargestellt. Der Name *Synchronisationsgraph* rührt daher, dass sich bei dieser Netzklasse günstige Bedingungen bezüglich der Synchronisation von parallel ablaufenden Aktivitäten bzw. Prozessen ergeben. Durch Petri-Netze beschriebene parallele Prozesse werden eröffnet, wenn eine schaltbare Transition gemäß der Schaltregel (s. Definition 3.19) schaltet und dadurch alle Folgestellen dieser Transition markiert werden, die den Anfang von parallelen Teilnetzen bilden. In diesen Teilnetzen läuft jeweils ein Teilprozess durch Weiterschalten einer Marke ab. Die Parallelität wird beendet, wenn in allen Teilnetzen die Marke in einer Endstelle angelangt ist, die jeweils eine Vorstelle einer „Synchronisationstransition" bildet, die keine weiteren Vorstellen besitzt. Das ist die Voraussetzung für das Schalten der Synchronisationstransition.

Kennzeichnend für die durch Petri-Netze zu beschreibende *zeitliche Parallelität* von Aktivitäten bzw. von Prozessen ist, dass in den Teilnetzen, denen Teilprozesse entsprechen, *gleichzeitig* Operationen ablaufen und dass der Operationswechsel in den Teilnetzen *unabhängig voneinander* erfolgt.

Eine Darstellung von Abläufen mit alternativen Verzweigungen und Zusammenführungen ist mit Synchronisationsgraphen nicht möglich.

Eigenschaften von binären Synchronisationsgraphen [Sta1980], [KöQu1988], [Abe1990]

- Da es in Synchronisationsgraphen keine alternativen Verzweigungen nach Stellen und keine alternativen Zusammenführungen in Stellen gibt, sind diese Netze bei jeder Anfangsmarkierung konfliktfrei. Sie sind also strukturell konfliktfrei.
- Ein stark zusammenhängender Synchronisationsgraph ist genau dann lebendig, wenn es bei jeder Markierung m in jedem geschlossenen Pfad des Netzes eine markierte Stelle gibt.
- Ein Synchronisationsgraph ist sicher, wenn jede Stelle zu mindestens einem geschlossenen Pfad gehört und die Anzahl der Marken in jedem dieser geschlossenen Pfade gleich 1 ist.

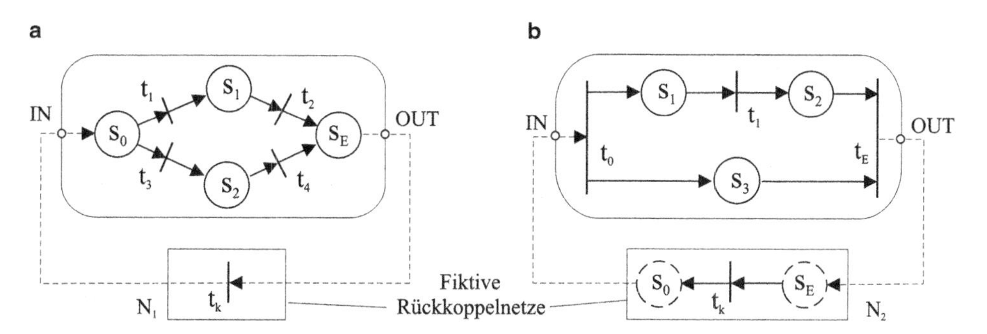

Abb. 3.67 Netzkomponenten als Basis für die Komposition von Petri-Netzen. **a** Beispiel einer ZM-Komponente, **b** Beispiel einer SG-Komponente

3.6.6 Strukturierung von Petri-Netzen durch Komposition

Aus Abschn. 3.6.5 geht hervor, dass binäre Zustandsmaschinen generell lebendig und sicher sind, wenn sie stark zusammenhängend und konfliktfrei sind und eine Anfangsmarkierung mit einer Marke besitzen. Wenn ausschließlich Steueralgorithmen für rein sequentielle Prozesse zu entwerfen sind, die sich durch Zustandsmaschinen beschreiben lassen, kann man auf die Nutzung der Analysemethoden der Petri-Netz-Theorie verzichten. Auftretende Konflikte können bei einer steuerungstechnischen Interpretation der Petri-Netze durch eine schaltalgebraische Analyse (Abschn. 3.6.8) erkannt und durch eine widerspruchsfreie Formulierung der den Transitionen zuzuordnenden Schaltbedingungen vermieden werden.

Rein parallele Abläufe lassen sich durch Synchronisationsgraphen beschreiben. Dabei ergibt sich generell eine Konfliktfreiheit. Auch die Lebendigkeit und Sicherheit von Synchronisationsgraphen kann bei Beachtung bestimmter Randbedingungen gewährleistet werden (s. Abschn. 3.6.5). Nun kommen aber parallele Prozessabschnitte meist in Kombination mit sequentiellen Prozessabschnitten vor. Da liegt es nahe, die Beschreibung der Steueralgorithmen durch „Verschachtelung“ von Zustandsmaschinen und Synchronisationsgraphen durchzuführen.

Wenn es gelingt, ein zu entwerfendes binäres Petri-Netz durch Dekomposition so in Teilnetze zu strukturieren, dass die sequentiellen Prozessabschnitte durch Zustandsmaschinen und die parallelen Prozessabschnitte durch Synchronisationsgraphen beschrieben werden, wäre das Gesamtnetz bei Einhaltung bestimmter Bedingungen sowohl lebendig als auch sicher. Teilnetze, die Zustandsmaschinen darstellen, sollen *ZM-Komponenten* genannt, und diejenigen, die Synchronisationsgraphen bilden, entsprechend als *SG-Komponenten* bezeichnet werden.

Abbildung 3.67 zeigt je ein Beispiel einer ZM- und einer SG-Komponente. Die eingezeichneten Rückkoppelnetze sollen den Zusammenhang zwischen Eingang IN und Ausgang OUT über ein übergeordnetes Petri-Netz symbolisieren. Denn die ZM- und SG-

Komponenten sollen in übergeordnete Netze, die selbst entweder Zustandsmaschinen oder Synchronisationsgraphen sind, anstelle von vorhandenen Stellen oder Transitionen eingefügt werden.

Stellen eines übergeordneten Netzes können durch ZM-Komponenten und Transitionen durch SG-Komponenten ersetzt werden. Durch diese *Komposition* lassen sich Netze bilden, die nur aus Zustandsmaschinen und Synchronisationsgraphen zusammengesetzt sind.

Anforderungen an Aufbau und Eigenschaften der Netzkomponenten

- Eine ZM-Komponente beginnt mit einer Startstelle s_0 und endet mit einer Endstelle s_E (Abb. 3.67a). Sie muss so beschaffen sein, dass sie zusammenhängend im Sinne von Definition 3.20 ist, d. h. von jeder ihrer Stellen muss es einen gerichteten Weg zu der festgelegten Endstelle s_E geben. Eine ZM-Komponente besitzt genau zwei Kanten nach außen, eine einlaufende Postkante (t, s_0) von einer Transition t im übergeordneten Netz zur Startstelle s_0 und eine abgehende Praekante (s_E, t') von der Endstelle s_E zu einer Transition t' im übergeordneten Netz. Dadurch kann jeweils eine Marke vom übergeordneten Netz in die ZM-Komponente hinein und wieder heraus fließen.
  Damit ist gesichert, dass bei einer ZM-Komponente eine Anfangsmarkierung auftritt, die eine Marke enthält, sodass diese Komponente lebendig und sicher ist (s. Abschn. 3.6.5).
- Eine SG-Komponente beginnt mit einer Starttransition t_0, durch die Parallelität eröffnet wird, und endet mit einer Endtransition t_E, welche die Parallelität beendet (Abb. 3.67b). Eine SG-Komponente besitzt genau zwei Kanten nach außen, eine einlaufende Praekante (s_0, t_0) von einer Stelle s_0 im übergeordneten Netz zur Starttransition t_0 und eine abgehende Postkante (t_E, s_E) von der Endtransition t_E zu einer Stelle s_E im übergeordneten Netz. Eine SG-Komponente muss so in das übergeordnete Netz eingebettet sein, dass sie einschließlich der ihr vor- bzw. nachgelagerten Stellen s_0 bzw. s_E im Sinne von Definition 3.20 zusammenhängend ist, d. h. dass von jeder ihrer Stellen einschließlich der vorgelagerten Stelle s_0 ein gerichteter Weg zur nachgelagerten Endstelle s_E existiert. Dadurch kann jeweils eine Marke vom übergeordneten Netz in die SG-Komponente hinein und wieder heraus fließen.
  Damit ist gesichert, dass bei einer SG-Komponente eine Anfangsmarkierung auftritt, die eine Marke enthält. Dadurch ist gewährleistet, dass es im weiteren Ablauf in jedem geschlossenen Pfad eine Marke gibt, sodass auch die SG-Komponente lebendig und sicher ist (s. Abschn. 3.6.5).

Abbildung 3.68 zeigt an einem Beispiel die Komposition eines binären Petri-Netzes unter Verwendung von ZM- und SG-Komponenten. Ausgegangen wird von einem Netz, das aus einer Stelle s_1 mit der Anfangsmarkierung und einer SG-Komponente 1 besteht (Abb. 3.68a). Sie besitzt die Starttransition t_1 und die Endtransition t_5. Anstelle der Transition t_4 wird in die SG-Komponente 1 eine SG-Komponente 2 eingefügt. In der SG-Komponente 2 wird dann die Stelle s_9 durch eine ZM-Komponente ersetzt. Als Ergebnis

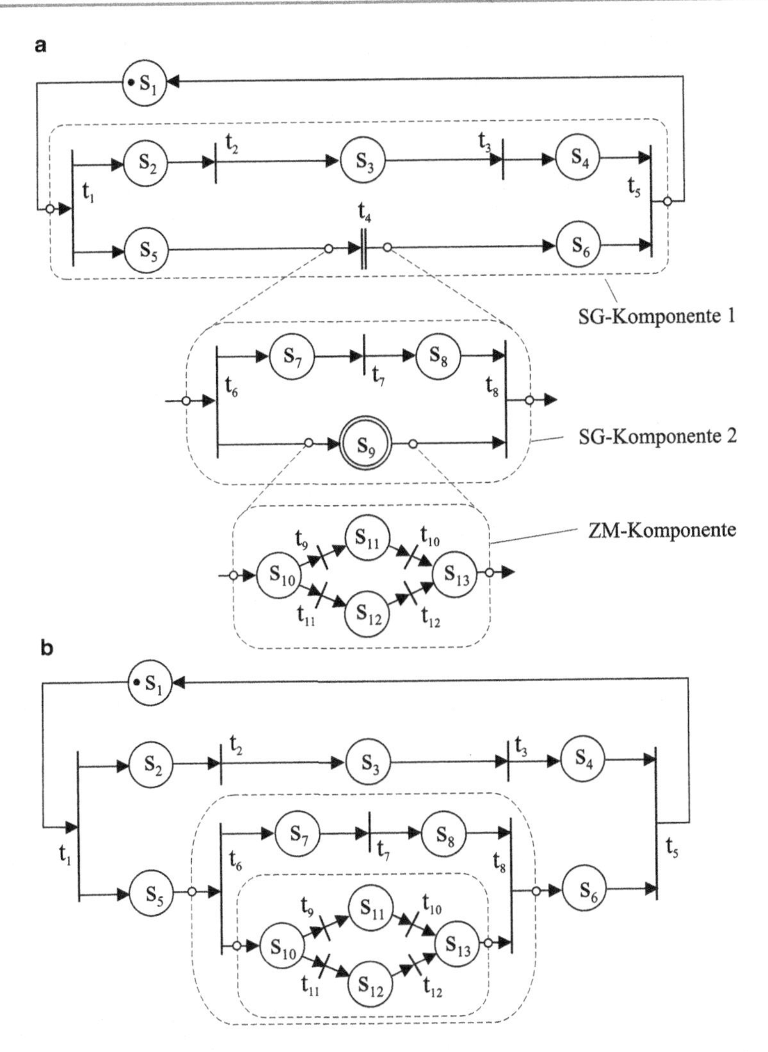

Abb. 3.68 Komposition eines binären Petri-Netzes. **a** Synchronisationsgraph und einzufügende SG- und ZM-Komponente, **b** Komponiertes Petri-Netz

dieser Komposition erhält man das in Abb. 3.68b angegebene komponierte Netz. Durch dieses Beispiel wird demonstriert, wie ein binäres Petri-Netz zu strukturieren ist, damit es nur aus Synchronisationsgraphen und Zustandsmaschinen besteht. In die eingefügten Komponenten fließt jeweils genau eine Marke hinein und eine Marke wieder heraus.

Vorgehen beim Steuerungsentwurf auf der Basis von SG- bzw. ZM-Komponenten
Während bei der Erläuterung der Strukturierung eines Petri-Netzes eine *Komposition aus SG- und ZM-Komponenten* durchgeführt wurde, kommt es beim Steuerungsentwurf auf der Basis von Petri-Netzen darauf an, die zu beschreibenden Steueralgorithmen sukzessi-

ve in solche Teilalgorithmen zu zerlegen, die sich entweder durch ZM-Komponenten oder durch SG-Komponenten darstellen lassen. Es handelt sich dabei also um eine *Dekomposition* des zu entwerfenden binären Petri-Netzes in SG- und ZM-Komponenten. Grundvoraussetzung ist, dass in den ZM-Komponenten alle Konflikte durch eine widerspruchsfreie Formulierung der den Transitionen bei einer steuerungstechnisch Interpretation zuzuordnenden Schaltbedingungen vermieden werden (s. Abschn. 3.6.8) und dass insgesamt eine Anfangsmarkierung gewählt wird, die den im Abschn. 3.6.5 gestellten Forderungen genügt.

Beim Entwurf eines binären Petri-Netzes durch Dekomposition beginnt man mit der Beschreibung der ersten Aktivitäten durch Festlegung entsprechender Stellen und Transitionen. Dabei muss man entscheiden, ob sich als Erstes ein Synchronisationsgraph oder eine Zustandsmaschine ergibt. Solange am Anfang eine Kette aus Stellen und Transitionen auftritt, die keine Verzweigungen in alternative oder parallele Teilprozesse enthält, ist eine solche Entscheidung natürlich nicht möglich, weil diese Kette gleichermaßen als Synchronisationsgraph und als Zustandsmaschine aufgefasst werden kann. Denn eine unverzweigte Kette erfüllt die Kriterien beider Netzarten.

Wenn als Erstes eine Parallelverzweigung vorkommt, wird die entsprechende Transition als Starttransition t_0 einer SG-Komponente eingeordnet. Dieser parallele Ablauf muss dann im weiteren Verlauf des Entwurfs mit einer Endtransition t_E abgeschlossen werden. Wenn sich innerhalb der ersten SG-Komponente erneut eine Verzweigung ergibt, z. B. eine alternative Verzweigung nach einer Stelle, dann muss diese Stelle als Startstelle s_0 einer ZM-Komponente deklariert werden, die in der SG-Komponente eingebettet ist. Die ZM-Komponente muss aber noch vor Abschluss der übergeordneten SG-Komponente mit einer Endstelle s_E beendet werden. Nach der hierarchisch strukturierten SG-Komponente können weitere ZM- und SG-Komponenten folgen, usw. Dazwischen können unverzweigte Ketten eingeordnet sein.

Bei der Strukturierung durch Dekomposition liegt als Ergebnis ein binäres Petri-Netz vor, das nur aus ZM-Komponenten, SG- Komponenten und unverzweigten Ketten besteht. Die Ketten und Komponenten sind für sich genommen zusammenhängend im Sinne der Definition 3.20. Wenn davon ausgegangen werden kann, dass auch ein gerichteter Weg von der letzten Komponente zur Startstelle der ersten Komponente bzw. Kette existiert, dann ist das so komponierte Netz *stark zusammenhängend.* Die Eigenschaft des starken Zusammenhangs gilt auch über das geschlossene Gesamtnetz für jede einzelne Komponente. Von einer Komponente zur nächsten bzw. zu einer Kette kann immer nur eine Marke weitergeleitet werden.

Das Verhalten des sich durch Dekomposition ergebenden Gesamtnetzes hängt letzten Endes noch von seiner *Anfangsmarkierung* ab. Eine stark zusammenhängende Zustandsmaschine ist lebendig, wenn sie eine Anfangsmarkierung mit einer Marke besitzt. Es wird davon ausgegangen, dass die Konfliktfreiheit von Zustandsmaschinen durch Einhalten der Widerspruchsfreiheit erreicht wird.

Bei einem stark zusammenhängenden Synchronisationsgraphen ist die Lebendigkeit gewährleistet, wenn es bei jeder Markierung m in jedem Kreis des Netzes eine Marke

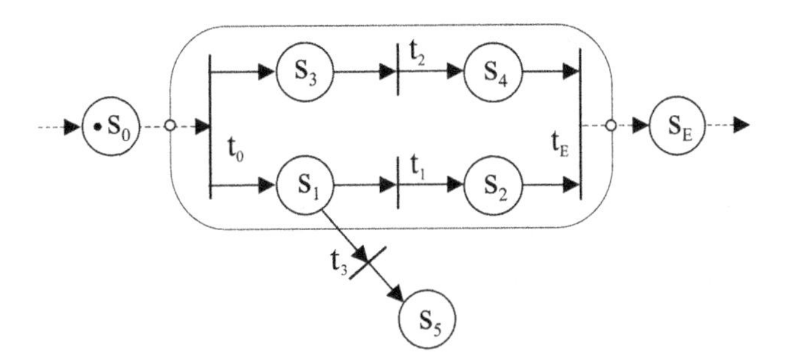

Abb. 3.69 SG-Komponente mit einem nicht erlaubten Abzweig

gibt. Deshalb muss die Anfangsmarkierung für das gesamte Netz so gewählt werden, dass beim Weiterschalten jeder Kreis des Netzes eine Marke enthält. In Abb. 3.68b wird deshalb die Anfangsmarkierung, die eine Marke enthält, der Vorgängerstelle s_1 der Transition t_1 zugeordnet, durch welche die Parallelität eröffnet wird. Dadurch erhalten beim ersten Schalten von t_1 die parallelen Zweige je eine Marke. Über die Schnittstellen zwischen den Komponenten wird dann jeweils eine Marke an die folgende Komponente weitergeleitet.

Das empfohlene Vorgehen ermöglicht einen Entwurf lebendiger und sicherer binärer Petri-Netze. Das ist aber natürlich nur dann der Fall, wenn die oben formulierten Anforderungen an die Komponenten strikt eingehalten werden. Dies betrifft insbesondere die Einschränkungen bezüglich der Kopplungen einer Komponente mit anderen Netzteilen. So darf eine SG-Komponente nur eine von außen einlaufende Praekante zur internen Starttransition und eine von der internen Endtransition nach außen wegführende Postkante zu einer externen Stelle besitzen. Sobald z. B. weitere Kanten von internen Stellen nach außen führen, können Marken aus der SG-Komponente abfließen, sodass die Schaltbarkeit bestimmter Transitionen nicht mehr gegeben ist und das Netz seine Lebendigkeitseigenschaft verliert.

Zur Erläuterung dieses Sachverhalts zeigt Abb. 3.69 als Beispiel eine SG-Komponente, aus der in nicht zulässiger Weise eine Kante von der internen Stelle s_1 zu einer externen Transition t_3 heraus geführt ist. Wenn die Transition t_0 schaltet, wird die Marke aus s_0 entfernt, und die Stellen s_1 und s_3 erhalten je eine Marke. Schaltet nun die Transition t_3 vor der Transition t_1, wird die Marke aus der Stelle s_1 abgezogen und gelangt in die Stelle s_5. Damit ist die Transition t_1 nicht mehr schaltbar. Beim Schalten der Transition t_2 fließt die Marke von s_3 nach s_4. Da die Transition t_1 nicht mehr schaltbar ist, kann jedoch keine Marke in s_2 gelangen. Damit ist auch die Transition t_E nicht schaltbar. Es liegt eine Verklemmung vor. Die eingefügte Kante (s_1, t_3) ist somit als Fehler zu werten.

Sollte der zu realisierende Steueralgorithmus so geartet sein, dass die bei diesem Vorgehen zu beachtenden Einschränkungen nicht eingehalten werden können, müssen Sonderwege beschritten werden. Mitunter können auch die zu steuernden Geräte bzw. Anlagen so gestaltet sein, dass bestimmte Markierungen gar nicht auftreten, sodass bestimmte Einschränkungen außer Acht gelassen werden können. Ansonsten muss die Lebendigkeit und Sicherheit durch Anwendung netztheoretischer Analysemethoden verifiziert werden.

3.6.7 Steuernetze

Petri-Netze stellen abstrakte mathematische Gebilde dar, die durch Mengen von Elementen, Strukturen und Verhaltensregeln definiert sind. Will man sie zur Beschreibung konkreter Sachverhalte verwenden, muss den Netzelementen eine Semantik beigemessen werden. Man muss sie im Sinne der für ein Anwendungsgebiet relevanten Objekte interpretieren. Für eine Anwendung in der binären Steuerungstechnik kommen in erster Linie binäre Petri-Netze in Betracht. Sollen diese Netze z. B. zur *Darstellung von Steueralgorithmen* verwendet werden, dann muss man den Transitionen t Eingangssignale x und den Stellen s Ausgaben a der Steuereinrichtung, z. B. in Form von Ausgangssignalen y bzw. Ausgangskombinationen $\mathbf{y}$, zuordnen, wie das bei Automatengraphen bereits definitionsgemäß der Fall ist.

Es hat unterschiedliche Ansätze gegeben, Petri-Netze durch eine geeignete Interpretation für steuerungstechnische Probleme nutzbar zu machen. Wenn den Elementen der Petri-Netze in Analogie zu Automatengraphen steuerungstechnische Signale zugeordnet werden, spricht man von steuerungstechnisch interpretierten Petri-Netzen (SIPN).

Das Wesentliche der steuerungstechnischen Interpretation von Petri-Netzen besteht dabei darin, das Schalten der Transitionen von zusätzlichen Bedingungen b in Form von Schaltausdrücken in den Eingangsvariablen x des Steueralgorithmus abhängig zu machen und die Stellen als Produzenten von Ausgaben a in den Ausgangsvariablen y aufzufassen.

Die den Transitionen zugeordneten Schaltausdrücke in den Eingangsvariablen x werden als *Schaltbedingungen b* bezeichnet.

Die *Ausgaben a* können je nach Bedarf in zwei Versionen angegeben werden (Abschn. 3.6.1), und zwar

1. *in Form unvollständig definierter Ausgangskombinationen* $\mathbf{y}$ mit n Variablen y, sodass gilt: $\mathbf{y} \in \{0, 1, -\}^n$ oder
2. *als Systeme von Schaltfunktionen* $y_j = f(\mathbf{x})$ mit $1 \leq j \leq m$ und $\mathbf{x} \in \{0, 1, -\}^m$.

Diese beiden Versionen können in einem SIPN kombiniert werden. Im Grunde genommen enthält die Version 2 auch die Version 1. Erfolgt die Darstellung der SIPN ausschließlich in Form der Version 1, wie das in [Jör1997] der Fall ist, kann man in Anlehnung an den entsprechenden Automaten von einer Moore-Variante der SIPN sprechen. Wird ein SIPN auf der Grundlage der Version 2 dargestellt [Kön1980], kann man das als Mealy-Variante der SIPN auffassen. Bei Nutzung der Mealy-Variante kann auch eine Ausgabeänderung ohne Markierungsänderung auftreten.

Die Ausgabe der einer Stelle s zugeordneten Stellsignale y erfolgt, wenn diese Stelle markiert ist.

Mit dem Symbol α wird eine Funktion bezeichnet, durch die den Stellen Ausgaben zugeordnet werden. Durch die Funktion β erfolgt eine Zuordnung von Schaltbedingungen zu Transitionen. Darüber hinaus ist es auch möglich, den Kanten gemäß einer Funktion κ steuerungstechnische Signale zuzuordnen. Die durch die Funktionen α , β und κ beschriebenen Zuordnungen von Signalen zu den Stellen, Transitionen bzw. Kanten werden auch als *Interpretationen* dieser Netzelemente bezeichnet.

Steuerungstechnisch interpretierte Petri-Netze (SIPN), die zur Beschreibung von Steueralgorithmen bzw. Steuereinrichtungen verwendet werden, sollen *Steuernetze* genannt werden. Ihre Definition erfolgt hier in Anlehnung an die Arbeiten von König [Kön1980] und Winkler [Win1993]. Bezüglich der Bildung der Ausgaben a können die Version 1 und die Version 2 in kombinierter Form verwendet werden.

Definition 3.24 (Steuernetz) Es sei **A** die Menge der Ausgaben a und **B** die Menge der Schaltbedingungen b.
Das Tupel SN $= [\mathrm{BPN}, \alpha, \beta]$ heißt *Steuernetz*, wenn gilt:

1. BPN ist ein binäres Petri-Netz mit der Menge von Stellen **S** und der Menge von Transitionen **T**;
2. α ist eine eindeutige Abbildung von **S** in **A**;
3. β ist eine eindeutige Abbildung von **T** in **B**.

Bei Steuernetzen muss in die Schaltregel die Schaltbedingung b für die betreffende Transition einbezogen werden.

Definition 3.25 (Schaltregel für Steuernetze) Eine Transition t eines binären Petri-Netzes *schaltet*, wenn

1. jede ihrer Vorgängerstellen $\mathrm{s} \in \mathbf{V}(\mathrm{t})$ eine Marke enthält, d. h. wenn gilt: $\forall \mathrm{s}[\mathrm{s} \in \mathbf{V}(\mathrm{t}) \rightarrow m(\mathrm{s}) = 1]$;
2. keine ihrer Folgestellen markiert ist, d. h. $\forall \mathrm{s}[\mathrm{s} \in \mathbf{F}(\mathrm{t}) \rightarrow m(\mathrm{s}) = 0]$;
3. $\beta(\mathrm{t}) = 1$ gilt.

Der Markenfluss beim Schalten einer Transition erfolgt wie bei binären Petri-Netzen (s. Abschn. 3.6.3, Definition 3.19).

Durch sukzessive Anwendung der Schaltregel für Steuernetze lassen sich auch für diese Netze Erreichbarkeitsgraphen erstellen. Das soll anhand des in Abb. 3.61 (Abschn. 3.6.3) dargestellten binären Petri-Netzes demonstriert werden, für das in Abb. 3.70a eine steuerungstechnische Interpretation eingeführt wurde. Abbildung 3.70b zeigt dazu den sich ergebenden Erreichbarkeitsgraphen. Ein Vergleich der Abb. 3.61 und 3.70 ergibt, dass beim Steuernetz das Schalten der Transition t_2 und t_3 aufgrund der zugeordneten Schaltbedingungen determiniert erfolgt, während es bei dem binären Petri-Netz dem Zufall überlassen war und deshalb auch ein gleichzeitiges Schalten der Transitionen t_2 und t_3 einbezogen werden musste.

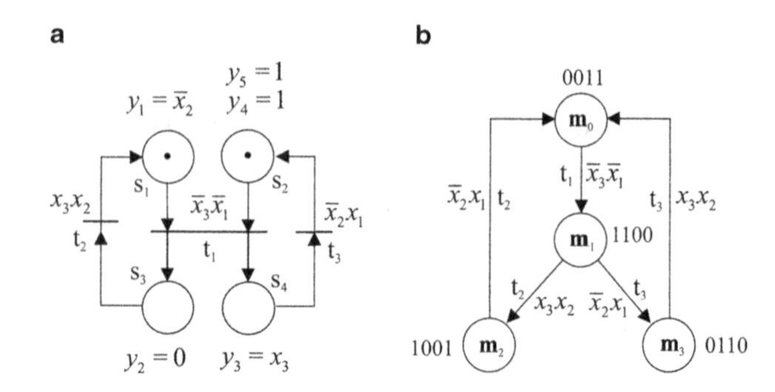

Abb. 3.70 Erstellung des Erreichbarkeitsgraphen eines Steuernetzes. **a** Steuernetz, **b** Erreichbarkeitsgraph

3.6.8 Schaltalgebraische Analyse von Steuernetzen

Wird eine Steuereinrichtung durch ein Steuernetz beschrieben, dann hängt ihr korrektes Verhalten außer von den Netzeigenschaften wie Lebendigkeit und Sicherheit auch von der Beschaffenheit der Schaltausdrücke ab, die den Netzelementen zugeordnet wurden. Deshalb ist bei Steuernetzen gegenüber nicht interpretierten Petri-Netzen außer der netztheoretischen Analyse zusätzlich eine schaltalgebraische Analyse notwendig. Dabei sind drei Eigenschaften zu überprüfen:

- Widerspruchsfreiheit der Schaltbedingungen an alternativen Transitionen;
- Widerspruchsfreiheit der Ausgaben;
- Stabilität der Stellen.

Die Ausführungen dieses Abschnitts basieren auf Arbeiten von J. Winkler [Win1993].

3.6.8.1 Widerspruchsfreiheit von Schaltbedingungen

Im Abschn. 3.6.4 wurde bereits darauf hingewiesen, dass bei alternativen Verzweigungen nach markierten Stellen *Rückwärtskonflikte* bezüglich der schaltbaren Folgetransitionen auftreten können. Abbildung 3.71a zeigt eine einfache Konfliktsituation, wie sie bereits

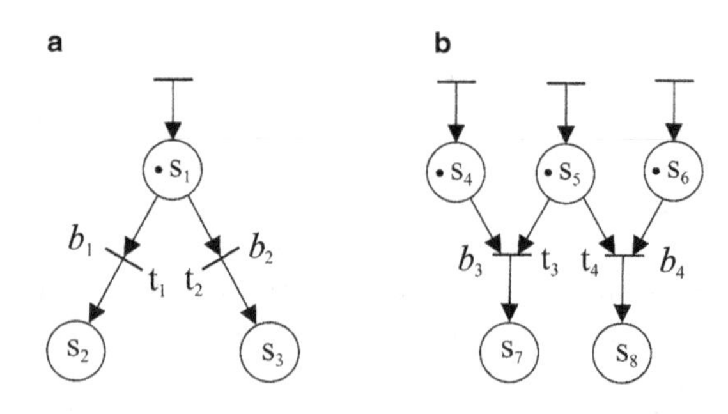

Abb. 3.71 Beispiele für Konfliktsituationen in binären Petri-Netzen

in Abb. 3.64 dargestellt ist. s_1 ist dabei Vorgängerstelle von t_1 und t_2. Wenn s_1 markiert ist, sind die Transitionen t_1 und t_2 schaltbar. Bei nicht interpretierten Petri-Netzen ergibt sich ein Konflikt, welche der *alternativen Transitionen* zuerst schalten kann. Bei Steuernetzen erfolgt das Schalten dieser Transitionen nur, wenn die zugehörige Schaltbedingung $b = \beta(t)$ den Wert 1 annimmt. Damit ein determiniertes Schalten erfolgt, müssen die beiden Schaltbedingungen disjunkt sein, d. h. es darf keine Belegung der Eingangsvariablen geben, sodass sowohl b_1 als auch b_2 den Wert 1 annimmt.

In Abb. 3.71b ist eine etwas komplexere Konfliktsituation dargestellt, wie sie in Steuernetzen vorkommen kann. Hier haben die Transitionen t_3 und t_4 jeweils zwei Vorgängerstellen. Es gilt:

$$\mathbf{V}(t_3) = \{s_4, s_5\}, \tag{3.139}$$

$$\mathbf{V}(t_4) = \{s_5, s_6\}. \tag{3.140}$$

Wenn alle drei Stellen s_4, s_5 und s_6 markiert sind, sind die alternativen Transitionen t_3 und t_4 schaltbar. Damit handelt es sich auch hier um einen Rückwärtskonflikt, der von s_5 ausgeht. Er wird unwirksam, wenn die Schaltbedingungen b_3 und b_4 disjunkt sind.

Mit alternativen Transitionen ist also die Eigenschaft verbunden, dass sie gleichzeitig schaltbar sein können. Dadurch ist die Eindeutigkeit der Folgemarkierung nicht gegeben. Das impliziert ein nichtdeterministisches Verhalten der Steuereinrichtung, was unbedingt vermieden werden muss. Bei uninterpretierten Petri-Netzen kann dies durch strukturelle Maßnahmen vermieden werden, indem z. B. zusätzliche Stellen eingeführt werden [KöQu1988]. Bei Steuernetzen lässt sich dieses Problem auf einfache Weise dadurch lösen, dass bei alternativen Transitionen die Widerspruchsfreiheit der ihnen zugeordneten binären Schaltbedingungen beachtet wird.

Zur Erkennung solcher Widersprüche ist neben der netztheoretischen Analyse bezüglich Lebendigkeit und Sicherheit zusätzlich eine schaltalgebraische Analyse von Schaltbedingungen notwendig. Sie kann aber auf alternative Transitionen beschränkt werden. In diesem Zusammenhang wird eine zweistellige Relation AT für **A**lternative **T**ransitionen unter Bezugnahme auf die Menge der Vorgängerstellen $\mathbf{V}(t)$ von Transition t definiert [Win1993].

Definition 3.26 (Relation AT) $SN = [BPN, \alpha, \beta]$ ist ein Steuernetz gemäß Definition 3.24; t und t′ seien Transitionen aus $\mathbf{T}$; $\mathbf{V}(t)$ und $\mathbf{V}(t')$ bezeichnen die Vorgängerstellen von t bzw. von t′.
Dann ergibt sich die Relation AT wie folgt:

$$(t, t') \in \mathbf{AT} \Leftrightarrow \mathbf{V}(t) \cap \mathbf{V}(t') \neq \emptyset.$$

Die Transitionen t und t′ werden als *alternative Transitionen* bezeichnet. (Ende d. Def.)

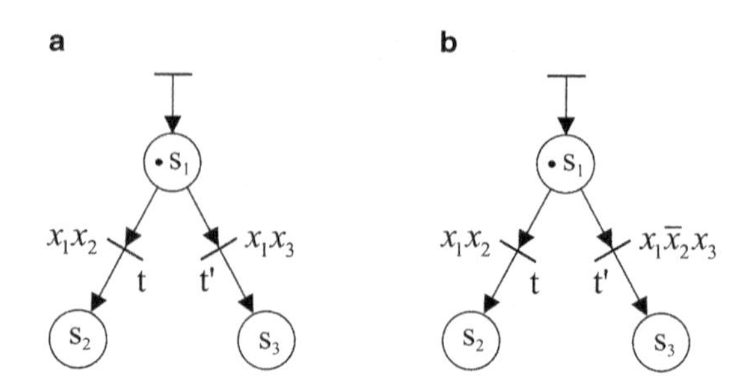

Abb. 3.72 Schaltbedingungen an alternativen Transitionen

Gemäß Definition 3.26 werden zwei Transitionen t und t′ also als alternativ betrachtet, wenn sie mindestens eine gemeinsame Vorgängerstelle s besitzen. Diese Definition ist durch die Beispiele gemäß Abb. 3.71a, b veranschaulicht.

Die Relation AT stellt eine notwendige strukturelle Bedingung dafür dar, dass zwei Transitionen bei einer Markierung im Konflikt stehen. Ausgehend davon lässt sich die Widerspruchsfreiheit von Schaltbedingungen wie folgt definieren.

▸ **Definition 3.27 (Widerspruchsfreiheit von Schaltbedingungen)** SN $= [\text{BPN}, \alpha, \beta]$ ist ein Steuernetz gemäß Definition 3.24, m ist eine Markierung der Menge **S** von Stellen, t und t′ sind Transitionen aus **T**.
Die Schaltbedingungen $\beta(\text{t})$ und $\beta(\text{t}')$ sind *widerspruchsfrei*, wenn es in SN keine erreichbare Markierung m gibt, sodass gilt:

1. $(\text{t}, \text{t}') \in \mathbf{AT}$; t und t′ sind bei m schaltbar und
2. $\beta(\text{t}) = 1$ und $\beta(\text{t}') = 1$ ist. (Ende d. Def.)

Abbildung 3.72a zeigt einen Ausschnitt aus einem Steuernetz mit zwei alternativen Transitionen t und t′. Diese Transitionen sind auch schaltbar, da die gemeinsame Vorgängerstelle s_1 markiert ist. Der Transition t ist die Schaltbedingung x_1x_2 und der Transition t′ die Schaltbedingung x_1x_3 zugeordnet. Wenn man davon ausgeht, dass die Signale x_2 und x_3 von zwei Endschaltern kommen, die nie gleichzeitig betätigt werden, dann gibt es keine Belegung, sodass beide Schaltbedingungen den Wert 1 annehmen. In dem Fall sind die Schaltbedingungen anlagenbedingt widerspruchsfrei. Das Schalten der Transitionen erfolgt determiniert.

Wenn es aber eine Belegung gibt, die beide Schaltbedingungen zu Eins macht, dann wären die Transitionen t und t′ nicht konfliktfrei. Es besteht aber gegebenenfalls die Möglichkeit, in die Schaltbedingung von t′ das negierte Signal $\bar{x}_2$ einzufügen (Abb. 3.72b). Dann können beide Schaltbedingungen nicht gleichzeitig den Wert 1 annehmen. Im konkreten Fall muss natürlich abgeschätzt werden, welches Signal aufgrund der technologischen Gegebenheiten in negierter Form zur Herstellung der Widerspruchsfreiheit benutzt werden kann.

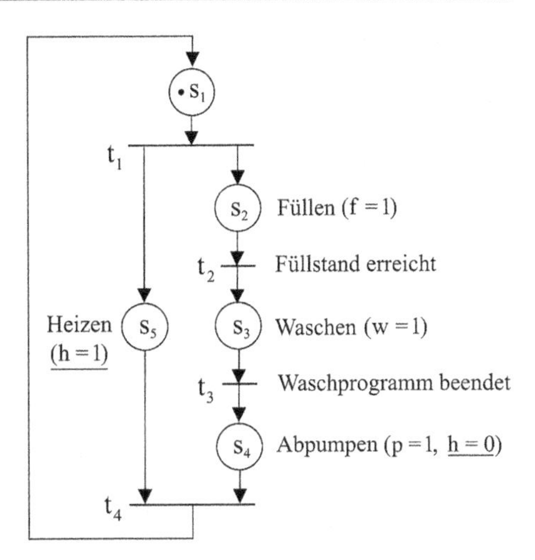

Abb. 3.73 Fehlerhaftes Steuernetz einer einfachen Waschmaschinensteuerung [KöQu1988]

3.6.8.2 Widerspruchsfreiheit von Ausgaben

Bei Steuernetzen, durch die parallele Prozesse beschrieben werden, können mehrere Stellen gleichzeitig markiert sein. Dadurch besteht die Möglichkeit, dass in parallelen Zweigen *gleiche* Ausgaben erzeugt werden. Beim Entwurf von Steuernetzen ist also darauf zu achten, dass gleichen Ausgaben in gleichzeitig markierbaren Stellen nicht unterschiedliche Werte zugeordnet werden. Das wäre ein Widerspruch, der als Entwurfsfehler zu werten ist.

Ein derartiger Entwurfsfehler wird anhand eines Steuernetzes für eine einfache Waschmaschinensteuerung verdeutlicht (Abb. 3.73). Im Steuernetz wird in der Stelle s_5 durch $h = 1$ vorgeschrieben, dass parallel zum gesamten Waschzyklus eine Heizung eingeschaltet ist. Innerhalb des Waschzyklus wird in der Stelle s_4 durch $h = 0$ gefordert, dass beim Abpumpen die Heizung ausgeschaltet sein muss. Wenn die Stellen s_4 und s_5 gleichzeitig markiert sind, tritt ein Widerspruch auf.

Um Widersprüche von Ausgaben in Steuernetzen aufzudecken, müssen also alle gleichzeitig markierbaren Stellen in den zueinander parallelen Zweigen paarweise miteinander verglichen werden. In Abb. 3.73 betrifft das Vergleiche zwischen den Stellen s_5 und s_2, den Stellen s_5 und s_3 sowie den Stelle s_5 und s_4. Bei den Stellen s_5 und s_4 erkennt man den vorhandenen Widerspruch.

Wenn sich Widersprüche von Ausgaben ergeben, handelt es sich meist um Entwurfsfehler, die dadurch beseitigt werden müssen, dass man strukturelle oder funktionelle Änderungen vornimmt. So kann z. B. der im Steuernetz gemäß Abb. 3.73 enthaltene Widerspruch dadurch korrigiert werden, dass die Stelle s_4, in der das Abpumpen erfolgt und die Heizung abzustellen ist, erst nach der Synchronisationstransition t_4 angeordnet wird. Hier ist die Heizung ohnehin ausgeschaltet, sodass sich die Angabe $h = 0$ dann sogar erübrigt.

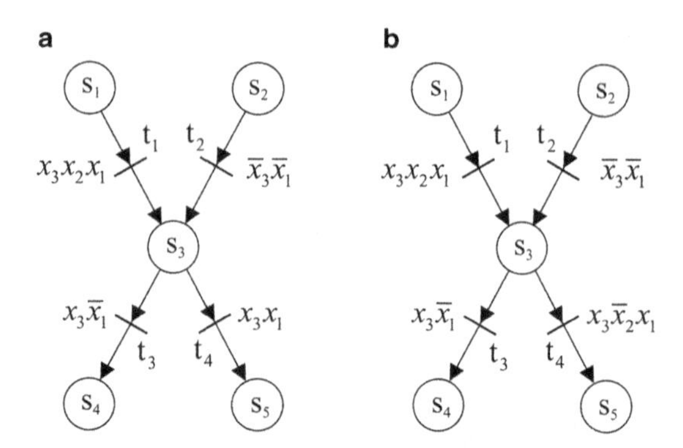

Abb. 3.74 Stabilität von Stellen. **a** Instabilität der Stelle s_3 (Durchlauf von s_1 zu s_5), **b** Erzielte Stabilität der Stelle s_3 durch Hinzufügen von $\bar{x}_2$.

3.6.8.3 Stabilität von Stellen

Bei Steuernetzen muss im Allgemeinen die Stabilität von eingenommenen Stellen gewährleistet werden. Bei deterministischen Automaten erfolgt dies z. B. durch eine Stabilitätsbedingung (Abschn. 3.5.3). Um das Gleiche bei Petri-Netzen zu erzielen, muss vermieden werden, dass eine Stelle, die aufgrund des Schaltens einer ihrer Vortransitionen markiert wird, sofort durchlaufen wird, weil eine ihrer Folgetransitionen schaltet. Das passiert dann, wenn Belegungen der Eingangsvariablen auftreten, die sowohl die Schaltbedingung der verursachenden Vortransition als auch die Schaltbedingung der betreffenden Folgetransition zu eins machen.

Ein solcher Fall ist in dem Netzausschnitt gemäß Abb. 3.74a dargestellt. Wenn die Stelle s_1 markiert ist und die Belegung $(x_3, x_2, x_1) = 111$ anliegt, wird der zur Transition t_1 gehörende Schaltausdruck $x_3x_2x_1 = 1$. Dadurch fließt die Marke von s_1 nach s_3. Durch die anstehende Belegung wird nun auch der der Transition t_4 zugeordnete Schaltausdruck $x_3x_1 = 1$, so dass die Marke bis in die Stelle s_5 gelangt. Es findet also ein *Durchlauf* durch die Stelle s_3 statt. Durch Hinzufügen der negierten Variablen $\bar{x}_2$ im Schaltausdruck der Transition t_4 lässt sich dieser Durchlauf vermeiden (Abb. 3.74b).

Maßnahmen zur Vermeidung von Durchläufen durch Stellen

Zur Vermeidung von Durchläufen durch Stellen s eines Steuernetzes ist Folgendes durchzuführen:

1. Für alle Vortransitionen $t \in \mathbf{V}(s)$ einer Stelle s ist jeweils der zugehörige Schaltausdruck $\beta(t)$ mit den Schaltausdrücken $\beta(t')$ aller Folgetransitionen $t' \in \mathbf{F}(s)$ zu vergleichen.
2. Existiert eine Belegung, die gleichzeitig sowohl den Schaltausdruck $\beta(t)$ einer Vortransition t als auch den Schaltausdruck $\beta(t')$ einer Folgetransition t' zu eins macht, dann sind diesen Schaltausdrücken komplementäre Variable derart hinzuzufügen, dass $\beta(t) \wedge \beta(t') = 0$ ist.

3.6.9 Entwurfsbeispiel für Ablaufsteuerungen

An einem Beispiel soll der Entwurf von Steueralgorithmen mittels Steuernetzen demonstriert werden.

Beispiel 3.6 (Steuerung eines Mischbehälters)

- *Aufgabenstellung*

Es ist die Steuerung für einen ereignisdiskreten Prozess in einem Mischbehälter zu entwerfen und in Form eines Steuernetzes darzustellen. In den Mischbehälter sind nacheinander zwei Flüssigkeiten einzuleiten. Wenn sich die vorgegebene Menge der Flüssigkeit 1 im Behälter befindet, ist die Flüssigkeit 2 einzuleiten und gleichzeitig ein Rührvorgang zur Mischung beider Flüssigkeiten auszuführen. Nachdem sich die gewünschte Menge der Flüssigkeit 2 im Behälter befindet, ist bei weiter laufendem Rührwerk eine Heizung einzuschalten. Hat die Mischung aus beiden Flüssigkeiten die Solltemperatur erreicht, sind die Heizung und das Rührwerk auszuschalten. Danach ist der Behälter zu entleeren. Über eine Bedientaste kann ein neuer Prozessablauf eingeleitet werden. Es ist ein Steueralgorithmus in Form eines Steuernetzes zu entwerfen. Das Steuernetz ist in eine Ablaufsprache für die Programmierung einer SPS umzusetzen.

Zum Einleiten der Flüssigkeit 1 und der Flüssigkeit 2 sowie zum Leeren des Behälters ist je ein Magnetventil vorgesehen. Zur Messung der Füllstände sind im Behälter Sensoren angeordnet, die ein 1-Signal liefern, wenn sie von Flüssigkeit umgeben sind. Andernfalls führen sie 0-Signal.

- *Lösung*

Festlegung der Stellsignale zur Betätigung der Stellglieder:

y_1 Stellsignal für das Magnetventil V_1 zum Einleiten von Flüssigkeit 1 (*Füllen1*),
y_2 Stellsignal für das Magnetventil V_2 zum Einleiten von Flüssigkeit 2 (*Füllen2*),
y_3 Stellsignal für das Magnetventil V_3 zum Leeren,
y_4 Stellsignal für das Rührwerk M,
y_5 Stellsignal für die Heizung H

Festlegung der Sensorsignale zur Rückmeldung an die Steuereinrichtung:

x_1 Sensorsignal für „Flüssigkeit 1 eingeleitet",
x_2 Sensorsignal für „Flüssigkeit 2 eingeleitet",
x_3 Sensorsignal für „Leeren beendet",
x_4 Sensorsignal für „Solltemperatur erreicht".

Festlegung des Bediensignals für das Einschalten der Steuerung

x_0 EIN-Taster.

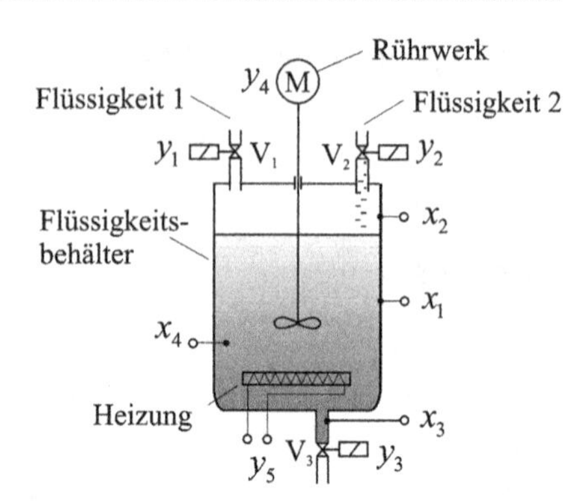

Abb. 3.75 Anlagenschema der Steuerstrecke *Mischbehälter*

Abbildung 3.75 zeigt das für die Lösung zugrunde gelegte Anlagenschema. Abbildung 3.76 gibt den zeitlichen Ablauf der Operationen des zu realisierenden ereignisdiskreten Prozesses im Mischbehälter in zeitlich versetzten Koordinatensystemen wieder. Auf das Aktivieren der jeweiligen Folgeoperationen beim Erreichen der vorgegebenen Füllstände wird durch senkrechte Pfeillinien hingewiesen.

Der in Abb. 3.76 dargestellte zeitliche Ablauf des ereignisdiskreten Prozesses im Mischbehälter ist in Abb. 3.77 durch ein Steuernetz beschrieben. Im Folgenden soll zunächst das fertig vorliegende Steuernetz erläutert werden. Dabei geht es vor allem auch darum, die sich aufgrund des Markierungskonzepts ergebenden dynamischen Aspek-

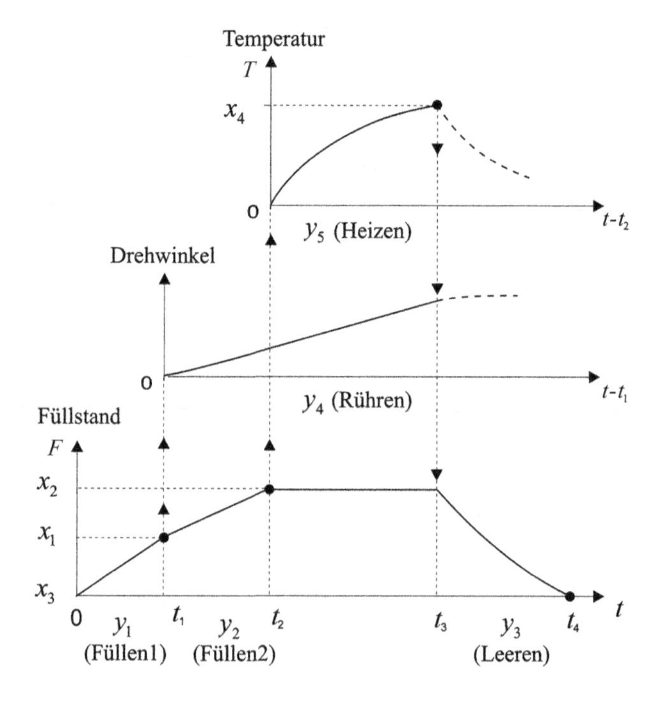

Abb. 3.76 Ereignisdiskreter Prozess im Mischbehälter

te anhand des vorliegenden Beispiels zu veranschaulichen. Anschließend wird dann beschrieben, wie man beim Entwurf eines Steuernetzes vorgeht.

- *Erläuterung des Steuernetzes für den Mischbehälter*

Die Stelle s_1 (Warten) enthält die Anfangsmarkierung (Abb. 3.77). Wenn die Starttaste x_0 betätigt wird, schaltet die Transition t_1, so dass die Marke in die Stelle s_2 fließt. Dort wird nun das Stellsignal y_1 ausgegeben und das Ventil V_1 geöffnet, sodass die Operation *Füllen1* ausgeführt wird. Wenn die gewünschte Menge der Flüssigkeit 1 eingeleitet wurde und im betreffenden Sensor das Messsignal x_1 für die Rückmeldung an die Steuereinrichtung gebildet wurde, schaltet die Transition t_2. Jetzt werden die Stellen s_3 und s_5 markiert (Beginn von Parallelität). Das bewirkt die Ausgabe der Stellsignale y_2 und y_4, durch die die Operationen *Füllen2* und *Rühren* ausgelöst werden.

Nach Einfüllen der vorgegebenen Menge der Flüssigkeit 2 und Bilden des Messsignals x_2 durch den betreffenden Sensor fließt die Marke aufgrund des Schaltens der Transition t_3 von s_3 in die Stelle s_4. Nun wird das Stellsignal y_5 ausgegeben und dadurch die Operation *Heizen* ausgeführt. Wenn die Temperatur am vorgegebenen Sollwert angelangt ist, wird die Transition t_4 über x_4 geschaltet. Das führt zum Ausschalten der Heizung und des Rührwerks (Ende der Parallelität). Danach wird die Stelle s_6 markiert. Das Stellsignal y_3 startet jetzt die Operation *Leeren*. Wenn der Behälter leer ist, was über das Messsignal $x_3 = 0$, d. h. durch $\bar{x}_3$ rückgemeldet wird, schaltet die Transition t_5, sodass die Marke zurück in s_1 gelangt.

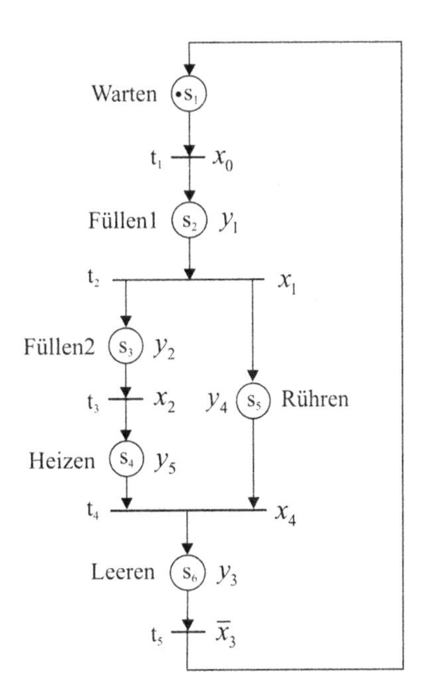

Abb. 3.77 Steuernetz für den Mischbehälter

- *Vorgehen bei der Erstellung des Steuernetzes für den Mischbehälter*

Bei der Erstellung des Steuernetzes wird sukzessive vorgegangen. Man beginnt mit einer beliebigen Stelle s_1, in die die Anfangsmarkierung eingetragen wird (Abb. 3.77). Nach dieser Stelle wird eine Transition angeordnet, der als Schaltbedingung das Signal x_0 (Start) zugeordnet wird. Danach wird die Stelle s_2 eingeführt, in der das Stellsignal y_1 für das Auslösen der Operation *Füllen1* auszugeben ist. Beim Erreichen des durch x_1 signalisierten Füllstands ist dann Parallelität zu beginnen. Dazu wird die Transition t_2 vorgesehen. Auf diese Transition folgen die Stellen s_3 und s_5, in denen die Stellsignale y_2 bzw. y_3 zu bilden sind, die die parallele Ausführung der Operationen *Füllen2* und *Rühren* auslösen müssen. So wird schrittweise vorgegangen, bis die Anfangsstelle wieder erreicht ist.

- *Analyse des Steuernetzes gemäß Abb. 3.77 (Abschn. 3.6.8)*

Da bei den Steuernetzen im Gegensatz zu den klassischen Automatengraphen aus Effektivitätsgründen hauptsächlich mit Eingangskombinationen gearbeitet wird, in denen nicht alle Eingangssignale spezifiziert sind, können beim Entwurf Widersprüche und Durchläufe auftreten. Deshalb ist beim Entwurf von Steuernetzen neben einer netztheoretischen Analyse auch eine schaltalgebraische Analyse durchzuführen (Abschn. 3.6.8):

- *Netztheoretische Analyse bezüglich Lebendigkeit und Sicherheit*

Das Steuernetz basiert auf einem Synchronisationsgraphen, der bei der vorgegebenen Anfangsmarkierung lebendig und sicher ist.

- *Schaltalgebraische Analyse zur Erkennung von Widersprüchen und Durchläufen*
  - Widersprüche bezüglich der Schaltbedingungen:
    Im entworfenen Steuernetz existiert keine alternative Verzweigung. Dadurch ergeben sich auch keine Widersprüche bezüglich der Schaltbedingungen.
  - Widersprüche bezüglich der Ausgaben:
    Innerhalb der beiden parallelen Zweige gibt es keine Widersprüche bezüglich der Ausgaben.
  - Durchläufe:
    Da im entworfenen Steuernetz beim Auslösen einer Operation durch ein Sensorsignal nicht auch schon das Sensorsignal für das Beenden dieser Operation gebildet wird, existiert keine Belegung, die gleichzeitig die Schaltbedingung der Vortransition und die Schaltbedingung der Folgetransition einer Stelle zu Eins macht. Deshalb ergeben sich keine Durchläufe.

Aus dem Steuernetz gemäß Abb. 3.77 erhält man durch direkte Transformation die entsprechende Darstellung in Form einer Ablaufsprache für SPS (Abb. 3.78).

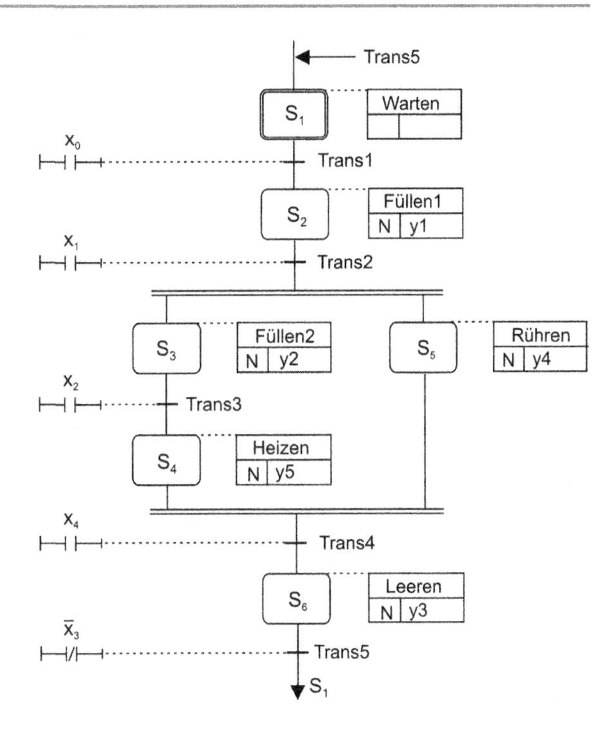

Abb. 3.78 Darstellung des Steuernetzes aus Abb. 3.77 in der Ablaufsprache für SPS

3.7 Fazit

Die *Schaltalgebra*, die *Automatentheorie* und die *Petri-Netz-Theorie* sind deshalb für die binäre Steuerungstechnik von großer Bedeutung,

- weil sie durch die Bereitstellung von grundlegenden Mitteln und Methoden die Basis für die Beschreibung und die theoretische Behandlung von Steuerungen bilden;
- weil die Beschreibungsmittel und Synthesemethoden einen systematischen Entwurf von VPS ermöglichen und komplette Unterlagen für die Realisierung der Steuereinrichtungen liefern;
- weil für die wesentlichen der ursprünglich für den Entwurf von VPS manuell genutzten graphischen Beschreibungsmittel durch Standardisierung von Symbolen und Verbindungslinien adäquate Fachsprachen zur Programmierung von SPS geschaffen wurden (für Kontaktpläne: KOP; für Logik-Pläne: FUP; für Steuernetze: Ablaufsprachen, z. B. Grafcet, Sequential Funktion Chart (SFC), S7-Graph);
- weil bei der Nutzung von SPS-Fachsprachen in den gleichen mathematischen Kategorien gedacht werden kann wie beim Entwurf von VPS;
- weil die Synthesemethoden der Schaltalgebra und Automatentheorie nicht nur zur Minimierung des Aufwands an Bauelementen und zur Erfüllung anderer Forderungen bei einer VPS-Realisierung, sondern auch zur Erhöhung der Übersichtlichkeit, der bes-

seren Verständlichkeit und der leichteren Verifizierbarkeit der Steueralgorithmen bei einer SPS-Realisierung eingesetzt werden können (Abschn. 3.3.4);
- weil steuerungstechnisch interpretierte Petri-Netze bei der Konzipierung und der Verifizierung von Ablaufteuerungen Vorteile bieten und auch für die Modellbildung von Steuerstrecken (Kap. 4) verwendet werden können.

Bei der direkten Nutzung von SPS-Fachsprachen ergeben sich auch Nachteile, weil ihre Erstellung aufgrund von Restriktionen bezüglich der Darstellungsform nach einem starren Schema zu erfolgen hat. Deshalb ist es bei komplexeren Steuerungen im Allgemeinen zweckmäßig, in der Konzipierungsphase zunächst die manuell nutzbaren Beschreibungsmittel für die Notation der Steueralgorithmen zu verwenden. Mit ihnen ist ein freizügiger Entwurf möglich, da es bei ihnen keine Einschränkungen in der Darstellungsform gibt. Ein Entwurf, der mittels der üblichen Beschreibungsmittel erstellt wurde, kann auf relativ einfache Weise in die adäquaten SPS-Fachsprachen umgesetzt werden (s. auch Kap. 5).

Aus den im Kap. 3 durchgeführten Beispielrechnungen lassen sich gewisse Empfehlungen ableiten, welche der behandelten Beschreibungsmittel für den Entwurf der drei wesentlichen Steuerungsarten besonders geeignet sind.

- Für kombinatorische Verknüpfungssteuerungen – Schaltausdrücke sowie Logik- und Kontaktpläne.
- Für sequentielle Verknüpfungssteuerungen – Automatengraphen und Automatentabellen.
- Für Ablaufsteuerungen ereignisdiskreter Prozesse – Steuernetze.

Durch die Beispielrechnungen werden auch die Charakteristika dieser Steuerungsarten (s. Kap. 2) evident.

- Kombinatorische Verknüpfungssteuerungen haben keine Rückführung. Ihr Kennzeichen ist ein offener Wirkungsablauf, wie das auch bei analogen Steuerungen der Fall ist.
- Sequentielle Verknüpfungssteuerungen besitzen eine interne Rückführung. Hinsichtlich ihres Eingangs-/Ausgangsverhaltens ist auch ihr Kennzeichen ein offener Wirkungsablauf.
- Ablaufsteuerungen weisen eine externe Rückführung auf. Ihr Kennzeichen ist ein geschlossener Wirkungsablauf in einem Steuerkreis. Sie sind diesbezüglich mit Regelungen vergleichbar.

Literatur

[Abe1990] Abel, D.: Petri-Netze für Ingenieure. Berlin: Springer-Verlag 1990.

[Asp1993] Aspern, J. v.: SPS-Softwareentwicklung mit Petrinetzen. Heidelberg: Hüthig Verlag 1993.

[Asp2000] Aspern, J. v.: SPS-Softwareentwicklung mit IEC 61131. Heidelberg: Hüthig Verlag 2000.

[Bau1990] Baumgarten, B.: Petri-Netze. Mannheim, Wien, Zürich: BI-Wissenschaftsverlag 1990.

[BiHo2009] Bindel, T.; Hofmann, D.: Projektierung von Automatisierungsanlagen. Wiesbaden: Springer Vieweg 2009/2013.

[Boc1975] Bochmann, D.: Einführung in die strukturelle Automatentheorie. Berlin: Verlag Technik 1975.

[Boc1982] Bochmann, D.: Automatengraphen. Berlin: Akademie-Verlag 1982.

[BoPo1981] Bochmann, D.: Posthoff, C.: Binäre dynamische Systeme. Berlin: Akademie-Verlag 1981.

[Böhr1966] Böhringer, M.: Strichvariable und ihre Anwendung – eine Erweiterung der Schaltalgebra für Schaltungen mit Impulsgattern. EIK 2 (1966), S. 37–54.

[Bra1999] Braun, W.: Speicherprogrammierbare Steuerungen in der Praxis. Braunschweig, Wiesbaden: Vieweg & Sohn Verlagsgesellschaft 1999.

[DaAl1992] David, R.; Alla, H.: Petri Nets and Grafcet. New York, London: Prentice Hall 1992.

[Fas1988] Fasol, K. H.: Binäre Steuerungstechnik. Berlin Heidelberg: Springer-Verlag 1988.

[FöWe1967] Föllinger, O.; Weber,W.: Methoden der Schaltalgebra. München, Wien: Oldenbourg Verlag 1967.

[GaDe1974] Gawrilow, M. A.; Dewjatkow, W. W.: DASP – ein dialogunterstütztes System zur Projektierung digitaler Steuereinrichtungen (in Russ.). Preprints des 1. IFAC-Symp. Discrete Systems, Riga 1974, Vol. 3, S. 93–102.

[Gaw1943] Gawrilow, M. A.: Die Synthese und Analyse Relais-Kontakt-Schaltungen. Inst. f. Automatik und Telemechanik, Moskau 1943/1966.

[Got1984] Gottschalk, H.: Verbindungsprogrammierte und speicherprogrammierbare Steuereinrichtungen. Berlin: Verlag Technik 1984.

[HaSt1966] Hartmanis, M. A.; Stearns, R. E.: Algebraic Structure Theory of Sequential Machines. Englewood Cliffs, N. Y.: Prentice-Hall, 1966.

[HoCo1970] Holt, A. W.; Commoner, F.: Events and Conditions. Record Proj. MAC Conf. Concurrent Systems and Parallel Computation, Woods Hole, ACM 1970.

[Huf1954] Huffman, D. A.: Synthesis of Sequential Switching Circuits. J. Franklin Inst., 257, March 1954, pp. 161–190; May 1954 pp. 275–303.

[Jör1997] Jörns. C.: Ein integriertes Steuerungs- und Verifikationskonzept mit Hilfe interpretierter Petri-Netze. Fortschrittsberichte VDI-Reihe 8 Nr.641, VDI-Verlag 1997.

[Kar1953] Karnaugh, M.: The Map Method for Synthesis of Combinational logic Cicuits. Transaction AJEE (1953) pp. 593–598.

[Kas1962] Kasakow, V. D.: Minimierung logischer Funktionen mit einer großen Zahl von Variablen (in Russ.). Avtom. i Telem. (1962) S. 1237–1242.

[Kön1977] König, R.: Petri Nets and their Application for a Standardizable Design of Switching Circuits. 2. IFAC-Symposium Discrete System.1977, Bd. 2, S. 112–119.

[Kön1980] König, R.: Petri-Netze und ihre Verwendung zum standardisierten Entwurf digitaler Steuerungen. Dissertation TU Dresden 1980.

[KöQu1988] König, R.; Quäck, L.: Petri-Netze in der Steuerungstechnik. Berlin: Verlag Technik 1988.

[Kra1979] Krapp. M.: Beschreibung unvollständig bestimmter Automaten durch einen verallgemeinerten Automatengraphen. ZKI-Informationen Dresden 1979, 1, S. 19–22.

[Kra1988] Krapp. M.: Digitale Automaten. Berlin: Verlag Technik 1988.

[Lan2010] Langmann, R,: Taschenbuch der Automatisierung. Leipzig: Fachbuchverlag 2010.

[Lit2005] Litz, L.: Grundlagen der Automatisierungstechnik. München, Wien: Oldenbourg Verlag 2005.

[Lun2005] Lunze, J.: Automatisierungstechnik. München, Wien: Oldenbourg Verlag 2005/2008/2012.

[McC1956] McCluskey, E. J.: Minimization of Boolean Functions. Bell Syst. Techn. J. (1956) No. 10 pp. 1417–1444.

[Mea1955] Mealy, G. H.: A method for Synthesizing Sequential Circuits. Bell System Technical Journal, Vol. 34 (1955) pp. 1045–1079.

[MeMe1970] Metz, J.; Merbeth, G.: Schaltalgebra. Leipzig: Fachbuchverlag 1970.

[Mon1948] Montgomerie, G: A.: Sketch for an Algebra of Relay and Switching Circuits. IEE, Vol. 95 (1948), Part III, pp. 303–312.

[Moo1956] Moore, E. F.: Gedanken-Experiments on Sequential Machines. Automata, Princeton University Press 1956, pp. 129–153.

[NaHa1938] Nakashima, A.; Hanzava, M.: The Theory of Equivalent Transformation of Simple Partial Paths in the Relay Circuit (Part 1). Journal of the Institute of Electrical Communication Engineering of Japan 1936, No. 165 (in Japanese) Condensed English Version of part 1 and 2 in: Nippon Electrical Communication Engineering 1938, No. 9, pp. 32–39.

[Obe1972] Oberst, E.: Entwurf von Kombinationsschaltungen. Berlin: Verlag Technik 1972.

[ObZa1964] Oberst, E.; Zander, H. J.: Technik der Schaltsysteme. In. Das Fachwissen des Ingenieurs. Leipzig: Fachbuchverlag 1964.

[OKF1978] Oberst, E.; Koegst, M.; Franke, G.: Beschreibung binärer Steuerungen durch Steuergraphen. msr 21 (1978), H. 10, S. 572–578.

[PBH1986] Posthoff, C.; Bochmann, D; Haubold, K.: Diskrete Mathematik. Leipzig: BSB B. G. Teubner Verlagsgesellschaft 1986.

[Pet1962] Petri, C. A.: Kommunikation mit Automaten. Dissertation, Institut für Instrumentelle Mathematik, Universität Bonn, 1962.

[Pie1939] Piesch, H.: Über die Vereinfachung von allgemeinen Schaltungen. Arch. Elektrotechnik 33 (1939) S. 733–746.

[PlDu1946] Plechl, O.; Duschek, A.: Grundzüge einer Algebra elektrischer Schaltungen. Östr. Ing. Arch. 1 (1946) S. 203–230.

[Qui1952] Quine, W. V.: The Problem of Simplifying truth Functions. Math. Monthley (1952) pp. 521–531.

[Rei1986] Reisig, W.: Petri-Netze – Eine Einführung. Berlin: Springer-Verlag, 2. Aufl. 1986.

[Roh1959] Rohleder, H.: Ein Verfahren zum Aufstellen optimaler Normalformen bei gegebenen Primimplikanten. Zeitschr. f. math. Logik u. Grundl. d. Math. 5 (1959), S. 334–339.

[Roh1962] Rohleder, H.: Über die Synthese von Reihen-Parallel-Schaltungen bei unvollständig gegebenen Arbeitsbedingungen. Zeitschr. f. math. Logik und Grundl. d. Math. 8 (1962), S. 165–199.

[Sca2001] Scarbata, G.: Synthese und Analyse Digitaler Schaltungen. München: Oldenbourg Wissenschaftsverlag 2001.

[Sche1938] Schestakow, W. I.: Einige mathematische Methoden zum Entwurf und zur Vereinfachung elektrischer Zweipole der Klasse A. Dissertation, Lomonosow-Universität Moskau, 1938.

[Sche1941] Schestakow, W. I.: Die Algebra der Zweipole aus zweipoligen Elementen. Avtomatika i Telemechanika 2 (1941), S. 15–24.

[Schn1986] Schnieder, E.: Prozessinformatik, Einführung mit Petrinetzen. Braunschweig, Wiesbaden: Vieweg Verlagsgesellschaft 1986.

[Schn1992] Schnieder, E.: Petri-Netze in der Automatisierungstechnik. München, Wien: Oldenbourg Verlag 1992.

[Sha1938] Shannon, C. E.: A Symbolic Analysis of Relay and Switching Circuits. Transaction of the American Institute of Electrical Engineers, Vol. 57, 1938, pp. 731–723.

[Sta1969] Starke, P. H.: Abstrakte Automaten. Berlin: Deutscher Verlag der Wissenschaften 1969.

[Sta1980] Starke, P. H.: Petri-Netze. Berlin: Deutscher Verlag der Wissenschaften 1980.

[Sta1990] Starke, P. H.: Analyse von Petri-Netz-Modellen. Stuttgart: B. G. Teubner Verlag 1990.

[TöKr1973] Töpfer, H.; Kriesel, W.: Funktionseinheiten der Automatisierungstechnik. Berlin: Verlag Technik 1973/1983.

[TöKr1978] Töpfer, H.; Kriesel, W.: Kleinautomatisierung durch Geräte ohne Hilfsenergie. Berlin: Verlag Technik 1978.

[TSS1967] Töpfer, H.; Schrepel, D.; Schwarz, A.: Pneumatische Bausteinsysteme der Digitaltechnik. Berlin: Verlag Technik 1967/1973.

[Wen1998] Wendt, S.: Die Modelle von Moore und Mealy – Klärung einer begrifflichen Konfusion. http://kluedo.ub.uni-kl.de/volltexte/2000/32/.

[WeZa1991] Wellenreuther, G.; Zastrow, D.: Steuerungstechnik mit SPS. Braunschweig, Wiesbaden: Vieweg & Sohn Verlagsgesellschaft 1991/1995

[Win1993] Winkler, J.: Modellierung und Verifikation bei steuerungstechnischen Problemstellungen. Dissertation, Institut für Automatisierungstechnik, TU Dresden, 1993 (Aachen: Verlag Shaker 1993).

[Zan1963] Zander, H.-J.: Das kontaktlose TRANSLOG-Signalsystem in Bausteinform. Elektrie 1963, H. 2, S. 41–44.

[Zan1970] Zander, H.-J.: Ein Verfahren zur Optimierung von Kombinationsschaltungen mit mehreren Ausgängen bei unvollständigen Arbeitsbedingungen. EIK 6 (1970) H. 3, S. 137–152.

[Zan1971a] Zander, H.-J.: Method for state reduction of automata taking into account technical peculiarities of synchronous and asynchronous operational modes. In: Automatica, IFAC-Journal, Pergamon Press. Vol. 7, 1971, pp. 59–71.

[Zan1971b] Zander, H.-J.: Zur strukturellen Synthese von Schaltsystemen. Dissertation B (Habilitation), TU Dresden 1971.

[Zan1973] Zander, H.-J.: Zur Minimierung von partiellen Booleschen Funktionen bei gegebener nichtkanonischer Normalform. Elektronische Informationsverarbeitung und Kybernetik (EIK) 9 (1973), H. 1/2, S. 67–79.

[Zan1982] Zander, H.-J.: Logischer Entwurf binärer Systeme. Berlin: Verlag Technik 1982/1985/1989.

[Zan1996] Zander, H.-J.: Steuerungs- und Regelungseinrichtungen. In: Töpfer, H. (Hrsg.): Automatisierungstechnik aus Herstellersicht. Radeburg: Druckerei Vetters 1996.

[ZOH1973] Zander, H.-J.; Oberst, E.; Hummitzsch, P.: RENDIS – ein universelles Programmsystem zum rechnergestützten Entwurf digitaler Steuerungen. messen-steuern-regeln (msr) (1973), S. 142–144 und 281–284.

Steuerstrecken und ereignisdiskrete Prozesse 4

Dieses Kapitel befasst sich mit einer allgemein angelegten Struktur- und Verhaltensanalyse von Steuerstrecken und einer sich daraus ergebenden Gliederung von Steuerstrecken in Elementarsteuerstrecken mit einer Steuergröße sowie einer Charakterisierung der Wesensmerkmale ereignisdiskreter Prozesse. Die Ergebnisse dieser Untersuchungen bilden die Grundlage für die Prozessanalyse, die Erstellung von Prozessalgorithmen für Ablaufsteuerungen und die Modellbildung ereignisdiskreter Prozesse. Aus dieser an die Regelungstechnik angelehnten Betrachtungsweise resultieren zwei neuartige Methoden zum Steuerungsentwurf, bei denen die Steueralgorithmen in Form von Steuernetzen aus den Prozessalgorithmen bzw. aus den Prozessmodellen generiert werden.

4.1 Einführende Bemerkungen

Ein Hauptkapitel, in dem ausschließlich die Struktur und das Verhalten von Steuerstrecken sowie die Modellbildung der darin ablaufenden ereignisdiskreten Prozesse behandelt werden, findet man in bisher erschienen Lehrwerken über Steuerungstechnik nicht. Die Motivation für die Aufnahme dieses Kapitels in dieses Buch wird durch eine kurze Gegenüberstellung der Entwurfsprozesse von Regelungen und binären Steuerungen begründet. Beim Entwurf von Regelungen wird ausgehend von einer informellen Spezifikation der Regelungsaufgabe zunächst ein mathematisches Modell der Regelstrecke gebildet. Auf dieser Basis erfolgt unter Berücksichtigung der Anforderungsspezifikation die Bestimmung des Regelalgorithmus, z. B. [Lit2005].

Im Gegensatz dazu wird beim Entwurf von binären Ablaufsteuerungen für ereignisdiskrete Prozesse die informelle Spezifikation der Steuerungsaufgabe, die sich im Rahmen der Projektierung ergibt [BiHo2009] und die vor allem Aussagen zu den in der Steuerstrecke zu realisierenden Prozessen enthält, in der Praxis bislang auf direkte Weise intuitiv in einen Steueralgorithmus umgesetzt (Abb. 4.1). Formale bzw. mathematische Modelle der Steuerstrecke werden nicht einbezogen. Es spielen lediglich gedankliche Modelle eine Rolle, d. h. Modelle, die im Kopf des Entwurfsingenieurs existieren. Zur Darstellung der

H.-J. Zander, *Steuerung ereignisdiskreter Prozesse*, DOI 10.1007/978-3-658-01382-0_4

Abb. 4.1 Direkter Entwurf von Steueralgorithmen

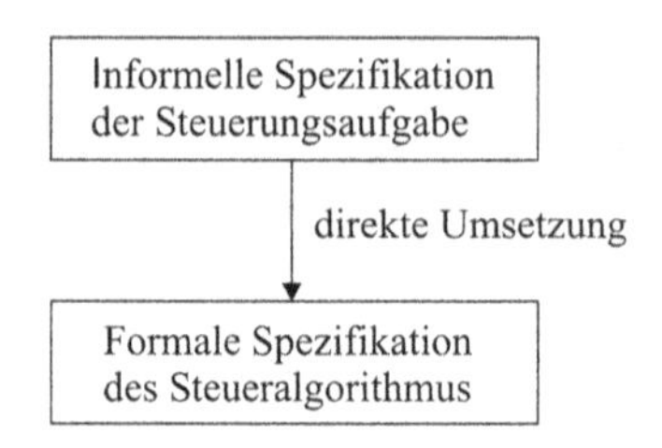

Steueralgorithmen werden Mittel verwendet, durch die entweder die Logik-Struktur, die den zu realisierenden Prozessen zugrunde liegt, in Form von Logik- oder Kontaktplänen oder das Prozessverhalten in Form von steuerungstechnisch interpretierten Petri-Netzen bzw. SPS-Ablaufsprachen beschrieben wird (s. Kap. 3). Man kann sich vorstellen, dass das intuitive Vorgehen, bei dem sukzessive die auf die Ebene der Steuerstrecke bezogene Steuerungsaufgabe als Steueralgorithmus in die Ebene der Steuereinrichtung transformiert werden muss, mit komplizierten Denkprozessen verbunden ist, was erfahrungsgemäß insbesondere Neueinsteigern Schwierigkeiten bereitet.

Eine Alternative besteht darin, auf der Basis der in der Steuerungsaufgabe vorgegebenen verbalen Beschreibung der zu realisierenden Prozesse zunächst mathematische bzw. formale Modelle der Steuerstrecke zu bilden oder wenigstens algorithmische Darstellungen der Prozesse in der Steuerstrecke zugrunde zu legen, um daraus auf systematische Weise die Steueralgorithmen zu generieren (Abb. 4.2). Ausgehend von diesen Grundgedanken werden in diesem Kapitel zwei Vorgehensweisen vorgeschlagen:

1. Entwurf von Ablaufsteuerungen auf der Basis so genannter Prozessalgorithmen, mit denen sich die in der Steuerstrecke ablaufenden Prozesse in der Ebene der Steuereinrichtung beschreiben lassen und die dann in Steueralgorithmen in Form von Prozessnetzen umgewandelt werden können. Bei dieser Methode handelt es sich um eine Systematisierung des bisher üblichen intuitiven Steuerungsentwurfs.
2. Entwurf von Ablaufsteuerungen auf der Basis von Prozessmodellen, durch die eine Beschreibung der Prozesse in der Ebene der Steuerstrecke im Sinne einer Modellbildung erfolgt und aus denen die Steueralgorithmen durch eine einfache Transformation generiert werden können. Der prozessmodellbasierte Entwurf stellt eine neuartige Vorgehensweise dar.

Bei beiden Methoden ergeben sich Steueralgorithmen in Form von Steuernetzen (s. Abschn. 3.6), von denen ein direkter Übergang zu SPS-Ablaufsprachen möglich ist.

Bei der Beschäftigung mit der neuartigen Vorgehensweise bei der Modellbildung ist ein ausreichendes Verständnis der internen Wirkmechanismen in Steuerstrecken und des Wesens ereignisdiskreter Prozesse von Vorteil. Das soll durch die in den Abschn. 4.2 und 4.4 allgemein angelegte Struktur- und Verhaltensanalyse von Steuerstrecken und die Untersuchung der Wesensmerkmale der darin ablaufenden ereignisdiskreten Prozesse erreicht

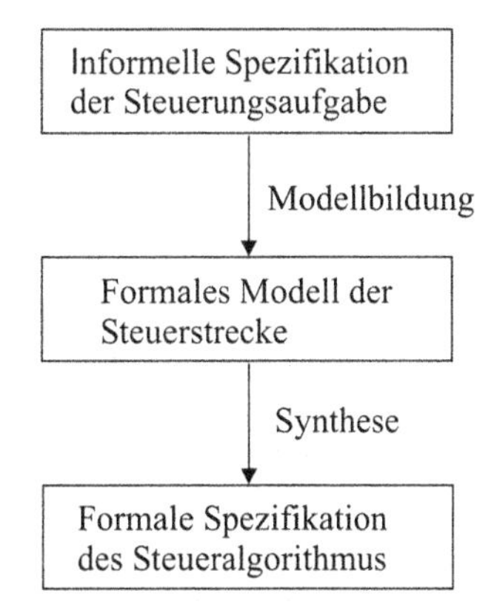

Abb. 4.2 Prozessmodellbasierter Entwurf von Steueralgorithmen

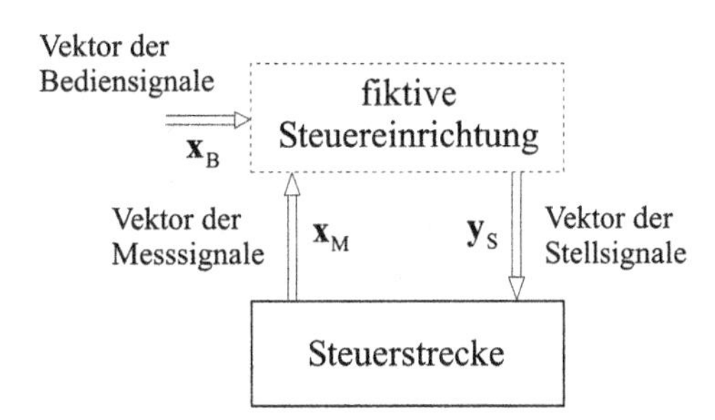

Abb. 4.3 Steuerstrecke mit Stellsignalen als Eingänge und Messsignalen als Ausgänge

werden. Steuerstrecken werden dabei als eigenständige Systeme betrachtet, deren Eingangsgrößen die von einer fiktiven Steuereinrichtung gelieferten binären Stellsignale y als Elemente des Vektors $\mathbf{y}_S$ sind und deren Ausgangsgrößen binäre Messsignale x als Elemente des Vektors $\mathbf{x}_M$ darstellen (Abb. 4.3).

4.2 Struktur- und Verhaltensanalyse von Steuerstrecken

4.2.1 Strukturierung von Steuerstrecken in Elementarsteuerstrecken

Unter einer Steuerstrecke wird ein Objekt verstanden (Abschn. 1.1.1), das durch eine Steuereinrichtung gemäß einem vorgegebenen Steueralgorithmus beeinflusst wird. Als Steuerungsobjekte kann man sich technische Einrichtungen, z. B. technische Anlagen, Apparate oder Geräte, vorstellen. Bei der Beeinflussung durch die Steuereinrichtung laufen in der Steuerstrecke ereignisdiskrete Prozesse ab (Abschn. 1.1.3.3).

Aus der Vielzahl der Anwendungsbereiche der Automatisierungstechnik [TöBe1987] resultiert auch eine Vielfalt bezüglich der Ausführungsformen von Steuerstrecken. Trotzdem lassen sich für Steuerstrecken eine Reihe gemeinsamer Merkmale angeben, so dass

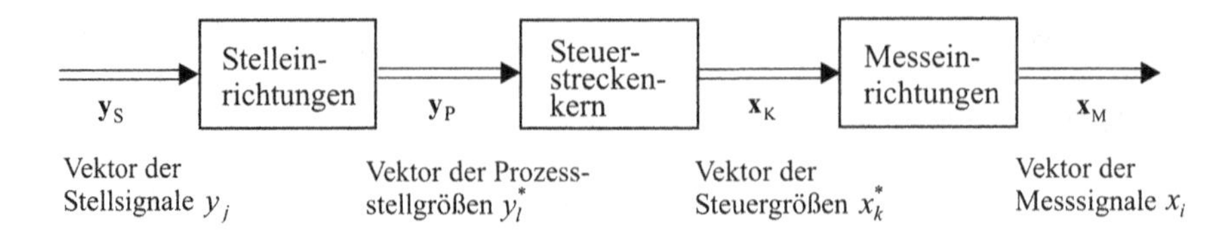

Abb. 4.4 Horizontale Strukturierung von Steuerstrecken

es durch Abstrahieren von technologischen bzw. technischen Details möglich ist, Zugänge für eine einheitliche Betrachtungsweise aufzuzeigen. Durch eine geeignete Strukturierung von Steuerstrecken soll versucht werden, das Verhalten der sich dadurch ergebenden elementaren Teilsysteme zu analysieren. Dabei werden Ansätze von Liermann [Lie1985] und Winkler [Win1993] weiterentwickelt.

Ausgegangen wird von der Grundstruktur eines Automatisierungssystems gemäß Abb. 1.1, wobei aber im gesamten Kap. 4 nur die Steuerstrecke mit binären Stellsignalen als Eingänge und mit binären Messsignalen als Ausgänge betrachtet wird (Abb. 4.3). Die Mess- und Stelleinrichtungen werden bei der durchzuführenden Verhaltensanalyse aus Zweckmäßigkeitsgründen der Steuerstrecke zugeordnet. Dann lässt sich eine Steuerstrecke horizontal in einen *Steuerstreckenkern*, einen Komplex vorgelagerter *diskreter Stelleinrichtungen* und einen Komplex nachgelagerter *binären Messeinrichtungen* strukturieren. Diese *horizontale Strukturierung* ist in Abb. 4.4 angegeben.

In den Stelleinrichtungen werden aus den von einer fiktiven Steuereinrichtung ausgegebenen *binären Stellsignalen* y_j mit $n \geq j \geq 1$ die *Prozessstellgrößen* y_l^* mit $p \geq l \geq 1$ gebildet. In Abb. 4.4 sind diese Signale bzw. Größen als Vektoren dargestellt, und zwar als Vektor $\mathbf{y}_S$ der binären Stellsignale y_j und als Vektor $\mathbf{y}_P$ der Prozessstellgrößen y_l^*:

$$\mathbf{y}_S = (y_n, \ldots, y_j, \ldots, y_1). \tag{4.1}$$

$$\mathbf{y}_P = (y_p^*, \ldots, y_l^*, \ldots, y_1^*). \tag{4.2}$$

Bei den Prozessstellgrößen handelt es sich um diskrete physikalische bzw. technische Größen, z. B. Ventilstellungen bzw. diskrete Öffnungsquerschnitte von Ventilen (Ventil geschlossen oder Ventil geöffnet) oder elektrische Spannungen für Heizanlagen (Spannung ein- oder ausgeschaltet). Die Prozessstellgrößen ergeben sich dabei als zweiwertige oder auch als mehrwertige Variablen.

Durch die diskreten Prozessstellgrößen y_l^* erfolgt im Steuerstreckenkern die Beeinflussung der zu steuernden Prozessgrößen, die *Steuergrößen* x_k^* genannt werden (Abschn. 1.1.2) und in Abb. 4.4 als Vektor $\mathbf{x}_K$ dargestellt sind:

$$\mathbf{x}_K = (x_q^*, \ldots, x_k^*, \ldots, x_1^*). \tag{4.3}$$

Bei dem weitaus größten Teil der in Binärsteuerungen vorkommenden Steuergrößen handelt es sich um analoge, d. h. *stetig veränderbare Größen*. Beispiele für analoge Steu-

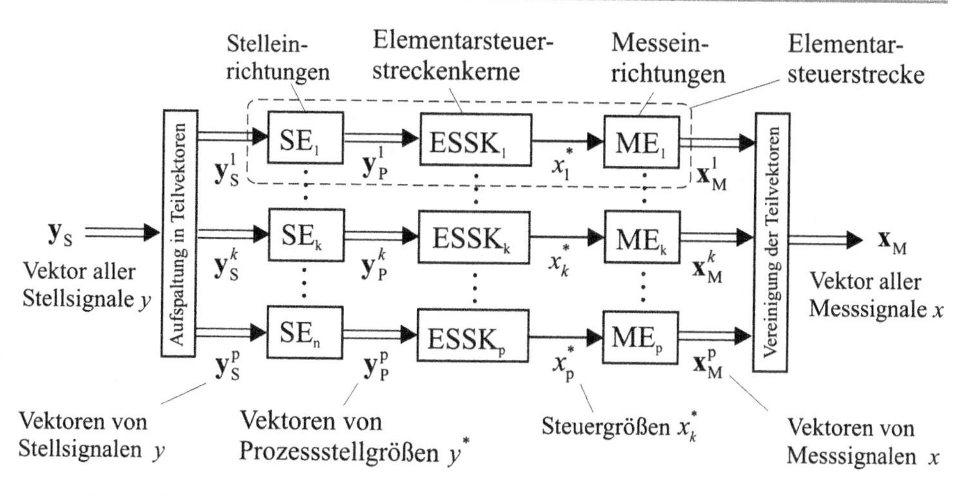

Abb. 4.5 Vertikale Strukturierung von Steuerstrecken

ergrößen sind: Weg, Winkel, Kraft, Druck, Geschwindigkeit, Beschleunigung, Temperatur, Füllstand, Durchfluss, Konzentration, Strom, Spannung. Diskrete bzw. mehrwertige Steuergrößen kommen außer in Verknüpfungssteuerungen (Abschn. 2.2.3 und 3.5.7) in Steuerungen von Stückgutprozessen sowie Prozessen der Rechen- und der Kommunikationstechnik vor.

Mittels der Messeinrichtungen ist eine Rückmeldung durch *binäre Messsignale* x_i $(m \geq i \geq 1)$ über die durchgeführte Beeinflussung der Steuergrößen möglich, die in Abb. 4.4 zum Vektor $\mathbf{x}_{\mathrm{M}}$ zusammengefasst sind:

$$\mathbf{x}_{\mathrm{M}} = (x_m, \ldots, x_i, \ldots, x_1). \tag{4.4}$$

Ausgehend von der horizontalen Strukturierung gemäß Abb. 4.4 kann noch eine *vertikale Strukturierung* von Steuerstrecken vorgenommen werden. Dabei wird zunächst der Steuerstreckenkern in so genannte *Elementarsteuerstreckenkerne* ESSK_k mit $q \geq k \geq 1$ aufgegliedert, die dadurch gekennzeichnet sind, dass sie ausgangsseitig genau eine Steuergröße x_k^* besitzen. Diese verikale Strukturierung ist in Abb. 4.5 dargestellt. Dabei wird davon ausgegangen, dass es keine direkten Kopplungen zwischen Elementarsteuerstreckenkernen gibt. Die einem Elementarsteuerstreckenkern ESSK_k vorgelagerten Stelleinrichtungen sind im Block SE_k zusammengefasst, dessen Eingangssignale als Vektor $\mathbf{y}_{\mathrm{S}}^k$ von Stellsignalen y dargestellt sind. $\mathbf{y}_{\mathrm{S}}^k$ ist dabei ein Teilvektor des Vektors $\mathbf{y}_{\mathrm{S}}$ aller Stellsignale. Von $\mathbf{y}_{\mathrm{S}}^k$ hängt der Vektor $\mathbf{y}_{\mathrm{P}}^k$ der Prozessstellgrößen y^* ab, durch den die Steuergröße x_k^* beeinflusst wird. $\mathbf{y}_{\mathrm{P}}^k$ ist ein Teilvektor des Vektors $\mathbf{y}_{\mathrm{P}}$ aller Prozessstellgrößen.

Die Steuergrößen x_k^* werden bei Ablaufsteuerungen ständig durch die im Block ME_k enthaltenen Messeinrichtungen „beobachtet". Wenn ein im Sinne der steuerungstechnischen Zielstellung relevanter Wert $x_{k\mathrm{S}}^*$ einer Steuergröße (z. B. Füllstand) erreicht ist, wird dies als Ereignis (Abschn. 1.1.3.3) durch ein binäres Messsignal x an die Steuereinrichtung rückgemeldet. Der Wert x_{kS}^* soll als *Schwellwert* oder kurz als *Schwelle* einer Steuergröße bezeichnet werden. Für eine Steuergröße x_k^* können mehrere relevante Schwellwerte festgelegt sein. Die für die Rückmeldung der Schwellwerte von x_k^* in der Messeinrichtung ME_k gebildeten Messsignale x sind in Abb. 4.5 zum Vektor $\mathbf{x}_\mathrm{M}^k$ zusammengefasst. $\mathbf{x}_\mathrm{M}^k$ ist ein Teilvektor des Vektors $\mathbf{x}_\mathrm{M}$ aller Messsignale.

Die sich bei der vertikalen Strukturierung ergebenden Zweige, die jeweils aus einer Stelleinrichtung SE_k, einem Elementarsteuerstreckenkern ESSK_k und einer Messeinrichtung ME_k bestehen, werden in Abb. 4.5 als *Elementarsteuerstrecken* ESS_k bezeichnet [Lie1985], [Win1993].

Das *charakteristische Merkmal einer Elementarsteuerstrecke* ESS_k besteht darin, dass in ihr die Beeinflussung von genau einer Steuergröße x_k^* erfolgt, die Ausgangsgröße des betreffenden Elementarsteuerstreckenkerns ESSK_k ist. Eine Elementarsteuerstrecke wird eingangsseitig durch den Binärvektor $\mathbf{y}_\mathrm{S}^k$ der Stellsignale y und ausgangsseitig durch den Binärvektor $\mathbf{x}_\mathrm{M}^k$ der Messsignale beschrieben. Eine Elementarsteuerstrecke ist also ein binäres MIMO-System (*multiple-input multiple-output system*).

In Abb. 4.6 ist die Struktur von Elementarsteuerstrecken detailliert dargestellt. Der in Abb. 4.5 eingetragene Vektor $\mathbf{y}_\mathrm{P}^k$ der zum Elementarsteuerstreckenkern ESSK_k gehörenden Prozessstellgrößen ist hier in seine Komponenten y_j^* zerlegt. Dadurch ergibt sich auch eine Aufspaltung der Stelleinrichtungen SE_k in *elementare Stelleinrichtungen* ESE_j, die jeweils genau eine Prozessstellgröße y_j^* als Ausgangsgröße besitzen und im Allgemeinen mehrere Stellsignale y als Eingänge haben können (Abschn. 3.2.2), die sich zu einem Vektor $\mathbf{y}_j = (y_{j\mathrm{b}}, \ldots, y_{j\beta}, \ldots, y_{j1})$ zusammenfassen lassen.

Die für eine Steuergröße x_k^* festgelegten *Schwellwerte* werden mit x_{kSi}^* bezeichnet. Für jeden Schwellwert ist eine separate Messeinrichtung erforderlich. Dementsprechend ist auch die Messeinrichtung ME_k gemäß Abb. 4.5 in Abb. 4.6 in elementare Messeinrichtungen EME_i aufgespaltet. In jeder elementaren Messeinrichtung wird ein Vergleich zwischen der Steuergröße x_k^* und dem ihr zugeordneten Schwellwert x_{kSi}^* durchgeführt. Wenn die Steuergröße diesen Schwellwert erreicht hat, wird dies als Ereignis (Abschn. 1.1.3.3) über ein binäres Messsignal x_{ki} der nicht dargestellten Steuereinrichtung rückgemeldet.

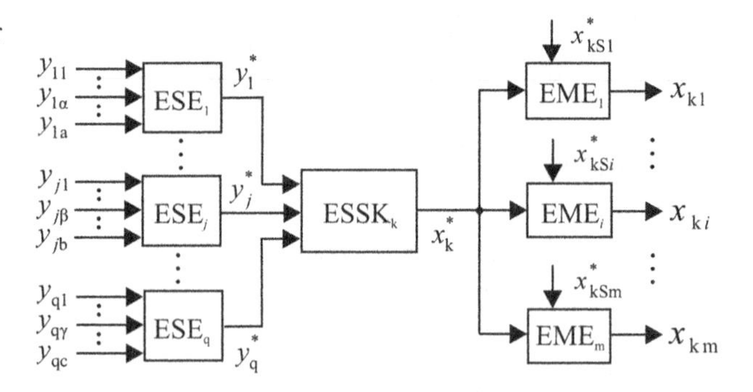

Abb. 4.6 Allgemeine Struktur von Elementarsteuerstrecken

Bei den elementaren Stelleinrichtungen ESE_j und dem Elementarsteuerstreckenkern $ESSK_k$ handelt es sich um MISO-Systeme (multiple-input single-output systems). Die elementaren Messeinrichtungen EMEI stellen SISO-Systeme (single-input single-output systems) dar.

Beispiel 4.1 (Wasserbehälter als Beispiel einer Elementarsteuerstrecke)

Abbildung 4.7a zeigt das Anlagenschema eines Vorratsbehälters für Wasser mit einem Zufluss- und einem Abflussrohr. Steuergröße x^* ist der Füllstand im Behälter. In beiden Rohren befinden sich Magnetventile, die über die Stellgrößen y_1 bzw. y_2 angesteuert werden. Dadurch werden die Prozessstellgrößen y_1^* bzw. y_2^* gebildet, deren Werte „Ventil geöffnet" (Wert 1) bzw. „Ventil geschlossen" (Wert 0) bedeuten. Für den Füllstand ist ein unterer Schwellwert x_{S1}^* (Behälter leer) und ein oberer Schwellwert x_{S2}^* (Behälter voll) festgelegt. Zur Wasserentnahme kann das Ventil im Abflussrohr durch das Stellsignal y_1, das durch ein Bediensignal auszulösen ist, geöffnet werden. Dadurch wird y_1^*=1, sodass der Vorgang „Leeren" abläuft. Sinkt dabei der Füllstand so weit ab, dass der untere Schwellwert x_{S1}^* erreicht wird, muss das Zulaufventil entsprechend einem in der fiktiven Steuereinrichtung zu implementierenden Steueralgorithmus über das Stellsignal y_2 geöffnet werden (d. h. $y_2^* = 1$). Dadurch wird das Füllen des Behälters ausgeführt. Wird dann der obere Schwellwert x_{S2}^* erreicht, ist das Zulaufventil über $y_2 = 0$ zu schließen.

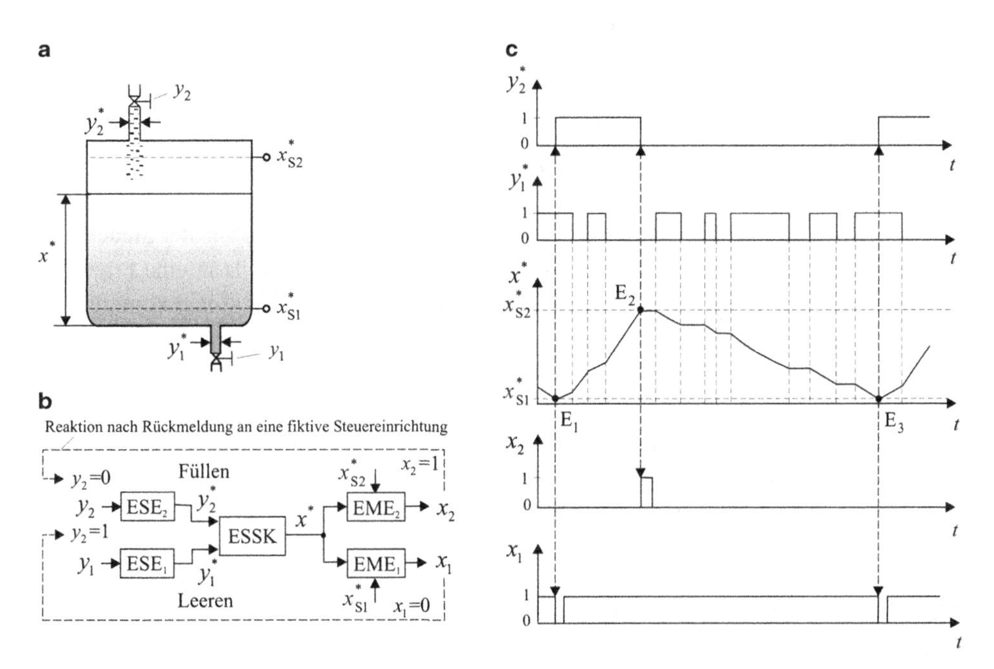

Abb. 4.7 Flüssigkeitsbehälter als Beispiel einer Elementarsteuerstrecke. **a** Anlagenschema, **b** Strukturschema, **c** Zeitverläufe

Abbildung 4.7b zeigt das *Strukturschema* der Elementarsteuerstrecke „Flüssigkeitsbehälter“. Daraus ist ersichtlich, dass die Prozessstellgrößen y_1^* und y_2^* als Ausgangsgrößen der elementaren Stelleinrichtungen ESE_1 bzw. ESE_2 durch die Stellsignale y_1 bzw. y_2 aktiviert werden, die von einer fiktiven Steuereinrichtung stammen. Das Erreichen der Schwellwerte x_{S1}^* und x_{S2}^* der Steuergröße wird in den elementaren Messeinrichtungen EME_1 bzw. EME_2 durch Vergleich ermittelt und als Ereignis durch die binären Messsignale x_1 bzw. x_2 rückgemeldet. Für das Stellsignal y_1 wird ein beliebiger Verlauf angenommen.

Der Wirkungsablauf über die fiktive Steuereinrichtung ist über gestrichelte Pfeillinien angedeutet. Wenn der untere Schwellwert x_{S1}^* erreicht ist (Ereignis E_1 in Abb. 4.7c), wird nach Rückmeldung über $x_1 = 0$ (Abb. 4.7b) das Stellsignal $y_2 = 1$ gesetzt und dadurch über y_2^* der Zulauf freigegeben. Wenn der Füllstand bei x_{S2}^* angelangt ist und dieses Ereignis über $x_2 = 1$ rückgemeldet wurde, wird $y_2 = 0$ gesetzt.

In Abb. 4.7c sind die Zeitverläufe der Prozessstellgrößen und Signale der Elementarsteuerstrecke „Flüssigkeitsbehälter“ bei einem beliebig angenommenen Zeitverlauf des Stellsignals y_1 dargestellt. Dabei wurde der y_2^* entsprechende Öffnungsquerschnitt als doppelt so groß angenommen wie der zu y_1^* gehörende Öffnungsquerschnitt. Die Kennlinie für $x^*(t)$ setzt sich demzufolge aus Teilstücken zusammen, deren Anstieg jeweils proportional zur Differenz $y_2^* - y_1^*$ der Öffnungsquerschnitte der Ventile ist. Die beim Erreichen eines der Schwellwerte x_{S1}^* oder x_{S2}^* entstehenden Ereignisse E_1, E_2 und E_3 (Abschn. 1.1.3.3) sind im Kurvenverlauf durch Punkte markiert (Abb. 4.7c).

In den folgenden Unterabschnitten des Abschn. 4.2 wird das Verhalten von Elementarsteuerstrecken und deren Teilsystemen näher untersucht.

4.2.2 Prinzipien und Eigenschaften diskreter Stelleinrichtungen

Bei binären Steuerungen haben die Stelleinrichtungen die Aufgabe, die von der Steuereinrichtung ausgegebenen binären (meist elektrischen) Stellsignale jeweils in eine Prozessstellgröße mit einem diskreten Amplitudenwert umzuwandeln. Demzufolge kommen in der binären Steuerungstechnik im Gegensatz zur Regelungstechnik hauptsächlich diskrete Stelleinrichtungen mit einer unstetigen Kennlinie, die eine Hysterese aufweisen kann, zum Einsatz. Man spricht auch von Stelleinrichtungen mit Schaltverhalten oder Zweipunktverhalten oder von Auf/Zu-Stelleinrichtungen [TöKr1977]. Von diskreten Stelleinrichtungen werden insbesondere kurze Schaltzeiten gefordert.

Außer der Umwandlung der binären Stellsignale in diskrete Prozessstellgrößen müssen Stelleinrichtungen meist noch eine Leistungsverstärkung bewirken, um das Energieniveau der leistungsschwachen Stellsignale auf das der leistungsstarken Prozessstellgrößen anzuheben. Diese Zweiteilung der Funktion bedingt dann aus gerätetechnischer Sicht auch die Gliederung einer Stelleinrichtung in zwei Komponenten, nämlich in einen Steller (auch als Stellantrieb oder Stellverstärker bezeichnet) und ein Stellglied. Dem Steller obliegt die Verstärkung eines Stellsignals. Dazu muss auf elektrische, pneumatische oder hydraulische Hilfsenergiequellen zurückgegriffen werden. Mit der leistungsstarken Ausgangsgröße des Stellers wird das Stellglied betätigt und damit die Prozessstellgröße y^* gebildet, durch die der eigentliche Eingriff in den Steuerstreckenkern erfolgt, um dort Masse-, Energie- oder Informationsströme zu beeinflussen. Typische Vertreter von binären Stelleinrichtungen sind Schütze und Magnetventile. Sowohl bei Schützen als auch bei Magnetventilen sind die Magnetspulen die Steller. Stellglieder sind bei Schützen die Kontakte und bei Magnetventilen die eigentlichen Ventile.

Im Zusammenhang mit der Modellbildung von Steuerstrecken interessiert bei den Stelleinrichtungen insbesondere das Eingangs-/Ausgangsverhalten. Während die Eingangssignale der Stelleinrichtungen durch die binären, d. h. zweiwertigen Stellsignale y gegeben sind, können die Ausgangssignale, d. h. die Prozessstellgrößen y^* auch mehrwertig sein. Von Bedeutung ist auch die Art der Ansteuerung der Stelleinrichtungen. Diesbezüglich werden in der binären Steuerungstechnik zwei Arten von Stelleinrichtungen unterschieden [Lie1985], [Win1993]:

- Absolut wirkende Stelleinrichtungen und
- inkremental wirkende Stelleinrichtungen.

Bei den absolut wirkenden Stelleinrichtungen, die bei Elementarsteuerstrecken als elementare Stelleinrichtungen ESE_j spezifiziert wurden (Abb. 4.6), ist dem Vektor $\mathbf{y}_j = (y_{j_b}, \ldots, y_{j\beta}, \ldots, y_{j1})$ der anliegenden binären Stellsignale eindeutig ein Wert der Prozessstellgröße y_j^* zugeordnet. Hinsichtlich der Amplitudenstufung der Prozessstellgröße y_j^* von absolut wirkenden Stellgliedern unterscheidet man Zweipunkt-, Dreipunkt- und Mehrpunktstelleinrichtungen.

Als Beispiel einer *Zweipunktstelleinrichtung* ist in Abb. 4.8a ein Magnetventil mit dem Stellsignal y als Eingang und der Prozessstellgröße y^* als Ausgang dargestellt. Die Prozessstellgröße y^* nimmt in Abhängigkeit davon, ob y die Werte 0 bzw. 1 aufweist, die Werte 0 bzw. 1 an. Abbildung 4.8b zeigt einen Stromrichtungsumschalter als Beispiel einer *Dreipunktstelleinrichtung*. Sie besitzt als Eingänge die beiden binären Stellsignale y_2 und y_1 und als Ausgang die dreiwertige Stellgröße y^*. Sie kann in Abhängigkeit von den Belegungen 00, 10, 01 bzw. 11 des Vektors $(y_2 y_1)$ den Wert 0 (kein Stromfluss), den Wert $+1$ (Stromfluss in der eingezeichneten Pfeilrichtung) und den Wert -1 (Stromfluss entgegen der eingezeichneten Pfeilrichtung) annehmen.

Die in Abb. 4.8c abgebildete Mehrpunktstelleinrichtung kann als Kombination von drei Magnetventilen angesehen werden. Sie hat drei Eingänge, nämlich die Stellsignale y_3, y_2 und y_1. Die drei Magnetventile sind konstruktiv so gestaltet, dass ihre Öffnungsquerschnitte F_3, F_2, und F_1 im Verhältnis $4 : 2 : 1$ stehen. Wenn die Flächen in Quadratzentimeter angegeben sind, ergeben sich für den Gesamtquerschnitt y^* in Abhängigkeit von den eingetragenen Eingangskombinationen acht Flächen, und zwar gestaffelt von 0 bis $7\,\mathrm{cm}^2$.

Während Zweipunktstelleinrichtungen mit einem binären Stellsignal angesteuert werden können, benötigt man bei Drei- und Mehrpunktstelleinrichtungen zur Erzeugung der

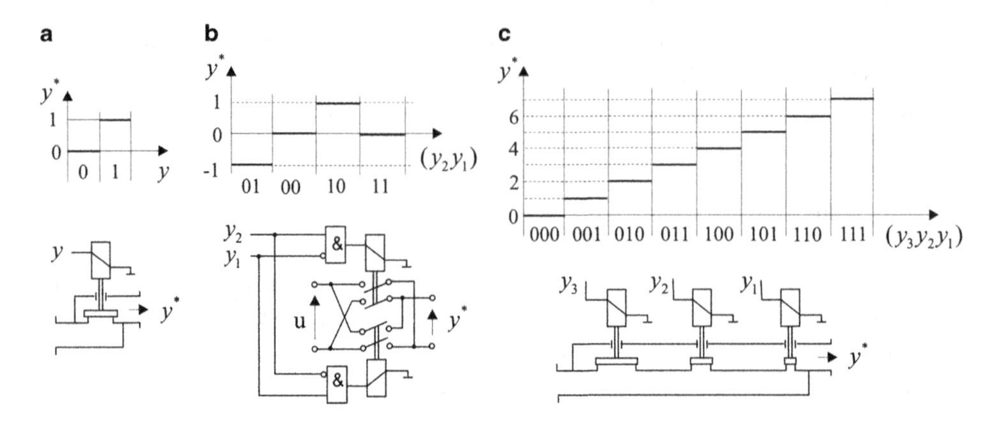

Abb. 4.8 Ausführungsbeispiele von diskreten Stelleinrichtungen [Lie1985]. **a** Zweipunktstelleinrichtung (Magnetventil), **b** Dreipunktstellantrieb mit zwei Schützen, **c** Mehrpunktstelleinrichtung (digitales Ventil)

mehrwertigen Prozessstellgrößen mehrere Stellsignale. Eine absolut wirkende diskrete Stelleinrichtung ESE_j stellt also im Allgemeinen ein diskretes System mit mehreren binären Eingängen (Stellsignale y) und einem zweiwertigen oder mehrwertigen Ausgang (Prozessstellgröße) y^* dar. Sie besitzt eine MISO-Struktur (*multiple-input single-output system*). Die Eingänge dieses Systems können dann durch einen Belegungsvektor $y_j = (y_{jb}, \ldots, y_{j\beta}, \ldots, y_{j1})$ beschrieben werden, in dem ausgewählte binäre Stellsignale zusammengefasst sind und der Teilvektor des Vektors $\mathbf{y}_S$ aller Stellsignale einer Steuerstrecke ist. Jeder Wertekombination $(y_{jb}, \ldots, y_{j\beta}, \ldots, y_{j1})$ ist dann eindeutig ein diskreter Wert der Prozessstellgröße y^* zugeordnet. Eine elementare Stelleinrichtung kann somit allgemein durch folgende Boolesche Funktion beschrieben werden:

$$y_j^* = f(y_{jb}, \ldots, y_{j\beta}, \ldots, y_{j1}). \tag{4.5}$$

Bei den inkremental wirkenden Stelleinrichtungen (Abb. 4.9) ist jedem aufeinander folgenden Impuls (1-Wert) eines Stellsignals y ein Inkrement (d. h. eine Änderung) Δy^* zugeordnet. Die Inkremente werden über der Zeit zum absoluten Wert der Stellgröße summiert. Die Prozessstellgröße y^* ist hier also eine mehrwertige Größe.

Abb. 4.9 Verhalten einer inkremental wirkenden Stelleinrichtung

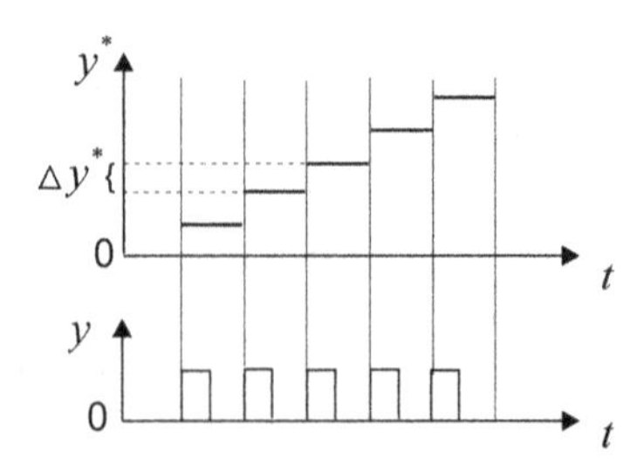

4.2.3 Verhalten von Elementarsteuerstreckenkernen

Elementarsteuerstreckenkerne besitzen ausgangsseitig genau eine analoge oder diskrete Steuergröße x^* (Abschn. 4.2.1). Als Eingänge können mehrere diskrete Prozessstellgrößen y^* vorhanden sein. Bei Elementarsteuerstreckenkernen handelt es sich also um MISO-Systeme (*multiple-input single-output systems*).

4.2.3.1 Zeitverhalten von Elementarsteuerstreckenkernen mit analogen Steuergrößen bei einem Sprung einer Prozessstellgröße

Bei analogen Steuergrößen lässt sich der Zusammenhang zwischen einer zu einem Elementarsteuerstreckenkern gehörenden Steuergröße x^* und den sie beeinflussenden Prozessstellgrößen y^* als *kontinuierliches dynamisches System* z. B. durch Differenzialgleichungen beschreiben. Da in binären Steuerungen die Prozessstellgrößen diskrete Größen sind, ihre Änderung also sprungförmig erfolgt, ergeben sich die Zeitverläufe der analogen Steuergrößen jeweils als Sprungantwort aus den zugehörigen Differenzialgleichungen.

Vorab sei bemerkt, dass sich das als Sprungantwort ergebende Zeitverhalten von Elementarsteuerstreckenkernen mit analogen Steuergrößen prinzipiell nicht vom dynamischen Verhalten von Regelstrecken unterscheidet, z. B. [TöBe1987], [Lun2008]. Man kann deshalb auch Elementarsteuerstreckenkerne einteilen in

- Elementarsteuerstreckenkerne mit Ausgleich und
- Elementarsteuerstreckenkerne ohne Ausgleich.

Wenn man bei einem Elementarsteuerstreckenkern mit Ausgleich die diskrete Prozessstellgröße sprungförmig um einen bestimmten Betrag ändert, nimmt die Steuergröße zeitverzögert einen von diesem Betrag abhängigen neuen Beharrungswert an. Bei Elementarsteuerstreckenkernen ohne Ausgleich ändert sich die Steuergröße bei einer sprungförmigen Änderung der Prozessstellgröße um einen bestimmten Betrag fortlaufend und erreicht theoretisch keinen Beharrungswert. Betrachtet man die Elementarsteuerstreckenkerne als Übertragungsglieder, so handelt es sich bei Elementarsteuerstreckenkernen mit Ausgleich um P-Glieder oder PT_n-Glieder (n bezeichnet die Ordnung der zugehörigen Differenzialgleichung) und bei Elementarsteuerstreckenkernen ohne Ausgleich um I- oder IT_n-Glieder.

Im Folgenden sollen unterschiedliche Verhaltensweisen von Elementarsteuerstreckenkernen mit analogen Steuergrößen überblicksmäßig zusammengestellt werden. Dabei soll vereinfachend angenommen werden, dass sich von den Prozessstellgrößen, welche eine Steuergröße beeinflussen können, jeweils nur eine sprungförmig ändert. Für die dabei zugrunde zu legende Sprungfunktion der Prozessstellgröße y^* gilt:

$$y^*(t) = \begin{cases} 0 & \text{für } t < 0 \\ y_0^* & \text{für } t \geq 0 \end{cases} \tag{4.6}$$

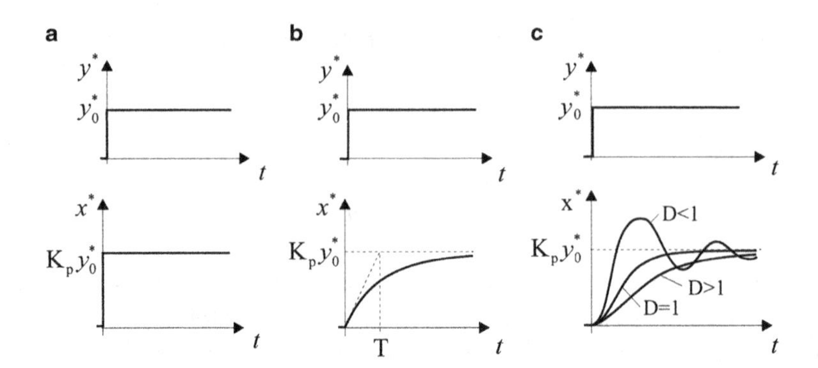

Abb. 4.10 Verhalten von Steuerstreckenkernen mit Ausgleich. **a** P-Verhalten, **b** PT_1-Verhalten, **c** PT_2-Verhalten

Bei einem *Elementarsteuerstreckenkern mit P-Verhalten* erhält man als Sprungantwort ebenfalls eine sprungförmige Änderung der Steuergröße x^* die in Abb. 4.10a dargestellt ist:

$$x^*(t) = \begin{cases} 0 & \text{für } t < 0, \\ K y_0^* & \text{für } t \geq 0. \end{cases} \tag{4.7}$$

Ein *Elementarsteuerstreckenkern mit PT_1-Verhalten* lässt sich durch folgende Differenzialgleichung beschreiben, wobei T die Zeitkonstante ist:

$$T\dot{x}^* + x^* = K_p y^*. \tag{4.8}$$

Daraus ergibt sich der zeitliche Verlauf der Steuergröße x^* bei sprungförmiger Änderung der Prozessstellgröße y^* als Sprungantwort wie folgt:

$$x^* = K_p y^*(1 - e^{-t/T}) \tag{4.9}$$

Die graphische Darstellung zeigt Abb. 4.10b.

Der in Abb. 4.10c dargestellten Sprungantwort eines *Elementarsteuerstreckenkerns mit PT_2-Verhalten* liegt die folgende Differenzialgleichung zugrunde:

$$T_2^2\ddot{x}^* + 2DT_2\dot{x}^* + x^* = K_p y^* \tag{4.10}$$

D ist dabei der Dämpfungsgrad. Für $D > 1$ hat die Sprungantwort einen aperiodischen Verlauf. Für $D < 1$ ergibt sich eine abklingende Schwingung. Bei $D = 1$ liegt der aperiodische Grenzfall vor.

Ein *Elementarsteuerstreckenkern mit I-Verhalten* kann durch folgende Gleichung beschrieben werden:

$$x^* = K_I \int y^* \, dt \tag{4.11}$$

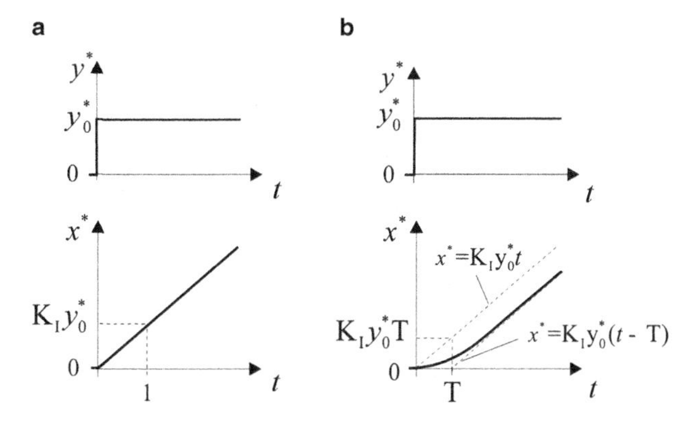

Abb. 4.11 Verhalten von Steuerstreckenkernen ohne Ausgleich. **a** I-Verhalten, **b** IT_1-Verhalten

Bei einem Sprung der Prozessstellgröße auf y_0^* ergibt sich (Abb. 4.11a):

$$x^* = K_\mathrm{I} y_0^* t. \tag{4.12}$$

Die Differenzialgleichung eines *Elementarsteuerstreckenkerns mit IT_1-Verhalten* lautet:

$$T\dot{x}^* + x^* = K_\mathrm{I} \int y^* \,\mathrm{d}t. \tag{4.13}$$

Daraus erhält man folgende Sprungantwort:

$$x^* = K_\mathrm{I} y_0^* [t - T(1 - \mathrm{e}^{-t/T})]. \tag{4.14}$$

Die zugehörige Kennlinie zeigt Abb. 4.11b. Sie nähert sich für $t \to \infty$ der Asymptote $K_\mathrm{I} y_0^* (t - T)$. Es handelt sich um eine Gerade, die gegenüber der Kennlinie $x^* = K_\mathrm{I} y_0^* (t)$ des I-Gliedes (Abb. 4.11a) um T nach rechts verschoben ist.

Hinsichtlich des Wertebereiches der analogen Steuergrößen in Abhängigkeit vom Wertebereich der Prozessstellgrößen unterscheidet man ferner zwischen

- Elementarsteuerstreckenkernen ohne Begrenzung und
- Elementarsteuerstreckenkernen mit Begrenzung.

Bei Elementarsteuerstreckenkernen ohne Begrenzung kann die Steuergröße x^* jeden Wert annehmen, der gemäß der Funktion $x^* = f(y_0^*)$ in Abhängigkeit von y_0^* definiert ist. Bei Elementarsteuerstreckenkernen mit Begrenzung dagegen ist der Wertebereich der Steuergröße x^* beschränkt; x^* kann nicht jeden Wert annehmen, der gemäß der Funktion $x^* = f(y_0^*)$ in Abhängigkeit von den für die Prozessstellgröße y_0^* definierten Werten theoretisch möglich wäre. Die Steuergröße bleibt ab einem bestimmten Wert konstant. Die Begrenzungen sind insbesondere bei der Festlegung ausgewählter Funktionswerte von Steuergrößen als steuerungstechnisch relevante Schwellen (Abschn. 4.2.1) zu beachten.

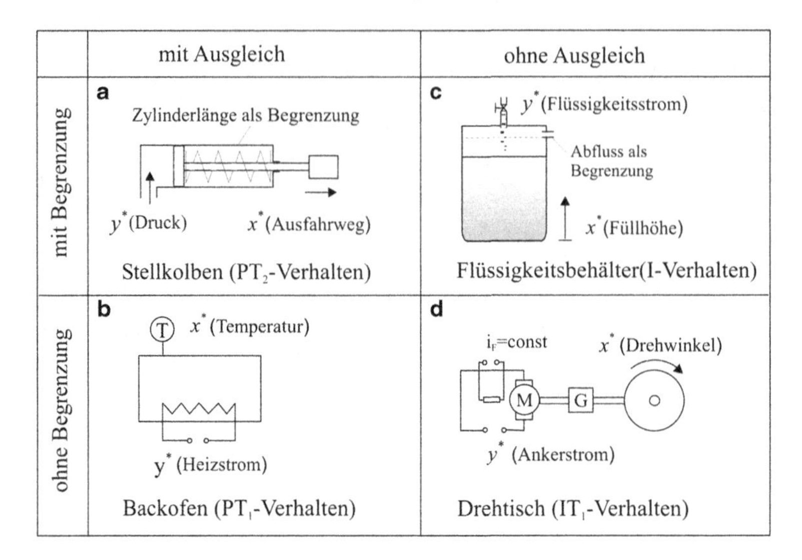

Abb. 4.12 Beispiele für Elementarsteuerstreckenkerne mit analogen Steuergrößen

In Abb. 4.12 sind Beispiele für die betrachteten Grundtypen von Elementarsteuerstreckenkernen mit und ohne Ausgleich sowie mit und ohne Begrenzung angegeben:

- Bewegung eines Stellkolbens gegen eine Feder in Abhängigkeit von einem anliegenden Druck (Abb. 4.12a);
- Änderung der Temperatur in einem Glühofen in Abhängigkeit vom Heizstrom (Abb. 4.12b);
- Veränderung der Füllhöhe in einem Behälter in Abhängigkeit vom Flüssigkeitsstrom (Abb. 4.12c);
- Bewegung eines Drehtisches mittels eines Elektromotors in Abhängigkeit vom Ankerstrom (Abb. 4.12d).

Zum Beispiel „Drehtisch" sei noch bemerkt, dass hier der Wert der Steuergröße *Drehwinkel* theoretisch über alle Grenzen wachsen kann. Da so ein Verhalten bei der Realisierung durch ein reales technisches System zu Widersprüchen führt, ist es zweckmäßig, die Steuergröße auf ein endliches Intervall zu projizieren, d. h. den Winkelbereich mit $[0°, 360°)$ festzulegen, dessen Werte beim Einwirken der Prozessstellgröße zyklisch durchlaufen werden.

4.2.3.2 Zeitverhalten von Elementarsteuerstreckenkernen mit analogen Steuergrößen bei einem Impuls einer Prozessstellgröße

Im Folgenden soll untersucht werden, wie sich Elementarsteuerstreckenkerne mit analogen Steuergrößen bei einer impulsförmigen Änderung einer Prozessstellgröße verhalten.

Diese impulsförmige Einwirkung ergibt sich, wenn in der Steuerstrecke die folgenden beiden Vorgänge nacheinander ablaufen:

- Durch ein Stellsignal y wird eine Prozessstellgröße y^* sprungförmig von 0 nach 1 geändert. Dieser *Sprung* bewirkt, dass ein Vorgang abläuft (z. B. Füllen oder Heizen), durch den eine Steuergröße x^*solange vergrößert wird, bis ein vorgegebener Schwellwert erreicht ist. Dieses Ereignis wird der Steuereinrichtung rückgemeldet.
- Die Steuereinrichtung reagiert darauf mit der Ausgabe des negierten Stellsignal $\bar{y}$, wodurch eine sprungförmige Änderung der Prozessstellgröße von 1 nach 0 erfolgt. Dieser Rücksprung bewirkt erneut eine Beeinflussung der Steuergröße x^*.

Es kommt nun darauf an, das Verhalten einer Steuergröße bei einem Sprung der Prozessstellgröße und einem nach einer gewissen Zeit folgenden Rücksprung, d. h. beim Einwirken eines Impulses, auf der Basis von Differenzialgleichungen zu beschreiben. Wenn die zugrunde liegenden Differenzialgleichungen linear sind, kann die Lösung des aufgezeigten Problems durch Anwendung des Superpositionsprinzips (z. B. [Lun2008]) ermittelt werden. Der Impuls y^* der Prozessstellgröße kann dabei als Überlagerung einer zum Zeitpunkt $t = 0$ einwirkenden Sprungfunktion

$$y_{\uparrow}^*(t) = \begin{cases} 0 & \text{für } t < 0, \\ y_0^* & \text{für } t \geq 0 \end{cases} \tag{4.15}$$

und einem bei $t = t_{\downarrow}$ auftretenden Rücksprung

$$y_{\downarrow}^*(t - t_{\downarrow}) = \begin{cases} y_0^* & \text{für } t < t_{\downarrow}, \\ 0 & \text{für } t \geq t_{\downarrow} \end{cases} \tag{4.16}$$

aufgefasst werden (Abb. 4.13). Der Zeitpunkt $t_{\downarrow}$ des Rücksprungs wird durch den für $x^*(t)$ festgelegten Schwellwert x_S^* bestimmt, denn beim Erreichen dieses Wertes muss die Prozessstellgröße wieder abgeschaltet werden. Die Antwort auf den Sprung $y_{\uparrow}^*(t)$ wird mit $x_{\uparrow}^*(t)$ und die Antwort auf den Rücksprung $y_{\downarrow}^*(t - t_{\downarrow})$ mit $x_{\downarrow}^*(t - t_{\downarrow})$ bezeichnet.

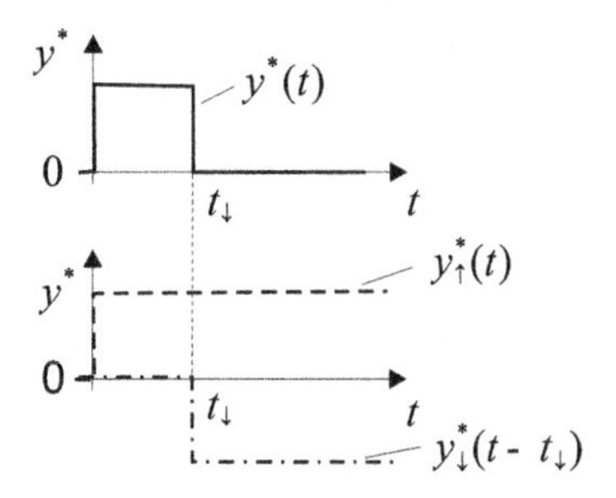

Abb. 4.13 Impuls $y^*(t)$ als Überlagerung von Sprung $y_{\uparrow}^*(t)$ und Rücksprung $y_{\downarrow}^*(t - t_{\downarrow})$

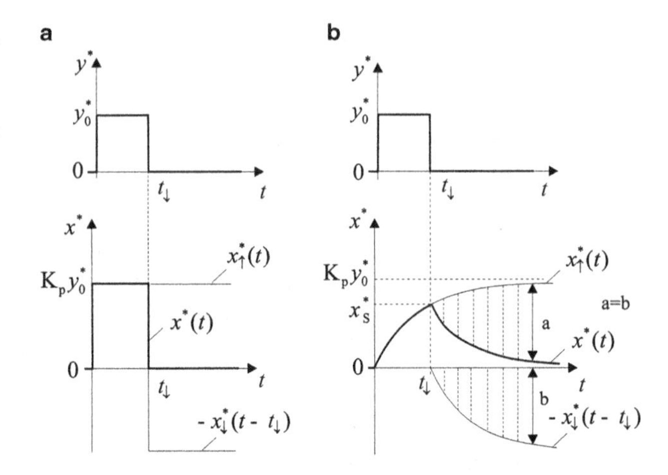

Abb. 4.14 Verhalten von Elementarsteuerstreckenkernen mit Ausgleich bei einem Impuls der Prozessstellgröße y^*. **a** P-Glied, **b** PT_1-Glied

Das Gesamtverhalten einer Steuergröße $x^*(t)$ bei einem Sprung und einem nachfolgenden Rücksprung ergibt sich dann gemäß dem Superpositionsprinzip als Überlagerung, und zwar als Differenz der beiden Sprungantworten:

$$x^*(t) = x^*_{\uparrow}(t) - x^*_{\downarrow}(t - t_{\downarrow}) \tag{4.17}$$

Die Differenzbildung für die einzelnen Übertragungsglieder soll nicht analytisch, sondern der Anschaulichkeit halber graphisch erfolgen.

Für einen *Elementarsteuerstreckenkern mit P-Verhalten* ist $x^*_{\uparrow}(t) = K_p y^*_0$ und $x^*_{\downarrow}(t - t_{\downarrow}) = K_p y^*_0$. Von den Ordinaten der Kennlinie $x^*_{\uparrow}(t) = K_p y^*_0$ sind die jeweiligen Ordinaten der Kennlinie $x^*_{\downarrow}(t - t_{\downarrow}) = K_p y^*_0$ abzuziehen. Für $x^*(t)$ erhält man die in Abb. 4.14a dick gezeichnete Kennlinie.

Bei einem *Elementarsteuerstreckenkern mit PT_1-Verhalten* gilt $x^*_{\uparrow}(t) = K_p y^*_0(1 - \mathrm{e}^{-t/T})$ und $x^*_{\downarrow}(t - t_{\downarrow}) = K_p y^*_0(1 - \mathrm{e}^{-(t-t_{\downarrow})/T})$. Diese beiden Zeitverläufe sind in Abb. 4.14b dünn dargestellt. x^*_S ist der für die Steuergröße $x^*(t)$ festgelegte Schwellwert, bei dem die Prozessstellgröße wieder auf null gesetzt wird. Daraus ergibt sich der Zeitpunkt $t_{\downarrow}$ des Rücksprungs. Durch graphische Differenzbildung gemäß $x^*_{\uparrow}(t) - x^*_{\downarrow}(t - t_{\downarrow})$ erhält man die in Abb. 4.14b dick gezeichnete Kennlinie für $x^*(t)$. Die gestrichelt gezeichneten senkrechten Linien sollen für ausgewählte Zeitpunkte die graphische Differenzbildung veranschaulichen. (An einer Stelle der Abszisse ist das durch die Strecken a und b hervorgehoben.) Es ist ersichtlich, dass die Kennlinie nach dem Rücksprung nach einer e-Funktion abklingt. Das verdeutlicht auf andere Weise, dass ein Elementarsteuerstreckenkern mit PT_1-Verhalten ein Übertragungsglied mit Ausgleich ist.

Für einen *Elementarsteuerstreckenkern mit I-Verhalten* erhält man $x^*_{\uparrow}(t) = K_p y^*_0 t$ und $x^*_{\uparrow}(t - t_{\downarrow}) = K_p y^*_0(t - t_{\downarrow})$. Abbildung 4.15a zeigt die durch graphische Differenzbildung entstandene Kennlinie für $x^*(t)$. x^*_S ist der für die Steuergröße $x^*(t)$ festgelegte Schwellwert und $t_{\downarrow}$ der sich dadurch ergebende Zeitpunkt des Rücksprungs. Beginnend vom Zeitpunkt $t_{\downarrow}$ bleibt die Steuergröße $x^*(t)$ konstant. Dadurch wird das für I-Glieder typische Verhalten ohne Ausgleich bestätigt.

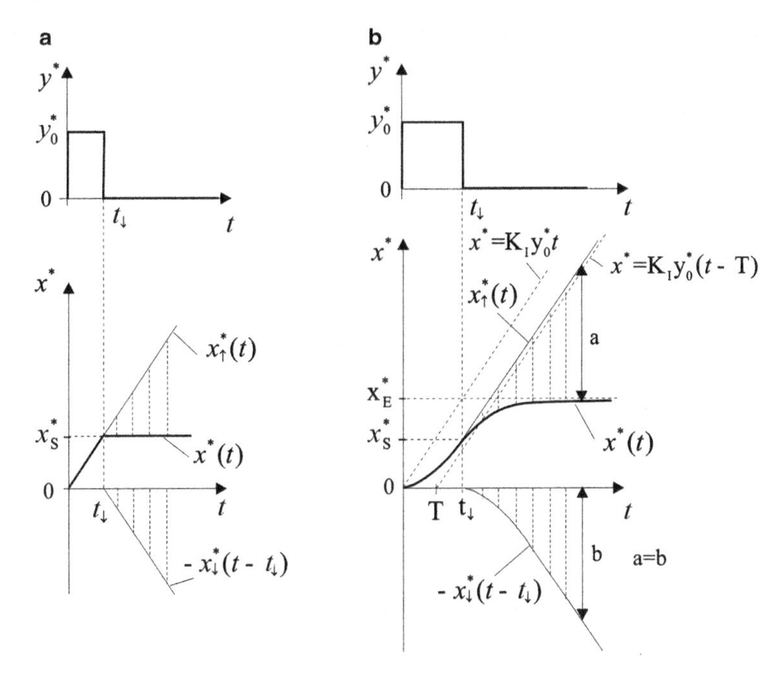

Abb. 4.15 Verhalten von Elementarsteuerstreckenkernen ohne Ausgleich bei einem Impuls der Prozessstellgröße y^*. **a** I-Glied, **b** IT_1-Glied

Bei einem *Elementarsteuerstreckenkern mit IT_1-Verhalten* gilt für den Sprung und den Rücksprung $x^*_\uparrow(t) = K_\mathrm{I} y^*_0[t - T(1 - \mathrm{e}^{-t/T})]$ bzw. $x^*_\downarrow(t - t_\downarrow) = K_\mathrm{I} y^*_0[(t - t_\downarrow) - T(1 - \mathrm{e}^{-(t-t_\downarrow)/T})]$. Die zugehörigen Kennlinien sind in Abb. 4.15b dünn eingezeichnet. Die sich daraus durch Differenzbildung ergebende Kennlinie für $x^*(t)$ ist dick dargestellt.

Aus Abb. 4.15b ist ersichtlich, dass $x^*(t)$ nach Erreichen des Schwellwertes x^*_S und dem sich dadurch ergebenden Zeitpunkt $t_\downarrow$ für den Rücksprung der Prozessstellgröße y^* zunächst weiter ansteigt und sich asymptotisch einem Endwert x^*_E nähert. Für diesen Endwert ergibt sich:

$$x^*_\mathrm{E} = \lim_{t\to\infty} x^*(t) = \lim_{t\to\infty} [x^*_\uparrow(t) - x^*_\downarrow(t - t_\downarrow)] \tag{4.18}$$

Durch Einsetzen der Ausdrücke für $x^*_\uparrow(t)$ und $x^*_\downarrow(t - t_\downarrow)$ erhält man:

$$x^*_\mathrm{E} = \lim_{t\to\infty} [K_\mathrm{I} y^*_0 T \mathrm{e}^{-t/T}(1 - \mathrm{e}^{t_\downarrow/T}) + K_\mathrm{I} y^*_0 t_\downarrow] \tag{4.19}$$

Für $t \to \infty$ wird $\mathrm{e}^{-t/T} = 0$, so dass sich für die parallel zur Abszisse verlaufende Asymptote Folgendes ergibt:

$$x^*_\mathrm{E} = K_\mathrm{I} y^*_0 t_\downarrow \tag{4.20}$$

Diese Asymptote schneidet die Gerade $x^* = K_\mathrm{I} y^*_0 t$, die der Kennlinie des I-Gliedes entspricht, bei $t = t_\downarrow$.

Auch für das IT_1-Glied wird das typische Verhalten ohne Ausgleich noch auf andere Weise bestätigt. Die Steuergröße klingt nach dem Rücksprung nicht auf null ab, wie das bei den Gliedern mit Ausgleich der Fall ist. Die Besonderheit besteht aber darin, dass bei einem Elementarsteuerstreckenkern mit IT_1-Verhalten der festgelegte Schwellwert x_S^* der Steuergröße überschritten wird. Er ergibt sich aus der Beziehung $x_\uparrow^*(t) = K_\mathrm{I} y_0^*[t - T(1 - \mathrm{e}^{-t/T})]$ für $t = t_\downarrow$ zu:

$$x_\mathrm{S}^* = x^*(t_\downarrow) = K_\mathrm{I} y_0^*[t_\downarrow - T(1 - \mathrm{e}^{-t_\downarrow/T})] \tag{4.21}$$

Für die sich für $t \to \infty$ ergebende *Abweichung* A der Asymptote x_E^* Steuergröße x^* vom festgelegten Schwellwert x_S^* erhält man durch Differenzbildung:

$$A = x_\mathrm{E}^* - x_\mathrm{S}^* = K_\mathrm{I} y_0^* t_\downarrow - K_\mathrm{I} y_0^* t_\downarrow + K_\mathrm{I} y_0^* T(1 - \mathrm{e}^{-t_\downarrow/T}) \tag{4.22}$$

$$A = K_\mathrm{I} y_0^* T(1 - \mathrm{e}^{-t_\downarrow/T}) \tag{4.23}$$

Die Abweichung A bei Elementarsteuerstreckenkernen mit IT_1-Verhalten nach einem Sprung und Rücksprung lässt sich durch die dem IT_1-Glied anhaftende Verzögerung begründen. Sie ist direkt proportional der Zeitkonstante T und nimmt mit dem zeitlichen Abstand $t_\downarrow$ zwischen Sprung und Rücksprung stark ab. Für $t_\downarrow \to \infty$ ist $A = 0$.

Bei dem Beispiel gemäß Abb. 4.12d würde also eine für den Drehtisch durch einen Schwellwert festgelegte Position um einen bestimmt Winkel überfahren werden. Um dieses Überfahren zu vermeiden, muss bei Elementarsteuerstreckenkernen mit IT_1-Verhalten gegebenenfalls die Festlegung der Schwellwerte mit einem gewissen Vorhalt unter Berücksichtigung von T und $t_\downarrow$ erfolgen oder vor Erreichen der festgelegten Schwellwerte durch Einbeziehung von Vorschwellen eine entsprechende Abbremsung durchgeführt werden.

4.2.3.3 Elementarsteuerstreckenkerne mit diskreten Steuergrößen

In *Stückgutprozessen* kommen neben analogen Steuergrößen auch diskrete Steuergrößen vor. Steuerungsaufgaben in Stückgutprozessen beziehen sich auf Einzelobjekte (Stückgüter, Teile). Dabei lassen sich z. B. folgende Aufgaben unterscheiden:

- Bewegung von Teilen,
  Beispiel: Transport von Teilen über Förderbänder oder mit Robotern;
- Feststellen der Anwesenheit von Teilen,
  Beispiel: Überprüfen, ob sich auf einem Lagerplatz oder auf einem Transportband ein Teil befindet;
- Dosieren von Teilen (durch Zählen),
  Beispiel: Füllen von Schachteln mit einer vorgegebenen Anzahl von Tabletten;
- Palettieren von Teilen (durch Zählen),
  Beispiel: Platzieren einer vorgegebenen Anzahl von Flaschen in einer Kiste oder einer bestimmten Anzahl von Kartons auf einer Palette;
- Objekterkennung,
  Beispiel: Erkennen von Teilen.

Während es sich beim Bewegen bzw. beim Transport von Teilen (s. erster Anstrich) um analoge Steuergrößen handelt, hat man es bei den übrigen Steuerungsaufgaben hauptsächlich mit diskreten Steuergrößen zu tun, die entweder als *binäre Größen* oder als *Zählgrößen* in Erscheinung treten.

Binäre Steuergrößen treten z. B. auf, wenn es um die Feststellung der Anwesenheit von Stückgütern oder Teilen geht. Die Steuerstreckenkerne sind dann binäre Systeme. Die zugehörige Steuergröße kann die Werte 1 (Teil vorhanden) und 0 (Teil nicht vorhanden) annehmen. Diese beiden Werte sind gleichzeitig die Schwellen der binären Steuergröße.

Zählgrößen sind mehrwertige Steuergrößen. Die zugehörigen Elementarsteuerstreckenkerne stellen Binärzähler dar. Beim Dosieren und Palettieren ist der Schwellwert der diskreten Steuergröße als natürliche Zahl in der Einheit *Stück* vorzugeben, die der Anzahl der zu dosierenden oder zu palettierenden Teile entspricht. Beim Erreichen dieses Schwellwerts wird ein binäres Messsignal ausgegeben.

Diskrete Steuergrößen treten auch bei der Steuerung von diskreten *Prozessen der Rechen- und Kommunikationstechnik* auf. In der Rechentechnik betrifft dies vor allem so genannte Mikroprogrammsteuerungen, die die Aufgabe haben, durch ein im Steuerwerk gespeichertes Mikroprogramm (Steueralgorithmus) im Operationswerk (ALU, **a**lgorithmic **l**ogic **u**nit), d. h. also der Steuerstrecke, bestimmte Folgen von Mikrooperationen auszulösen, z. B. [Hoff1977], [Zan1985]. Mit Operationswerken, die binäre Systeme mit Schieberegistern darstellen, lassen sich z. B. seriell Additionen mit Dualzahlen ausführen. Steuergröße ist dabei der Registerinhalt für den Übertrag. Solange der Registerinhalt 1 ist, wird weiter gerechnet, wenn er den Wert Null annimmt, ist die Rechenoperation beendet.

4.2.4 Prinzipien zur Bildung binärer Signale aus Steuergrößen

4.2.4.1 Messgrößenwandlung und Analog-Binär-Umsetzung

In binären Steuerungssystemen besteht die Aufgabe der Messeinrichtungen darin, die Steuergrößen nach erfolgtem Stelleingriff zu „beobachten" und beim Erreichen von vorgegebenen *Schwellwerten s* (ausgezeichnete Funktionswerte von Steuergrößen bzw. relevante Ergebnisse von Vorgängen) binäre elektrische Signale zu bilden, über die eine Rückmeldung an die binäre Steuereinrichtung, z. B. die SPS, erfolgen kann (Abschn. 4.2.1).

Diskrete Steuergrößen lassen sich in der Regel unmittelbar in binäre elektrische Signale umwandeln. Bei den in technischen Einrichtungen bzw. technologischen Prozessen vorkommenden Steuergrößen handelt es sich aber vorwiegend um analoge nichtelektrische Steuergrößen. Eine direkte Umwandlung dieser Größen in binäre elektrische Signale, die auch als Analog-Binär-Umsetzung bezeichnet wird und die eine Quantisierung bedeutet, ist nur in Ausnahmefällen möglich. Die gemessenen nichtelektrischen Größen müssen meist erst auf andere Zwischengrößen abgebildet werden.

Eine Abbildung von Messgrößen auf Zwischengrößen wird auch als Wandlung bezeichnet. Die dafür in den Messeinrichtungen eingesetzten Elemente oder Baueinheiten heißen Wandler. Wandler, die analoge Größen auf diskrete Größen abbilden, werden Umsetzer genannt. In der Messtechnik ist es üblich, die Aufeinanderfolge der notwendigen

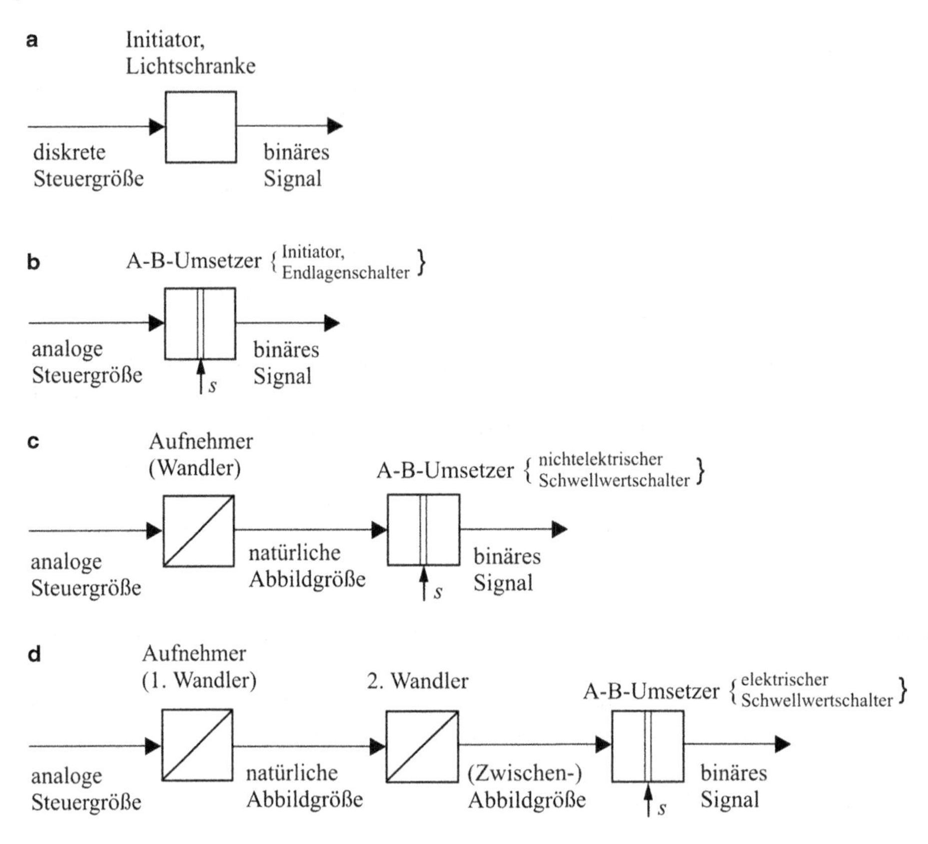

Abb. 4.16 Darstellung von Prinzipien zur Bildung binärer elektrischer Signale aus analogen Steuergrößen in Form von Messketten. **a** Bildung eines Binärsignals aus einer diskreten Steuergröße, **b** Direkte Quantisierung einer nichtelektrischen Steuergröße, **c** Quantisierung einer natürlichen Abbildgröße, **d** Quantisierung nach Signalwandlungen

Signalwandlungen und -umsetzungen von Messgrößen in Form von *Messketten* darzustellen [Sah1990], [TöKr1977], [Hof2007]. Abbildung 4.16 zeigt verschiedene Prinzipien zur Bildung von binären elektrischen Signalen aus diskreten und analogen Steuergrößen in Form von Messketten.

Die Messketten für analoge Steuergrößen können im Allgemeinen mehrere Wandler enthalten. Einer dieser Wandler muss ein *Analog-Binär-Umsetzer* sein, der auch kurz als A-B-Umsetzer (ABU) bezeichnet wird. Abbildung 4.17 zeigt das Wirkprinzip eines Analog-Binär-Umsetzers, in dem ein Vergleich zwischen einer analogen Steuergröße a und einem vorgegebenen Schwellwert s stattfindet. Wenn a gleich s ist, wird ein binäres Signal b ausgegeben. Die Schwellwerte s sind auch an den A-B-Umsetzern der Messketten gemäß Abb. 4.16 eingetragen.

Wenn in einer Messkette dem A-B-Umsetzer weitere Wandler vorgeschaltet sind, wird der erste Wandler, der die Steuergröße als Messgröße in eine natürliche Abbildgröße

Abb. 4.17 Analog-Binär-Umsetzer

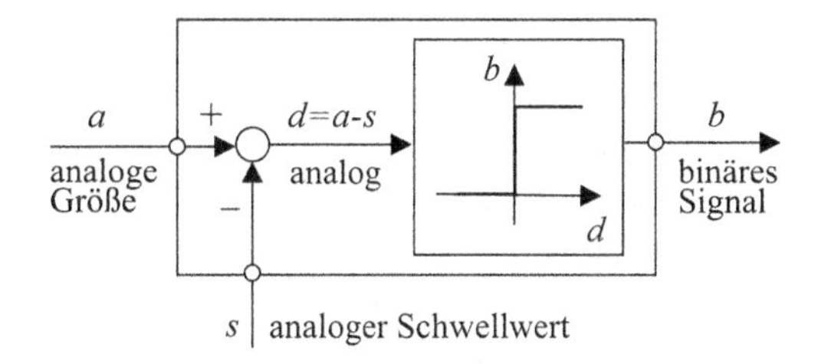

wandelt, als *Aufnehmer*, (Mess-)Fühler oder Geber und zunehmend auch als Sensor bezeichnet. Für die Messung einer bestimmten Steuergröße steht meist eine größere Zahl verschiedener Aufnehmer bzw. Sensoren zur Verfügung. Abbildung 4.18 zeigt stellvertretend für andere Steuergrößen drei Varianten von Aufnehmern für die Steuergröße *Füllstand* in Flüssigkeitsbehältern, die jeweils auf unterschiedlichen Messprinzipien basieren [Hof1996], [Hof2007].

Abbildung 4.18d zeigt in Form eines Kontaktplans, wie durch einen Selbsthaltekreis mit einem Relais R über diese Kontakte unter Einbeziehung der Relaiskontakte r ein Stellsignal y den Wert 1 bzw. 0 annimmt, wodurch z. B. ein Ventil oder eine Pumpe ein- oder ausgeschaltet werden kann. Dabei wurde davon ausgegangen, dass die dargestellten Aufnehmervarianten dazu dienen sollen, beim Erreichen des unteren Schwellwertes s_1 (Behälter leer) ein Ventil zu öffnen und beim Erreichen des oberen Schwellwerts s_1 (Behälter voll) das Ventil wieder zu schließen. Deshalb muss für den unteren Schwellwert ein Arbeitskontakt (Schließer) und für den oberen Schwellwert (Öffner) ein Ruhekontakt (Öffner) verwendet werden.

Bei der Auswahl eines Aufnehmers für eine bestimmte Steuergröße spielt in erster Linie seine Eignung für die betreffende Messaufgabe unter Berücksichtigung des Messguts und der geforderten Genauigkeit eine Rolle. Aus Kostengründen sollte aber auch darauf

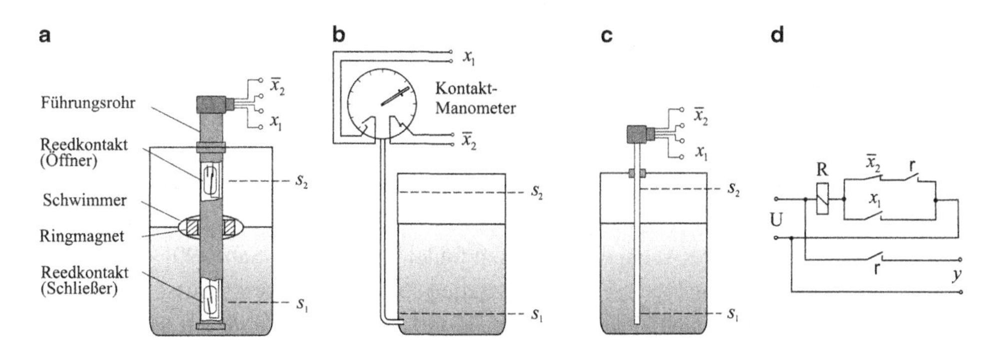

Abb. 4.18 Varianten von Aufnehmern für Füllstände in Flüssigkeiten (Einlass- und Auslassventile wurden weggelassen). **a** Schwimmerschalter, **b** Kontaktmanometer, **c** Kapazitiver Aufnehmer mit Schwellwertschaltern, **d** Schaltung zur Bildung des Stellsignals y aus den Messsignalen x_1 und x_2 (r sind Kontakte des Relais R)

geachtet werden, dass Aufnehmer zum Einsatz kommen, bei denen möglichst wenige oder bestenfalls keine weiteren Wandlungen erforderlich sind.

Je nachdem, an welcher Stelle der Messkette die Quantisierung erfolgt, lassen sich vier Prinzipien zur Bildung von binären elektrischen Signalen aus analogen oder diskreten nichtelektrischen Steuergrößen unterscheiden (Abb. 4.16), die in den folgenden Unterkapiteln erläutert werden. Dabei wird auf die in Abb. 4.18 dargestellten Aufnehmervarianten für Füllstände als Beispiele zu den einzelnen Prinzipien Bezug genommen.

4.2.4.2 Bildung eines Binärsignals aus einer diskreten Steuergröße

Da diskrete Steuergrößen, die vor allem in Stückgutprozessen auftreten (Abschn. 4.2.3.3), bereits in quantisierter Form vorliegen, entfallen etwaige Wandlungen und auch die sonst notwendige Quantisierung mittels Umsetzer. Die Messkette für die Bildung binärer Signale aus diskreten Steuergrößen ist in Abb. 4.16a dargestellt. Die Messung binärer Steuergrößen, wie sie z. B. bei der Feststellung der Anwesenheit von Teilen auftreten, kann dabei mittels Initiatoren oder Lichtschranken erfolgen, die unmittelbar binäre Signale zur Weiterleitung an die Steuereinrichtung liefern.

Bei Zählvorgängen, die z. B. beim Dosieren und Palettieren eine Rolle spielen, können die zu zählenden Teile zunächst durch Initiatoren bzw. Lichtschranken erfasst werden. Die dabei entstehende Impulsfolge wird Binärzählern zugeleitet, die beim Erreichen einer einstellbaren Schwelle, die der gewünschten Anzahl von Teilen entspricht, ein Binärsignal liefern.

4.2.4.3 Direkte Quantisierung einer nichtelektrischen Steuergröße

Aus Kostengründen ist es wünschenswert, wenn man auch bei analogen nichtelektrischen Steuergrößen wie bei diskreten Steuergrößen ohne zusätzliche Signalwandlungen auskommen würde und die Analog-Binär-Umsetzung dann direkt erfolgen könnte. Eine solche direkte Umsetzung von analogen Steuergrößen in binäre Signale ist insbesondere bei den Steuergrößen *Weg* und *Winkel* möglich [Sah1990]. Darauf basiert das Prinzip der numerischen Steuerungen (CNC-Steuerungen), die z. B. in der Fertigungstechnik zur Steuerung von Werkzeugmaschinen eingesetzt werden.

Bei numerischen Steuerungen wird z. B. die Steuergröße *Weg* durch numerische oder alphanumerische Kodes, also durch Zahlen, abgebildet. Dazu wird der Weg mit einem Maßstab, z. B. in Form von Rasterlinealen oder Kodeschienen, versehen, die zur Gewinnung elektrischer digitaler Signale abgetastet werden müssen. Hierfür können entweder Inkrementalverfahren (serielle Umsetzung) oder Kodeverfahren (parallele Umsetzung) genutzt werden. Ausführliche Abhandlungen dazu findet man z. B. in [Sah1990], [Pri2006]. Eine numerische Steuerung arbeitet nun so, dass die geometrischen Verhältnisse des Werkstücks durch Maßzahlen im NC-Programm notiert und unter Bezugnahme auf die digitalen Weginformationen zur Steuerung der Relativlage zwischen Werkstück und Werkzeug benutzt werden. Im automatisierungstechnischen Sinn handelt es sich dabei um eine digitale Lageregelung, deren Aufgabe darin besteht, die Ist-Bewegung einer Bewegungseinheit der Sollbewegung nach zu führen.

Im Gegensatz zu diesen numerischen Steuerungen geht es bei *binären Ablaufsteuerungen* darum, die den Steuergrößen *Weg* oder *Winkel* zugeordneten *Schwellen* als Lage oder Position auf einem Weg oder einem Kreisumfang zu erfassen. Soll z. B. auf direkte Weise festgestellt werden, ob ein sich auf dem Weg bewegender Körper eine bestimmte Position erreicht hat, dann kann man an dieser Stelle, wie bei NC-Maschinen, eine Markierung vorsehen, die durch Abtastung erkannt werden müsste, oder man installiert an dieser Stelle einen binären Signalgeber, der das Erreichen der Position mit der Ausgabe eines Impulses signalisiert. Für derartige binäre Signalgeber zur Positionserkennung existieren vielfältige Ausführungsformen. Sie lassen sich in zwei Gruppen einteilen [Sah1990], [Hof2007]:

- Endlagenschalter mit Kontakten,
  Ausführungsformen: Grenzwertschalter, Mikroschalter.
- Initiatoren ohne Kontakte (berührungslose Messwerterfassung),
  Ausführungsformen:
  - Schranken oder Reflexschranken mit Lichtstrahlung, Ultraschall, Wärmestrahlung, Luftstrahl (pneumatisch),
  - Hall-Sensoren, magnetoresistive Sensoren,
  - elektrische Oszillatorschaltungen.

Die Messkette für diese direkte Quantisierung der analogen Steuergrößen *Weg* und *Winkel* zeigt Abb. 4.16b. Dieses Prinzip lässt sich auch bei anderen Steuergrößen anwenden, wenn sie als Weg oder Winkel interpretiert werden können. Das ist z. B. bei der Steuergröße *Füllstand* der Fall. Denn man kann die Veränderung des Füllstandes in einem Flüssigkeitsbehälter auch als eine Bewegung der Flüssigkeitsoberfläche auf einem Weg auffassen, der in senkrechter Richtung parallel zur Behälterwand entlang läuft. Wenn man nun auf der Wasseroberfläche einen Schwimmer als Aufnehmer anordnet, dann bewegt sich dieser auf diesem fiktiven Weg.

Eine günstige konstruktive Lösung für einen Aufnehmer zur Erfassung der Steuergröße *Füllstand* als Weg stellt der Schwimmerschalter gemäß Abb. 4.18a dar, bei dem der Schwimmer mit integriertem ringförmigen Dauermagneten durch den ansteigenden oder abfallenden Flüssigkeitspegel entlang eines Führungsrohrs nach oben bzw. nach unten bewegt wird. Im Führungsrohr befinden sich im Bereich der festgelegten Schwellwerte s_1 und s_2 der Steuergröße so genannte Reedkontakte, die Kontaktzungen aus ferromagnetischem Material besitzen. Sie werden insbesondere als Schließer (Arbeitskontakte) und als Wechsler (Wechselkontakte) ausgelegt. Wenn sich der Schwimmer mit dem Dauermagneten im Bereich der Reedkontakte befindet, nehmen die ferromagnetischen Zungen entgegengesetzte Polarität an. Dadurch werden Arbeitskontakte geschlossen und Wechselkontakte umgeschaltet. Mit einem Schwimmerschalter ist es also möglich, die analoge nichtelektrische Steuergröße *Füllstand*, die als Weg aufgefasst und gemessen wird, auf direkte Weise, d. h. ohne Wandlung in eine Zwischenabbildgröße, zu quantisieren. Den Reedkontakten in einer Ausführung als Arbeits- bzw. Ruhekontakt entsprechen die binären Signale x_1 und $\bar{x}_2$. Abbildung 4.16d zeigt in Form eines Kontaktplans, wie durch einen Selbsthaltekreis mit einem Relais R über diese Kontakte unter Einbeziehung der Relaiskontakte r ein Stellsignal y den Wert 1 bzw. 0 annimmt, wodurch z. B. eine Pumpe ein- und ausgeschaltet werden kann.

4.2.4.4 Quantisierung einer natürlichen nichtelektrischen Abbildgröße

Wenn sich eine analoge nichtelektrische Steuergröße nicht auf direkte Weise quantisieren lässt, ist es mitunter beim Einsatz bestimmter Aufnehmer möglich, in einem Wandlungsschritt zunächst die natürliche (nichtelektrische) Abbildgröße zu bilden und diese zu quantisieren, d. h. aus ihr auf direkte Weise binäre elektrische Signale zu erzeugen. Die entsprechende Messkette ist in Abb. 4.16c dargestellt.

Dieses Prinzip lässt sich z. B. bei der Messung des Bodendrucks in Flüssigkeitsbehältern mittels eines Kontaktmanometers (Abb. 4.18b) anwenden. Denn unter Berücksichtigung der Dichte ρ und der Erdbeschleunigung g kann aus dem Bodendruck p gemäß der Beziehung

$$p = \rho \cdot g \cdot h \tag{4.24}$$

auf die Füllhöhe h geschlossen werden.

Der mit dem Kontaktmanometer gemessene Bodendruck p wird dabei in die Zeigerstellung eines Instruments als natürliches Abbild des Füllstandes gewandelt. Auf der Skala des Instruments sind verschiebbare Kontakte angeordnet, die durch den sich bewegenden Zeiger betätigt werden können. Der Arbeitskontakt x_1 wird so im Anfangsbereich der Skala angeordnet, dass er dem Schwellwert s_1 entspricht, und der Ruhekontakt $\bar{x}_2$ wird so weit nach rechts auf der Skala verschoben, dass durch ihn die Schwelle s_2 signalisiert werden kann (Abb. 4.18b, d). Dadurch können aus der Zeigerstellung als natürliches Abbild des Füllstandes ohne weitere Wandlungen durch Quantisierung über Kontakte binäre Signale gebildet werden.

4.2.4.5 Quantisierung nach Signalwandlungen

Wenn analoge nichtelektrische Steuergrößen sich nicht oder nur schwierig auf direkte Weise in binäre Signale umsetzen lassen und sich durch die eingesetzten Aufnehmer auch keine natürliche Abbildgröße ergibt, die sich direkt quantisieren lässt, dann kann man eine oder mehrere weitere Wandlungen vorsehen, um eine Abbildgröße zu erzeugen, die eine einfache Quantisierung gestattet. Die entsprechende Messkette zeigt Abb. 4.16d.

Als ein Beispiel für dieses Prinzip zur Bildung binärer Signale kann der Einsatz des in Abb. 4.18c dargestellten Aufnehmers zur kapazitiven Füllstandmessung angesehen werden. Gemessen wird die Kapazität zwischen einer Sonde und der Behälterwand gemäß der Beziehung

$$C = C_0 + K \cdot \varepsilon_r \cdot h. \tag{4.25}$$

C_0 ist die Kapazität bei der Füllhöhe $h = 0$ und ε_r die relative Dielektrizitätskonstante. Die Konstante K berücksichtigt die geometrischen Abmessungen. Anstelle der Kapazität zwischen Sonde und Wand kann auch die Kapazität zwischen zwei Sonden gemessen werden. Die natürliche Abbildgröße „Kapazität" kann dann noch in eine andere analoge elektrische Größe, z. B. eine Spannung, gewandelt werden, aus der über Schwellwertschalter (z. B. Schmitt-Trigger) binäre elektrische Signale gebildet werden.

4.2.5 Operationen und Prozesse in Elementarsteuerstrecken

Im Abschn. 4.2.3 wurde dargelegt, dass bei einer Werteänderung eines Stellsignals y in einer Elementarsteuerstrecke (Abschn. 4.2.1, Abb. 4.6) eine Prozessstellgröße y^* sprungförmig verändert wird. Dadurch führt die dieser Elementarsteuerstrecke zugeordnete Steuergröße x^* eine Sprungantwort aus. Durch diese gezielte Beeinflussung einer Steuergröße laufen im Kern der betreffenden Elementarsteuerstrecke Vorgänge ab, die entweder zu einer Vergrößerung oder zu einer Verkleinerung des Funktionswertes der Steuergröße x^* führen. Bei analogen Steuergrößen handelt es sich dabei um kontinuierliche Vorgänge, wie z. B. das Füllen oder das Leeren eines Behälters zur Vergrößerung bzw. Verkleinerung der Steuergröße *Füllstand*. Bei diskreten Steuergrößen bedeutet Vergrößerung eine Wertänderung von 0 nach 1 und Verkleinerung eine Wertänderung von 1 nach 0.

Ein Vorgang in einem Elementarsteuerstreckenkern ESSK_k, der *gezielt* durch sprungförmige Änderungen einer Prozessstellgröße y^* ausgelöst und auch wieder beendet wird und der entweder zur Vergrößerung oder zur Verkleinerung der zugehörigen Steuergröße x_k^* führt, wird als *Operation* o bezeichnet.

In einer Elementarsteuerstrecke können im Allgemeinen mehrere Operationen bezüglich der zugehörigen Steuergröße ausgeführt werden (z. B. Füllen und Leeren bei der Steuergröße Füllstand). Jeder Operation o ist dabei eindeutig eine Prozessstellgröße y^* zugeordnet, die durch ein Stellsignal y bzw. eine Kombination $\mathbf{y}$ von Stellsignalen aktiviert und auch wieder deaktiviert werden kann. Über eine Prozessstellgröße können auch gleichzeitig mehrere Operationen gestartet werden.

Für jede Operation o_j, durch die eine Steuergröße x_i^* verändert wird, kann ein Schwellwert x_{iSj}^* dieser Steuergröße festgelegt werden. Das Erreichen eines Schwellwerts wurde in Abschn. 1.1.3.3 als Ereignis definiert. Für Signale, die Ereignisse der Steuereinrichtung melden, wurde der Begriff *Ereignissignal* eingeführt.

Ein *Schwellwert* x_{iSj}^* einer Steuergröße x_i^* bezüglich einer Operation o_j ist die *Zielgröße dieser Operation*. Die betreffende Operation ist so lange auszuführen, bis die Zielgröße erreicht ist.

Damit ergibt sich folgender *Wirkungsablauf bei der Steuerung einer Elementarsteuerstrecke*:

> Eine in einer Elementarsteuerstrecke durch Stellsignale y ausgelöste Operation o_j zur Veränderung der zugehörigen Steuergröße x_i^* wird ausgeführt, bis der ihr zugeordnete Schwellwert x_{iSj}^* erreicht ist und dies durch ein binäres Ereignissignal x der (fiktiven) Steuereinrichtung rückgemeldet wird. In der Steuereinrichtung werden daraufhin Stellsignale y gebildet, die das Beenden der laufenden Operation bewirken und gegebenenfalls eine Folgeoperation bezüglich der gleichen Steuergröße x_i^* auslösen. Andernfalls tritt in der Elementarsteuerstrecke eine Operationslücke auf, in der eine gewisse Zeit lang keine Operationen ablaufen, bis dann aufgrund anderer Einflüsse, z. B. Bediensignale oder Störeinflüsse, erneut Operationen gestartet werden.

Die Operationslücke wird auch als *Warteoperation* bezeichnet. Während dieser Operation wird gewartet, bis ein Ereignissignal eintrifft.

Im Rahmen des Wirkungsablaufs einer Ablaufsteuerung entstehen in Elementarsteuerstrecken ereignisdiskrete Prozesse (s. Definition 1.5 im Abschn. 1.1.3.3), die als alternierende zeitliche Aufeinanderfolgen von Operationen und Ereignissen in Erscheinung treten. In Elementarsteuerstrecken handelt es sich dabei allerdings um sehr einfache ereignisdiskrete Prozesse.

Zur Veranschaulichung der in Elementarsteuerstrecken ablaufenden Operationen und ereignisdiskreten Prozesse können die Beispiele in Abschn. 4.2.1 (Abb. 4.7) und Abschn. 4.2.8 (Abb. 4.23) herangezogen werden.

4.2.6 Totzeitverhalten von Elementarsteuerstrecken

Von außen betrachtet sind Elementarsteuerstrecken ESS_k binäre Systeme, deren Eingänge in Form der binären Stellsignale y vorliegen und deren Ausgänge durch die binären Messsignale x gebildet werden. Ganz anders sieht es im Inneren von Elementarsteuerstrecken aus. Bei den Elementarsteuerstreckenkernen mit analogen Steuergrößen x^* handelt es sich um kontinuierliche dynamische Systeme (Abschn. 4.2.3).

Durch eine sprungförmige Änderung eines binären Stellsignals y wird eine diskrete Prozessstellgröße y^* aktiviert (s. Abb. 4.6). Dadurch läuft eine Operation o zur Veränderung der zugehörigen analogen Steuergröße x^* ab, d. h. ein kontinuierlicher Vorgang. Beim Erreichen einer vorgegebenen Schwelle x_S^* der Steuergröße wird ausgangsseitig ein binäres Messsignal x gebildet.

> *Eine Elementarsteuerstrecke kann demzufolge als ein Übertragungsglied mit Totzeit aufgefasst werden*. Denn zwischen dem Sprung eines Stellsignales y am Eingang einer Elementarsteuerstrecke und dem Sprung eines Messsignals x an deren Ausgang vergeht eine bestimmte Zeit, die sich aus dem Zeitverhalten des zugehörigen Elementarsteuerstreckenkerns ergibt (vgl. Abschn. 4.2.3) und die als *Totzeit* T_t anzusehen ist.

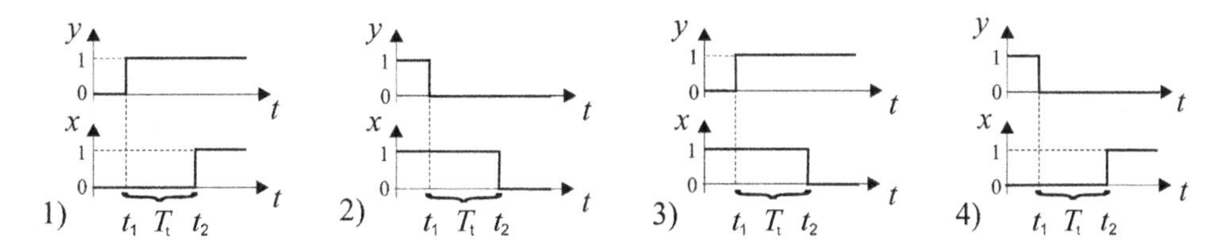

Abb. 4.19 Totzeitvarianten in Elementarsteuerstrecken

Da es sich aber bei den Elementarsteuerstrecken eingangs- und ausgangsseitig um binäre Signale handelt, müssen sowohl Sprünge von 0 nach 1 als auch Sprünge von 1 nach 0 einbezogen werden. Es muss auch zugelassen werden, dass der Sprung von x am Ausgang in entgegengesetzter Richtung erfolgen kann als der Sprung von y am Eingang. Wenn ein Sprung des betreffenden Signals von 0 nach 1 auftritt, ist dies in unnegierter Form und andernfalls in negierter Form zu notieren. Bezüglich des Totzeitverhaltens von Elementarsteuerstrecken lassen sich also die folgenden vier Fälle unterscheiden:

$$x(t) = y(t - T_t) \tag{4.26}$$

$$\bar{x}(t) = \bar{y}(t - T_t) \tag{4.27}$$

$$x(t) = \bar{y}(t - T_t) \tag{4.28}$$

$$\bar{x}(t) = y(t - T_t) \tag{4.29}$$

In Abb. 4.19 sind dazu die zeitlichen Abläufe dargestellt.

Wenn man annimmt, dass im Allgemeinen die Verzögerungszeit bei der Bildung der Prozessstellgröße y^* aus dem Stellsignal y und die Verzögerungszeit bei der Erzeugung des binären Ausgangssignals x aus der Steuergröße x^* klein ist gegenüber der Zeit, die für die Veränderung der zugehörigen Steuergröße benötigt wird, dann ergibt sich die Totzeit T_t allein aus dem Zeitverhalten des Elementarsteuerstreckenkerns.

Bei der Berechnung der Totzeit wird davon ausgegangen, dass an der unteren Schwelle x^*_{S1} der Steuergröße x^* zum Zeitpunkt t_1 durch einen Sprung des Stellsignals y eine Operation ausgelöst wird (Abb. 4.20), die zur Vergrößerung der Steuergröße führt. Wenn die Steuergröße zum Zeitpunkt t_2 an der oberen Schwelle x^*_{S2} angelangt ist, wird das binäre Signal x gebildet. Für den Fall, dass es sich bei dem Steuerstreckenkern um ein I-Glied handelt, für das gemäß Gl. 4.12 die Beziehung $x^* = K_I y^*_0 t$ gilt, dann ergibt sich für die Totzeit:

$$T_t = t_2 - t_1 = \frac{x^*_{S2} - x^*_{S1}}{K_I y^*_0} \tag{4.30}$$

Die Erkenntnis, dass eine Elementarsteuerstrecke ein Totzeitglied darstellt, widerlegt die Ansicht, dass das Charakteristikum einer Steuerung gemäß DIN 19226 bzw. DIN IEC 60050-351 lediglich ein geschlossener *Wirkungsweg* ist, während es sich bei einer Regelung um einen geschlossenen *Wirkungsablauf* handelt. Denn aufgrund der Funktionsweise

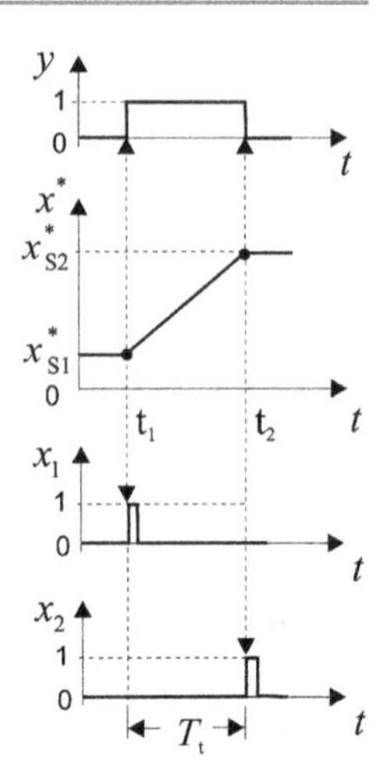

Abb. 4.20 Zur Berechnung der Totzeit bei einem Elementarsteuerstreckenkern mit I-Verhalten

einer Elementarsteuerstrecke als Totzeitglied ergibt sich ein geschlossener Wirkungsablauf von den Stelleinrichtungen bis zu den Messeinrichtungen, der sich über die Steuereinrichtung bis hin zu den Stellsignalen fortsetzt. Doch nicht nur diese Tatsache rechtfertigt eine Neufassung der Definitionen des Begriffes *Ablaufsteuerung* (Abschn. 2.2.4).

4.2.7 Einschränkung der Wirksamkeit von Mess- und Stellsignalen

4.2.7.1 Freigabebedingungen für die Weiterleitung von Messsignalen

Wie viele Schwellwerte für eine Steuergröße festzulegen sind, hängt von der Steuerungsaufgabe ab. Beim Beispiel 4.1 (Flüssigkeitsbehälter, Abschn. 4.2.1) sind es zwei Schwellwerte, einer für „Behälter leer“, wodurch die Operation *Füllen* ausgelöst wird, und einer für „Behälter voll“, was das Beenden dieser Operation zur Folge hat. Beim Beispiel 4.3 (Zisterne, Abschn. 4.2.8) werden vier Schwellwerte benötigt, zwei im Zusammenhang mit der Operation *Füllen* („Zisterne leer“, d. h. Füllen beginnen, und „Zisterne bis zu einer bestimmten Höhe gefüllt“, d. h. Füllen beenden) und zwei bezüglich der Operation *Leeren* („Zisterne voll“, d. h. Leeren beginnen, und „Zisterne bis zu einer festgelegten Höhe entleert“, d. h. Leeren beenden).

Es gibt Steuerungsaufgaben, bei denen es erforderlich ist, für eine Steuergröße eine größere Anzahl von Schwellwerten vorzusehen, wobei aber in Abhängigkeit von bestimmten Bedingungen immer nur einer gültig ist. Nur das Erreichen des jeweils gültigen Schwellwerts muss dann der Steuereinrichtung rückgemeldet werden. So muss z. B. bei einer Aufzugssteuerung für mehr als zwei Etagen mit der Steuergröße *Weg* bzw. *Etagenhöhe* und den beiden Operationen „*Bewegung nach oben*“ und „*Bewegung nach unten*“ pro Etage ein Schwellwert vorgesehen werden (Abschn. 5.3). Ein zu einer Etage gehörender Schwellwert ist aber nur dann zu beachten, wenn diese Etage als Fahrziel angewählt wurde. In diesem Fall muss nämlich die jeweilige Operation unterbrochen werden, d. h. der Aufzug muss in der betreffenden Etage halten. Gegebenenfalls kann die Fahrt nach

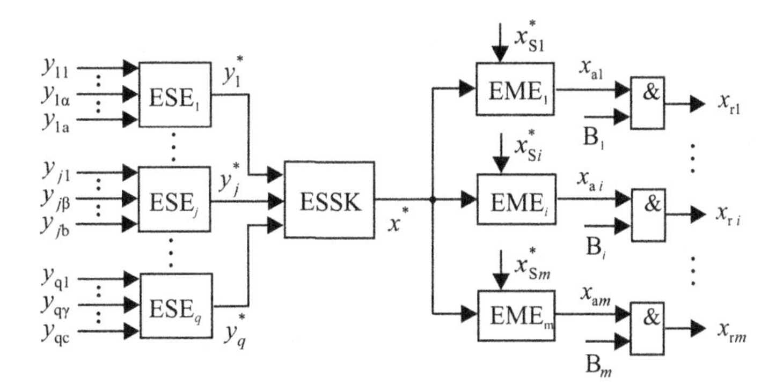

Abb. 4.21 Struktur einer Elementarsteuerstrecke mit Freigabebedingungen für die Weiterleitung von Messsignalen

einer vorgegebenen Wartezeit in der als Nächstes vorgesehenen Richtung fortgesetzt werden, d. h. es wird dann erneut die Operation „*Bewegung nach oben*" oder die Operation „*Bewegung nach unten*" ausgeführt.

Für jeden Schwellwert x_{Si}^* der Steuergröße x^* muss eine elementare Messeinrichtung EME$_i$ zur Bildung eines Binärsignals x_i vorhanden sein (Abb. 4.21). Ob das Erreichen eines Schwellwertes z. B. bei einer Bewegung des Aufzugs tatsächlich beachtet und das in einer Messeinrichtung EME$_i$ gebildete Binärsignal an die Steuereinrichtung weiter geleitet werden muss, hängt dabei von den Bediensignalen ab, d. h. von der Betätigung der Ruftaster in den Etagen und der Etagenwahltaster in der Kabine. Das an die Steuereinrichtung rückzumeldende Signal x_{ri} ergibt sich dann aus dem Ausgangssignal x_{ai} der Messeinrichtung EME$_i$ durch konjunktive Verknüpfung mit einer Freigabebedingung B$_i$, die einen Schaltausdruck aus Bediensignalen darstellt:

$$x_{ri} = x_{ai} \wedge \mathrm{B}_i \tag{4.31}$$

Die Realisierung der UND-Verknüpfungen kann entweder durch separate UND-Glieder oder direkt in der vorzusehenden SPS erfolgen.

4.2.7.2 Freigabebedingungen für die Weiterleitung von Stellsignalen

Mitunter ist es notwendig, dass eine Operation, die eine Veränderung der Steuergröße x_i^* einer Elementarsteuerstrecke ESS$_i$ (Abschn. 4.2.1) bewirken soll, nur dann ausgeführt wird, wenn die zu anderen Elementarsteuerstrecken ESS$_k$ gehörenden Steuergrößen x_k^* mit $k \in \{1, \ldots, i, \ldots, n\}$ und $k \neq i$ bestimmte Schwellwerte erreicht haben und somit bestimmte Situationen in den betreffenden Elementarsteuerstrecken vorliegen. Diese Situationen müssen dann bei der Weiterleitung von Stellsignalen in der Elementarsteuerstrecke ESS$_i$ im Sinne von *Freigabebedingungen* berücksichtigt werden. Das soll an einem Beispiel veranschaulicht werden.

Beispiel 4.2 (Transport von Flüssigkeiten)

Ein Transportbehälter, der sich auf einem Wagen befindet, soll aus einem darüber angeordneten Vorratsbehälter gefüllt werden (Abb. 4.22a). Das Füllen ist zu beenden, wenn ein bestimmtes Gewicht des Transportbehälters erreicht ist. Der Wagen kann durch eine Seilwinde zwischen zwei Endlagen hin und her bewegt werden. (Das Entleeren des Transportbehälters wird hier nicht betrachtet). Es existieren also drei Elementarsteuerstrecken mit den Steuergrößen *Füllstand* x_F^* des Vorratsbehälters, *Gewicht* x_G^* des Inhalts des Transportbehälters und zurückgelegter *Weg* x_W^* des Transportwagens. In Abb. 4.22a sind neben den Prozessstellgrößen und den Schwellwerten in eckigen Klammern jeweils die zugehörigen Stellsignale bzw. Messsignale angegeben. Zu beachten ist, dass der Transportbehälter nur gefüllt werden darf, wenn sich der Wagen unter dem Vorratsbehälter befindet.

Die Wirkungsabläufe in den drei Elementarsteuerstrecken werden durch das in Abb. 4.22b dargestellte Strukturschema veranschaulicht. Für die Betätigung des Magnetventils zum Füllen des Vorratsbehälters ist die Prozessstellgröße y_F^* vorgesehen, die durch das Stellsignal y_1 aktiviert wird. Die Schwellwerte x_{FS1}^* und x_{FS2}^* werden durch die Messsignale x_1 bzw. x_2 rückgemeldet. (Die Stell- und Messsignale werden in eckigen Klammern neben die Prozessstellgrößen bzw. die Schwellwerte geschrieben.) Wenn $x_1 = 1$ ist, ist das Füllen des Vorratsbehälters zu beenden, d. h. es wird $y_1 = 0$ gesetzt. Dieser Wirkungsablauf über eine fiktive Steuereinrichtung wird durch die gestrichelte Pfeillinie angedeutet. Ist der Vorratsbehälter leer, d. h. ist $x_2 = 0$, dann wird y_1 wieder der Wert 1 zugeordnet.

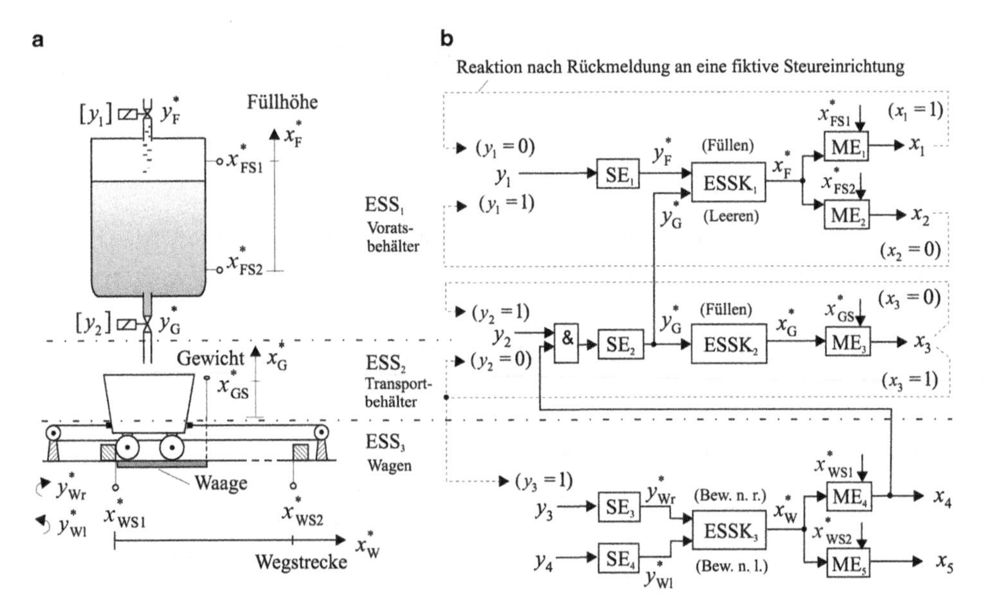

Abb. 4.22 Transport von Flüssigkeiten. **a** Anlagenschema, **b** Strukturschema der Steuerstrecke

Die Besonderheit bei diesem Beispiel besteht darin, dass das Stellsignal y_2 nur dann weitergeleitet werden darf, um das Ventil für das Füllen des Transportbehälters zu öffnen, wenn der Transportwagen in der linken Endstellung steht, d. h. wenn der Schwellwert x^*_{WS1} erreicht ist und damit $x_4 = 1$ ist. Das Messsignal x_4 stellt eine Freigabebedingung für die Prozessstellgröße y^*_G dar. Für x^*_G ergibt sich die Beziehung $y^*_G = y_2 x_4$, d. h. das der Steuereinrichtung (SPS) zuzuführende Messsignal x_4 ist dort mit dem auszugebenden Stellsignal y_2 konjunktiv zu verknüpfen. Dies kann entweder über ein externes UND-Glied (wie in Abb. 4.22b gezeichnet) oder durch die Rückführung des Signals x_4 in der SPS erfolgen. Im ersten Fall handelt es sich um eine externe und im zweiten Fall um eine interne Kopplung zwischen den Elementarsteuerstrecken ESS_2 und ESS_3, die über Signale erfolgt.

Durch die Prozessstellgröße y^*_G werden gleichzeitig das Leeren des Vorratsbehälters und das Füllen des Transportbehälters eingeleitet. Diese beiden Operationen werden beendet, wenn der Schwellwert x^*_{GS} erreicht ist, d. h. wenn $x_3 = 1$ ist. Dadurch wird $y_2 = 0$ gesetzt, was durch die gestrichelte Pfeillinie angedeutet ist (Abb. 4.22b).

4.2.8 Äußere Einflüsse auf Elementarsteuerstrecken

Während Steuergrößen durch Operationen gezielt vergrößert oder verkleinert werden (Abschn. 4.2.5), können diese Veränderungen aber auch durch *zufällige Vorgänge* oder durch *systembedingte Vorgänge* verursacht werden. So ergibt sich z. B. bei einem Behälter, in den Regenwasser eingeleitet wird, ein zufälliger Vorgang *Füllen*, der eine Vergrößerung der Steuergröße *Füllstand* zur Folge hat. Bei der manuellen Entnahme von Wasser aus dem Behälter läuft ein zufälliger Vorgang *Leeren* ab, der eine Verringerung des Füllstandes bewirkt. Systembedingte Vorgänge treten bei Elementarsteuerstreckenkernen mit Ausgleich auf. So entsteht z. B. bei einer Raumheizung mit der Temperatur als Steuergröße nach Beenden der Operation *Heizen* ein Vorgang *Abkühlen*, der nicht gezielt durch Stellsignale herbeigeführt wird.

> *Zufällige* und *systembedingte Vorgänge* können als *äußere Störeinflüsse* v auf Steuergrößen bzw. Elementarsteuerstrecken aufgefasst werden. Den Auswirkungen einer Störung v muss erforderlichenfalls gezielt durch eine Operation o entgegengewirkt werden. Für diese Störung v muss auch ein *Schwellwert* festgelegt werden. Wenn dieser Schwellwert erreicht wird, muss die als Gegenwirkung dienende Operation ausgelöst werden.

Dieser Sachverhalt soll an dem folgenden Beispiel erläutert werden.

Beispiel 4.3 (Operationen und zufällige Vorgänge in einer Zisterne)

Zisternen sind Behälter für Regenwasser, das z. B. von Dachflächen oder gepflasterten Freiflächen eingeleitet wird. Mit dem Bau von Zisternen können zwei Zielstellungen verfolgt werden:

- Nutzung von Regenwasser z. B. für Gartenflächen und Toilettenspülungen.
  Für diese Zielstellung kommen zunächst zwei zufällige Vorgänge in Betracht, nämlich der natürliche Zulauf von Regenwasser und die sporadische Entnahme von Gebrauchswasser durch Betätigung einer Pumpe über handbetätigte Stellarmaturen. Wegen der Nutzung des Regenwassers für die Toilettenspülung darf die Zisterne auch in Dürrezeiten nie ganz entleert werden. Um das zu verhindern, kann beim Erreichen eines unteren Schwellwertes über ein Stellventil automatisch eine bestimmte durch einen weiteren Schwellwert vorgegebene Menge Trinkwasser nachgespeist werden. Neben dem zufälligen Vorgang *Füllen* existiert dann zusätzlich eine Operation *Füllen*, die über Stellsignale ausgelöst wird.
- Verhinderung, dass zu viel Regenwasser in die Abwasserkanalisation gelangt, um die Klärwerke zu entlasten.
  Um dieser Zielstellung zu genügen, darf die Zisterne keinen Überlauf in das Abwassersystem haben. Zu diesem Zweck kann einerseits versucht werden, das überflüssige Regenwasser versickern zu lassen. Eine andere Lösung besteht darin, das Regenwasser im Garten zu versprengen, auch wenn dafür kein ausdrücklicher Bedarf besteht. Dazu muss die Pumpe über ein Stellsignal gezielt eingeschaltet werden, um neben dem zufälligen Vorgang *Leeren* auch gezielt eine Operation *Leeren* auszulösen. Durch diese Operation darf die Zisterne allerdings jeweils nur um einen bestimmten Betrag entleert werden, um nicht zu viel Regenwasser zu vergeuden.

Bei der Zisterne handelt es sich um eine Elementarsteuerstrecke mit der Steuergröße *Füllstand* (x^*). Das Anlagenschema ist in Abb. 4.23a dargestellt. Für die Wasserentnah-

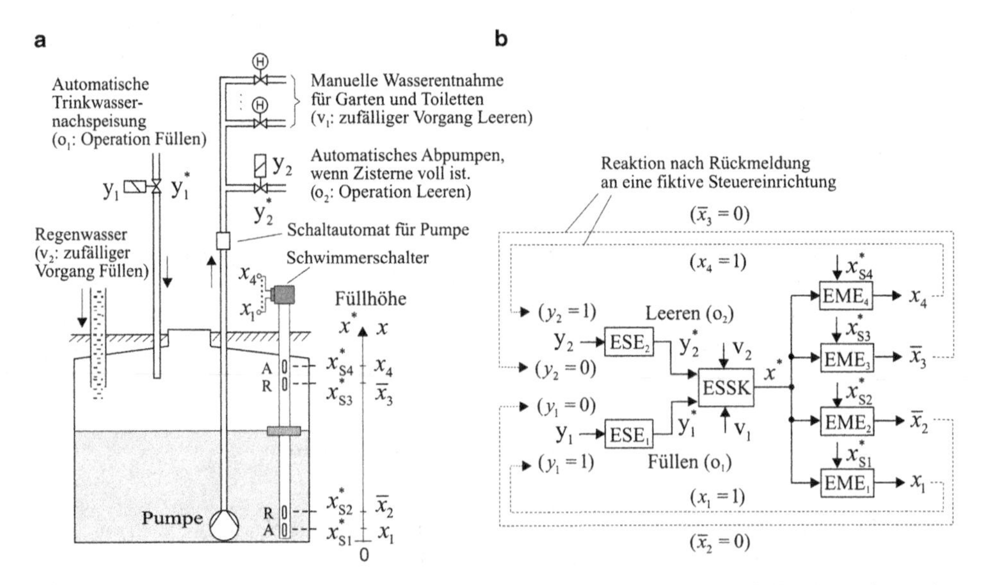

Abb. 4.23 Elementarsteuerstrecke *Zisterne*. **a** Anlagenschema der Zisterne, **b** Strukturschema der Elementarsteuerstrecke

me aus der Zisterne ist eine Druckpumpe vorgesehen, die über einen Schaltautomaten eingeschaltet wird, wenn durch das Öffnen der manuell betätigten Armaturen (v_1: zufälliger Vorgang Leeren) oder des Magnetventils mit der Prozessstellgröße y_2^* (o_2: Operation *Leeren*) ein Druckabfall in der Leitung auftritt. Zur Nachspeisung von Trinkwasser dient ein zweites Magnetventil mit der Prozessstellgröße y_1^* (o_1: Operation *Füllen*). Die Rückmeldung über das Erreichen eines der Schwellwerte x_{Si}^* bezüglich der Operationen und zufälligen Vorgänge an eine fiktive Steuereinrichtung erfolgt durch Binärsignale x_i, die über einen Schwimmerschalter (Abschn. 4.2.4.1, Abb. 4.18a) mit vier Reed-Kontakten gewonnen werden. Die Reed-Kontakte im Schwimmerschalterrohr sind durch die Buchstaben A und R angedeutet. A bezeichnet einen Arbeitskontakt und R einen Ruhekontakt.

Bezeichnung der Schwellwerte:

x_{S1}^* Unterer Schwellwert für den zufälligen Vorgang *Leeren* (v_1);
x_{S2}^* Oberer Schwellwert für die Operation *Füllen* (o_1);
x_{S3}^* Unterer Schwellwert für die Operation *Leeren* (o_2);
x_{S4}^* Oberer Schwellwert für den zufälligen Vorgang *Füllen* (v_2).

Abbildung 4.23b zeigt das Strukturschema der Elementarsteuerstrecke *Zisterne*. Daraus ergibt sich mit Abb. 4.23a der Wirkungsablauf wie folgt. Wenn aufgrund des zufälligen Vorgangs *Leeren* (v_1) der untere Schwellwert x_{S1}^* erreicht ist, dem im Schwimmerschalter ein Arbeitskontakt zugeordnet ist, erfolgt durch $x_1 = 1$ eine Rückmeldung an die fiktive Steuereinrichtung, was in Abb. 4.23b durch eine gestrichelte Pfeillinie angedeutet ist. Daraufhin wird $y_1 = 1$ gesetzt und damit über y_1^* die Operation *Füllen* (o_1) ausgelöst. Diese Operation läuft so lange, bis die Füllhöhe am Schwellwert x_{S2}^* (entspricht Ruhekontakt im Schwimmerschalter) angelangt ist, was durch $\bar{x}_2 = 0$ rückgemeldet wird. Das führt dazu, dass $y_1 = 0$ wird.

Wenn durch den zufälligen Vorgang *Füllen* (v_2) der Schwellwert x_{S4}^* erreicht ist, wird die Operation *Leeren* (o_2) ausgelöst (entspricht Arbeitskontakt im Schwimmerschalter), indem durch x_4 die Stellgröße $y_2 = 1$ gesetzt wird. Beim Schwellwert x_{S3}^* (entspricht Ruhekontakt R im Schwimmerschalter) wird diese Operation nach Rückmeldung über $\bar{x}_3 = 0$ durch $y_2 = 0$ beendet.

Indem beim Beispiel *Zisterne* den zufälligen Vorgängen, die auch als Störeinwirkungen aufgefasst werden können, gezielt durch Operationen entgegen gewirkt wird, kann die Steuergröße x^* also in folgenden Grenzen gehalten werden:

$$x_{S1}^* \leq x^* \leq x_{S4}^*.$$

Der Gesamtablauf erfolgt in der Weise, dass die Zisterne unter Beachtung der zufälligen Vorgänge *Füllen* (Regenwasserzulauf) und *Leeren* (durch manuelle Regenwasserentnahme) durch gezieltes Auslösen der Operationen *Füllen* (durch y_1^*) und *Leeren* (durch y_2^*) nie ganz leer und nie ganz voll wird. Bei beiden Operationen darf jeweils nur eine begrenzte Menge Wasser bewegt werden. Zu diesem Zweck sind für jede Operation zwei Schwellwerte vorgesehen, einer für das Auslösen und einer für das Beenden.

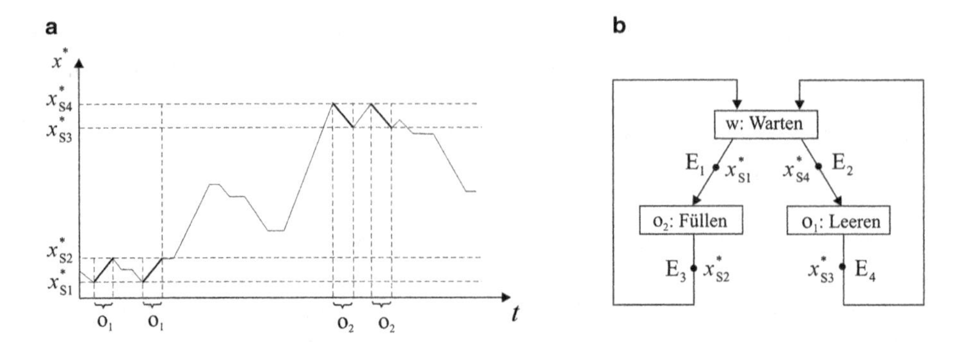

Abb. 4.24 Zeitverläufe und Prozessabläufe in der Elementarsteuerstrecke *Zisterne*. **a** Beliebiger Ausschnitt aus dem Zeitverlauf der Steuergröße *Füllhöhe*, **b** Darstellung des zu steuernden ereignisdiskreten Prozesses als alternierende Aufeinanderfolge von Operationen und Ereignissen

Abbildung 4.24a zeigt einen beliebigen Ausschnitt aus dem Zeitverlauf der Steuergröße *Füllstand* der Elementarsteuerstrecke *Zisterne*. Während durch dünne Linien der Einfluss der Störgrößen zum Ausdruck dargestellt ist, wird durch dicke Linien jeweils das Einwirken der Operationen o_1 und o_2 hervorgehoben.

Jede Operation wird beim Erreichen eines Schwellwertes der Steuergröße aufgrund des Einwirkens eines zufälligen Vorgangs (bzw. einer Störung) begonnen. Sie wird beendet, wenn ein Schwellwert bei der gezielten Ausführung einer Operation erreicht wird. Die zufälligen Vorgänge zwischen zwei Operationen werden als *Warteoperation* in den Prozessablauf eingeordnet. Da das Erreichen eines Schwellwerts als Ereignis definiert wurde (Abschn. 1.1.3.3), ergibt sich auch hier ein ereignisdiskreter Prozess als alternierende Aufeinanderfolge von Operationen und Ereignissen.

Es kommt nun darauf an, diese alternierende Aufeinanderfolge von Operationen o und Ereignissen E in einer Form graphisch darzustellen, die sich von den im Kap. 3 verwendeten Beschreibungsmitteln abhebt. Denn die Eingangs- und Ausgangsgrößen der zu beschreibenden Systeme sind hier nicht Mess- und Stellsignale, sondern Prozessgrößen, d. h. Operationen und Ereignisse, die das Erreichen von Schwellwerten bedeuten.

Zur Darstellung von Operationen werden Rechtecke verwendet. Auf Ereignisse wird durch Punkte in den Ablauflinien hingewiesen. Die so entstehende Darstellungsform für ereignisdiskrete Prozesse wird in den Abschn. 4.3.2 und 4.3.3 noch genauer begründet und in Beziehung zu anderen Darstellungsformen gebracht.

In Abb. 4.24b ist der in Abb. 4.24a als Zeitfolge wiedergegebene ereignisdiskrete Prozess als *logische Aufeinanderfolge* von Operationen und Ereignissen in der angegebenen Weise dargestellt. Ausgegangen wird von einer Warteoperation. Während ihrer Dauer sind keine gezielten Aktionen der fiktiven Steuereinrichtung erforderlich. Die Warteoperation entspricht also den dünn gezeichneten Kurventeilen des Zeitverlaufs gemäß Abb. 4.24a. Erst wenn entweder der Schwellwert x^*_{S1} oder der Schwellwert x^*_{S4} erreicht wird, muss nach Rückmeldung über binäre Messsignale durch Ausgabe von Stellsignalen gezielt reagiert werden. Bei x_{S1}^* muss die Operation *Füllen* ausgelöst werden, die beim Erreichen des Schwellwerts x_{S2}^* zu beenden ist. Bei x_{S4}^* muss bis zum Erreichen des Schwellwerts x_{S3}^* die Operation *Leeren* ausgeführt werden. Nach Beendigung der Operationen *Füllen* bzw. *Leeren* erfolgt jeweils die Rückkehr zur Warteoperation. Im Abschn. 4.3 werden ausgehend von der Darstellung gemäß Abb. 4.24b weitere, für die praktische Nutzung geeignete Beschreibungsmittel behandelt.

Bezüglich der Zielstellung von Steuerungen kann aus dem Beispiel 4.3 Folgendes geschlussfolgert werden:

> Im Rahmen des *Hauptziels* von binären Ablaufsteuerungen, nämlich einen automatischen Ablauf von ereignisdiskreten Prozessen durch Rückkopplung zu realisieren (Abschn. 1.1), kann ein *erstes Nebenziel* darin bestehen, den Auswirkungen äußerer Störeinflüsse auf Elementarsteuerstrecken durch gezielte Operationen derart entgegen zu wirken, dass die zugehörige Steuergröße einen oberen und einen unteren Grenzwert nicht über- bzw. unterschreitet.

Es sei aber bemerkt, dass es bei dieser Zielstellung nicht unbedingt darum geht, die Steuergröße konstant zu halten. Wenn es aber darauf ankommt, eine physikalische Größe auf einem vorgegebenen Sollwert zu halten, dann handelt es sich dem allgemeinen Verständnis nach um ein Regelungsproblem, dass entweder mittels stetiger Regler (P-, PI-, PD- und PID-Regler) oder mittels unstetiger Regler (z. B. Zweipunkt- und Dreipunktregler) gelöst werden kann. Im Abschn. 2.3.2 wurde bereits eine *Zweipunktregelung* eines Füllstandes behandelt, die im Abschn. 2.3.2.2 (Abb. 2.10) auch durch einen Wirkungsplan einer binären Ablaufsteuerung dargestellt ist.

Wenn man in der Zisterne gemäß Abb. 4.23a das untere Schwellwertpaar (v_{S1}, x_{S1}^*) unmittelbar unterhalb des oberen Schwellwertpaars (x_{S2}^*, v_{S2}) anordnet, sodass sich zwischen diesen beiden Paaren ein fiktiver Sollwert x_{Soll}^* ergibt, dann kann die damit konzipierte Ablaufsteuerung die Funktion einer *Dreipunktregelung* ausführen. Dadurch kann man mit einer Ablaufsteuerung sowohl Störungen entgegenwirken, die die Steuergröße vergrößern, als auch solchen, die die Steuergröße verkleinern.

Aus dem Vergleich von Ablaufsteuerungen und Regelungen kann Folgendes geschlussfolgert werden:

> Außer dem *Hauptziel* von binären Ablaufsteuerungen, nämlich einen automatischen Ablauf von ereignisdiskreten Prozessen durch Rückkopplung zu realisieren, kann ein *zweites Nebenziel* auch darin bestehen, eine Steuergröße durch Rückkopplung im Sinne einer Zweipunkt- bzw. einer Dreipunktregelung näherungsweise an einen Sollwert anzugleichen oder den Auswirkungen von Störeinflüssen derart entgegenzuwirken, dass ein oberer Schwellwert und ein unterer Schwellwert nicht über- bzw. unterschritten wird.

4.2.9 Generizität von Steuerstrecken

Im Rahmen eines Vergleichs zwischen dem Regelungs- und dem Steuerungsentwurf wird von Litz hervorgehoben [Lit2005], dass sich Regelungen gegenüber Steuerungen durch eine deutlich größere Generizität auszeichnen. *Generizität* bedeutet in diesem Zusammenhang, dass für ein System allgemeingültige, d. h. anwendungsunabhängige Spezifikationen gelten, dass allgemeingültige Strukturen vorhanden sind oder dass allgemeingültige Methoden existieren. Konkret wird Folgendes zum Ausdruck gebracht:

- Den Regelungen liegen allgemeingültige, d. h. anwendungsunabhängige Spezifikationen zugrunde, z. B. das Einregeln des Sollwertes, das Ausregeln von Störungen, die Forderung nach Stabilität. *Zielgröße für die Regelgröße ist der vorgegebene Sollwert.*
- Daraus folgt, dass der Regelungsentwurf weitgehend unabhängig von mathematischen Modellen der Regelstrecke auf der Basis generischer Reglerstrukturen, d. h. ständig wiederkehrender Strukturen wie der PID-Struktur, durchgeführt werden kann.

Aus der im Abschn. 4.2 durchgeführten Struktur- und Verhaltensanalyse von Steuerstrecken und aus dem im Abschn. 2.2.4 angegebenen allgemeinen Wirkungsablaufs von Ablaufsteuerungen ereignisdiskreter Prozesse ergibt sich, dass auch bei Ablaufsteuerungen eine entsprechende Generizität vorhanden ist:

- Steuerstrecken lassen sich in Elementarsteuerstrecken zerlegen, denen als prinzipielle Darstellung das gleiche Strukturschema zugrunde liegt und die sich dadurch auszeichnen, dass in ihnen genau eine Steuergröße beeinflusst wird.
- Dadurch liegen den Ablaufsteuerungen allgemeingültige, d. h. anwendungsunabhängige Spezifikationen zugrunde:
  - Das Ausführen von Operationen zur Vergrößerung oder Verkleinerung von Steuergrößen. *Zielgröße für eine durch eine Operation beeinflusste Steuergröße ist der für diese Operation vorgegebene Schwellwert dieser Steuergröße.*
  - Das Durchführen eines Operationswechsels beim Erreichen von Schwellwerten bzw. beim Auftreten von Ereignissen.
  - Das Ausregeln von Störungen unter Einbeziehung von Schwellwerten.
- *Diese Generizität lässt sich beim Entwurf von Ablaufsteuerungen vorteilhaft nutzen.*

Während sich die Generizität beim Regelungsentwurf vor allem auf die Regeleinrichtungen bzw. die Regler bezieht, kann man beim Entwurf von Ablaufsteuerungen von einer Generizität der Steuerstrecke ausgehen. Mit dem Beispiel 4.3 (Abschn. 4.2.8) wurde bereits eine Nutzung der Generizität bei der Beschreibung des betreffenden ereignisdiskreten Prozesses demonstriert. Weitere Beispiele werden im Abschn. 4.3.5 und im Kap. 5 behandelt.

4.3 Beschreibungsmöglichkeiten für ereignisdiskrete Prozesse

4.3.1 Beschreibungsebenen innerhalb von Steuerkreisen

Die im Abschn. 4.1 formulierte Zielstellung für das Kap. 4 besteht darin, die Steueralgorithmen für Ablaufsteuerungen aus einer geeigneten Beschreibung der zu steuernden ereignisdiskreten Prozesse zu generieren. In diesem Abschnitt sollen nun prinzipielle Möglichkeiten zur Beschreibung von ereignisdiskreten Prozessen diskutiert werden.

Im Abschn. 4.2 wurden zunächst die Struktur und das Verhalten ereignisdiskreter Prozesse innerhalb von Elementarsteuerstrecken analysiert, die sich dadurch auszeichnen, dass in ihnen nur eine Steuergröße durch Operationen verändert wird. Im Abschn. 4.3 sollen nun Steuerstrecken mit mehreren miteinander gekoppelten Elementarsteuerstrecken betrachtet werden, deren Steuergrößen in einer durch den Steueralgorithmus vorgegebenen Reihenfolge gezielt zu beeinflussen sind.

Im Grunde genommen bietet der Steueralgorithmus selbst indirekt die Möglichkeit, ereignisdiskrete Prozesse zu beschreiben. Denn es handelt sich dabei um eine Vorschrift, die angibt, in welcher Reihenfolge Stellsignale von der Steuereinrichtung an die Steuerstrecke unter Berücksichtigung empfangener Rückmeldesignale auszugeben sind, damit ein konzipierter Prozess in der Steuerstrecke in der gewünschten Weise abläuft.

Das Problem besteht aber darin, dass die Aufgabenstellung für zu realisierende Prozesse von Technologen meist bereits in Form von Prozessabläufen im Sinne von Operationsfolgen vorgegeben wird. Der Entwerfer von Steuerungen muss diese Prozessabläufe aber bei der direkten Erstellung der Steueralgorithmen in eine alternierende Aufeinanderfolge von Eingangs- und Ausgangssignalen der Steuereinrichtung umsetzen, damit die Operationen dann in der Steuerstrecke in der gewünschten Reihenfolge ablaufen. Dieses Vorgehen erfordert insbesondere bei komplexeren Ablaufsteuerungen anspruchsvolle Denkprozesse und ist im Grunde widersinnig.

Deshalb erscheint es als zweckmäßig, beim Entwurf von Ablaufsteuerungen zunächst eine formale Beschreibung der verbal vorgegebenen Prozessabläufe zu erstellen. Wenn man bei dieser Prozessbeschreibung zudem noch eine Darstellungsform wählt, die der üblichen Darstellungsform der Steueralgorithmen entspricht, dann lässt sich der für die Programmierung der Steuereinrichtungen benötigte Steueralgorithmus direkt aus der Prozessbeschreibung generieren.

Im Grunde genommen beziehen sich die Beschreibung von Steueralgorithmen und die Prozessbeschreibungen lediglich auf unterschiedliche Teile eines Steuerkreises. Deshalb sollen zwischen diesen Beschreibungsarten zunächst Bezüge hergestellt werden.

Ein Steuerkreis umfasst die Steuereinrichtung und die Steuerstrecke sowie Messeinrichtungen ME und die Stelleinrichtungen SE (s. Abb. 1.1). Man spricht auch von der (oberen) *Ebene der Steuereinrichtung* und der (unteren) *Ebene der Steuerstrecke*. Die Mess- und Stelleinrichtungen lassen sich entweder der Ebene der Steuerstrecke oder der Ebene der Steuereinrichtung zuordnen. Aus Zweckmäßigkeitsgründen wird gewöhnlich die zuerst genannte Option zugrunde gelegt (Abschn. 4.2.1). Für die hier anzustellenden

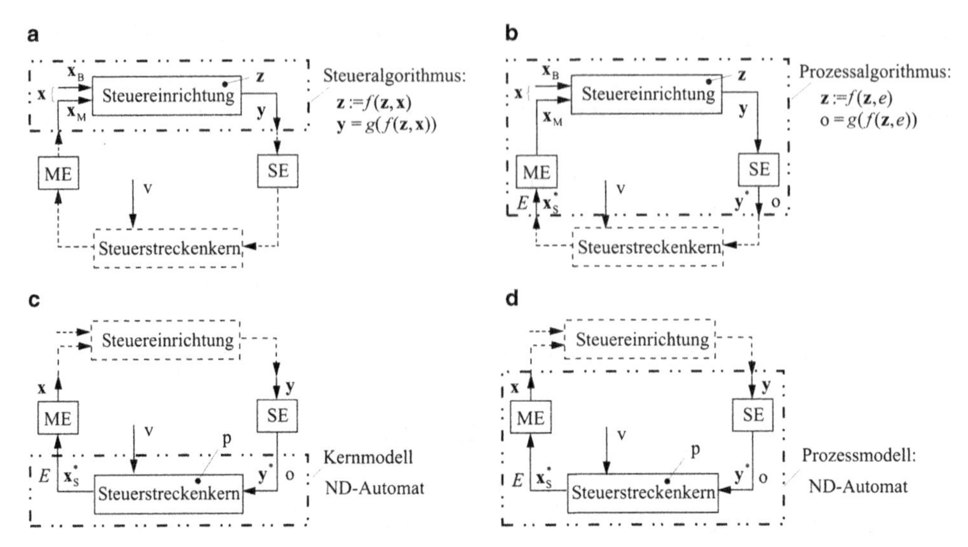

Abb. 4.25 Beschreibungsmöglichkeiten von Ablaufsteuerungen mit Bezug zum Steuerkreis. **a** *Steueralgorithmus*: Steuereinrichtung ohne Mess- und Stelleinrichtungen, **b** *Prozessalgorithmus*: Steuereinrichtung mit Mess- und Stelleinrichtungen, **c** *Kernmodell*: Steuerstrecke ohne Mess- und Stelleinrichtungen, **d** *Prozessmodell*: Steuerstrecke mit Mess- und Stelleinrichtungen

Betrachtungen sollen beide Optionen einbezogen werden. Dadurch ergeben sich für beide Ebenen zwei Beschreibungsmöglichkeiten für Ablaufsteuerungen, die in Abb. 4.25 angegeben sind.

In Abb. 4.25 bedeutet:

- $\mathbf{z}$: Zustand der Steuereinrichtung;
- $\mathbf{p}$: Prozesszustand der Steuerstrecke;
- ND-Automat: nichtdeterministischer Automat (s. Abschn. 4.4.3).

Für den anzustellenden Vergleich wird für alle Beschreibungsarten zunächst eine Darstellung in Form von Automaten gewählt, durch die das funktionelle Verhalten besser zum Ausdruck kommt als bei steuerungstechnisch interpretierten Petri-Netzen. Für die praktische Handhabung werden dafür in weiteren Abschnitten speziell interpretierte Petri-Netze eingeführt. Durch das Symbol v werden *äußere Störeinflüsse* in Form von zufälligen und systembedingten Vorgängen (Abschn. 4.2.8) angedeutet.

4.3.2 Prozessbeschreibungen in der Ebene der Steuereinrichtung

Steueralgorithmus

Der *Steueralgorithmus*, der als das eigentliche Ziel des Steuerungsentwurfs anzusehen ist, lässt sich gemäß Abschn. 3.5 z. B. als Mealy-Automat wie folgt beschreiben, wobei $\mathbf{z}$

innere Zustände der Steuereinrichtung sind:

$$\left.\begin{aligned} \mathbf{z} &:= f(\mathbf{z}, \mathbf{x}) \\ \mathbf{y} &= g(f(\mathbf{z}, \mathbf{x})) \end{aligned}\right\} \tag{4.32}$$

Durch einen *Steueralgorithmus* (Abb. 4.25a) wird der in der *Steuerstrecke als Folge von Operationen* o zu realisierende ereignisdiskrete Prozess in der Ebene der *Steuereinrichtung* als alternierende Folge von Stellsignalkombinationen **y** und Eingangskombinationen **x** beschrieben.

Prozessalgorithmus

Um die im Abschn. 4.3.1 genannten Schwierigkeiten beim Steuerungsentwurf zu verringern, kann man anstelle einer Beschreibung der Steuerungsaufgabe mittels eines Steueralgorithmus als alternierende Folge von Eingangs- und Ausgangskombinationen die vorgegebenen und zu realisierenden Folgen von Operationen zunächst durch Automatenfunktionen beschreiben, indem man sich aber auch hier auf *Zustände* **z** *der Steuereinrichtung* bezieht. Operationen werden dabei als zweiwertige Größen aufgefasst, d. h. eine Operation wird ausgeführt (ausgelöst durch Stellsignale von der Steuereinrichtung) oder nicht. Wenn eine Operation läuft, wird die zugehörige Steuergröße x^* verändert. Sie wird solange ausgeführt, bis das ihr zugeordnete Ereignis eintritt. Danach erfolgt ein Operationswechsel. *Ereignisse* sind gemäß Abschn. 1.1.3.1 das Erreichen von Schwellwerten x_S^* der Steuergrößen x^*, von Schwellwerten v_S^* zufälliger und systembedingter Vorgänge v^* und von Schwellwerten von Zeitgliedern sowie das Ausführen von Bedienhandlungen. Ereignisse E treten plötzlich ein und sind dann für kurze Zeit wirksam. Es handelt sich um zeitdiskrete binäre Größen.

Dann ergibt sich als Modifikation der Beschreibung des Steueralgorithmus gemäß Gl. 4.32 folgender Automat für die Beschreibung der Operationsfolgen des zugehörigen ereignisdiskreten Prozesses:

$$\left.\begin{aligned} \mathbf{z} &:= f(\mathbf{z}, E) \\ \mathrm{o} &= g(f(\mathbf{z}, E)) \end{aligned}\right\} \tag{4.33}$$

Die Darstellung gemäß Gl. 4.33 soll im Gegensatz zum Steueralgorithmus als *Prozessalgorithmus* bezeichnet werden. Dieser Begriff wurde in einem ähnlichen Zusammenhang bereits von Killenberg verwendet [Kil1983]. In Abb. 4.25b sind die Automatenfunktionen zur Beschreibung von Prozessalgorithmen eingetragen.

Durch den *Prozessalgorithmus* wird der in der *Steuerstrecke als Folge von Operationen* o zu realisierende ereignisdiskrete Prozess in der Ebene der *Steuereinrichtung als alternierende Folge von Operationen* o *und Ereignissen* E *auf der Basis von Zuständen* **z** *der Steuereinrichtung* beschrieben.

Der so definierte Prozessalgorithmus kann rein formal durch Zuordnung von Mess- und Stellsignalen zu den Ereignissen bzw. Operationen in einen Steueralgorithmus umgewandelt werden (s. Abschn. 4.3.5.2). Wenn man also den in der Steuerungsaufgabe als Folge von Operationen vorgegebenen Prozessablauf zunächst als Prozessalgorithmus notiert und dann formal in einen Steueralgorithmus umsetzt, erspart man sich die bisher üblichen „gedanklichen" Transformationen, die bei der direkten (intuitiven) Erstellung des Steueralgorithmus erforderlich sind.

Der Prozessalgorithmus ist zwar eine Prozessbeschreibung. Er stellt aber kein Prozessmodell im automatisierungstechnischen Sinne dar, da er sich auf die Ebene der Steuereinrichtung mit den für diese Ebene definierten Zuständen **z** bezieht. Der Prozessalgorithmus kann demzufolge nicht mit dem Steueralgorithmus signalmäßig gekoppelt werden, um so einen Steuerkreis für Simulationszwecke zu schaffen (s. Abb. 4.25a, b).

Der von Alder eingeführte Prozessablaufplan [Ald1986], [AlPr2007] stellt in gleicher Weise wie der Prozessalgorithmus eine Beschreibung des zu steuernden Prozesses als Folge von Operationen o in der Ebene der Steuereinrichtung dar. Bei der Erstellung des Steuerungsablaufplans aus dem Prozessablaufplan werden die Operationen durch Stellsignale und die für den Operationswechsel herangezogenen Prozesssignale durch Rückmeldesignale ersetzt. Da es sich sowohl beim Steuerungsablaufplan als auch beim Prozessablaufplan um Darstellungen in der Ebene der Steuereinrichtung handelt, können diese beiden Pläne ebenfalls nicht durch Kopplung über Signale für Simulationszwecke zu einem Steuerkreis zusammengeschaltet werden.

4.3.3 Prozessbeschreibungen in der Ebene der Steuerstrecke

Kernmodell

Ein Modell des Steuerstreckenkerns, d. h. der Steuerstrecke ohne Mess- und Stelleinrichtungen (vgl. Abschn. 4.3.1) erhält man, wenn man ihn als ein System mit Prozessstellgrößen $\mathbf{y}^*$ als Eingangsgrößen, die in der Steuerstrecke Operationen o auslösen, und Schwellwerten $\mathbf{x}_S^*$ als Ausgangsgrößen betrachtet. Ein derartiges Modell soll als *Kernmodell* bezeichnet werden (Abb. 4.25c). Im Gegensatz zum Prozessalgorithmus erfolgt beim Kernmodell ein Bezug auf Prozesszustände **p** der Steuerstrecke (s. Abschn. 4.3.6.1).

Weil auf die Steuerstrecke auch *äußere Einflüsse* v wirken (Abschn. 4.2.8), weist dieses Modell ein *nichtdeterministisches Verhalten* auf, das durch einen nichtdeterministischen Automaten (*ND-Automat*) beschrieben werden kann. Diese Zusammenhänge werden im Abschn. 4.4.1 behandelt.

Durch ein *Kernmodell* wird der zu realisierende ereignisdiskrete Prozess als alternierende Folge von Operationen o und Ereignissen E *auf der Basis von Prozesszuständen* **p** *in der Ebene der Steuerstrecke* beschrieben.

Da den Darstellungsgrößen o und E eines Kernmodells erst noch Stell- und Messsignale zugeordnet werden müssen, lässt sich das Kernmodell nicht direkt mit dem Steueralgorithmus zu einem Steuerkreis koppeln.

Prozessmodell
Das Modell einer Steuerstrecke inklusive der Mess- und Stelleinrichtungen soll als Prozessmodell bezeichnet werden (Abb. 4.25d).

> Durch ein *Prozessmodell* auf der Basis von Prozesszuständen $\mathbf{p}$ der Steuerstrecke wird der zu realisierende ereignisdiskrete Prozess *als alternierende Folge von Stellsignalkombinationen* $\mathbf{y}$ *und Messsignalkombinationen* $\mathbf{x}$ in der Ebene der *Steuerstrecke* beschrieben.

Prozessmodelle weisen ebenfalls ein nichtdeterministisches Verhalten auf (Abschn. 4.4.1). Zur Beschreibung des Verhaltens von Prozessmodellen wird im Abschn. 4.4.3.2 ein nichtdeterministischer Prozessautomat eingeführt. Der Steuereinrichtung kommt die Aufgabe zu, das nichtdeterministische Verhalten der Steuerstrecke auszugleichen, sodass ein Steuerkreis sich dadurch deterministisch verhält.

Ein Prozessmodell kann mit dem zugehörigen Steueralgorithmus durch wechselseitiges Verbinden von Ausgängen mit Eingängen zu einem Steuerkreis zusammen geschaltet werden (s. Abschn. 4.3.6.2). Dadurch ergeben sich Möglichkeiten für eine echte Prozesssimulation von Ablaufsteuerungen ereignisdiskreter Prozesse.

4.3.4 Darstellung von Prozessalgorithmen durch PA-Netze

Die Beschreibung von Steueralgorithmen durch Überführungs- und Ausgabefunktionen von Automaten gibt zwar sehr transparent die funktionellen Zusammenhänge wieder. Eine Darstellung in Form von steuerungstechnisch interpretierten Petri-Netzen (Steuernetzen) bietet aber für die praktische Nutzung deutliche Vorteile (s. Abschn. 3.6). Deshalb sollen auch zur *Beschreibung von Prozessalgorithmen* anstelle von Automaten (Abschn. 4.3.1) speziell interpretierte Petri-Netze verwendet werden, für die die Bezeichnung *PA-Netze* eingeführt wird. Bei PA-Netzen erfolgt die Interpretation der Netzelemente nicht durch Stell- und Messsignale als Ausgangs- bzw. Eingangssignale der Steuereinrichtung, sondern durch *Operationen* o und *Ereignisse* E. Durch Ereignisse wird ausgedrückt, ob ein *Schwellwert* $\mathbf{x}_S^*$ einer Steuergröße x^* erreicht wurde, eine Bedienhandlung stattfand oder eine vorgegebene Zeitdauer in einem Zeitglied abgelaufen ist (Abschn. 1.2.3.3). Die Ereignisse ergeben sich unmittelbar aus der Steuerungsaufgabe und können damit im Voraus geplant werden.

In Anlehnung an die Definition von Steuernetzen (Definition 3.24 in Abschn. 3.6.7), die zur Beschreibung von Steueralgorithmen dienen, werden PA-Netze zur Beschreibung von Prozessalgorithmen wie folgt definiert.

Definition 4.1 Es sei **O** die Menge der Operationen o in einer Steuerstrecke und **E** die Menge der Ereignisse E.
Das Tupel PA $= [\text{BPN}, \alpha, \beta]$ mit

1. BPN ist ein binäres Petri-Netz mit der Menge von Stellen **S** und der Menge von Transitionen **T**,
2. $\alpha : \mathbf{S} \rightarrow \mathbf{O}$,
3. $\beta : \mathbf{T} \rightarrow \mathbf{E}$

wird als PA-Netz bezeichnet.

Den Stellen von PA-Netzen, denen Zustände der Steuereinrichtung entsprechen, werden also eindeutig Operationen und den Transitionen eindeutig Ereignisse zugeordnet. Zur Darstellung der Stellen werden *Rechtecke* oder *Kreise* und zur Darstellung von Transitionen *Querlinien* verwendet. Die PA-Netze bilden eine Vorstufe für die Erstellung von Steuernetzen.

Vereinbarungen zur Darstellung von Operationen und Ereignissen in PA-Netzen

- Die Operationen und Ereignisse in den PA-Netzen müssen nicht unbedingt durch Symbole, wie o bzw. E, dargestellt werden, sondern können auch durch Wörter verbal angegeben werden.
- Bei der verbalen Angabe von Operationen muss damit eine Verrichtung bzw. Tätigkeit z. B. durch ein Verb ausgedrückt werden. Beispiel: „Füllen" oder „Behälter wird gefüllt".
- Bei der verbalen Notation von Ereignissen muss zum Ausdruck kommen, dass ein Operationswechsel erfolgen muss. Beispiel: „Füllen beendet", Heizen starten", EIN" (z. B. EIN-Taster betätigt) oder „Schwellwert erreicht".
- Eine Operation o, die entweder durch ein Symbol oder durch eine verbale Beschreibung dargestellt wird und die einer Stelle s zugeordnet ist, wird nur ausgeführt, wenn die Stelle s markiert, d. h. aktiv ist.
- Eine Transition t, der als Interpretation ein als Symbol oder als verbale Beschreibung angegebenes Ereignis beigeordnet ist, wird nur geschaltet, wenn das jeweilige Ereignis eingetreten ist, z. B. der betreffende Schwellwert erreicht ist.

Für PA-Netze wird die für Steuernetze definierte Schaltregel (Definition 3.25 in Abschn. 3.6.7) übernommen. Eine Transition schaltet demzufolge, wenn alle ihre Vorstellen markiert sind und das der Transition zugeordnete Ereignis E eingetreten ist.

4.3.5 PA-Netze als Basis für den generischen Entwurf von Steueralgorithmen

4.3.5.1 Vorgehen bei der Erstellung von PA-Netzen

Eine Grundlage für die Erstellung von PA-Netzen zur Beschreibung der Prozessalgorithmen bildet die im Abschn. 4.2 behandelte *Struktur- und Verhaltensanalyse* von Steuerstrecken. Daraus geht u. a. hervor, dass sich beim Steuerungsentwurf die *Generizität* der Steuerstrecke (Abschn. 4.2.9) nutzen lässt. Das betrifft einerseits die Gliederung der Steuerstrecke in Elementarsteuerstrecken mit je einer Steuergröße und den für sie festgelegten Ereignissen (z. B. Schwellwerten). Andererseits bezieht sich das auf die anwendungsunabhängige Spezifikation, gemäß der eine Operation generell solange ausgeführt wird, bis ein ihr zugeordnetes Ereignis eingetreten ist (z. B. ein Schwellwert erreicht ist).

Die Interpretation der Netzelemente von PA-Netzen durch Prozessgrößen, d. h. durch Operationen o und Ereignisse E, hat den Vorteil, dass man sich bei der Erstellung von PA-Netzen zur Beschreibung der Prozessalgorithmen noch keine Gedanken über die für die Realisierung erforderlichen steuerungstechnischen Signale machen muss. Es müssen zunächst lediglich die von Technologen aus verfahrenstechnischer oder fertigungstechnischer Sicht konzipierten Prozessabläufe in Form von PA-Netzen notiert werden.

Ein Vorgehen beim Entwurf von Ablaufsteuerungen, bei dem zunächst Prozessalgorithmen unter Bezugnahme auf generische Eigenschaften der Steuerstrecke erstellt werden, soll als *generischer Entwurf* bezeichnet werden. Er umfasst zwei Schritte:

Schritt 1: Erstellung eines Prozessalgorithmus in Form eines PA-Netzes,
Schritt 2: Transformation des PA-Netzes in ein Steuernetz.

Der generische Entwurf kann als eine *Systematisierung des bisher praktizierten intuitiven Entwurfs* von Ablaufsteuerungen angesehen werden.

An einem Beispiel soll nun die Erstellung von Prozessalgorithmen in Form von PA-Netze demonstriert werden.

Beispiel 4.4 (Generischer Entwurf der Steuerung eines Mischbehälters mittels eines PA-Netzes)

Bei diesem Beispiel wird Bezug auf das Beispiel 3.6 (Steuerung eines Mischbehälters) aus Abschn. 3.6.9 genommen.

- *Aufgabenstellung*

In einen Mischbehälter sind nacheinander zwei Flüssigkeiten einzuleiten. Wenn sich die vorgegebene Menge der Flüssigkeit 1 im Behälter befindet, ist die Flüssigkeit 2 einzuleiten und gleichzeitig ein Rührwerk zur Mischung beider Flüssigkeiten in Gang zu setzen. Wenn die gewünschte Menge der Flüssigkeit 2 in den Behälter gelangt ist, ist bei weiter laufendem Rührwerk eine Heizung einzuschalten. Hat die Mischung aus beiden Flüssigkeiten die Solltemperatur erreicht, sind die Heizung und das Rührwerk auszuschalten. Danach ist der Behälter zu entleeren. Über eine Bedientaste kann ein neuer Prozessablauf eingeleitet werden. Dieser ereignisdiskrete Prozess ist als *Prozessalgorithmus in Form eines PA-Netzes* darzustellen.

- *Lösung*

Beim Mischbehälter existieren offensichtlich drei Elementarsteuerstrecken ESS mit je einer Steuergröße:

ESS1 (Flüssigkeitsbehälter) mit der Steuergröße *Füllstand* F,
ESS2 (Rührwerk) mit der Steuergröße *Drehwinkel* W,
ESS3 (Heizung) mit der Steuergröße *Temperatur* T.

Bei der Lösung der Aufgabe kann man vom Anlagenschema gemäß Abb. 3.75 und dem Zeitverlauf des zu steuernden ereignisdiskreten Prozesses gemäß Abb. 3.76 ausgehen (Abschn. 3.6.9). Im Anlagenschema sind die Füllstände eingetragen. Für das Auslösen der Operationen *Füllen1*, *Füllen2* und *Leeren* sind Magnetventile V vorgesehen, über die die jeweiligen Prozessstellgrößen y^* gebildet werden (Abschn. 4.2.2).

Aus Abb. 4.26 lassen sich die Operationen und Ereignisse (z. B. Erreichen von Schwellwerten) in formaler oder in verbaler Form entnehmen.

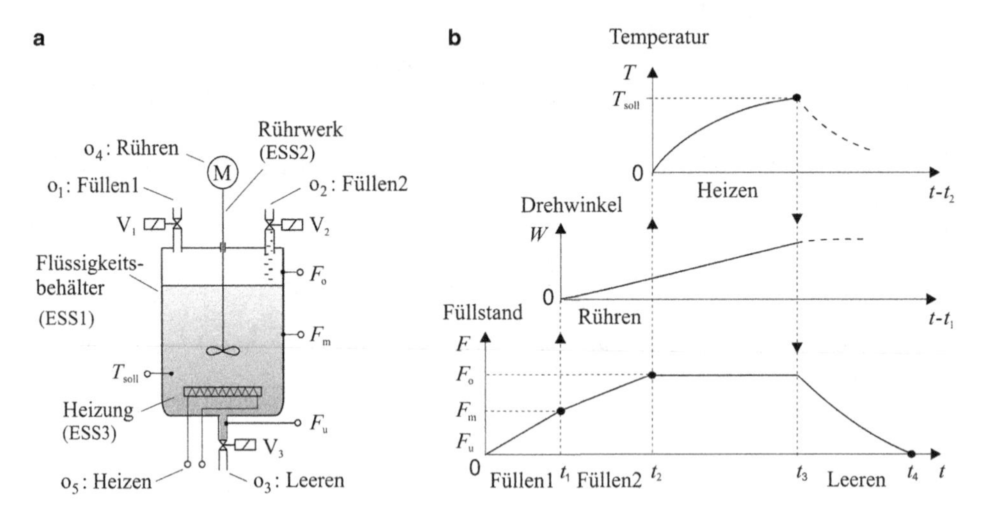

Abb. 4.26 Steuerstrecke *Mischbehälter*. **a** Anlagenschema, **b** Verlauf des ereignisdiskreten Prozesses

Operationen:

Formal	Verbal
o_1	Füllen1 (Einleiten von Flüssigkeit1)
o_2	Füllen2 (Einleiten von Flüssigkeit2)
o_3	Leeren (des Behälters)
o_4	Rühren
o_5	Heizen
w_1	Warten

Ereignisse (Erreichen von Schwellwerten, Bedienhandlung):

Formal	Verbal
F_o	Flüssigkeit2 hat vorgegebenen Füllstand erreicht
F_m	Flüssigkeit1 hat vorgegebenen Füllstand erreicht
F_u	Behälter entleert
T_{soll}	Solltemperatur erreicht
EIN	EIN-Taster betätigt

Dabei muss betont werden, dass die angegebenen Schwellwerte, die eigentlich analoge Größen darstellen, bei der Erstellung von PA-Netzen als Ereignisse E aufgefasst werden. Ein neben einer Transition notierter Schwellwert F für die Steuergröße *Füllstand* bedeutet also, dass dieser Füllstand erreicht ist.

Bei der Erstellung von PA-Netzen können die einzelnen Prozessgrößen formal oder verbal angegeben werden. Bei dem verwendeten Beispiel wird die formale Darstellung bevorzugt, um den Bezug zur Generizität der Steuerstrecke deutlich zu machen. Bei der praktischen Nutzung ist es meist anschaulicher, wenn man eine verbale Darstellung benutzt.

In Abb. 4.27 ist ein PA-Netz für das Beispiel 4.4 dargestellt. Um zusätzlich aufzuzeigen, in welchen Elementarsteuerstrecken die einzelnen Operationen ablaufen, ist dies am Rand durch die Angabe ESS_i vermerkt.

Im Folgenden soll erläutert werden, wie bei der Erstellung dieses PA-Netzes vorgegangen werden kann. Man beginnt mit der Darstellung einer Warteoperation w_1, die der Stelle s_1 des PA-Netzes zugeordnet wird. Wenn der EIN-Taster betätigt wird, erfolgt durch eine Transition t_1 ein Übergang in eine vorzusehende Stelle s_2, der die Operation o_1 (*Füllen1*) entspricht. Wird der Schwellwert F_m erreicht, ist o_1 zu beenden und über eine Transition t_2 die parallele Ausführung der Operationen o_2 (*Füllen2*) und o_4 (*Rühren*) einzuleiten, für die die Stellen s_3 und s_5 eingeführt werden. Beim Erreichen des Schwellwerts F_0 ist die Operation o_2 zu unterbrechen und die Operation o_5 (*Heizen*) zu aktivieren. Dafür wird die

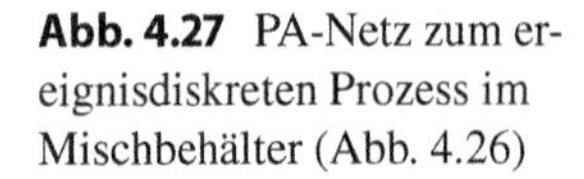

Abb. 4.27 PA-Netz zum ereignisdiskreten Prozess im Mischbehälter (Abb. 4.26)

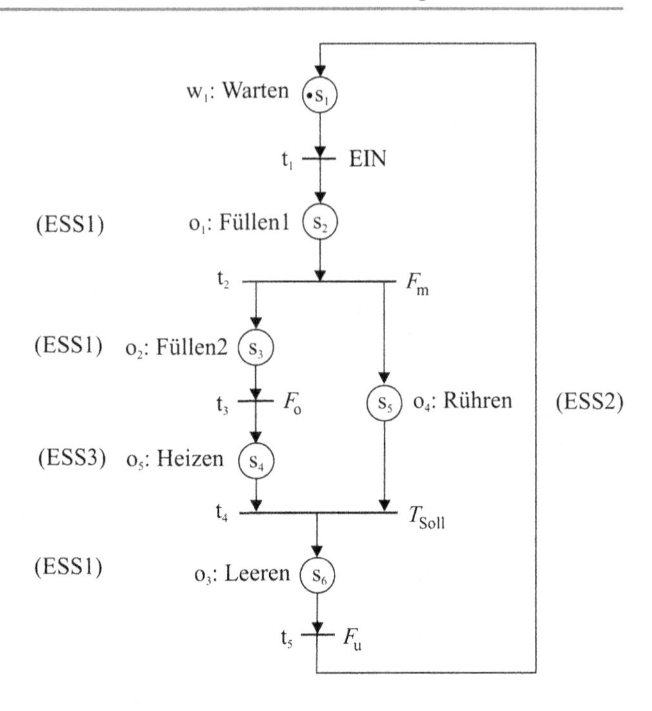

Stelle s_4 vorgesehen. Wenn die Temperatur bei T_{Soll} angelangt ist, müssen die Operationen o_4 und o_5 abgeschaltet (Ende der Parallelität) und die Operation o_2 eingeschaltet werden. Wenn der Behälter leer ist (Schwellwert F_u) , erfolgt über eine Transition t_5 die Rückkehr zur Stelle s_1.

Die Darstellung ereignisdiskreter Prozesse als Prozessalgorithmus in Form von PA-Netzen, bei denen steuerungstechnische Signale zunächst noch nicht einbezogen sind, bietet vor allem Vorteile bei komplizierteren Ablaufsteuerungen, bei denen komplexere Schaltbedingungen aus Ereignissignalen eine Rolle spielen, weil man sich hierbei anhand prinzipieller Abläufe erst einmal einen groben Überblick verschaffen kann (s. Abschn. 5.3). Da beim Entwurf von Ablaufsteuerungen auf der Basis von Prozessalgorithmen in einem ersten Schritt PA-Netze erstellt werden, bei denen die Generizität der Steuerstrecke genutzt wird, wird zur Abgrenzung gegenüber dem bisher übliche Vorgehen (s. Abschn. 3.6.9) von einem *generischen Steuerungsentwurf* gesprochen.

4.3.5.2 Umwandlung von PA-Netzen in Steuernetze

Mit der Fortsetzung des Beispiels 4.4 soll die Umwandlung von PA-Netzen in Steuernetze demonstriert werden. Die Zuordnung steuerungstechnischer Signale, die beim direkten bzw. intuitiven Entwurf zu Beginn durchgeführt wird, erfolgt beim generischen Entwurf unter Einbeziehung von PA-Netzen erst in einem zweiten Entwurfsschritt. Bei dieser Zuordnung müssen die Forderungen bezüglich der Steuerbarkeit und Beobachtbarkeit

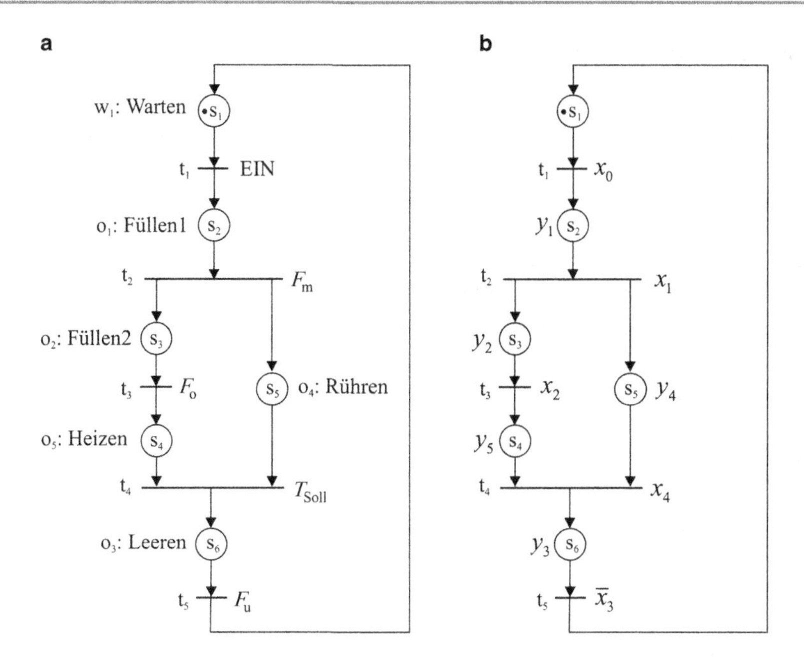

Abb. 4.28 Transformation eines PA-Netzes für den Mischbehälter in ein Steuernetz. **a** PA-Netz, **b** Steuernetz

beachtet werden (s. Abschn. 4.4.2). Den Operationen o bzw. den zugehörigen Prozessstellgrößen y^* sind dabei eindeutig Stellsignale y bzw. Stellsignalkombinationen $\mathbf{y}$ und den Ereignissen eindeutig Ereignissignale e bzw. Schaltausdrücke aus Ereignissignalen zuzuordnen. Im Einzelnen ergeben sich beim Beispiel 4.4 folgende Zuordnungen:

$$
\begin{array}{ll}
\mathrm{o}_1 \to y_1 & \mathrm{Ein} \to x_0 \\
\mathrm{o}_2 \to y_2 & F_\mathrm{m} \to x_1 \\
\mathrm{o}_3 \to y_3 & F_\mathrm{o} \to x_2 \\
\mathrm{o}_4 \to y_4 & F_\mathrm{u} \to \bar{x}_3 \\
\mathrm{o}_5 \to y_5 & T_\mathrm{Soll} \to x_4
\end{array}
$$

Das erstellte PA-Netz (Abb. 4.28a) lässt sich damit auf einfache Weise in ein Steuernetz umwandeln (Abb. 4.28b). Das generierte Steuernetz stimmt mit dem im Abschn. 3.6.9 entworfenen Steuernetz für den Mischbehälter überein. Deshalb erübrigen sich hier auch nochmalige Betrachtungen zur netztheoretischen und schaltalgebraischen Analyse.

Die Beschreibung von ereignisdiskreten Prozessen durch PA-Netze soll noch an einem weiteren Beispiel demonstriert werden. Es handelt sich um die im Abschn. 4.2.8 analysierte Elementarsteuerstrecke *Zisterne*.

Beispiel 4.5 (Generischer Entwurf einer Ablaufsteuerung für eine Zisterne (s. Abb. 4.23))

- *Aufgabenstellung*

Der im Rahmen des Beispiels 4.3 (Abschn. 4.2.8) als Ablaufschema (Abb. 4.24b) dargestellte ereignisdiskrete Prozess in einer Zisterne ist als Prozessalgorithmus in Form eines PA-Netzes zu notieren. Das PA-Netz ist in ein Steuernetz umzuwandeln.

- *Lösung*

Das im Abschn. 4.2.8 für den ereignisdiskreten Prozess in der Zisterne angegebene Ablaufschema (s. Abb. 4.24b) stellt bereits eine Modifikation eines PA-Netzes dar und wird als solches in Abb. 4.29a übernommen.

Für die Prozessgrößen wurde im Abschn. 4.2.8 Folgendes vereinbart:

o_1 Operation *Füllen* (automatische Trinkwassernachspeisung),
o_2 Operation *Leeren* (automatisches Abpumpen, wenn Zisterne voll ist),
v_1 Zufälliger Vorgang *Leeren* (manuelle Wasserentnahme),
v_2 Zufälliger Vorgang *Füllen* (Zufluss von Regenwasser),
w Warteoperation,
x^*_{S1} Schwellwert von v_1,
x^*_{S2} Schwellwert von o_1,
x^*_{S3} Schwellwert von o_2,
x^*_{S4} Schwellwert von v_2.

Für diese Prozessgrößen wird folgende Zuordnung von Stell- und Messsignalen gewählt:

$$o_1 \to y_1, \quad x^*_{S1} \to x_1, \quad x^*_{S2} \to \bar{x}_2,$$
$$o_2 \to y_2, \quad x^*_{S3} \to \bar{x}_3, \quad x^*_{S4} \to x_4.$$

Damit erhält man aus dem PA-Netz das in Abb. 4.29b dargestellte Steuernetz für die Ablaufsteuerung der Zisterne.

Der generische Entwurf von Ablaufsteuerungen wird im Kap. 5 anhand komplexerer Entwurfsbeispiele behandelt.

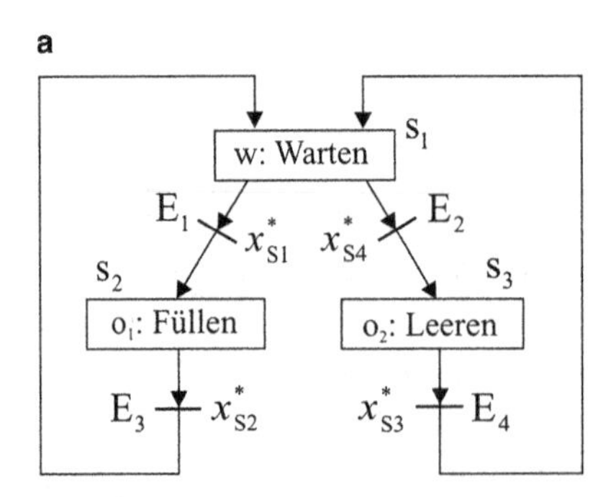

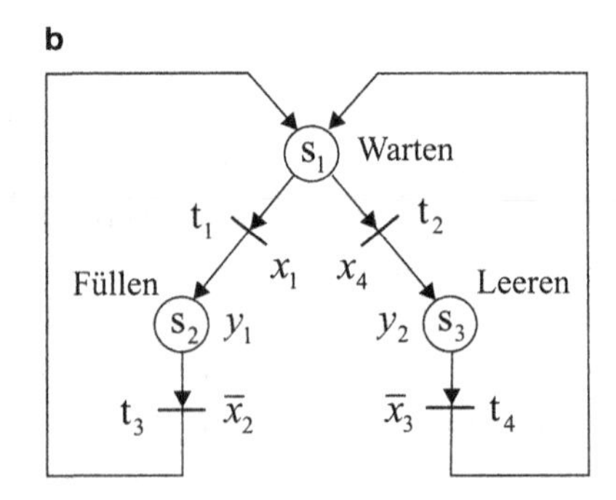

Abb. 4.29 Generischer Entwurf einer Ablaufsteuerung für eine Zisterne gemäß Abb. 4.23. **a** Prozessalgorithmus in Form eines PA-Netzes (gemäß Abb. 4.24b), **b** Durch Transformation erhaltenes Steuernetz

4.3.6 Darstellung von Prozessmodellen

4.3.6.1 Diskrete Prozesszustände

Bei der Beschreibung von ereignisdiskreten Prozessen mittels Steueralgorithmen und Prozessalgorithmen wird die Systemvergangenheit in den *Zuständen* **z** *der Steuereinrichtung* subsummiert. Die Veränderungen in der Steuereinrichtung äußern sich in den Zustandsübergängen. Wenn die Steuereinrichtung einen neuen Zustand einnimmt, wird darin der bis dahin *erreichte Stand des Steuerungsablaufs* „gespeichert".

Bei der Beschreibung ereignisdiskreter Prozesse in Form von Kern- bzw. Prozessmodellen muss gemäß Abschn. 4.3.1 auf *Zustände der Steuerstrecke* Bezug genommen werden (Abschn. 4.3.1, Abb. 4.25c, d), durch die in entsprechender Weise die Subsummierung der Prozessvergangenheit erfolgt. Hier bewirken Operationen oder zufällige äußere Einflüsse eine Veränderung von Steuergrößen x^*. Durch entsprechende Ereignisse werden diese Veränderungen beendet, sodass eine neue Situation im Prozessablauf eintritt.

Um zu einer Zustandsraumbeschreibung von ereignisdiskreten Prozessen zu gelangen, soll von der Vorstellung ausgegangen werden, dass sich beim Auftreten eines Ereignisses E in der Steuerstrecke jeweils ein bestimmter *diskreter Prozesszustand* **p** einstellt, wodurch der bis dahin *erreichte Stand des Prozessablaufs* „gespeichert" wird.

Ein ereignisdiskreter Prozess in einer Steuerstrecke lässt sich also im diskreten Zustandsraum folgendermaßen charakterisieren: Auf jede Operation o folgt zunächst ein diskreter Prozesszustand **p**. Danach wird die nächste Operation o′ ausgelöst, auf die ein neuer diskreter Prozesszustand **p**′ als Zeichen des Endes dieser Operation auftritt. Ein einfaches Beispiel eines solchen ereignisdiskreten Prozesses ohne Verzweigungen zeigt Abb. 4.30 in Form eines Ablaufschemas.

Unter Bezugnahme auf diskrete Prozesszustände **p** kann die Definition eines ereignisdiskreten Prozesses (Abschn. 1.1.3.3) in folgender Weise präzisiert werden:

> Ein *ereignisdiskreter Prozess* stellt eine alternierende Aufeinanderfolge von Operationen o und diskreten Prozesszuständen **p** dar, wobei in den Abläufen alternative oder konjunktive Verzweigungen und Zusammenführungen auftreten können.

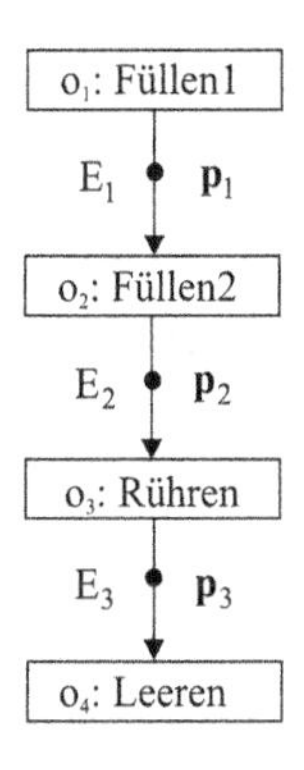

Abb. 4.30 Zustandsraumbeschreibung eines nichtparallelen ereignisdiskreten Prozesses

Diese präzisierte Begriffsdefinition bildet die *Grundlage für die angestrebte Modellbildung* ereignisdiskreter Prozesse (Abschn. 4.5). Operationen und diskrete Prozesszustände sind dabei die wesentlichen Darstellungsgrößen von Kern- und von Prozessmodellen.

Beim Auftreten von alternativen Verzweigungen sind allerdings noch einige Besonderheiten zu beachten (Abschn. 4.4.1). Das Gleiche gilt auch für konjunktive Verzweigungen, die eine Eröffnung von Parallelität bedeuten (Abschn. 4.6).

> Ein ereignisdiskreter Prozess zeichnet sich gegenüber einem kontinuierlichen Prozess dadurch aus, dass sein *Zustandsraum* kein Kontinuum, sondern eine *diskrete Menge* ist, deren Elemente diskrete Prozesszustände sind. Ein *diskreter Prozesszustand* $\mathbf{p}$ existiert dabei nur kurzzeitig zwischen zwei aufeinander folgenden Operationen. Es handelt sich also um einen Zustand, der sowohl amplitudendiskret als auch zeitdiskret ist.

Diskrete Prozesszustände sind nicht nur abstrakte Größen, sie haben auch eine konkrete Bedeutung. Das Auftreten eines diskreten Prozesszustandes nach einer Operation bedeutet „Ein Ereignisses ist eingetreten", d. h. es wurde z. B. ein Schwellwert einer Steuergröße x^* erreicht. Der Umgang mit dem Begriff *diskreter Prozesszustand* führt deshalb nicht zu solchen Vorstellungsschwierigkeiten, wie das beim direkten Entwurf von Steueralgorithmen auf der Basis von Automatengraphen oder Steuernetzen der Fall ist, wo „abstrakte" Zustände eine wesentliche Rolle spielen.

4.3.6.2 Einbeziehung steuerungstechnischer Signale in die Prozessbeschreibung

Der Unterschied zwischen einem Kernmodell und einem Prozessmodell besteht darin, dass in einem Kernmodell noch keine steuerungstechnischen Signale einbezogen sind. Beim Kernmodell handelt es sich also um eine Darstellungsform von ereignisdiskreten Prozessen, wie sie unmittelbar aus dem von Verfahrens- oder Fertigungstechnikern aus technologischer Sicht konzipierten Folgen von Operationen geschaffen werden kann. Deshalb ist es auch durchaus sinnvoll, in einem ersten Entwurfsschritt zunächst ein Kernmodell zu erstellen.

Die Zielstellung besteht aber letzten Endes darin, auf der Basis der in der Steuerungsaufgabe vorgegebenen Operationsfolgen ein *Prozessmodell* zu bilden, in dem die auch in den Steueralgorithmen vorkommenden steuerungstechnischen Signale, d. h. *Stellsignale* und *Ereignissignale*, involviert sind. Denn das ist die Voraussetzung dafür,

- dass aus den Prozessmodellen durch einfache Transformationen die Steueralgorithmen generiert werden können und
- dass sich die entworfenen Steueralgorithmen mit den Prozessmodellen für Simulationszwecke über Stell- und Messsignale zu einem Steuerkreis koppeln lassen.

Durch die Stellsignale y erfolgt die Aktivierung der Prozessstellgrößen y^* und damit das Auslösen von Operationen o (Abschn. 4.2.1 und 4.2.5). Deshalb gilt:

Die Stellsignale *y* sind bei der Modellbildung den Operationen o zuzuordnen. In welcher Weise diese Zuordnung zu erfolgen hat, wird im Abschn. 4.4.2 auf der Basis von Betrachtungen zur Steuerbarkeit erörtert.

Ereignissignal ist der Oberbegriff für folgende Signalarten (s. Abschn. 1.1.3.3):

- Messsignale zur Rückmeldung von erreichten Schwellwerten x_S^* von Steuergrößen x^* (Abschn. 4.2.1);
- Signale zur Meldung von erreichten Schwellwerten v_S von zufälligen und systembedingten Vorgängen v (Störungen) in Steuerstrecken, (Abschn. 4.2.8);
- Signale zur Meldung erreichter Schwellen von Zeitgliedern und Zählern (Abschn. 2.2.4);
- Signale zur Meldung von Bedienhandlungen (Bediensignale), (Abschn. 1.1.1).

Die Ereignissignale, die als binäre Variable *x* dargestellt werden, sind bei der Modellbildung den Ereignissen und damit den diskreten Prozesszuständen **p** zuzuordnen. Die Art dieser Zuordnung wird im Abschn. 4.4.2 im Zusammenhang mit Betrachtungen zur Beobachtbarkeit festgelegt.

Während in Steueralgorithmen die Ereignissignale als Eingänge und die Stellsignale als Ausgänge anzusehen sind, müssen in Prozessmodellen die Stellsignale als Eingangsgrößen und die Ereignissignale als Ausgangsgrößen betrachten werden.

4.4 Besonderheiten ereignisdiskreter Prozesse

4.4.1 Nichtdeterministisches Verhalten ereignisdiskreter Prozesse

4.4.1.1 Erscheinungsformen des nichtdeterministischen Verhaltens

Im Abschn. 4.2.1 wurde davon ausgegangen, dass in einem ereignisdiskreten Prozess eine Operation z. B. dann beendet ist, wenn ein Schwellwert erreicht wurde und damit ein *aus steuerungstechnischer Sicht relevantes Ergebnis* erzielt wurde. Eine Operation kann aber im Allgemeinen mit unterschiedlichen Ergebnissen beendet werden.

So kann z. B. ein Werkstück nach einer Bearbeitungsoperation *Fräsen* maßhaltig oder Ausschuss sein. Das wird gewöhnlich erst nach einer Messoperation im Rahmen einer Qualitätskontrolle festgestellt. Beide Ergebnisse sind jedoch aus steuerungstechnischer Sicht relevant. Denn in Abhängigkeit von diesen Ergebnissen muss die Steuereinrichtung in unterschiedlicher Weise reagieren. Im ersten Fall muss sie dafür sorgen, dass das Werkstück z. B. zur nächsten Bearbeitungsstation geleitet wird. Im zweiten Fall muss das Werkstück aus dem normalen Bearbeitungsprozess ausgesondert werden, um an ihm z. B. eine Nacharbeit auszuführen. In Abb. 4.31 ist dieses fiktive Beispiel in Form eines Ablaufschemas dargestellt.

Abb. 4.31 Beenden einer Operation mit unterschiedlichen Ergebnissen

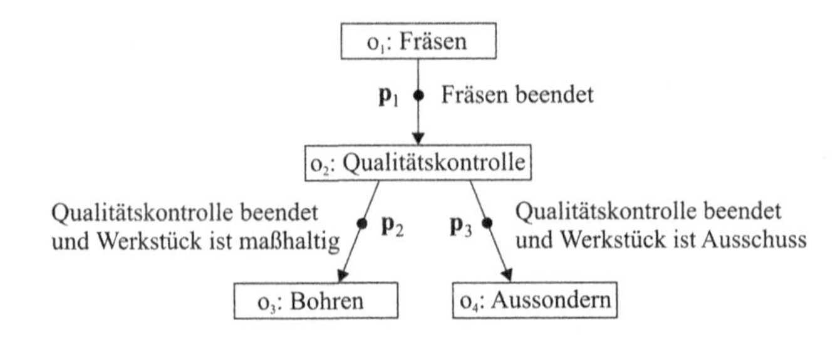

Die beiden möglichen Ergebnisse „Werkstück maßhaltig" und „Werkstück Ausschuss" sind in Abb. 4.31 in Form einer alternativen Verzweigung dargestellt und werden durch die Prozesszustände $\mathbf{p}_2$ und $\mathbf{p}_3$ repräsentiert. Im Allgemeinen kann zwar abgeschätzt werden, welche Ergebnisse mit steuerungstechnischer Relevanz nach einer Operation insgesamt möglich sind. Es kann aber im Voraus nicht angegeben werden, welches dieser Ergebnisse tatsächlich auftritt. Das kann bei diesem Beispiel nur im Nachhinein über Messsignale festgestellt werden.

Da jedes mögliche Ergebnis durch einen Prozesszustand bzw. durch ein Ereignis repräsentiert werden kann, lässt sich dieser Sachverhalt auch folgendermaßen ausdrücken:

> Bei ereignisdiskreten Prozessen sind nach einer Operation im Allgemeinen mehrere Folgeprozesszustände möglich, von denen sich aber nur einer tatsächlich einstellt. Das Folgeverhalten ereignisdiskreter Prozesse ist damit nicht eindeutig vorhersehbar. Ein solches Verhalten wird als *nichtdeterministisch* bezeichnet.

Allgemein gesprochen bedeutet nichtdeterministisches Verhalten bzw. *Nichtdeterminismus* (oder Indeterminismus), dass Zustände von Systemen oder Objekten nicht dem Kausalprinzip unterliegen. Auf einen Zustand $\mathbf{p}$ folgt also nicht eindeutig ein bestimmter Zustand, d. h. der sich einstellende Folgezustand ist im Voraus nicht angebbar. Man sagt auch, er ist nicht determiniert. Im Voraus kann für diesen Zustand $\mathbf{p}$ lediglich eine Menge $\mathbf{P}$ von Zuständen angegeben werden, von denen sich dann nach dem Zustandsübergang ein Zustand $\mathbf{p}' \in \mathbf{P}$ als Folgezustand einstellt.

Nichtdeterministisches Verhalten von Systemen ist nicht zu verwechseln mit *stochastischem Verhalten*. Bei stochastischen Systemen sind auch mehrere Folgezustände möglich. Das Auftreten jedes der möglichen Folgezustände ist aber mit einer bestimmten Wahrscheinlichkeit bewertet. Bei nichtdeterministischen Systemen entfallen die Wahrscheinlichkeitsbewertungen der Folgezustände.

Auf ereignisdiskrete Prozesse bezogen lässt sich folgende Aussage formulieren:

> *Nichtdeterministisches Verhalten ist ein Wesensmerkmal ereignisdiskreter Prozesse mit alternativen Verzweigungen*. Bei jeder alternativen Verzweigung nach einer Operation ergibt sich eine Menge möglicher diskreter Folgeprozesszustände, von denen sich aber nur einer tatsächlich einstellt. Die Kardinalzahl der Menge dieser alternativen Folgeprozesszustände ist gleich der Anzahl der Alternativzweige.

Da der hier anhand von Beispielen beschriebene Nichtdeterminismus mit dem Zustandsfolgeverhalten im diskreten Zustandsraum im Zusammenhang steht, das allgemein durch eine Zustandsüberführungs*funktion* beschrieben werden kann (s. Abschn. 4.4.3), soll in diesem Fall von einem *funktionsbedingten Nichtdeterminismus* gesprochen werden. Neben diesem funktionsbedingten Nichtdeterminismus existiert in ereignisdiskreten Prozessen noch ein *zeitbedingter Nichtdeterminismus* (s. Abschn. 4.6.4).

Weil der funktionsbedingte Nichtdeterminismus an alternative Verzweigungen nach einer Operation gebunden ist, werden diese auch als *nichtdeterministische Verzweigungen* bezeichnet. Die sich aufgrund einer alternativen bzw. nichtdeterministischen Verzweigung nach einer Operation o ergebende Menge möglicher diskreter Prozesszustände soll auch *Menge alternativer Prozesszustände* bezüglich einer Operation o genannt werden.

Die Steuereinrichtung hat die Aufgabe, dem nichtdeterministischen Verhalten der ereignisdiskreten Prozesse in der Steuerstrecke entgegenzuwirken, sodass der Steuerkreis sich insgesamt deterministisch verhält.

4.4.1.2 Zusammenstellung von Ursachen des funktionsbedingten Nichtdeterminismus

Der funktionsbedingte Nichtdeterminismus kann unterschiedliche Ursachen haben. Ein Beispiel dafür wurden bereits im Abschn. 4.4.1.1 genannt. Hier sollen nun mögliche Ursachen klassifiziert werden.

- *Einfluss von Störungen in der Steuerstrecke, die während des Prozessablaufs über Sensoren erkannt werden*:
  Es handelt sich dabei um Störungen, die in der Steuerstrecke (inklusive der Mess- und Stellglieder) auftreten können und für deren Erkennung in der Entwurfsphase Sensoren vorgesehen wurden. Es kann sich dabei um Störungen handeln, die in Anlagenteilen der Steuerstrecke vorkommen (*interne Störungen*) oder um Störungen, die von außen auf die Steuerstrecke einwirken (*externe Störungen*). Über die Sensoren werden die aufgetretenen Störungen während des Prozessablaufs durch binäre Signale der Steuereinrichtung gemeldet. In der Steuerstrecke ergeben sich dadurch nichtdeterministische Verzweigungen mit alternativen Prozesszuständen, die unterschiedliche Folgeprozessabläufe bedingen.
  Beispiele:
  - Werkzeugbruch mit direkter Sensorrückmeldung;
  - Einwirkung zufälliger Vorgänge gemäß Abschn. 4.2.8 (z. B. Zisterne, s. Abschn. 4.2.8);
  - Einwirkung systembedingter Vorgänge gemäß Abschn. 4.2.8.

- *Einfluss von Störungen in der Steuerstrecke, die erst über nachträgliche Messoperationen erkannt werden können*:
  Hierunter sollen Störungen verstanden werden, die während der Ausführung einer Operation in Anlagenteilen der Steuerstrecke auftreten und Auswirkungen auf die Qualität des herzustellenden Produktes haben, die aber aus technischen oder ökonomischen Gründen zum Zeitpunkt ihrer Entstehung nicht über Sensoren festgestellt werden können. Die Auswirkungen derartiger Störungen lassen sich gegebenenfalls im Nachhinein durch eine Messoperation ermitteln. Erst nach dieser Messoperation tritt dann eine nichtdeterministische Verzweigung mit alternativen Prozesszuständen auf.
  Beispiel:
  - Gütemängel an Produkten aufgrund von Abnutzungserscheinungen an Werkzeugen (s. Beispiel in Abb. 4.31).
- *Einfluss nebengelagerter Prozesse*:
  Als nebengelagert sollen solche Prozesse bezeichnet werden, die für den Ablauf des zu steuernden ereignisdiskreten Prozesses von entscheidender Bedeutung sind, aber mit dem eigentlichen Steuerungsproblem in keinem kausalen Zusammenhang stehen.
  Beispiel:
  - Steuerung der Rückführbewegung eines Zweikoordinatenschreibers (s. Abschn. 4.5.5):
    Bei diesem Beispiel ist die auszuführende Schreibbewegung ein nebengelagerter Prozess, der aber Einfluss darauf hat, an welcher Kante die Schreibfeder jeweils auftrifft. Daraus ergibt sich eine nichtdeterministische Verzweigung.
- *Einfluss von Bedien- und Führungssignalen*:
  Hierbei handelt sich um Signale, die während des Prozessablaufs eintreffen können und zu nichtdeterministischen Verzweigungen führen.
  Beispiele:
  - NOT/AUS-Signale;
  - Bediensignale in einem Personenaufzug (s. Beispiel im Abschn. 5.3)

Aus dieser Auflistung von möglichen Ursachen geht hervor, dass nach Ausführung einer Operation aus ganz unterschiedlichen Gründen mehrere alternative Folgeprozesszustände möglich sein können und dass im Voraus nicht eingeschätzt werden kann, welcher dieser Prozesszustände sich tatsächlich einstellt.

4.4.2 Beobachtbarkeit von Ereignissen und Steuerbarkeit von Operationen

Der beim prozessmodellbasierten Entwurf zu generierende Steueralgorithmus muss so beschaffen sein, dass er dem in der Steuerstrecke auftretenden funktionsbedingten Nichtdeterminismus entgegen wirkt. Der Steuerkreis, bestehend aus Steuerstrecke und

Steuereinrichtung, muss letzten Endes ein determiniertes Verhalten besitzen. Um das zu gewährleisten, muss die Steuereinrichtung in der Lage sein, über Messsignale die bei nichtdeterministischen Verzweigungen auftretenden alternativen Prozesszustände zu identifizieren und daraufhin gezielt Operationen auszulösen. In diesem Zusammenhang spielt die *Beobachtbarkeit und Steuerbarkeit ereignisdiskreter Prozesse* eine wesentliche Rolle.

Für die Beobachtbarkeit und Steuerbarkeit von Systemen existieren in der einschlägigen Literatur unterschiedliche Kriterien, die aber für ereignisdiskrete Prozesse nicht übernommen werden können. Bei der Steuerung ereignisdiskreter Prozesse gilt die generelle Forderung, dass die sich nach einer Operation einstellenden Prozesszustände von der Steuereinrichtung aus beobachtbar sind und dass es auf der Basis des in der Steuereinrichtung implementierten Steueralgorithmus möglich sein muss, die erforderlichen Operationen o durch Stellsignale y gezielt auszulösen. Das soll folgendermaßen untersetzt werden:

- Beobachtbarkeit von Prozesszuständen
  Die *Beobachtbarkeit* bezieht sich auf die Prozesszustände ereignisdiskreter Prozesse. Sie umfasst:
  - die *Erkennbarkeit* der aktuellen Prozesszustände:
    Die Prozesszustände eines ereignisdiskreten Prozesses sind *erkennbar*, wenn ihnen eindeutig Messsignale x bzw. Schaltausdrücke in den Messsignalen x zugeordnet sind.
    Auf diese Weise lassen sich die Prozesszustände durch die Steuereinrichtung identifizieren.
  - die *paarweise Unterscheidbarkeit* der Prozesszustände nach nichtdeterministischen Verzweigungen:
    Prozesszustände, die nach einer nichtdeterministischen Verzweigung (Abschn. 4.4.1.1) auftreten können, sind *paarweise unterscheidbar*, wenn die Messsignale bzw. die Schaltausdrücke, die diesen Zuständen (eindeutig) zugeordnet sind, paarweise disjunkt sind. Das bedeutet, in einer nichtdeterministischen Verzweigung darf es bei jeder Belegung der Messsignale stets nur einen Zustand geben, dessen ihm zugeordneter Schaltausdruck den Wert 1 annimmt (Das entspricht der geforderten Disjunktheit von Schaltbedingungen in alternativen Verzweigungen von Steuernetzen).
- Steuerbarkeit von Operationen
  Die *Steuerbarkeit* bezieht sich auf das gezielte Auslösen von Operationen durch Stellsignale. Die Operationen eines ereignisdiskreten Prozesses sind *steuerbar*, wenn ihnen eindeutig Prozessstellgrößen y_j^* zugeordnet sind, die von Steuergrößen $y_{j\alpha}$ abhängen (Abschn. 4.2.2, Gl. 4.5). Das bedeutet, jede Operation kann nur von einer Prozessstellgröße ausgelöst werden. Eine Prozessstellgröße kann aber gleichzeitig mehrere Operationen aktivieren.

4.4.3 Beschreibung des funktionsbedingten Nichtdeterminismus durch nichtdeterministische Automaten

Im Folgenden soll gezeigt werden, wie das nichtdeterministische Verhalten ereignisdiskreter Prozesse im diskreten Zustandsraum durch nichtdeterministische Automaten beschrieben werden kann. Damit soll interessierten Lesern ein tieferer Einblick in den funktionsbedingten Nichtdeterminismus und die Abläufe beim Zusammenspiel von Prozessmodell und Steueralgorithmus ermöglicht werden.

4.4.3.1 Charakteristika von deterministischen, nichtdeterministischen und stochastischen Automaten

Um das Verhalten nichtdeterministischer Automaten besser verstehen zu können, sollen deterministische, nichtdeterministische und stochastischen Automaten bezüglich ihrer Charakteristika kurz gegenübergestellt werden. Zur Beschreibung deterministischer Automaten wurden im Abschn. 3.5.3 folgende Symbole eingeführt:

- $\mathbf{X}$ ist die Menge der Eingangskombinationen $\mathbf{x}$;
- $\mathbf{Y}$ ist die Menge der Stellsignalkombinationen $\mathbf{y}$;
- $\mathbf{Z}$ ist die Menge der Zustände $\mathbf{z}$;
- $\mathbf{Z} \times \mathbf{X}$ ist die Menge aller Paare $\mathbf{z} \in \mathbf{Z}$ und $\mathbf{x} \in \mathbf{X}$.

Damit lässt sich die *Überführungsfunktion* f_d *eines deterministischen Automaten* durch die folgende Abbildung beschreiben (s. Gl. 3.102):

$$f_d\colon \mathbf{Z} \times \mathbf{X} \rightarrow \mathbf{Z} \tag{4.34}$$

f_d ist eine auf $\mathbf{Z} \times \mathbf{X}$ definierte Funktion, deren Werte in $\mathbf{Z}$ liegen. Bei deterministischen Automaten werden also gemäß $\mathbf{z}' = f_\mathrm{d}(\mathbf{z}, \mathbf{x})$ Paaren von Zuständen $\mathbf{z} \in \mathbf{Z}$ und Eingangskombinationen $\mathbf{x} \in \mathbf{X}$ eindeutig Zustände $\mathbf{z}' \in \mathbf{Z}$ zugeordnet.

Durch *nichtdeterministische Automaten* wird das Verhalten von Systemen beschrieben, bei denen sich für einen Zustand $\mathbf{z}$ bei Anliegen einer Eingangskombination $\mathbf{x}$ im Voraus kein Folgezustand determinieren lässt. Es kann lediglich eine Menge von Zuständen angegeben werden, von denen sich als Ergebnis des Zustandsübergangs ein Zustand dieser Menge als Folgezustand einstellt (Abschn. 4.4.1). Zur Beschreibung dieses Verhaltens wird folgende Menge eingeführt [Star1969]:

$\mathbf{M}^*(\mathbf{Z})$ ist die Menge aller nichtleeren Teilmengen von $\mathbf{Z}$.

Damit lässt sich für die *Überführungsfunktion* f_nd *eines nichtdeterministischen Automaten* folgende Abbildung angeben:

$$f_\mathrm{nd}\colon \mathbf{Z} \times \mathbf{X} \rightarrow \mathbf{M}^*(\mathbf{Z}) \tag{4.35}$$

f_{nd} ist eine auf $\mathbf{Z} \times \mathbf{X}$ definierte Funktion, deren Werte in $\mathbf{M}^*(\mathbf{Z})$ liegen. Bei nichtdeterministischen Automaten werden also Paaren aus Zuständen $\mathbf{z} \in \mathbf{Z}$ und Eingangskombinationen $\mathbf{x} \in \mathbf{X}$ eindeutig Elemente $\mathbf{Z}_{\mathrm{T}}$ von $\mathbf{M}^*(\mathbf{Z})$ zugeordnet (in Zeichen: $\mathbf{Z}_{\mathrm{T}} \in \mathbf{M}^*(\mathbf{Z})$), die Teilmengen von $\mathbf{Z}$ sind (in Zeichen: $\mathbf{Z}_{\mathrm{T}} \subseteq \mathbf{Z}$).

Durch Gl. 4.35 wird zunächst nur das nichtdeterministische Verhalten bezüglich der Zustände beschrieben. Es muss natürlich auch noch zum Ausdruck gebracht werden, dass sich bei einer Zuordnung von Elementen $\mathbf{Z}_{\mathrm{T}}$ von $\mathbf{M}^*(\mathbf{Z})$ zu Paaren $\mathbf{z} \in \mathbf{Z}$ und $\mathbf{x} \in \mathbf{X}$ gemäß der Abbildung $\mathbf{Z} \times \mathbf{X} \to \mathbf{M}^*(\mathbf{Z})$ den Zuständen $\mathbf{z}'$ der Teilmengen $\mathbf{Z}_{\mathrm{T}} \in \mathbf{M}^*(\mathbf{Z})$ Ausgaben zugeordnet werden müssen. Ein Zustand $\mathbf{z}'$ und die ihm zugeordnete Ausgabe $\mathbf{y}$ lässt sich auch wieder als Paar $(\mathbf{z}', \mathbf{y})$ betrachten, das Element der Kreuzmenge $\mathbf{Z} \times \mathbf{Y}$ ist, d. h. $(\mathbf{z}', \mathbf{y}) \in \mathbf{Z} \times \mathbf{Y}$. Daraus ergibt sich folgende Menge:

$\mathbf{M}^*(\mathbf{Z} \times \mathbf{Y})$ ist die Menge aller nichtleeren Teilmengen der Menge $\mathbf{Z} \times \mathbf{Y}$.

Damit lässt sich die *allgemeine Form eines nichtdeterministischen Automaten* wie folgt definieren:

Definition 4.2 ([Star1969]) Das Tupel $\mathrm{B} = [\mathbf{X}, \mathbf{Y}, \mathbf{Z}, h]$ heißt *nichtdeterministischer Automat*, wenn gilt

1. $\mathbf{X}$, $\mathbf{Y}$ und $\mathbf{Z}$ sind nichtleere Mengen;
2. h ist eine eindeutige Abbildung von $\mathbf{Z} \times \mathbf{X}$ in $\mathbf{M}^*(\mathbf{Z} \times \mathbf{Y})$.

h ist eine auf $\mathbf{Z} \times \mathbf{X}$ definierte Funktion, deren Werte in $\mathbf{M}^*(\mathbf{Z} \times \mathbf{Y})$ liegen. Bei nichtdeterministischen Automaten werden also Paaren $(\mathbf{z}, \mathbf{x})$ mit $\mathbf{z} \in \mathbf{Z}$ und $\mathbf{x} \in \mathbf{X}$ eindeutig Elemente $(\mathbf{Z} \times \mathbf{Y})_{\mathrm{T}}$ von $\mathbf{M}^*(\mathbf{Z} \times \mathbf{Y})$ zugeordnet (in Zeichen: $(\mathbf{Z} \times \mathbf{Y})_{\mathrm{T}} \in \mathbf{M}^*(\mathbf{Z} \times \mathbf{Y})$), die Teilmengen von $(\mathbf{Z} \times \mathbf{Y})$ sind (in Zeichen: $(\mathbf{Z} \times \mathbf{Y})_{\mathrm{T}} \subseteq (\mathbf{Z} \times \mathbf{Y})$). Die Funktion h vereint die Überführungsfunktion f_{nd} und die Ausgabefunktion g_{nd}. (Ende d. Def.)

Bei *stochastischen Automaten* ist der Folgezustand $\mathbf{z}'$ eines Zustandes $\mathbf{z}$ ebenfalls nicht eindeutig bestimmt. Bei ihnen besteht jedoch für jedes Paar $(\mathbf{z}', \mathbf{x})$ eine gewisse Wahrscheinlichkeit dafür, dass der Automat in der Situation $(\mathbf{z}, \mathbf{x})$ in $(\mathbf{z}', \mathbf{x})$ übergeht, d. h. dass sich der Zustand $\mathbf{z}'$ einstellt und $\mathbf{y}$ ausgegeben wird [Star1969].

Um den Unterschied zwischen stochastischen und nichtdeterministischen Automaten anschaulich zum Ausdruck zu bringen, soll *Starke* zitiert werden ([Star1969], S. 119): „Vom Standpunkt der Theorie der stochastischen Automaten betrachtet, kann man die nichtdeterministischen Automaten zur Beschreibung der ‚Möglichkeiten' von stochastischen Automaten etwa in dem Sinne verwenden, dass wir für einen gegebenen stochastischen Automaten alle die Dinge ‚möglich' nennen, die er mit einer positiven Wahrscheinlichkeit ausführt." – „Der nichtdeterministische Automat beschreibt im angegebenen Sinne die ‚Möglichkeiten' des stochastischen Automaten." – „Diese Möglichkeiten unterscheiden wir nicht voneinander, wie das durch die Angabe von Wahrscheinlichkeiten bei einem stochastischen Automaten geschieht."

4.4.3.2 Definition eines nichtdeterministischen Prozessautomaten

In ereignisdiskreten Prozessen kommt der Nichtdeterminismus nur bei alternativen Verzweigungen zur Wirkung, die deshalb im Abschn. 4.4.1.1 auch als nichtdeterministische Verzweigungen bezeichnet wurden. Um dieser Besonderheit Rechnung zu tragen, soll in diesem Unterabschnitt ein spezieller nichtdeterministischer Automat definiert werden, der als nichtdeterministischer Prozessautomat bezeichnet wird [Zan2005].

Im Gegensatz zur Beschreibung von Steueralgorithmen wird bei der Beschreibung von ereignisdiskreten Prozessen in Form von *Prozessmodellen* auf diskrete Prozesszustände $\mathbf{p}$ Bezug genommen. Als Eingänge von Prozessmodellen fungieren Stellsignalkombinationen $\mathbf{y}$ und als Ausgänge Mess- bzw. Ereignissignalkombinationen $\mathbf{x}$. Bei der Menge von Prozesszuständen, die nach Ausführen einer durch $\mathbf{y}$ ausgelösten Operation auftreten können und dann die Menge der möglichen Folgezustände des zugehörigen Prozesszustands $\mathbf{p}$ bilden, handelt es sich um eine Teilmenge $\mathbf{P}_\mathrm{T}$ der Menge $\mathbf{P}$ aller Prozesszustände, die in der Steuerstrecke existieren.

Aus der Menge $\mathbf{P}_\mathrm{T}$ der Prozesszustände, die nach einer Operation möglich sind, kann sich immer nur ein Prozesszustand $\mathbf{p}'$ tatsächlich einstellen. Um zu gewährleisten, dass dieser Prozesszustand $\mathbf{p}' \in \mathbf{P}_\mathrm{T}$ eindeutig von der Steuereinrichtung identifiziert werden kann, müssen alle nach Ausführung einer Operation möglichen Prozesszustände durch die ihnen zugeordneten Ereignissignalkombinationen $\mathbf{x} \in \mathbf{X}$ unterscheidbar sein (Abschn. 4.4.2). Das kann erreicht werden, indem für die Zuordnung zwischen den Prozesszuständen $\mathbf{p}' \in \mathbf{P}_\mathrm{T}$ und den sie kennzeichnenden Ereignissignalvektoren $\mathbf{x} \in \mathbf{X}$ eine umkehrbar eindeutige Abbildung gewählt wird.

In Ergänzung der im Abschn. 4.4.3.1 angegebenen Symbolik werden noch folgende Symbole eingeführt:

- $\mathbf{P}$ ist die Menge der diskreten Prozesszustände der Steuerstrecke;
- $\mathbf{M}^*(\mathbf{P})$ ist die Menge aller nichtleeren Teilmengen $\mathbf{P}_\mathrm{T}$ von $\mathbf{P}$.

Der Nichtdeterminismus bezieht sich bei dem Prozessautomaten im Gegensatz zu den allgemeinen nichtdeterministischen Automaten (Abschn. 4.4.3.1) nur auf die Bildung der Folgezustände. Dafür ist eine nichtdeterministische Überführungsfunktion vorzusehen. Um der Forderung bezüglich der Erkennbarkeit von Prozesszuständen (Abschn. 4.4.2) nachzukommen, wird die Ausgabefunktion als eindeutige Abbildung $\mathbf{P} \to \mathbf{X}$ festgelegt.

In Modifikation von Definition 4.2 ergibt sich dann:

Definition 4.3 Das Tupel $\mathrm{NP} = [\mathbf{X}, \mathbf{Y}, \mathbf{P}, \varphi, \gamma]$ heißt *nichtdeterministischer Prozessautomat*, wenn gilt:

1) $\mathbf{X}$, $\mathbf{Y}$ und $\mathbf{P}$ sind nichtleere Mengen.
2) φ ist eine eindeutige Abbildung von $\mathbf{P} \times \mathbf{Y}$ in $\mathbf{M}^*(\mathbf{P})$, d. h. es gilt:

$$\varphi(\mathbf{p}, \mathbf{y}) = \{\mathbf{p}' \mid \exists \mathbf{P}_\mathrm{T}[\mathbf{P}_\mathrm{T} \in \mathbf{M}^*(\mathbf{P})] \wedge \mathbf{p}' \in \mathbf{P}_\mathrm{T}\};$$

in Worten: $\varphi(\mathbf{p}, \mathbf{y})$ ist die Menge aller Folgezustände $\mathbf{p}'$ von $\mathbf{p}$, wobei $\mathbf{p}'$ Element der $\mathbf{p}$ zugeordneten Teilmenge $\mathbf{P}_\mathrm{T}$ ist. φ ist die Überführungsfunktion.

3) γ ist eine eindeutige Abbildung von $\mathbf{P}$ in $\mathbf{X}$, d. h. es gilt: $\gamma(\mathbf{p}') = \mathbf{x}$; γ wird Ausgabefunktion genannt.
4) Es ist eine Abbildung γ^* festgelegt, durch die für jede definierte Situation $[\mathbf{p}, \mathbf{y}]$ die Menge $\varphi(\mathbf{p}, \mathbf{y})$ umkehrbar eindeutig in die Menge $\mathbf{X}$ abgebildet wird. (Die Kardinalzahl Kz von $\mathbf{X}$ muss so gewählt werden, dass für jede definierte Situation $[\mathbf{p}, \mathbf{y}]$ die folgende Bedingung erfüllt ist: $\mathrm{Kz}(\mathbf{X}) \geq \mathrm{Kz}(\varphi(\mathbf{p}, \mathbf{y}))$.

Interpretation des Punktes 2) der Definition 4.3:

- Durch die Überführungsfunktion φ wird jedem definierten Paar, das jeweils aus einem Zustand $\mathbf{p}$ der Steuerstrecke und einer mit diesem zusammenwirkenden Stellsignalkombination $\mathbf{y}$ besteht, eindeutig eine Teilmenge $\mathbf{P}_\mathrm{T}$ von $\mathbf{P}$ zugeordnet. $\varphi(\mathbf{p}, \mathbf{y})$ gibt die Menge der möglichen Folgeprozesszustände $\mathbf{p}'$ von $(\mathbf{p}, \mathbf{y})$ mit $\mathbf{p}' \in \mathbf{P}_\mathrm{T}$ an, wobei sich aber nur ein Prozesszustand aus dieser Menge als tatsächlicher Folgezustand einstellen kann.
- Bei den Teilmengen $\mathbf{P}_\mathrm{T}$ handelt es sich jeweils um die Menge der alternativen Prozesszustände, die bei der Planung von Steuerungen durch den Entwerfern auf der Basis der Steuerungsaufgabe festgelegt wurden.
- Wenn im Spezialfall alle Mengen $\varphi(\mathbf{p}, \mathbf{y})$ Einermengen sind, geht der nichtdeterministische Prozessautomat in einen deterministischen Automaten über. Um das in der Definition auszuschließen, muss es im Prozessautomaten mindestens eine Situation $[\mathbf{p}, \mathbf{y}]$ geben, für die die Menge $\varphi(\mathbf{p}, \mathbf{y})$ mindestens zwei Elemente $\mathbf{p}'$ besitzt.

Bei dem hier definierten Prozessautomaten handelt es sich um einen unvollständig bestimmten (partiellen) nichtdeterministischen Moore-Automaten, der speziell auf die Beschreibung des Verhaltens von Steuerstrecken zugeschnitten ist. Das nichtdeterministische Verhalten äußert sich nur in der Überführungsfunktion $\mathbf{p}' \in \varphi(\mathbf{p}, \mathbf{y})$. Die Funktion $x = \gamma(\mathbf{p}')$ entspricht der Ergebnisfunktion eines deterministischen Automaten, wobei die Ausgaben, d. h. in diesem Fall die Ereignissignalvektoren $\mathbf{x} \in \mathbf{X}$, nur vom betreffenden Prozesszustand $\mathbf{p}$ und nicht noch zusätzlich von einem Stellsignalvektor $\mathbf{y}$ abhängen, wie das bei einem Mealy-Automaten der Fall wäre.

Durch die Funktion γ wird gewährleistet, dass die Prozesszustände von der Steuereinrichtung unter Bezugnahme auf den in ihr implementierten Steueralgorithmus erkennbar sind. Über die eineindeutige Abbildung γ^* wird sichergestellt, dass die Prozesszustände $\mathbf{p}' \in \varphi(\mathbf{p}, \mathbf{y})$, die nach der Ausführung einer Operation auftreten können, unterscheidbar sind. Die Erkennbarkeit der Prozesszustände insgesamt und die Unterscheidbarkeit der alternativen Prozesszustände von nichtdeterministischen Verzweigungen sind zwei Voraussetzungen für die Beobachtbarkeit des aktuellen Prozesszustandes der Steuerstrecke.

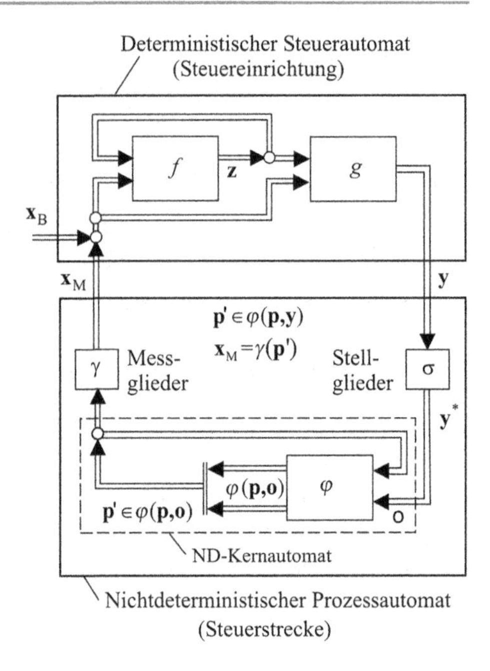

Abb. 4.32 Steuerkreis aus Prozessautomat und Steuerautomat

4.4.3.3 Steuerkreis als Kopplung von Prozessautomat und Steuerautomat

In Abb. 4.32 ist der nichtdeterministische Prozessautomat gemäß Definition 4.3, der eine Basis für die Modellierung der Steuerstrecke darstellt, als Schema eingezeichnet. Er bildet zusammen mit den Mess- und Stellgliedern die Steuerstrecke. Innerhalb des Prozessautomaten ist noch der nichtdeterministische Kernautomat gestrichelt umrandet (s. Abschn. 4.3.3). Wenn im Spezialfall alle Mengen φ Einermengen sind, gehen der nichtdeterministische Prozessautomat und der Kernautomat in einen deterministischen Automaten über. Dann handelt es sich aber um Ablaufsteuerungen ohne Verzweigungen.

Das Verhalten der Steuereinrichtung lässt sich in bekannter Weise als deterministischer Moore- oder Mealy-Automat modellieren (Abschn. 3.5.2). Das Zusammenspiel des deterministischen Steuerautomaten mit dem nichtdeterministischen Prozessautomaten erfolgt in der Weise, dass vom Steuerautomaten zunächst eine Stellsignalkombination $\mathbf{y}$ ausgegeben wird. Diese löst über eine Prozessstellgröße y^* eine Operation o aus. Das Ergebnis dieser Operation ist eine Menge $\varphi(\mathbf{p}, \mathrm{o})$ von Folgezuständen. Gemäß dem Prinzip des Nichtdeterminismus stellt sich dann ein Zustand $\mathbf{p}' \in \varphi(\mathbf{p}, \mathrm{o})$ als Folgezustand ein. Dieser Zustand wird aufgrund der ihm zugeordneten Messsignalkombination $\mathbf{x}_\mathrm{M}$ von der Steuereinrichtung identifiziert. Durch den Steuerautomaten wird daraufhin die nächste durch den Steueralgorithmus vorgegebene Stellsignalkombination ausgegeben. Durch diesen Wirkungsablauf ergibt sich für den Steuerkreis insgesamt ein *deterministisches Verhalten*.

4.4.4 Arten ereignisdiskreter Prozesse in einer Steuerstrecke

Bei ereignisdiskreten Prozessen in Steuerstrecken lassen sich drei Prozessarten unterscheiden:

- nominale ereignisdiskrete Prozesse,
- elementare ereignisdiskrete Prozesse und
- universelle ereignisdiskrete Prozesse.

Unter einem *nominalen ereignisdiskreten Prozess* versteht man den ereignisdiskreten Prozess, der gemäß einem aus der Aufgabenstellung abgeleiteten Steueralgorithmus in der Steuerstrecke abläuft. Es handelt sich dabei um das nominale Verhalten [Lit1995], d. h. das Nennverhalten der Steuerstrecke, das sich unter Einwirkung der Steuereinrichtung ergibt. In Abb. 4.27 ist der nominale Prozess für das Beispiel *Mischbehälter* dargestellt.

Ein *elementarer ereignisdiskreter Prozess* ist eine Operationsfolge, die in einer Elementarsteuerstrecke abläuft.

Im Verband der gesamten Steuerstrecke beschreibt ein elementarer Prozess in einer Elementarsteuerstrecke den Anteil, den sie zum nominalen ereignisdiskreten Prozess in dieser Steuerstrecke beiträgt. Die Menge aller möglichen elementaren Prozesse einer Elementarsteuerstrecke gibt dann an, was diese Elementarsteuerstrecke mit ihren Stell- und Messeinrichtungen zu leisten vermag. Daraus ergeben sich Hinweise, inwieweit diese Elementarsteuerstrecke auch für andere Steuerungsaufgaben einsetzbar ist.

Ein nominaler ereignisdiskreter Prozess besteht also aus Operationen, die in den einzelnen Elementarsteuerstrecken ablaufen. In Abb. 4.27 ist neben den Operationen in Klammern angegeben, in welcher Elementarsteuerstrecke die betreffende Operation ausgeführt wird. Daraus kann man entnehmen, in welcher Weise die einzelnen Elementarsteuerstrecken am Gesamtprozess beteiligt sind. In der ESS1 läuft bei der Abarbeitung des Gesamtprozesses die Operationsfolge o_1–o_2–o_3 ab. Die Elementarsteuerstrecke *Heizung* ist nur mit einer Operation beteiligt, nämlich dem Heizen (o_5), da das Abkühlen durch natürlichen Ausgleich erfolgt. Auch in der Elementarsteuerstrecke ESS2 wird beim Gesamtablauf nur eine Operation, nämlich das Rühren (o_4), ausgeführt, da sich das Rührwerk immer nur in einer Richtung drehen muss.

Die anlagentechnischen Voraussetzungen der ESS1 würden es zulassen, dass bei einer geforderten Modifikation der Aufgabenstellung zuerst die Operation o_2 und dann die Operation o_1 ausgeführt wird, wodurch neben der Operationsfolge o_1–o_2–o_3 auch die Folge o_2–o_1–o_3 realisiert werden könnte. Im Allgemeinen sind also in einer vorgegebenen Elementarsteuerstrecke unterschiedliche Operationsfolgen möglich.

Wenn man davon ausgeht, dass eine vorliegende Steuerstrecke aus mehreren Elementarsteuerstrecken bestehen kann, in einer Elementarsteuersteuerstrecke unterschiedliche Operationsfolgen möglich sind und die einzelnen Elementarsteuerstrecken auch in unterschiedlicher Weise miteinander kombiniert bzw. „verzahnt" werden können, würde sich eine große Anzahl von Prozessen ergeben, die in einer Steuerstrecke realisierbar sind.

Um in diesem Sinne das potenzielle Gesamtverhalten, d. h. das Leistungsvermögen einer Steuerstrecke beschreiben zu können, wurde der Begriff „*Universeller ereignisdiskreter Prozess*" eingeführt [Jör1995]. Er würde sich ergeben, wenn man aus allen möglichen elementaren Prozessen einer Steuerstrecke z. B. durch eine modifizierte Erreichbarkeitsrechnung (Abschn. 3.6.3) einen Gesamtprozess bildet. Dieser würde dann den nominalen Prozess als Spezialfall enthalten. Eine Bezugnahme auf universelle Prozesse könnte bei Mehrzweckanlagen von Bedeutung sein, die den Ablauf mehrerer unterschiedlicher nomineller Prozesse erforderlich machen.

4.5 Modellbildung ereignisdiskreter Prozesse

4.5.1 Ziele der Modellbildung und Modellarten

Bei der Lösung ingenieurtechnischer Aufgaben spielt die Vorstellung und die Widerspiegelung der objektiven Realität in Form abstrakter Modelle eine wesentliche Rolle. Dabei kann es sich entweder um „gedankliche" oder um formale Modelle handeln. *Gedankliche Modelle* entstehen als Abbild eines realen technischen Systems im Kopf eines Ingenieurs. Sie existieren also in seiner Anschauung. Mit diesen Modellen kann nur er selbst arbeiten.

Unter einem *formalen Modell* versteht man in den Ingenieurdisziplinen ein abstraktes Abbild eines Originals, z. B. einer technischen Anlage, einer technischen Einrichtung, eines technischen Prozesses und dgl., in Form von formalen Spezifikationen wie z. B. Skizzen, Zeichnungen, mathematische Formeln. In einem formalen Modell müssen insbesondere die Eigenschaften des Originals korrekt berücksichtigt sein, die für den vorgesehenen Anwendungsfall als wesentlich eingeschätzt werden. Formale Modelle müssen so beschaffen sein, dass sie nicht nur für den Modellentwickler nutzbar sind. Formale Modelle, für deren Beschreibung mathematische Mittel verwendet werden, werden auch *mathematische Modelle* genannt. Sie sind einer algorithmischen Behandlung zugänglich und können rechnerunterstützt genutzt werden. In den einzelnen Ingenieurdisziplinen wird meist von fachspezifischen Modellen ausgegangen.

Fachspezifische Modelle werden in [Rei2006] auch objektnahe Modelle genannt. Der Prozess, von einem realen System durch Abbilden zu einem objektnahen Modell zu gelangen, wird dabei als *Modellbildung* bezeichnet. Durch Abstrahieren und mathematisches Modellieren erhält man dann ein mathematisches Modell der Realität.

In der Automatisierungstechnik besteht das *Ziel der Modellbildung und Modellierung* darin Modelle zu erstellen, durch die das Verhalten von Regel- und Steuerstrecken in einer mathematischen Sprache beschrieben wird. Bei Regelstrecken werden insbesondere Differenzialgleichungen verwendet. Bei Steuerstrecken kommen Mittel der diskreten Mathematik in Betracht, z. B. Automaten, Petri-Netze und daraus abgeleitete SPS-Ablaufsprachen.

Während sich in der Regelungstechnik der Modellbegriff ausschließlich auf Modelle von Regelstrecken bezieht, wird der Begriff *Modell* in der binären Steuerungstechnik auch noch mit einer anderen Bedeutung verwendet [Zan1989], [Lit2005], [Lun2005]. Es geht dabei darum, bestimmte Mittel der diskreten Mathematik, die für die Beschreibung von Steueralgorithmen geeignet sind, als mathematische Modelle zu bezeichnen, um damit zu betonen, dass es sich hierbei um einen immer wieder verwendbaren mathematischen Rahmen, gewissermaßen um eine *Norm für das intuitive Vorgehen* bei der Beschreibung von Steueralgorithmen handelt.

Für diese Art von Modellen, die man als *normative Modelle* bezeichnet, lässt sich allgemein folgende Begriffsdefinition angeben:

Ein normatives mathematisches Modell (im Sinne des genannten Modellbildungsziels) ist ein Tupel von mathematischen Objekten mit darauf definierten Operationen, für die bestimmte Gesetzmäßigkeiten gelten. In diesem Sinne werden für die im Kap. 3 für Automaten bzw. Petri-Netze eingeführten Tupel auch folgende Bezeichnungen verwendet:

Automatenmodell $\mathrm{A} = [\mathbf{X}, \mathbf{Y}, \mathbf{Z}, f, g]$ (gemäß Definition 3.2),
Petri-Netz-Modell $\mathrm{N} = [\mathbf{S}, \mathbf{T}, \mathbf{F}]$ (gemäß Definition 3.17).

Die Einführung neuer Begriffe für bekannte Sachverhalte ist nichts Außergewöhnliches. Nun wird aber in letzter Zeit in der Literatur für den intuitiven Entwurf von Steuerungen bei Nutzung der normativen Modelle als Grundlage für die Beschreibung der Steueralgorithmen mitunter die Bezeichnung *modellbasierter Entwurf* verwendet. Das darf jedoch nicht mit der Bezeichnung *prozessmodellbasierter Entwurf* von Steuerungen verwechselt werden, wie sie in diesem Buch verwendet wird.

4.5.2 Bisherige Ansätze für die Modellbildung in der Steuerungstechnik

Ab Anfang der 1980er Jahren gab es in der Grundlagenforschung eine Reihe von Bemühungen, Prinzipien und Methoden für die Erstellung geeigneter mathematischer Modelle von Steuerstrecken zu entwickeln. In [Zan2005] wurde bereits darauf hingewiesen, dass man dabei unterscheiden muss, ob die Modelle in erster Linie eine Unterstützung bei der Analyse, Verifikation und Simulation heuristisch entworfener Steueralgorithmen ermöglichen sollen oder ob sie sich auch als Ausgangspunkt für den modellbasierten Entwurf von Steueralgorithmen verwenden lassen.

Methoden für die Erstellung von Steuerstreckenmodellen zum Zweck der Verifikation und Simulation von diskreten Steuerungen werden z. B. in [Win1993], [Jör1996], [Kow1996], [AlTo1998], [ChSc1998], [KPST1998] vorgestellt.

Mitte der 90er Jahre wurde von M. Rausch [Rau1997] und von W. Horn [Hor1997] nahezu zeitgleich Methoden zur Bildung von Steuerstreckenmodellen entwickelt, die als Basis für den Steuerungsentwurf dienen sollten. Beide Methoden zeichnen sich dadurch aus, dass die Steuerstrecke zunächst in Elementarsteuerstrecken (Abschn. 4.2.1) zerlegt und für jede Elementarsteuerstrecke ein Elementarsteuerstreckenmodell gebildet wird. Auf der Basis der Menge von Elementarsteuerstreckenmodellen ist dann ein Gesamtmodell der Steuerstrecke zu kreieren. Darin unterscheiden sich die beiden Methoden.

Bei der Methode von Horn werden zur Darstellung der Elementarsteuerstreckenmodelle prozessinterpretierte Petri-Netze (Prozessnetze) verwendet, um zunächst die darin auftretenden *elementaren Prozesse* zu modellieren. Aus der Menge der für die Beschreibung der Elementarsteuerstreckenmodelle vorliegenden Prozessnetze wird zunächst ein Gesamtmodell berechnet, bei dem es sich um das Modell des *universellen Prozesses* handelt (s. Abschn. 4.4.4). Dieses muss dann unter Berücksichtigung von Randbedingungen, die sich aus der Steuerungsaufgabe ergeben, auf das Modell des zu steuernden *nominalen Prozesses* reduziert werden. Dieses Vorgehen ist äußerst aufwendig und deshalb für eine Nutzung in der steuerungstechnischen Praxis nicht geeignet.

Bei der Methode von Rausch erfolgt die Darstellung der Streckenmodelle durch Netz-Condition/Event-Systeme. Um die aufwendige Ermittlung aller möglichen Zustände der Steuerstrecke durch eine Erreichbarkeitsrechnung zu umgehen, wie das in [Hor1997] der Fall ist, sind bei der Bildung des Streckenmodells neben den Elementarsteuerstrecken bereits die Sollabläufe in der Steuerstrecke in Form von Werkstückeigenschaften mit zu modellieren. Aus dem so gebildeten Netz-Condition/Event-System werden die Steueralgorithmen als SFC oder als Anweisungslisten generiert. Die Nutzung dieser Methode ist ebenfalls mit hohem Aufwand verbunden. Außerdem ist der Anwendungsbereich der Methode auf Grund einiger getroffener Einschränkungen begrenzt. In [Uhl2006] wird ein Versuch unternommen, die Methode von Rausch wiederzugeben.

In [Zan2005] und [Zan2007] wurde eine Methode vorgestellt, die es ermöglicht, den in der Steuerstrecke zu realisierenden nominalen ereignisdiskreten Prozess auf direkte Weise mittels Prozessnetzen zu modellieren. Dadurch entfallen das Zusammenfügen einzelner Elementarsteuerstreckenmodelle zum Modell des universellen Prozesses und die anschließende Reduktion auf das Modell des nominalen Prozesses. Diese Art der Modellbildung wird in den folgenden Abschnitten des Kap. 4 behandelt. Im Abschn. 4.7 wird dann gezeigt, wie sich die Prozessmodelle durch eine sehr einfache Transformation in Steuernetze umwandeln lassen. Das ist gleichbedeutend mit einer Generierung von Steueralgorithmen aus den Prozessmodellen.

4.5.3 Strategie der Modellbildung ereignisdiskreter Prozesse

Prinzipiell kann man bei der Modellbildung ereignisdiskreter Prozesse in analoger Weise vorgehen wie beim generischen Entwurf von Steueralgorithmen, indem man in einem ersten Schritt zunächst ein „grobes" Modell des zu realisierenden ereignisdiskreten Prozesses als alternierende Folgen von Operationen und diskreten Prozesszuständen bildet, ohne bereits Stell-und Messsignale einzubeziehen. Dabei handelt es sich dann genau genommen um ein noch unvollständiges Modell. Für diese Stufe der Modellbildung kommt das in Abschn. 4.3.3 in Form eines Automaten dargestellte *Kernmodell* in Betracht. Erst in einem zweiten Schritt werden die steuerungstechnischen Signale einbezogen. Dabei müssen allerdings die Forderungen bezüglich der Beobachtbarkeit von Prozesszuständen und der Steuerbarkeit von Operationen beachtet werden (Abschn. 4.4.2). Das Ergebnis dieser zweiten Stufe der Modellbildung ist das Prozessmodell, welches in den Abschn. 4.3.3 und 4.4.3 ebenfalls in Form eines Automaten modelliert wurde. Bezüglich einer praxisorientierten Nutzung kommt es darauf an, die Modellierung mittels prozessinterpretierter Petri-Netze durchzuführen.

Bei dieser *zweistufigen Modellbildung* von ereignisdiskreten Prozessen ergeben sich gewisse Analogien zur Modellbildung von regelungstechnischen Systemen, wie sie in [Rei2006] behandelt wird. Dabei wird als erste Stufe zunächst ein *objektnahes Modell* in Form eines Kernmodells gebildet, das dann in einer zweiten Stufe durch mathematische Modellierung in ein *mathematisches Modell* in Form eines Prozessmodells überführt wird.

Die Bildung von *Kernmodellen* erfordert nicht unbedingt tiefer gehende steuerungstechnische Spezialkenntnisse, da sie meist ausschließlich auf der Basis von Operationsfolgen erfolgt, die von Verfahrens- oder Fertigungstechnikern als Aufgabenstellung für den Steuerungsentwurf erarbeiteten wurden. Kernmodelle können demzufolge im Sinne von „objektnahen" Modellen als Bindeglied zwischen Technologen und Steuerungstechnikern angesehen werden.

In ein *Prozessmodell* sind dann auch steuerungstechnische Signale mit einbezogen, die allerdings im Stadium der Modellbildung zunächst als fiktive Signale angenommen werden müssen. Es geht einerseits darum, Stellsignale festzulegen, die auf der Basis des erst noch zu entwerfenden Steueralgorithmus von der Steuereinrichtung ausgegeben werden müssen, um in der Steuerstrecke unter Berücksichtigung der Steuerbarkeit die entsprechenden Operationen auszulösen. Andererseits müssen Messsignale vereinbart werden, die unter Beachtung der Beobachtbarkeit von Prozesszuständen eine Rückmeldung an die zunächst noch nicht vorhandene Steuereinrichtung liefern. Bei der zweiten Stufe der Modellbildung sind allerdings angemessene steuerungstechnische Kenntnisse erforderlich.

4.5.4 Modellierung nichtparalleler ereignisdiskreter Prozesse mit prozessinterpretierten Petri-Netzen

4.5.4.1 Anforderungen an prozessinterpretierte Petri-Netze

In Petri-Netzen werden zur Beschreibung von Prozessabläufen die Stellen als Zustände aufgefasst. Die Transitionen werden dazu benutzt Veränderungen darzustellen.

In *steuerungstechnisch interpretierten Petri-Netzen bzw. Steuernetzen*, die zur Beschreibung von Steueralgorithmen dienen (Abschn. 3.6), repräsentieren die Stellen die Zustände der Steuereinrichtung und die Transitionen die Zustandsübergänge. Diese werden beim Auftreten von Ereignissen ausgeführt. In den jeweils aktiven Zuständen, d. h. in den markierten Stellen, werden die Stellsignale ausgegeben. Als Interpretationen der Stellen von Steuernetzen werden dementsprechend Stellsignale und als Interpretationen der Transitionen Ereignissignale verwendet.

In der Steuerstrecke werden die Veränderungen durch Operationen bewirkt, durch die Steuergrößen vergrößert oder verkleinert werden (Abschn. 4.2). In *prozessinterpretierten Petri-Netzen*, die im Folgenden in Form von Kern- und Prozessnetzen zur Modellierung von ereignisdiskreten Prozessen verwendet werden sollen, müssen deshalb die Operationen durch Transitionen und die diskreten Prozesszustände durch die Stellen repräsentiert werden.

In *Kernnetzen* (Abschn. 4.5.3) sind also die Transitionen als Operationen und die Stellen als Prozesszustände zu interpretieren. Bei einer Modellierung mittels *Prozessnetzen* sind anstelle der Operationen die sie auslösenden Stellsignale und für die diskreten Prozesszustände die Ereignissignale als Interpretationen einzuführen. *Sowohl für den prozessmodellbasierten Entwurf als auch für die Simulation eines Steuerkreises kommen demzufolge nur Prozessnetze in Betracht. Kernnetze können wegen ihrer „Objektnähe" erforderlichenfalls als Vorstufe für die Erstellung von Prozessnetzen genutzt werden.*

Auch der Markenfluss (Abschn. 3.6.3) in prozessinterpretierten Petri-Netzen ist im Vergleich zu Steuernetzen anders zu definieren, da er die *ereignisdiskrete Dynamik* der Steuerstrecke widerspiegeln muss (s. Abschn. 4.5.4.3).

In Steuernetzen entspricht eine Stelle einem Zustand der Steuereinrichtung. Eine Marke verharrt solange in einer Stelle, bis eine nachfolgende Transition schaltet. In der Transition befindet sich die Marke nur kurzzeitig während des sprungförmigen Schaltens. Sie fließt dann zu einer oder mehreren Folgestellen.

Bei prozessinterpretierten Petri-Netzen muss beachtet werden, dass ein diskreter Prozesszustand gemäß der in Abschn. 4.3.6.1 eingeführten Zustandsraumbeschreibung nur während einer kurzen Zeitdauer zwischen zwei aufeinander folgenden Operationen existiert und die entsprechende Stelle demzufolge lediglich in diesem Zeitintervall markiert sein kann. Die Laufzeit einer Operation ist demgegenüber wesentlich größer. Während dieser Zeit findet das Schalten der zugehörigen Transition statt und die Marke muss solange in dieser Transition verharren. Dabei stellt auch *Warten* eine Operation dar (Warteoperation).

In den nächsten beiden Abschnitten erfolgen Festlegungen zur Struktur prozessinterpretierter Petri-Netze und zu ihrem dynamischen Verhalten unter Berücksichtigung der Wesensmerkmale der ereignisdiskreten Prozesse, insbesondere ihres nichtdeterministischen Verhaltens.

4.5.4.2 Kernnetze und Prozessnetze

Bei der Definition von Kernnetzen und von Prozessnetzen wird von binären Petri-Netzen BPN ausgegangen (s. Abschn. 3.6.3).

Bezüglich der *Kernnetze* wird Folgendes vereinbart:

Eine Operation o wird als zweiwertige Variable aufgefasst;

$\mathrm{o} = 1$ bedeutet, dass die Operation o läuft;

$\mathrm{o} = 0$ bedeutet, dass die Operation o nicht ausgeführt wird.

▶ **Definition 4.4** Das Tupel $\mathrm{KN} = (\mathrm{BPN}, \beta)$ wird *Kernnetz* genannt, wenn gilt:

- BPN ist ein binäres Petri-Netz mit den Stellen $\mathbf{p} \in \mathbf{P}$ und den Transitionen $\mathrm{q} \in \mathbf{Q}$ (die Stellen **p** sind diskrete Prozesszustände)
- β ist eine Abbildung, durch die den Transitionen q Operationen o zugeordnet werden.

Die Darstellung eines ereignisdiskreten Prozesses durch ein Kernnetz ist als objektnahe Vorstufe der mathematischen Modellierung des Prozessmodells durch Prozessnetze anzusehen. Die Definition 4.4 soll in diesem Sinne nur einen Rahmen für die Erstellung eines objektnahen Models liefern. Die Operationen können dabei auch in verbaler Form angegeben werden. Bei einfachen Steuerungsaufgaben kann diese erste Stufe der Modellbildung in Form eines Kernnetzes gegebenenfalls auch weggelassen werden.

In die *Prozessnetze* sind die steuerungstechnischen Signale, d. h. die Ereignis- und Stellsignale, als Interpretationen der Prozesszustände bzw. der Transitionen einzubeziehen. Dabei werden anstelle der bei Kernnetzen verwendeten Operationen o die sie auslösenden Stellsignale notiert. Für die Definition des Prozessnetzes werden zusätzlich folgende Symbole vereinbart:

- **Y** ist die Menge von Stellsignalvektoren $\mathbf{y} = (y_1, \ldots, y_j, \ldots, y_n)$ mit $y_j \in \{0, 1, -\}$;
- **B** ist eine Menge von Bedingungen b in Form von Schaltausdrücken in den Ereignisvariablen x.

▶ **Definition 4.5** Das Tupel $\mathrm{ProN} = [\mathrm{BPN}, \alpha, \beta]$ wird *Prozessnetz* genannt, wenn gilt:

- BPN ist ein binäres Petri-Netz mit den Stellen $\mathbf{p} \in \mathbf{P}$ und den Transitionen $\mathrm{q} \in \mathbf{Q}$ (die Stellen **p** sind diskrete Prozesszustände);
- α ist eine Abbildung, durch die den Stellen $\mathbf{p} \in \mathbf{P}$ eindeutig Schaltausdrücke $b \in \mathbf{B}$ in den Ereignissignalen x als *Ausgaben* zugeordnet werden ($\alpha(\mathbf{p}) = b$);
- β ist eine Abbildung, durch die den Transitionen $\mathrm{q} \in \mathbf{Q}$ Stellsignalvektoren $\mathbf{y} = (y_1, \ldots, y_j, \ldots, y_n)$ mit $y_j \in \{0, 1, -\}$ als *Schaltbedingungen* zugeordnet werden ($\beta(\mathrm{q}) = \mathbf{y}$).

4.5.4.3 Berücksichtigung des nichtdeterministischen Verhaltens

Ein weiterer Unterschied zwischen Steuernetzen und prozessinterpretierten Petri-Netzen ergibt sich dadurch, dass bei der Modellierung ereignisdiskreter Prozesse deren nichtdeterministisches Verhalten berücksichtigt werden muss. Bei einer Darstellung nichtparalleler ereignisdiskreter Prozesse durch Kern- und Prozessnetze äußert sich das darin, dass ausgehend von einer Stelle **p** beim Auftreten einer Operation o bzw. einer Stellsignalkombination **y** unter Umständen mehrere Folgeprozesszustände möglich sind, von denen sich aber nur einer tatsächlich einstellt (s. Abschn. 4.4.1.1). Es handelt sich dabei um eine nichtdeterministische Verzweigung.

In Kern- bzw. Prozessnetzen ließe sich diese nichtdeterministische Verzweigung entweder durch eine auf den betreffenden Prozesszustand **p** folgende Transition darstellen, der die auslösende Operation o bzw. Stellsignalkombination zugeordnet wird und nach der dann die Verzweigung in die Folgeprozesszustände erfolgt. Man könnte diese nichtdeterministische Verzweigung aber auch dadurch darstellen, dass man ausgehend von dem Prozesszustand **p** eine Verzweigung über je eine Transition in die möglichen Folgeprozesszustände vorsieht. Da aber allen möglichen Folgeprozesszuständen als Auslöser die gleiche Operation o bzw. die gleiche Stellsignalkombination **y** zugrunde liegt, müsste in dieser Darstellung allen Transitionen diese Operation o bzw. diese Stellsignalkombination **y** zugeordnet werden. Für diese beiden Möglichkeiten sollen drei verschieden Varianten diskutiert werden (Abb. 4.33). Bei den sich als brauchbar erweisenden Konstrukten interessiert dann auch das Schaltverhalten.

Variante 1: Darstellung einer nichtdeterministischen Verzweigung durch eine „normale" Transition des klassischen Petri-Netz-Kalküls

Diese Variante ist in Abb. 4.33a dargestellt. Von der Stelle $\mathbf{p}_1$ ist dabei eine Kante zu einer Transition q vorgesehen, die die Operation o repräsentiert und der der entsprechende Stellsignalvektor $\mathbf{y} = \beta(q)$ zugeordnet ist. Wenn sich in der Stelle $\mathbf{p}_1$ eine Marke befindet, wird über o bzw. **y** das Schalten von q ausgelöst, sodass die Marke in die Transition q übergeht. Die Operation o kann aufgrund des angenommenen Nichtdeterminismus entweder durch $\mathbf{p}_2$ oder durch $\mathbf{p}_3$ beendet werden. Beide Prozesszustände sind als Stellen dargestellt und über Kanten mit q verbunden. Die Marke fließt dann von q in die Stelle, die dem einge-

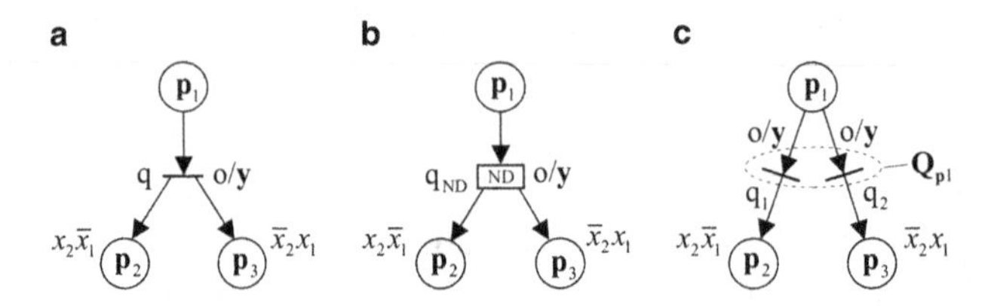

Abb. 4.33 Darstellungen von nichtdeterministischen Verzweigungen in Prozessnetzen. **a** Darstellung durch eine normale Transition (unbrauchbares Konstrukt), **b** Darstellung durch eine ND-Transition, **c** Darstellung durch eine Menge normaler Transitionen

nommenen Zustand entspricht. Er wird durch den ihm zugeordneten Schaltausdruck (d. h. durch $x_2\bar{x}_1$ oder $\bar{x}_2 x_1$) rückgemeldet.

Bei genauerer Betrachtung des Konstrukts in Abb. 4.33a stellt man jedoch fest, dass anstatt der zu modellierenden *alternativen* bzw. nichtdeterministischen Verzweigung eine *konjunktive* Verzweigung entstanden ist. Da hier die Transition q die Eröffnung von Parallelität bedeutet, ist das Konstrukt mit einer „normalen" Transition für die Darstellung einer nichtdeterministischen Verzweigung nicht geeignet.

Variante 2: Darstellung einer nichtdeterministischer Verzweigung durch eine ND-Transition

Um bei der Modellierung einer nichtdeterministischen Verzweigung mittels einer „normalen" Transition eine Verwechselung mit einer Darstellung von Parallelität zu vermeiden, kann man dafür spezielle Transitionen definieren. In [Hor1997] wurde dafür eine „Auswahltransition" eingeführt, die hier anstelle der „Normalen" Transition q unter der Bezeichnung „ND- Transition" q_{ND} (ND bedeutet Nichtdeterminismus) verwendet wird (Abb. 4.33b). Bei der dargestellten Auswahl- oder ND-Transition mit einer Vorstelle $\mathbf{p}_1$ und zwei Folgestellen $\mathbf{p}_2$ und $\mathbf{p}_3$ wird davon ausgegangen, dass durch sie eine in der Stelle $\mathbf{p}_1$ enthaltene Marke entweder in die Stelle $\mathbf{p}_2$ oder in die Stelle $\mathbf{p}_3$ geschaltete werden kann. Eine derartige Transition ist allerdings im üblichen Petri-Netz-Konzept nicht vorgesehen. Deshalb muss ihr gewünschtes Schaltverhalten erst durch eine geeignete Schaltregel genauer beschrieben werden.

Definition 4.6 (Schaltregel für ND-Transitionen in Kern- und Prozessnetzen) Eine ND-Transition schaltet, wenn

1. ihre Vorstelle $\mathbf{p}$ markiert ist und
2. die Operation $o = \beta(q_{ND})$ bzw. der Schaltausdruck $\mathbf{y} = \beta(q_{ND})$ gleich 1 ist.

Wenn die Transition q_{ND} zu schalten beginnt, fließt die Marke von der Stelle $\mathbf{p}$ in die Transition q_{ND}. Dort verharrt sie solange, bis ein für die Operation o zutreffendes Ereignis auftritt. Dann wird die Marke an die Folgestelle weitergeleitet, die sich aufgrund des vorliegenden Nichtdeterminismus als Folgeprozesszustand ergibt. (Ende d. Def.)

Mit der Definition des Verhaltens einer ND-Transition liegen aber noch keine Aussagen darüber vor, welche Manipulationen mit ihr innerhalb des Petri-Netz-Kalküls zulässig und welche nicht möglich sind. Bevor dazu eine Aussage erfolgt, soll noch eine dritte Variante erläutert werden.

Variante 3: Darstellung nichtdeterministischer Verzweigungen mittels Transitionenmengen

Abbildung 4.33c zeigt die Darstellung einer nichtdeterministischen Verzweigung, die über die beiden „normalen" Transition q_1 und q_2 erfolgt. Sie bilden die Menge $\mathbf{Q}_{\mathbf{p}_1}$ der Folgetransitionen des Zustands (bzw. der Stelle) $\mathbf{p}_1$, die als *Transitionenmenge* $\mathbf{Q}_{\mathbf{p}_1} = \{q_1, q_2\}$

bezüglich $\mathbf{p}_1$ bezeichnet werden soll. In Abb. 4.33c sind die Transitionen der Transitionenmenge bezüglich $\mathbf{p}_1$ gestrichelt umrandet. Allgemein ist die Kardinalzahl einer Transitionenmenge $\mathbf{Q_P}$ dabei gleich der Anzahl der alternativen Folgeprozesszustände $\mathbf{p}'$ von $\mathbf{p}$.

Bei der Darstellung einer nichtdeterministischen Verzweigung durch eine Menge $\mathbf{Q_P}$ von Transitionen q des klassischen Petri-Netz-Kalküls muss die diese Verzweigung auslösende Operation o bzw. der zugehörige Stellsignalvektor $\mathbf{y}$ (in Abb. 4.33 durch $\mathrm{o}/\mathbf{y}$ notiert) allen Transitionen $\mathrm{q} \in \mathbf{Q_P}$ zugeordnet werden, weil die Operation o in allen Alternativzweigen wirksam werden muss.

In der Abb. 4.33c gilt demzufolge für die Transitionen aus $\mathbf{Q}_{\mathbf{p}_1}$:

$$\beta(\mathrm{q}_1) = \mathrm{o}/\mathbf{y} \quad \text{und} \quad \beta(\mathrm{q}_2) = \mathrm{o}/\mathbf{y}.$$

Formal kann die Interpretation auch für die $\mathbf{Q}_{\mathbf{p}_1}$ übernommen werden. Abkürzend gilt dann:

$$\beta(\mathbf{Q}_{\mathbf{p}_1}) = \mathrm{o}/\mathbf{y}$$

Für die Transionenmenge $\mathbf{Q}_{\mathbf{p}_1}$ lässt sich das Schaltverhalten wie folgt definieren:

Definition 4.7 (Schaltregel für Transitionenmengen in Kern- und Prozessnetzen) Eine Transitionenmenge $\mathbf{Q}_\mathbf{p}$ schaltet, wenn

3. ihre Vorstelle $\mathbf{p}$ markiert ist,
4. die Operation $\mathbf{o} = \beta(\mathbf{Q}_\mathbf{p})$ bzw. der Schaltausdruck $\mathbf{y} = \beta(\mathbf{Q}_\mathbf{p})$ gleich 1 ist.

Wenn die Transitionen $\mathrm{q} \in \mathbf{Q}_\mathbf{p}$ zu schalten beginnen, wird die Marke aus $\mathbf{p}$ entfernt. Dafür erhalten alle Transitionen q mit $\mathrm{q} \in \mathbf{Q}_\mathbf{p}$ eine Marke. Die Marken verharren solange in den Transitionen, bis ein für die Operation o zutreffendes Ereignis auftritt. Dann werden die Marken aus allen Transitionen der Transitionenmenge entfernt und eine Marke wird an die Folgestelle weitergeleitet, die sich aufgrund des vorliegenden Nichtdeterminismus als Folgeprozesszustand ergibt. (Ende d. Def.)

Abbildung 4.34 veranschaulicht die Schaltregel für Kern- und Prozessnetze mit Transitionenmengen am Beispiel gemäß Abb. 4.33c.

Vergleich der Konstrukte mit ND-Transitionen und mit Transitionenmengen

Die beiden zur Nachbildung des statischen Verhaltens von nichtdeterministischen Verzweigungen vorgeschlagenen Konstrukte, die einerseits auf einer ND-Transition und andererseits auf einer Transitionenmenge basieren, haben das gleiche Eingangs-/Ausgangsverhalten. Sie besitzen jeweils eine Eingangsstelle, über die eine Marke hineinfließen

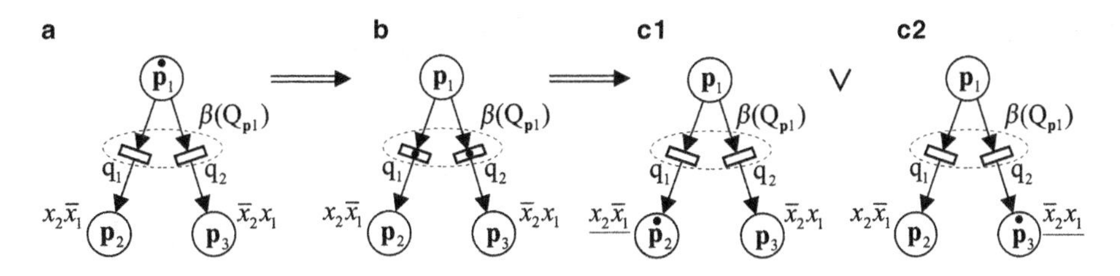

Abb. 4.34 Schalten einer *Transitionenmenge* in Kern- und Prozessnetzen. **a** Markierung vor dem Schalten, **b** Markierung während des Schaltens, **c** zwei Möglichkeiten der Markierung nach dem Schalten

kann, und *n* Ausgangsstellen. In eine von ihnen wird nach Beenden des Schaltens der Transitionenmenge eine Marke geleitet. Damit sind beide Varianten der Modellierung gleichwertig bezüglich der Nachbildung des nichtdeterministischen Verhaltens in alternativen Verzweigungen. Sie unterscheiden sich aber bezüglich ihrer Struktur. In der Variante mit einer ND-Transition ist die Nachbildung einer nichtdeterministischen Verzweigung in einem Netzelement konzentriert und dadurch leichter zu überschauen.

Wenn aber im Rahmen des prozessmodellbasierten Entwurfs ein Prozessnetz in ein Steuernetz zu transformieren ist, müssen Transitionen bzw. Stellen des Prozessnetzes in Stellen bzw. Transitionen des zu generierende Steuernetzes umgewandelt werden (Abschn. 4.7.3). Das ist jedoch mit ND-Transitionen nicht ohne weiteres möglich. Deshalb ist es zweckmäßig, in der zweiten Modellbildungsstufe die Prozessmodelle mittels Prozessnetzen zu modellieren, in denen zur Darstellung der nichtdeterministischen Verzweigungen Transitionenmengen verwendet werden. In einer ersten Modellbildungsstufe können dagegen auch Kernnetze genutzt werden, die wegen der besseren Anschaulichkeit Konstrukte mit ND-Transitionen enthalten.

4.5.5 Modellierungsbeispiel

Die Modellbildung soll an einem Beispiel demonstriert werden, bei dem das nichtdeterministische Verhalten (Abschn. 4.4.1) eines ereignisdiskreten Prozesses besonders anschaulich erkennbar ist. Es handelt sich um einen Zweikoordinatenschreiber, der bis in die 1960er Jahre zum Einsatz kam [Zan2005].

Beispiel 4.6 (Bildung eines Prozessmodells für die Rückführbewegung eines Zweikoordinatenschreibers)

- *Aufgabenstellung*

Der Zweikoordinatenschreiber dient zur Aufzeichnung beliebiger monoton steigender Kurven. Abbildung 4.35 zeigt ein Schema der Schreibfläche. Wenn sich der Schreibstift

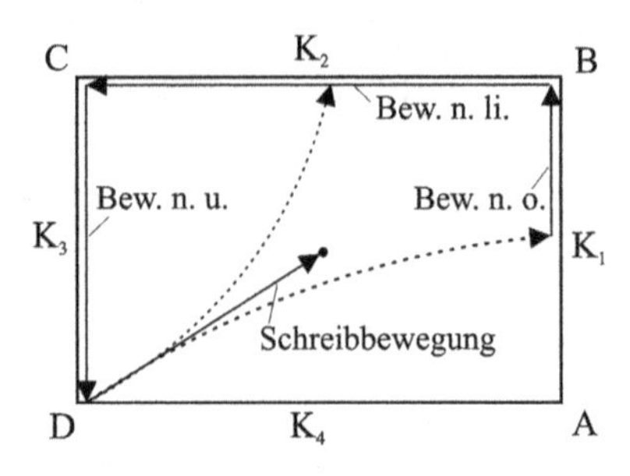

Abb. 4.35 Anlagenschema des Zweikoordinatenschreibers

in Anfangsstellung, d. h. in der Ecke D befindet, soll beim Betätigen einer Starttaste die Schreibbewegung aktiviert werden. Erreicht der Schreibstift die Umrandung, dann soll der Schreibvorgang unterbrochen und eine Rückführbewegung des Schreibstiftes entlang der Kanten entgegen dem Uhrzeigersinn eingeleitet werden. Der Schreibvorgang stellt einen nebengeordneten Prozess dar (s. Abschn. 4.4.1.2).

Für die Rückführbewegung des Schreibstiftes ist ein Modell des zu steuernden ereignisdiskreten Prozesses in Form eines Prozessnetzes zu erstellen.

- *Lösung*

Zwischen der Schreibbewegung und der Rückführbewegung gibt es keinen kausalen Zusammenhang. Dadurch ist der Auftreffpunkt des Schreibstiftes auf die Umrandung der Schreibfläche nicht determiniert, sodass sich zu Beginn der Rückführung eine nichtdeterministische Verzweigung ergibt. Weil es aber um die Aufzeichnung von monoton steigenden Kurven geht, kann der Schreibstift von der Schreibfläche aus nur auf die Kanten K_1 und K_2 auftreffen. Außerdem kann noch der Punkt C direkt erreicht werden. Das ist dann der Fall, wenn der Schreibstift sich vom Punkt D aus genau senkrecht nach oben bewegt. Ausgehend von diesen drei Stellen K_1, K_2 und C, die die Schwellwerte der Operationen bilden, ist jeweils eine komplette Rückführbewegung entlang der Kanten auszuführen.

Es existieren zwei Steuergrößen:

- Stellung bei der Vertikalbewegung V (in der in Abb. 4.35 dargestellten Ebene),
- Stellung bei der Horizontalbewegung H.

Operationen:

- Schreibbewegung;
- Bew. n. o.: Bewegung nach oben bezüglich der Steuergröße V;
- Bew. n. li.: Bewegung nach links bezüglich der Steuergröße H;
- Bew. n. u.: Bewegung nach unten bezüglich der Steuergröße V.

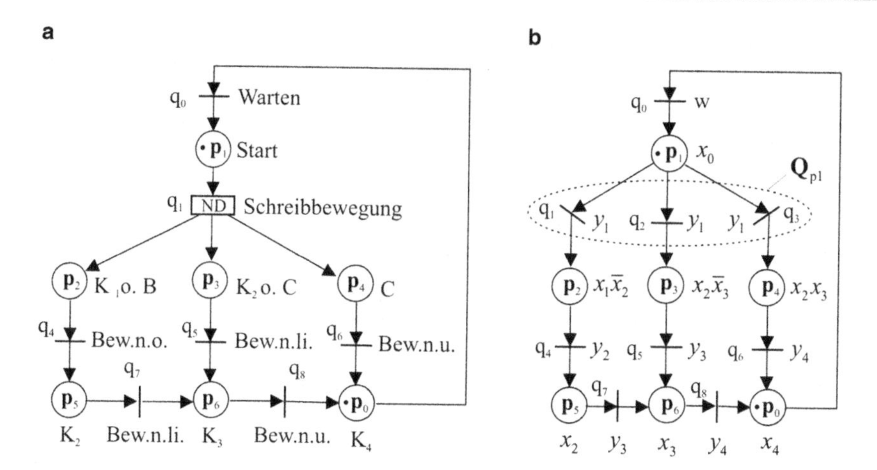

Abb. 4.36 Modellbildung der Rückführbewegung des Zweikoordinatenschreibers. **a** Objektorientiertes Modell als Kernnetz, **b** Prozessmodell als Prozessnetz

Unter Berücksichtigung der Abläufe bei den Rückführbewegungen sind die folgenden Schwellwerte bzw. Ereignisse festzulegen.

Für Bewegungen vom Schreibfeld aus:

- K_1 o. B.: Erreichen von Kante1 ohne Punkt B;
- K_2 o. C.: Erreichen von Kante2 ohne Punkt C;
- C: Erreichen von Punkt C.

Für Bewegungen von Kanten aus:

- K_2: Erreichen von Kante K_2;
- K_3: Erreichen von Kante K_3;
- K_4: Erreichen von Kante K_4.

Damit ergibt sich als erste Modellbildungsstufe (Abschn. 4.5.3) das durch ein Kernnetz modellierte Kernmodell (Abschn. 4.5.4.2) zum ereignisdiskreten Prozess der Rückführbewegung des Zweikoordinatenschreibers (Abb. 4.36a). Die nichtdeterministische Verzweigung ist darin durch eine ND-Transition dargestellt. Eine der drei möglichen Rückführbewegungen ergibt sich, wenn der Schreibstift auf die Kante „K_1 o. B" auftrifft. Daraufhin wird als Erstes die Operation „Bew. n. o." ausgeführt, bis der Schwellwert K_2 erreicht ist. Darauf folgen die Bewegungen „Bew. n. li." bis K_3 und „Bew. n. u." bis K_4.

Um zu einer Modelldarstellung in Form eines Prozessnetzes zu gelangen, müssen die im Kernnetz verwendeten Prozessgrößen durch steuerungstechnische Signale ersetzt werden.

Zuordnung von Stell- und Messsignalen zu den Operationen bzw. Schwellwerten:

$$
\begin{aligned}
\text{Schreibbew.} &\leftrightarrow y_1\\
\text{Bew. n. o.} &\leftrightarrow y_2\\
\text{Bew. n. li.} &\leftrightarrow y_3\\
\text{Bew. n. u.} &\leftrightarrow y_4\\
\text{K}_1\text{o. B.} &\leftrightarrow x_1\bar{x}_2\\
\text{K}_2\text{o. C.} &\leftrightarrow x_2\bar{x}_3\\
\text{C} &\leftrightarrow x_2x_3\\
\text{K}_2 &\leftrightarrow x_2\\
\text{K}_3 &\leftrightarrow x_3\\
\text{K}_4 &\leftrightarrow x_4
\end{aligned}
$$

Damit ergibt sich das in Abb. 4.36b dargestellte Prozessnetz. Zur Darstellung der nichtdeterministischen Verzweigung ist darin die ND-Transition durch die Transitionenmenge $\mathbf{Q}_{\mathrm{p}_1} = \{\mathrm{q}_1, \mathrm{q}_2, \mathrm{q}_3\}$ ersetzt. Allen Transitionen dieser Menge ist das Stellsignal y_1 zugeordnet.

4.6 Modellierung paralleler ereignisdiskreter Prozesse mit Prozessnetzen

4.6.1 Charakterisierung der Parallelität von ereignisdiskreten Prozessen

Von parallelen ereignisdiskreten Prozessen spricht man, wenn in einer Steuerstrecke in bestimmten Zeitabschnitten zwei oder mehrere ereignisdiskrete Prozesse unabhängig voneinander, d. h. zeitlich und örtlich parallel ablaufen (*Parallelität in der Steuerstrecke*). Die Realisierung paralleler ereignisdiskreter Prozesse setzt voraus, dass auch in der Steuereinrichtung eine parallele Abarbeitung der Steueralgorithmen erfolgt (*Parallelität in der Steuereinrichtung*).[1]

In der Theorie der Petri-Netze werden anstelle von *Parallelität* auch die Begriffe *Nebenläufigkeit* oder *Gleichzeitigkeit* verwendet. Dies geschieht in der einschlägigen Literatur allerdings nicht immer in einheitlicher Weise. Unter Nebenläufigkeit wird im Allgemeinen die kausale Unabhängigkeit beim Schalten von Transitionen verstanden. Der Begriff Parallelität wird vielfach gar nicht erwähnt oder aber als Synonym für Neben-

[1] Im Abschn. 4.6 wird im Wesentlichen der Inhalt der Publikation [Zan2007] wiedergegeben.

läufigkeit oder auch als Synonym für Gleichzeitigkeit verwendet [Abe1990], [Bau1990], [Star1990], [Nie2003], [Lit2005].

In [KöQu1988] wird davon ausgegangen, dass Parallelität in Petri-Netzen durch zwei Aspekte gekennzeichnet ist, nämlich durch

- die Gleichzeitigkeit des Aktivseins von Situationen (markierte Stellen) und
- die nebenläufige Schaltbarkeit von Transitionen.

Hier soll diese Begriffsdefinition auf die Parallelität in Steuerstrecken und Steuereinrichtungen übertragen werden.

Parallelität in der Steuerstrecke bedeutet die Ausführung paralleler Teilprozesse. Sie ist gekennzeichnet durch

- Gleichzeitigkeit der Ausführung von Operationen und
- Nebenläufigkeit des Auftretens von Ereignissen in den parallelen Teilprozessen.

Parallelität in der Steuereinrichtung bezieht sich auf die parallele Abarbeitung von Steueralgorithmen. Sie ist gekennzeichnet durch

- Gleichzeitigkeit des Aktivseins von Stellen bzw. Zuständen und
- Nebenläufigkeit des Auftretens von Übergängen zwischen Stellen bzw. Zuständen in den parallelen Steueralgorithmen.

Im Allgemeinen geht man in der Steuerungstechnik davon aus, dass die parallelen Teilprozesse in der Steuerstrecke bzw. die parallelen Abläufe in den Steueralgorithmen durch eine gemeinsame Bedingung aktiviert und durch eine gemeinsame Bedingung beendet werden. Das Aktivieren paralleler Teilprozesse bzw. paralleler Abläufe soll als *Eröffnung von Parallelität* und das Beenden als *Synchronisation von Parallelität* bezeichnet werden [KöQu1988].

Im Abschn. 3.6.6 wurden Vorschläge für eine geeignete Parallelstrukturierung von Petri-Netzen unterbreitet, um dadurch Verklemmungen weitgehend auszuschließen. Diese Vorgehensweise lässt sich nicht nur für Steuernetze sondern auch für Prozessnetze nutzen.

4.6.2 Beschreibung des funktionsbedingten Nichtdeterminismus in parallelen Prozessen durch einen nichtdeterministischen Automaten

Als Überführungsfunktion des im Abschn. 4.4.3.2 zur Beschreibung nichtparalleler ereignisdiskreter Prozesse definierten nichtdeterministischen Prozessautomaten ergab sich folgende Beziehung (Definition 4.3):

$$\varphi(\mathbf{p}, \mathbf{y}) = \{\mathbf{p}' \mid \exists \mathbf{P}_\mathrm{T}(\mathbf{P}_\mathrm{T} \in \mathbf{M}^*(\mathbf{P})) \wedge \mathbf{p}' \in \mathbf{P}_\mathrm{T}\}. \tag{4.36}$$

Darin ist:

- $\mathbf{P}$ die Menge aller diskreten Prozesszustände einer Steuerstrecke,
- $\mathbf{y}$ ein Stellsignalvektor, durch den die Operation o (unter Zugrundelegung der eineindeutigen Zuordnung $\mathrm{o} = \sigma(\mathbf{y})$) ausgelöst wird,
- $\mathbf{p}$ der Prozesszustand, der vor der Ausführung dieser Operation vorhanden ist,
- $\mathbf{P}_\mathrm{T}$ die Menge der Folgeprozesszustände $\mathbf{p}'$, die nach Ausführung der Operation o möglich sind, wobei $\mathbf{P}_\mathrm{T}$ eine Teilmenge der Menge $\mathbf{P}$ aller diskreten Prozesszustände der Steuerstrecke ist, d. h. $\mathbf{P}_\mathrm{T} \subset \mathbf{P}$,
- $\mathbf{M}^*(\mathbf{P})$ die Menge aller nichtleeren Teilmengen $\mathbf{P}_\mathrm{T}$.

Ein Zustandsübergang hängt also bei nichtparallelen Prozessen von der Situation $[\mathbf{p}, \mathbf{y}]$ ab.

Hier kommt es nun darauf an, den für nichtparallele ereignisdiskrete Prozesse definierten nichtdeterministischen Automaten so zu erweitern, dass er auch das Verhalten paralleler Prozesse korrekt beschreibt. Diese Erweiterungen betreffen insbesondere die Zustandsübergänge bei der Eröffnung und bei der Synchronisation von parallelen Teilprozessen. Der allgemeine Fall liegt vor, wenn eine bestehende Parallelität synchronisiert und unmittelbar darauf eine neue Parallelität eröffnet wird und dabei gleichzeitig eine nichtdeterministische Verzweigung stattfindet. Alle anderen Fälle können daraus abgeleitet werden. In diesem Zusammenhang wird folgende Konstellation betrachtet.

Ein paralleler Prozess I mit den Teilprozessen TP1 und TP2 soll synchronisiert werden (Abb. 4.37). Unmittelbar nach der Synchronisation dieser Teilprozesse folgt die Eröffnung neuer Parallelität. Aufgrund eines Nichtdeterminismus sind dabei zwei parallele Prozesse II und III möglich, von denen sich aber nur einer einstellen kann. Es handelt sich also um eine nichtdeterministische Verzweigung. Der eine mögliche parallele Prozess besteht aus den Teilprozessen TP3 und TP4 und der andere aus den Teilprozessen TP5, TP6 und

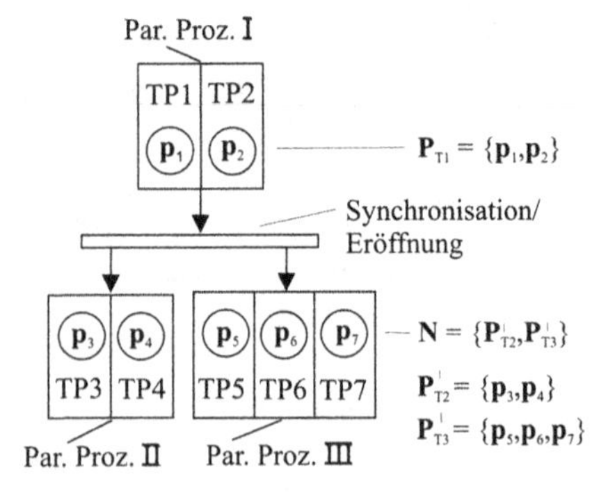

Abb. 4.37 Schematische Darstellung einer Synchronisation und einer Eröffnung von Parallelität mit einem gleichzeitigen funktionsbedingten Nichtdeterminismus

TP7. Die Teilprozesse TP1 und TP2 haben die Endprozesszustände $\mathbf{p}_1$ bzw. $\mathbf{p}_2$. Die Anfangsprozesszustände von TP3 und TP4 sind $\mathbf{p}_3$ bzw. $\mathbf{p}_4$. Die Teilprozesse TP5, TP6 und TP7 besitzen die Anfangsprozesszustände $\mathbf{p}_5$, $\mathbf{p}_6$ bzw. $\mathbf{p}_7$. Dieser mit der Synchronisation einer bestehenden Parallelität und der Eröffnung einer neuen Parallelität verbundene Zustandsübergang soll durch eine Zustandsüberführungsfunktion eines nichtdeterministischen Automaten beschrieben werden.

Damit der bei der Synchronisation durch $\mathbf{y}$ auszuführende Übergang überhaupt stattfinden kann, müssen die Zustände $\mathbf{p}_1$ und $\mathbf{p}_2$ eingenommen sein. $\mathbf{P}_{\mathrm{T1}} = \{\mathbf{p}_1, \mathbf{p}_2\}$ ist die Menge dieser Prozesszustände. Der Zustandsübergang bei der Synchronisation des parallelen Prozesses I hängt also von der Situation $[\{\mathbf{p}_1, \mathbf{p}_2\}, \mathbf{y}]$ ab. Sie bildet den Vorbereich der Zustandsüberführungsfunktion φ. Wenn $\mathbf{p}_1$ und $\mathbf{p}_2$ eingenommen wurden und $\mathbf{y}$ anliegt, wird der Übergang ausgeführt. Danach treten entweder die Folgeprozesszustände $\mathbf{p}_3$ und $\mathbf{p}_4$ oder die Folgeprozesszustände $\mathbf{p}_5$, $\mathbf{p}_6$ und $\mathbf{p}_7$ auf (nichtdeterministische Verzweigung), die die Anfangszustände der nach dem Übergang möglichen parallelen Prozesse II bzw. III darstellen. Die nach der Synchronisation möglichen Folgezustandsmengen sind also: $\mathbf{P}'_{\mathrm{T2}} = \{\mathbf{p}_3, \mathbf{p}_4\}$ und $\mathbf{P}'_{\mathrm{T3}} = \{\mathbf{p}_5, \mathbf{p}_6, \mathbf{p}_7\}$. Im Nachbereich der Zustandsüberführungsfunktion φ ist die Menge $\mathbf{N}$ der möglichen Folgezustandsmengen zu notieren: $\mathbf{N} = \{\mathbf{P}'_{\mathrm{T2}}, \mathbf{P}'_{\mathrm{T3}}\}$. Formal kann der in Abb. 4.37 angedeutete Zustandsübergang dann durch die folgende *Zustandsüberführungsfunktion* beschrieben werden:

$$\varphi(\{\mathbf{p}_1, \mathbf{p}_2\}, \mathbf{y}) = \{\{\mathbf{p}_3, \mathbf{p}_4\}, \{\mathbf{p}_5, \mathbf{p}_6, \mathbf{p}_7\}\} \tag{4.37}$$

Um die Zustandsüberführungsfunktion eines nichtdeterministischen Automaten zur Beschreibung des nichtdeterministischen Verhaltens paralleler ereignisdiskreter Prozesse in allgemeiner Form angeben zu können, werden folgende Bezeichnungen vereinbart (siehe auch Bezeichnungen in Abschn. 3.2):

- $\mathbf{P}_{\mathrm{T}}$ ist die Menge der Vorzustände $\mathbf{p}$ von einer durch $\mathbf{y}$ eingeleiteten Operation o;
- $\mathbf{P}'_{\mathrm{T}}$ ist eine mögliche Folgezustandsmenge von einer durch $\mathbf{y}$ eingeleiteten Operation o;
- $\mathbf{M}^*(\mathbf{P})$ ist die Menge aller nichtleeren Teilmengen von $\mathbf{P}$. Es gilt: $\mathbf{P}_{\mathrm{T}} \in \mathbf{M}^*(\mathbf{P})$, $\mathbf{P}'_{\mathrm{T}} \in \mathbf{M}^*(\mathbf{P})$;
- $\mathbf{N}$ ist die Menge der möglichen Folgezustandsmengen von einer durch $\mathbf{y}$ eingeleiteten Operation. Es gilt: $\mathbf{P}'_{\mathrm{T}} \in \mathbf{N}$
- $\mathbf{M}^*(\mathbf{M}^*(\mathbf{P})$ ist die Menge aller nichtleeren Teilmengen von $\mathbf{M}^*(\mathbf{P})$.
- $\mathbf{U}^*(\mathbf{P})$ ist eine Untermenge der Menge $\mathbf{M}^*(\mathbf{M}^*(\mathbf{P}))$, die sich dadurch auszeichnet, dass sie als Elemente nur die Teilmengen $\mathbf{N}'$ von $\mathbf{M}^*(\mathbf{M}^*(\mathbf{P}))$ enthält, die die folgende Eigenschaft besitzen: Für alle Paare von Mengen $\mathbf{E}$ und $\mathbf{E}'$, die Element von $\mathbf{N}'$ sind, ist $\mathbf{E} \cap \mathbf{E}' = \emptyset$. Es gilt: $\mathbf{N} \in \mathbf{U}^*(\mathbf{P})$.

Mit den vereinbarten Bezeichnungen ergibt sich aus Gl. 4.37 die *Überführungsfunktion des zu definierenden nichtdeterministischen Automaten* in allgemeiner Form:

$$\varphi(\mathbf{P}_{\mathrm{T}}, \mathbf{y}) = \{\mathbf{P}'_{\mathrm{T}} \mid \exists \mathbf{N}(\mathbf{N} \in \mathbf{U}^*(\mathbf{P})) \wedge \mathbf{P}'_{\mathrm{T}} \in \mathbf{N}\} \tag{4.38}$$

Zur Beschreibung des Gesamtverhaltens paralleler Prozesse lässt sich dann als Erweiterung des im Abschn. 4.4.3.2 eingeführten nichtdeterministischen Prozessautomaten die folgende Definition angeben.

▶ **Definition 4.8** Ein *nichtdeterministischer Prozessautomat als Grundlage für die Modellierung paralleler ereignisdiskreter Prozesse* ist durch $B = [\mathbf{X}, \mathbf{Y}, \mathbf{P}, \varphi, \gamma, \gamma^*]$ wie folgt definiert:

- **X**, **Y** und **P** sind nichtleere Mengen.
- φ ist eine eindeutige Abbildung aus $\mathbf{M}^*(\mathbf{P}) \times \mathbf{Y}$ in $\mathbf{U}^*(\mathbf{P})$.
  Es gilt:

$$\varphi(\mathbf{P}_{\mathrm{T}}, \mathbf{y}) = \{\mathbf{P}'_{\mathrm{T}} \mid \exists \mathbf{N}(\mathbf{N} \in \mathbf{U}^*(\mathbf{P})) \wedge \mathbf{P}'_{\mathrm{T}} \in \mathbf{N}\}.$$

  $\varphi(\mathbf{P}_{\mathrm{T}}, \mathbf{y})$ gibt die Menge der möglichen Folgeprozesszustandsmengen $\mathbf{P}'_{\mathrm{T}}$ von $\mathbf{P}_{\mathrm{T}}$ bei $\mathbf{y}$ an, wobei sich aber nur *eine* Folgeprozesszustandsmenge aus $\varphi(\mathbf{P}_{\mathrm{T}}, \mathbf{y})$ als tatsächliche Folgeprozesszustandsmenge einstellen kann.
  φ wird *Überführungsfunktion* genannt.
- γ ist eine Funktion, durch die jeder Folgezustandsmenge $\mathbf{P}'_{\mathrm{T}}$ von $\mathbf{P}_{\mathrm{T}}$ bei $\mathbf{y}$ eindeutig ein Ereignissignalvektor $\mathbf{x}$ zugeordnet wird: $\gamma(\mathbf{P}'_{\mathrm{T}}) = \mathbf{x}$;
  γ wird *Ausgabefunktion* genannt.
- γ^* ist eine Abbildung, durch die für jede definierte Situation $[\mathbf{P}_{\mathrm{T}}, \mathbf{y}]$ die Menge $\varphi(\mathbf{P}_{\mathrm{T}}, \mathbf{y})$ umkehrbar eindeutig in die Menge **X** abgebildet wird.
  Die Kardinalzahl Kz von **X** muss so gewählt werden, dass für jede definierte Situation $[\mathbf{P}_{\mathrm{T}}, \mathbf{y}]$ die folgende Bedingung erfüllt ist: $\mathrm{Kz}(\mathbf{X}) \geq \mathrm{Kz}(\varphi(D_{\mathrm{T}}, \mathbf{y}))$
  Durch γ^* wird die Ausgabefunktion γ in Teilen ihres Definitionsbereiches auf eine eineindeutige Abbildung eingeschränkt. (Ende d. Def.)

Bei dem definierten Automaten handelt es sich um einen nichtdeterministischen Moore-Automaten mit den Funktionen φ und γ. Durch die zusätzlich eingeführte eineindeutige Abbildung γ^* wird sichergestellt, dass die Prozesszustandsmengen $\mathbf{P}'_{\mathrm{T}} = \varphi(\mathbf{P}_{\mathrm{T}}, \mathbf{y})$, die nach Ausführung einer durch $\mathbf{y}$ ausgelösten Operation auftreten können, über die ihnen zugeordneten Eingangskombinationen unterscheidbar sind (Abschn. 4.4.2). Die Ergebnisfunktion γ ist so zu interpretieren, dass ein Ereignissignalvektor $\mathbf{x}$, der einer Menge $\mathbf{P}'_{\mathrm{T}}$ zugeordnet wird, dann auch allen Prozesszuständen $\mathbf{p}' \in \mathbf{P}'_{\mathrm{T}}$ zuzuordnen ist. Damit lässt sich die folgende Schlussfolgerung formulieren:

Schlussfolgerung 1 für die Modellbildung von parallelen ereignisdiskreten Prozessen

Den Anfangszuständen aller parallelen Teilprozesse, die sich nach der Eröffnung von Parallelität einstellen, sind die gleichen Ereignissignalvektoren $\mathbf{x}$ (bzw. die gleichen Ereignissignale x) zuzuordnen.

Physikalisch lässt sich diese Schlussfolgerung so interpretieren, dass bei der Eröffnung von Parallelität in den Anfangszuständen aller parallelen Teilprozesse durch den gleichen Ereignissignalvektor gemeldet werden muss, ob die parallelen Teilprozesse auch tatsächlich gestartet wurden.

Bezüglich der Überführungsfunktion des nichtdeterministischen Automaten lassen sich folgende Fälle unterscheiden:

Fall 1 $\mathbf{P}_\mathrm{T}$ *ist eine Einermenge*: $\mathbf{P}_\mathrm{T} = \{\mathbf{p}\}$. In diesem Fall wird die *Eröffnung von Parallelität* beschrieben: $\varphi(\mathbf{p}, \mathbf{y}) = \{\mathbf{P}'_\mathrm{T} \mid \exists \mathbf{N}(\mathbf{N} \in \mathbf{U}^*(\mathbf{P})) \wedge \mathbf{P}'_\mathrm{T} \in \mathbf{N}\}$.

Fall 2 $\mathbf{N}$ *ist eine Einermenge*: $\mathbf{N} = \{\mathbf{P}'_\mathrm{T}\}$. In diesem Fall wird die *Synchronisation von Parallelität* beschrieben: $\varphi(\mathbf{P}_\mathrm{T}, \mathbf{y}) = \{\mathbf{p}' \mid \exists \mathbf{P}'_\mathrm{T}(\mathbf{P}'_\mathrm{T} \in \mathbf{M}^*(\mathbf{P})) \wedge \mathbf{p}' \in \mathbf{P}'_\mathrm{T}\}$.

Fall 3 $\mathbf{P}_\mathrm{T}$ und $\mathbf{N}$ sind Einermengen. In diesem Fall wird ein *einfacher Zustandsübergang* beschrieben: $\varphi(\mathbf{p}, \mathbf{y}) = \{\mathbf{p}' \mid \exists \mathbf{P}'_\mathrm{T}(\mathbf{P}'_\mathrm{T} \in \mathbf{M}^*(\mathbf{P})) \wedge \mathbf{p}' \in \mathbf{P}'_\mathrm{T}\}$. Dieser Fall ist identisch mit der Zustandsüberführungsfunktion eines nichtdeterministischen Automaten, der die Grundlage für die Modellierung nichtparalleler Prozesse bildet (Abschn. 4.4.3.2).

Fall 4 Wenn es keine Menge $\varphi(\mathbf{P}_\mathrm{T}, \mathbf{y})$ gibt, die wenigstens zwei Elemente besitzt, dann handelt es sich um einen deterministischen Automaten.

Unter Umständen lassen sich Prozesszustände einsparen, wenn man die Ergebnisfunktion $\mathbf{x} = \gamma(\mathbf{P}'_\mathrm{T})$ so erweitert, dass der Ereignissignalvektor $\mathbf{x}$ nicht nur von der Folgeprozesszustandsmenge $\mathbf{P}'_\mathrm{T}$ bzw. dem Folgeprozesszustand $\mathbf{p}'$ abhängt, sondern auch noch von dem Stellsignalvektor $\mathbf{y}$, der der Operation zugeordnet ist, die vor $\mathbf{P}'_\mathrm{T}$ bzw. $\mathbf{p}'$ ausgeführt wurde. Im Falle eines Einzelzustands $\mathbf{p}'$ gilt dann die folgende *modifizierte Ergebnisfunktion*:

$$\gamma_\mathrm{mod}(\mathbf{p}', \mathbf{y}) = \mathbf{x}. \tag{4.39}$$

4.6.3 Modellierung des funktionsbedingten Nichtdeterminismus paralleler Prozesse mit Prozessnetzen

Bei der Modellierung paralleler ereignisdiskreter Prozesse mittels Prozessnetzen ist zu beachten, dass die Transitionen in einer nichtdeterministischen Verzweigung *Synchronisationstransitionen* sind, die mehrere Vorzustände haben, gleichzeitig schalten und gleiche Schalausdrücke besitzen. Die Menge der gleichzeitig schaltenden Synchronisationstransitionen wird mit $\mathbf{Q}_\mathrm{g}$ und der gemeinsame Schaltausdruck mit $\beta(\mathbf{Q}_\mathrm{g})$ bezeichnet (vergl. Abschn. 4.5.4.2).

Abbildung 4.38 zeigt das Prozessnetz für das in Abb. 4.37 dargestellte Schema als ein Beispiel für einen Zustandsübergang zwischen parallelen ereignisdiskreten Prozessen, wie er durch die Zustandsüberführungsfunktion des im Abschn. 4.6.2 definierten nichtdeterministischen Prozessautomaten in allgemeiner Form beschrieben wird. Durch das Prozessnetz wird die Synchronisation des parallelen Prozesses I mit zwei Teilprozessen dargestellt, die mit den Stellen $\mathbf{p}_1$ bzw. $\mathbf{p}_2$ enden. Dabei erfolgt eine nichtdeterministische

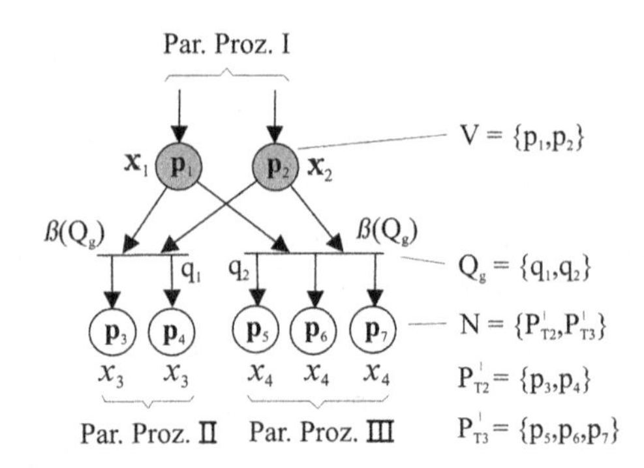

Abb. 4.38 Prozessnetz zur Darstellung einer Synchronisation und einer Eröffnung von Parallelität mit einem gleichzeitigen funktionsbedingten Nichtdeterminismus

Verzweigung über die Transitionen q_1 und q_2. Dadurch können über diese Transitionen alternativ zwei neue parallele Prozesse II und III mit den Anfangsstellen $\mathbf{p}_3$ und $\mathbf{p}_4$ bzw. $\mathbf{p}_5$, $\mathbf{p}_6$ und $\mathbf{p}_7$ eröffnet werden. Um die Stellen p eines Prozessnetzes, in denen eine nichtdeterministische Verzweigung beginnt, besonders hervorzuheben, sind sie grau unterlegt.

Die Stellen $\mathbf{p}_1$ und $\mathbf{p}_2$ bilden bei dem in Abb. 4.38 dargestellten Beispiel die Menge der Vorstellen der an der Synchronisation beteiligten Transitionen q_1 und q_2. Für die Menge der gleichzeitig schaltenden Transitionen gilt: $\mathbf{Q}_g = \{q_1, q_2\}$. Da über q_1 und q_2 eine nichtdeterministische Verzweigung erfolgt, müssen diese Transitionen den gleichen Schaltausdruck $\beta(\mathbf{Q}_g)$ besitzen.

Die Menge **V** von Vorstellen einer Transitionenmenge $\mathbf{Q}_g$ wird wie folgt präzisiert.

Definition 4.9 **V** ist genau dann eine *Menge von Vorstellen einer Menge* $\mathbf{Q}_g$ von Transitionen, denen der gleiche Schaltausdruck $\beta(\mathbf{Q}_g)$ zugeordnet ist, wenn jedes Element **p** von **V** Vorstelle von allen Elementen q von $\mathbf{Q}_g$ ist.

Aus Abb. 4.38 ist außerdem ersichtlich, dass nach einer Eröffnung von Parallelität die Anfangszustände der parallelen Teilprozesse jeweils durch das gleiche Ereignissignal zu kennzeichnen sind (im Beispiel x_3 bzw. x_4), wie das durch die Schlussfolgerung 1 im Abschn. 4.6.2 zum Ausdruck gebracht wird.

4.6.4 Zeitbedingter Nichtdeterminismus in parallelen Prozessen

Bei der Beschreibung des funktionsbedingten Nichtdeterminismus paralleler ereignisdiskreter Prozesse wurde davon ausgegangen, dass eine Synchronisation von parallelen Teilprozessen dann erfolgt, wenn in allen parallelen Teilprozessen die Endzustände eingenommen wurden und danach die gemeinsame Folgeoperation o durch den zugehörigen Stellsignalvektor **y** aktiviert worden ist. Bei diesen Betrachtungen wurde aber nur die logische Aufeinanderfolge von Operationen und Prozesszuständen berücksichtigt. Das tatsächliche Zeitverhalten hingegen wurde zunächst außer Acht gelassen.

Bei der Synchronisation von parallelen Teilprozessen müssen jedoch zumindest die Laufzeiten der Teilprozesse beachtet werden, die sich wiederum als Summe der einzelnen Operationszeiten ergeben. Es muss davon ausgegangen werden, dass diese Laufzeiten unterschiedlich sein können. Bei einer beabsichtigten Synchronisation stellen sich die Endprozesszustände der Teilprozesse also nicht zur gleichen Zeit ein, sie werden in der Regel nacheinander eingenommen. Das würde bedeuten, dass die mit der Synchronisation verbundene Operation o erst dann durch **y** aktiviert werden kann, wenn in einem der Teilprozesse der letzte Endprozesszustand erreicht wurde. Die Frage ist, was bis dahin in den übrigen Teilprozessen passiert. Hinzu kommt, dass die einzelnen Operationszeiten im Allgemeinen nicht als konstant angenommen werden können, sondern von Einflussgrößen abhängen, die sich in den hier verwendeten Modellen nicht ohne weiteres erfassen lassen. Deshalb kann im Voraus mitunter nicht einmal eingeschätzt werden, in welcher Reihenfolge die Endprozesszustände eingenommen werden bzw. wie die Laufzeiten der Teilprozesse gestaffelt sind.

Neben dem *funktionsbedingten Nichtdeterminismus* existiert also bei parallelen ereignisdiskreten Prozessen noch ein Nichtdeterminismus bezüglich des zeitlichen Verhaltens der Teilprozesse. Diesem *zeitbedingten Nichtdeterminismus* kann dadurch begegnet werden, dass nach jedem Endprozesszustand der zu synchronisierenden n parallelen Teilprozesse eine *Warteoperation w* vorgesehen wird, bei der keinerlei Aktivitäten erfolgen und mit der deshalb auch keine Stellsignale verbunden sind. Durch diese Warteoperationen werden die Zeitunterschiede, die sich aufgrund des zeitbedingten Nichtdeterminismus ergeben, ausgeglichen. Erst wenn nach allen n Endprozesszuständen eine Warteoperation gestartet wurde, kann die Synchronisation ausgeführt werden.

In parallelen Prozessen der Steuerungspraxis gibt es aber auch Operationen, die nicht durch einen eigenständigen Endprozesszustand beendet werden. Ihr Ende ist unmittelbar an die Beendigung der Parallelität, d. h. an die Einnahme des auf die Synchronisation folgenden Prozesszustandes gekoppelt. In diesem Fall ist also keine Warteoperation vorzusehen. Ein Beispiel wäre ein Lüfter, der ständig läuft und erst bei der Synchronisation mit abgeschaltet wird. Es handelt sich hier um eine *echte Endoperation*.

Allgemein setzt sich die Operation o, die eine Synchronisation auslöst, dann aus n Teiloperationen zusammen, die sich aus den n Teilprozessen ergeben und die entweder Warteoperationen oder echte Endoperationen sein können. Diese Teiloperationen können zu unterschiedlichen Zeiten beginnen, sie enden aber alle zur gleichen Zeit mit dem Übergang in den Prozesszustand, der auf die Synchronisation folgt.

Schlussfolgerung 2 für die Modellbildung von parallelen ereignisdiskreten Prozessen

Existieren in zu synchronisierenden Teilprozessen Endoperationen, die nicht erst durch den Prozesszustand, der nach Ausführung der Synchronisation eingenommen wird, beendet werden, sondern deren Ende über Prozesszustände signalisiert wird, die sich vor der Synchronisation einstellen, dann sind nach diesen Prozesszuständen jeweils Warteoperationen vorzusehen.

4.6.5 Darstellung des zeitbedingten Nichtdeterminismus in Prozessnetzen

Um den zeitbedingten Nichtdeterminismus bei parallelen ereignisdiskreten Prozessen in Prozessnetzen darzustellen, müssen vor der Synchronisation gemäß der Schlussfolgerung 2 (Abschn. 4.6.4) noch *Warteoperationen* wo_i eingeordnet werden. Eine Operation, die eine Synchronisation bewirkt, setzt sich dann aus n Teiloperationen zusammen, die sich aus den n zu synchronisierenden Teilprozessen ergeben und die entweder Warteoperationen wo_i oder auch echte Endoperationen o_j sein können. Aus formalen Gründen werden den Warteoperationen in Analogie zu den Stellsignalen bei echten Operationen eineindeutig *fiktive binäre Variablen* w zugeordnet. Es wird vereinbart, dass diese fiktiven Variablen w den Wert 1 annehmen, wenn die zugehörige Warteoperation wo gestartet wurde.

Dieser Sachverhalt soll anhand des Beispiels in Abb. 4.39a erläutert werden. Darin sind drei Teilprozesse TP1, TP2 und TP3 zu synchronisieren. Der Teilprozess TP1 endet nach der durch y_1 ausgelösten Operation o_1 in der Stelle $\mathbf{p}_1$ und der Teilprozess TP2 nach der durch y_2 aktivierten Operation o_2 in $\mathbf{p}_2$.

Da im Allgemeinen im Voraus nicht eingeschätzt werden kann, ob die Operation o_1 oder die Operation o_2 eher beendet wird, müssen nach den Stellen $\mathbf{p}_1$ bzw. $\mathbf{p}_2$ zunächst noch die Warteoperationen wo_1 bzw. wo_2 folgen, denen die fiktiven Variablen w_1 bzw. w_2 entsprechen. Der Teilprozess TP3 führt nach der Stelle $\mathbf{p}_3$ noch die durch y_4 ausgelöste Operation o_4 aus, die erst bei der Synchronisation mit der Einnahme der Stelle $\mathbf{p}_4$ beendet wird.

Die Gesamtoperation o_g, die das Schalten der Synchronisationstransition q_1 bewirkt, setzt sich dann aus den Operationen wo_1, wo_2 und o_4 zusammen. Um einen Bezug zu den Zuständen $\mathbf{p}_1$, $\mathbf{p}_2$ bzw. $\mathbf{p}_3$ herzustellen, die das Auslösen der Teiloperationen bewirken, werden die zugehörigen Variablen w_1, w_2 und y_4 als Interpretationen den Kanten zwischen den entsprechenden Stellen und der Synchronisationstransition q_1 zugeordnet.

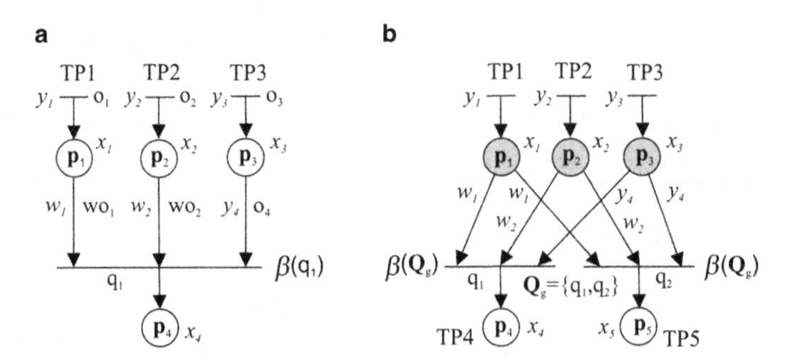

Abb. 4.39 Darstellung des nichtdeterministischen Verhaltens paralleler ereignisdiskreter Prozesse durch Prozessnetze. **a** Zeitbedingter Nichtdeterminismus, **b** zeitbedingter und funktionsbedingter Nichtdeterminismus

Die Kanteninterpretationen für das Beispiel gemäß Abb. 4.39a werden durch folgende Beziehungen ausgedrückt:

$$\kappa(\mathbf{p}_1, \mathrm{q}_1) = w_1 \tag{4.40}$$

$$\kappa(\mathbf{p}_2, \mathrm{q}_1) = w_2 \tag{4.41}$$

$$\kappa(\mathbf{p}_3, \mathrm{q}_1) = y_4 \tag{4.42}$$

In Abb. 4.39b ist außer dem zeitbedingten Nichtdeterminismus noch ein funktionsbedingter Nichtdeterminismus in Form einer nichtdeterministischen Verzweigung in die Teilprozesse TP4 und TP5 dargestellt. Die Kanteninterpretationen beziehen sich jetzt nicht nur auf die Synchronisationstransition q_1, sondern auf die Transitionenmenge $\mathbf{Q}_\mathrm{g} = \{\mathrm{q}_1, \mathrm{q}_2\}$. Im Einzelnen ergeben sich folgende Interpretationen κ der Praekanten $(\mathbf{p}, \mathbf{Q}_\mathrm{g})$ des Prozessnetzes, die auch auf die Transitionen q_1 und q_2 aufgegliedert werden können:

$$\kappa(\mathbf{p}_1, \mathbf{Q}_\mathrm{g}) = w_1 \rightarrow \left\langle \begin{matrix} \kappa(\mathbf{p}_1, \mathrm{q}_1) = w_1 \\ \kappa(\mathbf{p}_1, \mathrm{q}_2) = w_1 \end{matrix} \right. \tag{4.43}$$

$$\kappa(\mathbf{p}_2, \mathbf{Q}_\mathrm{g}) = w_2 \rightarrow \left\langle \begin{matrix} \kappa(\mathbf{p}_2, \mathrm{q}_1) = w_2 \\ \kappa(\mathbf{p}_2, \mathrm{q}_2) = w_2 \end{matrix} \right. \tag{4.44}$$

$$\kappa(\mathbf{p}_3, \mathbf{Q}_\mathrm{g}) = y_4 \rightarrow \left\langle \begin{matrix} \kappa(\mathbf{p}_3, \mathrm{q}_1) = y_4 \\ \kappa(\mathbf{p}_3, \mathrm{q}_2) = y_4 \end{matrix} \right. \tag{4.45}$$

4.6.6 Nachbildung der Dynamik paralleler ereignisdiskreter Prozesse

Durch ein Prozessnetz wird zunächst die Struktur eines zu steuernden ereignisdiskreten Prozesses beschrieben. Das Verhalten, d. h. die *Dynamik eines ereignisdiskreten Prozesses* wird durch den Markenfluss in diesen Netzen nachgebildet. Dazu sind Regeln für das Schalten der Transitionen festzulegen. Man spricht bei ereignisdiskreten Prozessen auch von einer *ereignisdiskreten Dynamik* [Lit2005] im Gegensatz zur *kontinuierlichen Dynamik* bei Regelungssystemen. Die kontinuierliche Dynamik spielt aber auch in den Operationen der ereignisdiskreten Prozesse eine Rolle (siehe Abschn. 4.2.3).

Bei Prozessnetzen muss man wegen des funktionsbedingten Nichtdeterminismus davon ausgehen, dass auch Transitionenmengen $\mathbf{Q}_\mathrm{g}$ zu schalten sind. Wenn es sich bei den Transitionen der Menge $\mathbf{Q}_\mathrm{g}$ nicht um Synchronisationstransitionen, sondern um Transitionen mit einer Vor- und einer Folgestelle oder um Eröffnungstransitionen handelt, dann wird der Schaltausdruck $\mathrm{SA_N}$ als Interpretation von $\mathrm{Q_g}$ wie folgt angegeben:

$$\mathrm{SA_N}(\mathbf{Q}_\mathrm{g}) = \beta(\mathbf{Q}_\mathrm{g}) \tag{4.46}$$

Im Schaltausdruck $\mathrm{SA_S}$ für Synchronisationstransitionen sind die Interpretationen der Kanten konjunktiv zu verknüpfen (Abschn. 4.6.5). Für das Beispiel aus Abb. 4.39b ergibt sich der Schaltausdruck $\mathrm{SA_S}(\mathbf{Q}_\mathrm{g})$ der Menge $\mathbf{Q}_\mathrm{g}$ der Synchronisationstransitionen mit den durch die Gln. 4.43, 4.44 und 4.45 angegebenen Interpretationen κ der Praekanten wie folgt:

$$\mathrm{SA_S}(\mathbf{Q}_\mathrm{g}) = \kappa(\mathbf{p}_1, \mathbf{Q}_\mathrm{g}) \wedge \kappa(\mathbf{p}_2, \mathbf{Q}_\mathrm{g}) \wedge \kappa(\mathbf{p}_3, \mathbf{Q}_\mathrm{g}) = w_1 w_2 y_4 \tag{4.47}$$

Damit die Transitionen der Menge $\mathbf{Q}_\mathrm{g}$ schalten können, müssen die Variable y_4 und die fiktiven Variablen w_1 und w_2 den Wert 1 angenommen haben. Allgemein folgt für den Schaltausdruck einer Menge $\mathbf{Q}_\mathrm{g}$ von Synchronisationstransitionen:

$$\mathrm{SA_S}(\mathbf{Q}_\mathrm{g}) = \bigwedge_{i=1}^{n} \kappa(\mathbf{p}_i, \mathbf{Q}_\mathrm{g}) \tag{4.48}$$

Dabei bedeuten $\mathbf{p}_i$ der Endzustand bzw. die Endstelle des Teilprozesses i, κ die Interpretationen einer Praekante $(\mathbf{p}_i, \mathbf{Q}_\mathrm{g})$, n die Anzahl der parallelen Teilprozesse.

Durch disjunktive Verknüpfung von Gln. 4.46 und 4.48 ergibt sich dann der *allgemeine Schaltausduck für Prozessnetze zur Beschreibung paralleler ereignisdiskreter Prozesse*:

$$\mathrm{SA}(\mathbf{Q}_\mathrm{g}) = \beta(\mathbf{Q}_\mathrm{g}) \vee \bigwedge_{i=1}^{n} \kappa(\mathbf{p}_i, \mathbf{Q}_\mathrm{g}) \tag{4.49}$$

Wenn keine nichtdeterministischen Verzweigungen existieren, dann ist $\mathbf{Q}_\mathrm{g}$ eine Einermenge $\{q\}$. In diesem Fall gilt:

$$\mathrm{SA}(q) = \beta(q) \vee \bigwedge_{i=1}^{n} \kappa(\mathbf{p}_i, \mathrm{q}) \tag{4.50}$$

Durch die Definition der Menge $\mathbf{V}$ von Vorstellen einer Menge $\mathbf{Q}_\mathrm{g}$ (Definition 4.9 im Abschn. 4.6.3) wird gewährleistet, dass alle Transitionen der Menge $\mathbf{Q}_\mathrm{g}$ auch tatsächlich gleichzeitig schalten, wenn die Stellen $\mathbf{p}$ der Menge $\mathbf{V}$ von Vorstellen von $\mathbf{Q}_\mathrm{g}$ markiert sind und der Schaltausdruck $\mathrm{SA}(\mathbf{Q}_\mathrm{g}) = 1$ ist. In Verbindung mit dieser Definition lässt sich eine Einschränkung der Struktur von Prozessnetzen formulieren, durch die sichergestellt werden kann, dass stets alle Teilprozesse, die über eine Menge $\mathbf{Q}_\mathrm{g}$ von Transitionen synchronisiert werden sollen, auch zur gleichen Zeit beendet werden. Auf diese Weise können Entwurfsfehler, die im Zusammenhang mit der Synchronisation paralleler Prozesse aufgrund der Nichteinhaltung von Lebendigkeits- und Sicherheitsforderungen möglich sind, von vornherein vermieden werden.

Einschränkung in der Struktur von Prozessnetzen

Jede Vorstelle $\mathbf{p}$ einer Transition q, die Element einer Menge $\mathbf{Q}_\mathrm{g}$ von Transitionen mit gleichen Schaltbedingungen $\mathrm{SA}(\mathbf{Q}_\mathrm{g})$ ist, muss Vorstelle aller Elemente von $\mathbf{Q}_\mathrm{g}$ sein.

Für derartig eingeschränkte Prozessnetze lässt sich die Schaltregel unter Bezugnahme auf die Definition 4.9 wie folgt angeben.

Definition 4.10 (Schaltregel für Prozessnetze zur Modellierung paralleler Prozesse) Die Transitionen einer Menge $\mathbf{Q}_g$ beginnen gleichzeitig zu schalten, wenn

1. alle Vorstellen $\mathbf{p} \in \mathbf{V}$ von $\mathbf{Q}_g$ markiert sind,
2. in keiner Folgemenge $\mathbf{P}'_T$ von $\mathbf{Q}_g$ Stellen $\mathbf{p}' \in \mathbf{P}'_T$ markiert sind und
3. der Schaltausdruck SA($\mathbf{Q}_g$) durch eine Belegung der Stellvariablen y und der fiktiven Variablen den Wert 1 annimmt.

Das Schalten aller Transitionen q $\in \mathbf{Q}_g$ endet mit dem Auftreten einer der möglichen Mengen $\mathbf{P}'_T$ von Folgestellen $\mathbf{p}'$. Die Marken, die sich während des Schaltens in den Transitionen der Menge $\mathbf{Q}_g$ befanden, gehen dann in die Folgestelle $\mathbf{p}' \in \mathbf{P}'_T$ über, und die diesen Folgestellen $\mathbf{p}'$ zugeordneten Ereignissignale x werden der Steuereinrichtung rückgemeldet. (Ende d. Def.)

4.6.7 Realisierung alternativer Zusammenführungen in Prozessnetzen

Bei der Modellierung ereignisdiskreter Prozesse mit Prozessnetzen müssen gegebenenfalls zwei oder mehrere Teilprozesse alternativ zusammengeführt werden. Das ist problemlos möglich, wenn die Teilprozesse mit der gleichen Operation enden, d. h. wenn den Endtransitionen dieser Teilprozesse die gleiche Stellsignalkombination zugeordnet ist. In diesem Fall können alle Endoperationen durch ein Ereignis, d. h. durch einen gemeinsamen Prozesszustand beendet werden.

Der angedeutete Sachverhalt soll anhand des in Abb. 4.40a dargestellten Netzausschnittes erläutert werden. Es handelt sich um zwei Teilprozesse, die mit den Prozesszuständen $\mathbf{p}_1$ bzw. $\mathbf{p}_2$ beginnen und mit den Transitionen q_1 bzw. q_2 enden. Beiden Endtransitionen ist das Stellsignal y_1 zugeordnet. Deshalb ist es bei einer durchzuführenden Modellierung möglich, beide Teilprozesse mit dem gemeinsamen Prozesszustand $\mathbf{p}_V$ abzuschließen.

Man kann bei der Zusammenführung dieser Teilprozesse auch mit weniger Zuständen auskommen, wenn man die Vorprozesszustände $\mathbf{p}_a$ und $\mathbf{p}_b$ der beiden Endtransitionen q_1 bzw. q_2 zum Zustand $\mathbf{p}_Z$ zusammenlegt (s. gestrichelte Umrandung). Eine Voraussetzung dafür ist, dass den Transitionen q_1 und q_2 das gleiche Stellsignal zugeordnet ist, was mit y_1 offensichtlich der Fall ist.

Nach einer Zusammenlegung von $\mathbf{p}_a$ und $\mathbf{p}_b$ sind die Ereignissignale x_a und x_b dem Prozesszustand $\mathbf{p}_Z$ beizuordnen (Abb. 4.40b). Da die beabsichtigte Zusammenführung dann in den Zustand $\mathbf{p}_Z$ einmündet und den Transitionen q_a und q_b jedoch unterschiedliche Operationen bzw. Stellsignale zugeordnet sind, geht aus dem Prozessnetz nicht mehr eindeutig hervor, durch welches der beiden Ereignissignale diese Operationen zu beenden sind. Eine Zusammenlegung der Prozesszustände $\mathbf{p}_a$ und $\mathbf{p}_b$ wäre also nur möglich, wenn

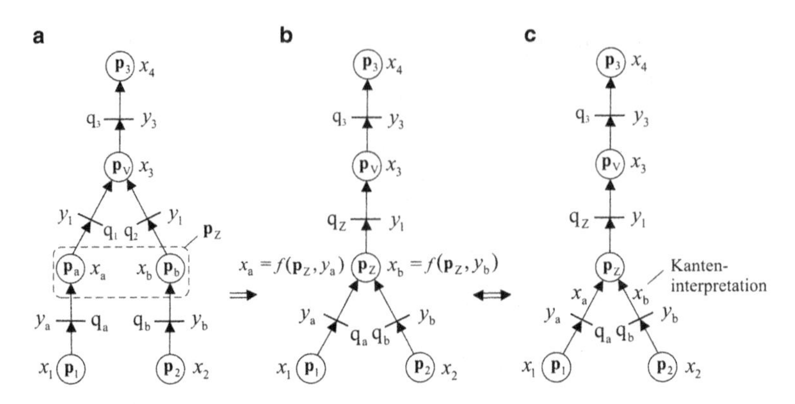

Abb. 4.40 Möglichkeiten für eine alternative Zusammenführung von zwei Teilprozessen. **a** Zusammenführung der Teilprozesse in den Zustand $\mathbf{p}_Z$, **b** Zusammenführung in $\mathbf{p}_Z$ unter Nutzung der modifizierten Ergebnisfunktion, **c** Zusammenführung in $\mathbf{p}_Z$ unter Nutzung einer Kanteninterpretation

die Zuordnung der Ereignissignale zu diesen Zuständen in anderer Weise ausgedrückt wird.

Eine Möglichkeit für eine solche Zuordnung wäre, die Ereignissignale nicht nur dem Prozesszustand $\mathbf{p}_Z$ zuzuordnen, sondern zusätzlich eine Zuordnung zu der betreffenden Operation bzw. dem entsprechenden Stellsignal zum Ausdruck zu bringen. Dies kann durch eine Darstellung in Form der *modifizierten Ergebnisfunktion* gemäß Gl. 4.39 erfolgen (Abschn. 4.6.2). Das ist aus Abb. 4.40b ersichtlich.

Eine weitere Möglichkeit besteht darin, diese Zuordnung durch eine Kanteninterpretation darzustellen, indem man das Ereignissignal x_a, das zum Beenden der durch y_a ausgelösten Operation vorgesehen ist, der Postkante von q_a beiordnet und mit dem Ereignissignal x_b in entsprechender Weise verfährt. Diese Variante zeigt Abb. 4.40c.

Die erläuterte Vorgehensweise soll nun in allgemeiner Form zusammengefasst werden.

Vorgehensweise zur Einsparung von Prozesszuständen bei der Zusammenführung von Teilprozessen in Prozessnetzen

- Überprüfung der Voraussetzung für eine Zusammenlegbarkeit:
  Bei einer Zusammenführung von zwei Teilprozessen eines Prozessnetzes in einen Prozesszustand $\mathbf{p}_V$ können die beiden Vorzustände $\mathbf{p}_a$ und $\mathbf{p}_b$ von $\mathbf{p}_V$, zu denen die Ereignissignalkombinationen $\mathbf{x}^a$ bzw. $\mathbf{x}^b$ gehören, nur dann zu einem Zustand $\mathbf{p}_Z$zusammengelegt werden, wenn den Folgetransitionen von $\mathbf{p}_a$ und $\mathbf{p}_b$ die gleiche Stellsignalkombination $\mathbf{y}$ zugeordnet ist.
- Durchführung weiterer Maßnahmen:
  Nach der Zusammenlegung von $\mathbf{p}_a$ und $\mathbf{p}_b$ zu $\mathbf{p}_Z$ gibt es zwei Möglichkeiten für die Notation der dem Zustand $\mathbf{p}_Z$ beizuordnenden Ereignissignalkombinationen $\mathbf{x}^a$ und $\mathbf{x}^b$

in Abhängigkeit von den Stellsignalkombinationen $\mathbf{y}^a$ und $\mathbf{y}^b$, die den Vortransitionen q_a bzw. q_b von $\mathbf{p}_Z$ zugeordnet sind:

1. *Zuordnung* beider Ereignissignalkombinationen $\mathbf{x}^a$ und $\mathbf{x}^b$ *zum Zustand* $\mathbf{p}_Z$ in Form von modifizierten Ergebnisfunktionen $\mathbf{x}^a = \gamma(\mathbf{p}_Z, \mathbf{y}_a)$ bzw. $\mathbf{x}^b = \gamma(\mathbf{p}_Z, \mathbf{y}_b)$ oder
2. *Zuordnung* der Ereignissignalkombinationen $\mathbf{x}^a$ und $\mathbf{x}^b$ *zu den Postkanten* der Vortransitionen q_a bzw. q_b von $\mathbf{p}_Z$.

Die beschriebene Vereinfachungsmöglichkeit bei der Zusammenführung von Teilprozessen wird beim Beispiel 4.7 (Abschn. 4.6.8) und bei den Beispielen in den Abschn. 5.2.4 und 5.3.4 genutzt.

4.6.8 Modellierungsbeispiel

Beispiel 4.7 (Kohletransportsteuerung; Bildung des Prozessmodells einer Anlage zum Kohletransport)

- *Aufgabenstellung*

Von einem Kohlebehälter ist mittels zweier über eine Seilwinde angetriebener Wagen Kohle in einen Bunker zu fördern (Abb. 4.41) [Neul1969]. Durch einen Magneten 1 wird die Behälterklappe so lange offen gehalten, bis die gewünschte Menge Kohle in den in der linken Endlage stehenden Wagen eingefüllt ist. Die Dosierung geschieht unter Verwendung einer Waage. Der sich in der rechten Endlage befindende gefüllte Wagen wird über dem Bunker durch eine Klappe, die durch den Magneten 2 eine bestimmte Zeit lang (Zeitglied ZG1) geöffnet wird, entleert. Das Entleeren des rechts stehenden Wagens und das Füllen des links stehenden Wagens erfolgen gleichzeitig. Das Erreichen des Endes dieser beiden Operationen ist voneinander unabhängig. Sind das Füllen und das Entleeren beendet, dann transportiert die Winde im Rechtslauf, falls

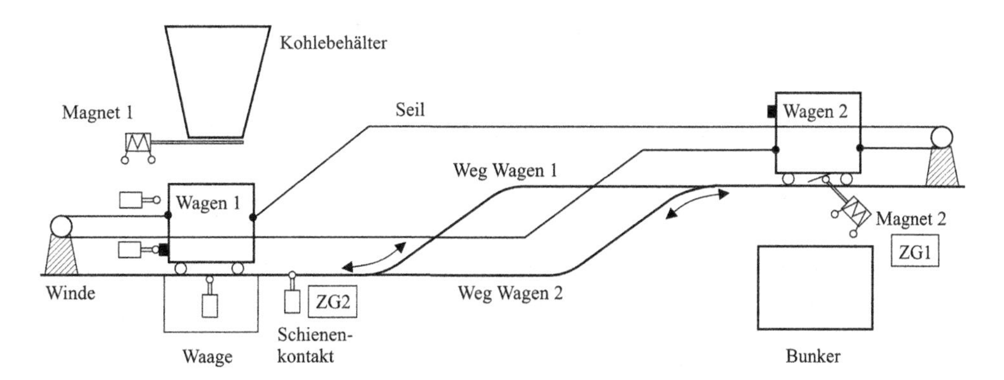

Abb. 4.41 Technologisches Schema einer Anlage zum Kohletransport

Wagen 1 in der linken Endlage steht, bzw. im Linkslauf, falls sich Wagen 2 in der linken Endlage befindet. Die genaue Positionierung der Wagen auf der Waage erfolgt in einem Schleichgang, der kurz vor Erreichen der linken Endlage über einen Schienenkontakt eingeschaltet wird. Damit der Schienenkontakt nicht schon durch die nach rechts fahrenden Wagen betätigt wird, wird er erst nach einer entsprechend vorgegebenen Zeit wirksam (Zeitglied ZG2). Auf die Fälle, dass der Kohlebehälter leer oder der Bunker voll ist, wird hier nicht eingegangen.

- *Lösung*

Bei der Lösung dieser Steuerungsaufgabe geht es zunächst darum, den vorgegebenen Prozessablauf direkt in ein objektnahes Modell (Abschn. 4.5.3) in Form eines Kernnetzes (Abschn. 4.5.4.2) umzusetzen. Daraus wird dann in einer zweiten Modellbildungsstufe nach Einbeziehung steuerungstechnischer Signale durch Modellierung mittels Prozessnetzen ein mathematisches Modell gebildet.

Die Steuerstrecke umfasst drei Steuergrößen:

Füllgewicht des Wagens in der linken Endstellung,
 Ereignis: Füllgewicht erreicht;
Zeitdauer des Leerens des Wagens in der rechten Endstellung,
 Ereignis: Zeitdauer des Zeitglieds abgelaufen;
Wegstrecke der Wagen 1 und 2,
 Ereignis 1: Linke Endlage von Wagen 1 oder 2 erreicht,
 Ereignis 2: Schienenkontakt durch Wagen 1 oder 2 betätigt.

Bei der Bildung des objektnahen Modells (Abb. 4.42a) in Form eines Kernnetzes wird von einer Operation *Warten1* ausgegangen, die der Transition q_1 zur Eröffnung von Parallelität zugeordnet ist. Durch Betätigen einer Starttaste, die in den Anfangszuständen $\mathbf{p}_2$ und $\mathbf{p}_3$ der parallelen Zweige wirksam ist, werden gleichzeitig die parallel ablaufenden Operationen „Füllen des linken Wagens" und „Leeren des rechten Wagens" ausgelöst. Da im Voraus nicht eingeschätzt werden kann, welche der beiden Operationen jeweils zuerst abgelaufen ist und welcher Wagen in der linken Endlage steht (s. unten), ist ausgehend von den Zuständen $\mathbf{p}_4$ und $\mathbf{p}_5$ je eine nichtdeterministische Verzweigung vorzusehen, die beide in zwei separaten Transitionen q_4 und q_5 enden. Der zusätzlich auftretende zeitbedingte Nichtdeterminismus wird durch zwei Warteoperationen ausgeglichen (Abschn. 4.6.6). Die Operation *Warten2* wird den beiden von $\mathbf{p}_4$ abgehenden Kanten und die Operation *Warten3* den beiden Kanten, die von $\mathbf{p}_5$ ausgehen, zugeordnet.

In Abhängigkeit davon, ob sich nach der nichtdeterministischen Verzweigung der Prozesszustand $\mathbf{p}_6$ oder $\mathbf{p}_7$ einstellt, d. h. ob Wagen1 oder Wagen2 in der linken Endstelle steht, geht dann der Ablauf entweder mit der Operation „Winde Rechtslauf" oder der Operation „Winde Linkslauf" als nichtparalleler ereignisdiskreter Prozess weiter, und

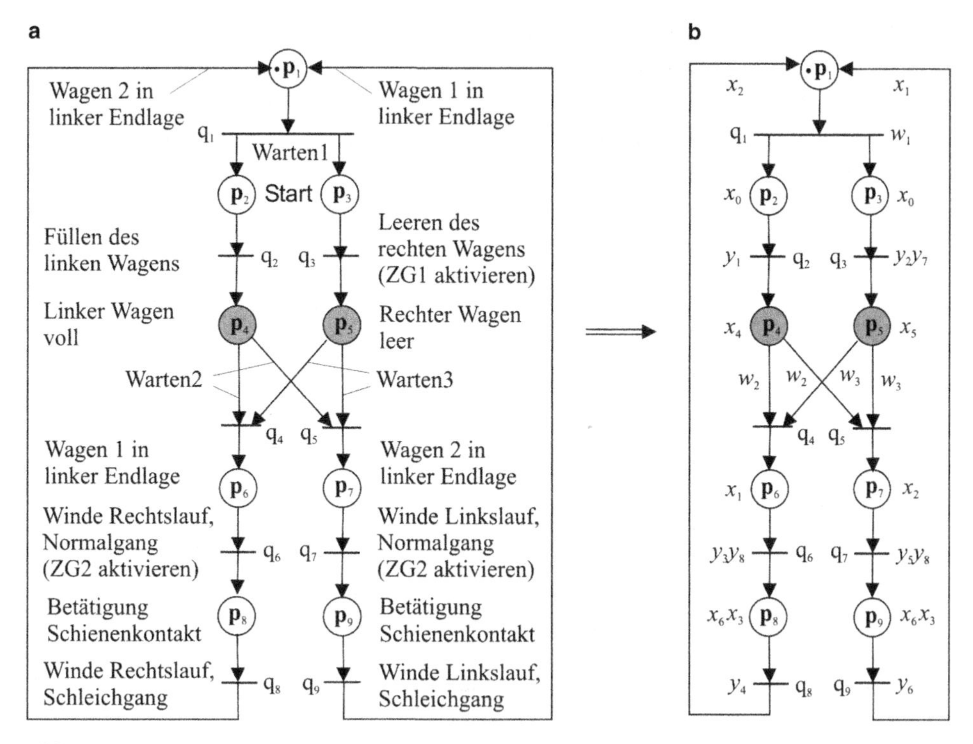

Abb. 4.42 Modellbildung einer Anlage zum Kohletransport. **a** Objektnahes Modell als Kernnetz, **b** Prozessmodell als Prozessnetz

zwar zunächst jeweils im Normalgang und nach Betätigung eines Schienenkontakts im Schleichgang. Wenn man die Vereinfachungsmöglichkeiten bezüglich alternativer Zusammenführungen gemäß Abschn. 4.6.4 (Abb. 4.39c) nutzt, können diese beiden alternativen Abläufe in die Stelle $\mathbf{p}_1$ zusammengeführt werden. Dabei müssen die Ereignisse (bzw. Ereignissignale), durch die die beiden Endoperationen beendet werden, den zugehörigen einmündenden Kanten zugeordnet werden.

Die Information, welcher Wagen in der linken Endlage steht, wir im weiteren Ablauf nicht gespeichert. Deshalb muss diese Information bei einem Neustart immer wieder ermittelt werden. Sie ergibt sich jeweils aus dem Prozesszustand, der sich nach der nichtdeterministischen Verzweigung einstellt.

Damit sich der gewünschte Prozessablauf auch tatsächlich einstellt, sind noch zwei Zeitglieder erforderlich, deren Wirkung nun beschrieben werden soll. Durch ein Zeitglied ZG1 wird die Zeitdauer für das Leeren des in der rechten Endlage stehenden Wagens nachgebildet. Dieses Zeitglied muss gleichzeitig mit dem Auslösen der Operation *Leeren* aktiviert werden (Transition q_3). Nach Ablauf der eingestellten Zeit wirkt das Ausgangssignal des Zeitgliedes als Ereignissignal beim Auftreten des Prozesszustands $\mathbf{p}_5$.

Das Zeitglied ZG2 wird im Zusammenhang mit dem Schienenkontakt benötigt. Er muss dann geschaltet werden, wenn er von einem von rechts nach links fahrenden Wagen betätigt wird, damit ab hier die Fahrt im Schleichgang fortgesetzt wird. Um zu verhindern, dass der Schienenkontakt bereits beim Überfahren von links nach rechts anspricht, muss er durch einen verzögerten Ausgang des Zeitglieds ZG2 unwirksam gemacht werden. Das Zeitglied muss beim Starten der Winde (Transition q_7) aktiviert werden.

- *Festlegen der Systemgrößen*

Um das objektnahe Modell in Form eines Kernnetzes in ein Prozessmodell in Form eines Prozessnetzes umzuwandeln, müssen den auszuführenden Operationen Stellsignale und den Ereignissen bzw. Sensoren und Schaltern Ereignissignale zugeordnet werden.

- Stellsignale/zugehörige Operationen

y_1 Füllen des Wagens in der linken Endlage (Betätigen von Magnet 1)
y_2 Leeren des Wagens in der rechten Endlage (Betätigen von Magnet 2)
y_3 Betätigen der Winde im Rechtslauf, Normalgang
y_4 Betätigen der Winde im Rechtslauf, Schleichgang
y_5 Betätigen der Winde im Linkslauf, Normalgang
y_6 Betätigen der Winde im Linkslauf, Schleichgang
y_7 Betätigen des Zeitglieds ZG1 mit Einschaltverzögerung
y_8 Betätigen des Zeitglieds ZG2 mit Einschaltverzögerung

- Ereignissignale/zugehörige Schwellwerte bzw. Sensoren und Schalter

x_0 EIN/AUS-Schalter
x_1 Endlagenschalter (Wagen 1 in linker Endlage)
x_2 Endlagenschalter (Wagen 2 in linker Endlage)
x_3 Schienenkontakt (Auslösen der Schleichfahrt)
x_4 Waagekontakt (Wagen in linker Endstellung gefüllt)
x_5 Ausgangssignal des Zeitglieds ZG1
x_6 Ausgangssignal des Zeitglieds ZG2

Das Prozessnetz ist in Abb. 4.42b dargestellt.

Im Abschn. 4.7.3.5 wird dieses Beispiel mit der Generierung des Steuernetzes aus dem erstellten Prozessnetz und einer netztheoretischen und schaltalgebraischen Analyse des Steuernetzes (Abschn. 3.6.4 und 3.6.8) fortgesetzt. Wenn man die in diesen Abschnitten für Steuernetze angegebenen Kriterien für Prozessnetze umdeutet, lässt sich die Analyse auch bereits auf der Basis der Prozessnetze durchführen.

4.7 Prozessmodellbasierter Steuerungsentwurf

4.7.1 Vorgehen beim prozessmodellbasierten Entwurf

Beim prozessmodellbasierten Steuerungsentwurf wird von der in den Abschn. 4.6 und 4.7 behandelten Modellbildung und Modellierung mittels Prozessnetzen ausgegangen. Dabei geht es darum, die von Verfahrens- oder Fertigungstechnikern im Rahmen der Spezifikation einer Steuerungsaufgabe in textlicher Form beschriebenen technologischen Abläufe in ein formales Prozessmodell umzusetzen. Diese Modellbildung kann im Sinne eines Abstraktionsprozesses in zwei Stufen durchgeführt werden (Abschn. 4.5.3).

In einer *ersten Modellbildungsstufe* kann erforderlichenfalls zunächst ein *objektnahes Modell* erstellt werden, das den Prozess auf der Basis von Prozessgrößen, d. h. Operationen und Prozessereignissen, beschreibt. Dieses Modell wird auch als Kernmodell bezeichnet, weil es lediglich den Steuerstreckenkern (Abschn. 4.2.1) umfasst. Es kann durch ein so genanntes Kernnetz dargestellt werden (Abschn. 4.5.4.2).

In der *zweiten Modellbildungsstufe* ist unter Einbeziehung steuerungstechnischer Signale (Stell- und Ereignissignale) das eigentliche *Prozessmodell* zu bilden, das durch Prozessnetze modelliert wird.

Bei der Modellierung von Prozessnetzen zur Beschreibung ereignisdiskreter Prozesse ist insbesondere Folgendes zu beachten:

- Bei der Darstellung einer nichtdeterministischen Verzweigung in einem nichtparallelen oder parallelen ereignisdiskreten Prozess durch Transitionenmengen $\mathbf{Q}$ müssen allen Transitionen $q \in \mathbf{Q}$ die gleichen Interpretationen $\beta(q) = \beta(\mathbf{Q}) = \mathbf{y}$ zugeordnet werden (s. Abschn. 4.5.4.3 und 4.6.3).
- Bei der Darstellung einer Eröffnung von parallelen Prozessen müssen alle Anfangszustände $\mathbf{p}'$ die gleiche Interpretation $\alpha(\mathbf{p}') = \mathbf{x}$ haben.

Aus den Prozessnetzen können dann die Steueralgorithmen als Steuernetze generiert werden. Dafür wird im Abschn. 4.7.3 eine praktikable Methode vorgeschlagen.

4.7.2 Bisherige Ansätze zur Herleitung von Steuernetzen aus Prozessnetzen

Bei der Erörterung von Möglichkeiten zur Herleitung von Steueralgorithmen in Form von Steuernetzen aus Prozessmodellen, die mittels Prozessnetzen modelliert sind, ist folgender Grundsatz zu beachten. Das aus einem Prozessnetz zu generierende Steuernetz muss so beschaffen sein, dass durch eine Kopplung beider Netze der durch das Prozessmodell beschriebene ereignisdiskrete Prozess durch Aktionen des Steuernetzes realisiert wird. Im Folgenden sollen zunächst zwei Ansätze zur Lösung dieses Problems analysiert werden.

4.7.2.1 Herleitung von Steuernetzen durch Vertauschen von Stellen und Transitionen im Prozessnetz

Da bei Prozessnetzen und Steuernetzen bezüglich der Interpretation der Netzelemente eine gewisse Dualität zwischen Stellen und Transitionen besteht, könnte man annehmen, dass lediglich Stellen und Transitionen in einem Prozessnetz vertauscht werden müssen, um das zugehörige Steuernetz zu erhalten. Man kann aber schon an einfachen Beispielen zeigen, dass das nur in Ausnahmefällen möglich ist.

Abbildung 4.43a zeigt als erstes Beispiel ein einfaches Prozessnetz ohne Verzweigungen und Zusammenführungen. Indem man in diesem Prozessnetz Stellen und Transitionen vertauscht, die Interpretationen x bzw. y aber an ihrem ursprünglichen Ort belässt, ergibt sich ein Steuernetz, das ebenfalls keine Verzweigungen und Zusammenführungen aufweist (Abb. 4.43b). Durch das Vertauschen von Stellen und Transitionen wird die Struktur nicht verändert. Wenn man nun dieses Steuernetz über die entsprechenden Signale mit dem Prozessnetz koppelt (Abb. 4.43c), erkennt man, dass der durch das Prozessnetz beschriebene Prozess durch das Steuernetz realisiert wird. Das erhaltene Steuernetz bildet also den Steueralgorithmus zu dem durch das Prozessnetz modellierten Prozess.

In Abb. 4.44 ist als zweites Beispiel ein Prozessnetz mit einer alternativen Zusammenführung und einer alternativen Verzweigung dargestellt, durch das ein Ausschnitt aus einem nichtparallelen ereignisdiskreten Prozess mit einer nichtdeterministischen Verzweigung modelliert ist. Wenn man in diesem Netz in gleicher Weise Stellen und Transitionen vertauscht wie im Beispiel gemäß Abb. 4.43, entsteht aus der alternativen Zusammenführung eine konjunktive Zusammenführung (Synchronisation von Parallelität) und aus der alternativen Verzweigung ein konjunktive Verzweigung (Eröffnung von Parallelität).

Durch dieses Beispiel kommt zum Ausdruck, dass zusätzlich zur Dualität zwischen Stellen und Transitionen auch eine Dualität zwischen alternativen und konjunktiven Verzweigungen bzw. Zusammenführungen existiert. In dem durch das Vertauschen erzeugten Netz wird dadurch eine Parallelität eröffnet und wieder beendet. Aus der Struktur einer

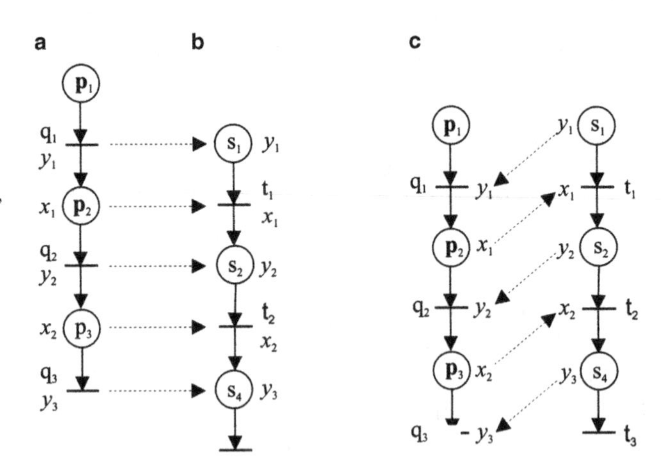

Abb. 4.43 Vertauschen von Stellen und Transitionen in einem unverzweigten Prozessnetz. **a** zugrunde gelegtes Prozessnetz, **b** durch Vertauschen entstandenes Steuernetz, **c** Steuerkreis aus Prozessnetz und Steuernetz

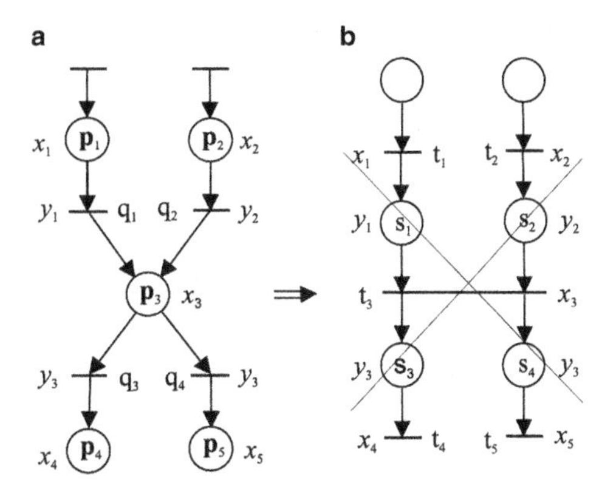

Abb. 4.44 Vertauschen von Stellen und Transitionen in einem Prozessnetz mit einer alternativen Verzweigung und einer Zusammenführung. **a** Zugrunde gelegtes Prozessnetz, **b** unbrauchbare Lösung

Zustandsmaschine, die dem Prozessnetz zugrunde liegt, entsteht die Struktur eines Synchronisationsgraphen (Abschn. 3.6.5).

Bei dem Beispielnetz gemäß Abb. 4.44 führt die Vertauschung von Stellen und Transitionen also nicht zu einem Steuernetz für den durch das Prozessnetz modellierten Prozess. Dieses Vorgehen kann demzufolge für die Generierung von Steuernetzen aus Prozessnetzen nicht allgemein angewendet werden.

4.7.2.2 Herleitung von Steuernetzen durch Strukturtransformationen im Prozessnetz

Da eine Vertauschung von Stellen und Transitionen in Prozessnetzen mit alternativen Verzweigungen und Zusammenführungen nicht zulässig ist, kann man versuchen, die sich in Abb. 4.44b ergebende unbrauchbare Konstellation durch Strukturtransformationen im Prozessnetz zu vermeiden.

In [Hor1997] wurde im Zusammenhang mit einer Methode zur Modellierung von Steuerungssystemen auf der Basis von Elementarsteuerstrecken (Abschn. 4.5.2) auch ein Vorgehen zur Herleitung von Steuernetzen vorgeschlagen, bei dem die Transitionen von alternativen Verzweigungen und von alternativen Zusammenführungen zu jeweils einer Spezialtransition zusammenzufügen sind. In Abb. 4.45 werden die dazu notwendigen Strukturtransformationen ebenfalls am Beispiel gemäß Abb. 4.44a durchgeführt.

Für die Zusammenfassung der Transitionen in den alternativen Verzweigungen werden so genannte Auswahltransitionen verwendet. Sie entsprechen den im Abschn. 4.5.4.2 definierten ND-Transitionen.

Die Transitionen der alternativen Zusammenführung werden durch eine so genannte ST-Transition ersetzt (ST: **S**truktur-**T**ransformation). Die den Einzeltransitionen q_3 und q_4 zugeordneten Stellsignale y_1 bzw. y_2 werden dabei formal als Funktionen der zu den Vorstellen $\mathbf{p}_1$ und $\mathbf{p}_2$ gehörenden Ereignisvariablen x_1 bzw. x_2 aufgefasst. Sie bilden die Interpretationen der ST-Transition.

Das durch die beiden Strukturtransformationen umgewandelte Prozessnetz (Abb. 4.45b) kann nun durch Vertauschen von Stellen und Transitionen in ein Steuernetz um-

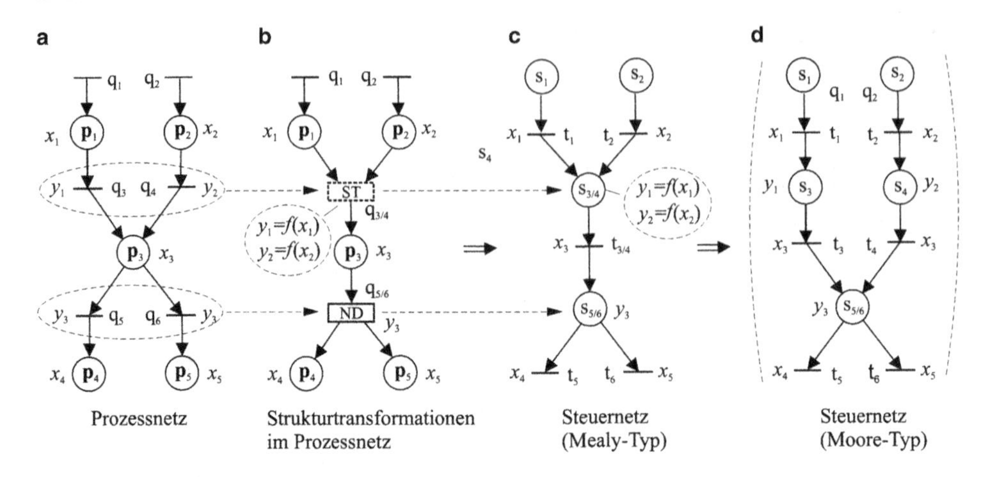

Abb. 4.45 Generierung eines Steuernetzes durch Strukturtransformationen im Prozessnetz und nachfolgende Vertauschung von Stellen und Transitionen (nach [Hor1997])

geformt werden. Wegen der als Interpretationen verwendeten Funktionen ergibt sich ein Steuernetz vom Mealy-Typ (Abschn. 3.6.7). Aus diesem Steuernetz lässt sich durch Aufspaltung der Stelle $s_{3/4}$ ein Steuernetz vom Moore-Typ erzeugen (Abb. 4.45d), das die gleiche Struktur wie das zugrunde gelegte Prozessnetz besitzt.

Bei der Herleitung von Steuernetzen durch die angegebenen Strukturtransformationen müssen für alle alternativen Verzweigung und Zusammenführungen eines Prozessnetzes die zugehörigen Transitionen in ND- bzw. ST-Transitionen umgewandelt werden. Danach können die Stellen und Transitionen vertauscht werden. Bei komplexeren Prozessnetzen ist dieses Vorgehen mit einem enormen Aufwand verbunden. Bei einer Rechnerunterstützung müssten die betreffenden Netzteile im gesamten Prozessnetz zunächst ermittelt und dann einzeln bearbeitet werden. Außerdem bezieht sich die in [Hor1997] vorgeschlagene Methode der Strukturtransformation lediglich auf nichtparallele Prozesse. Um sie auch bei parallelen Prozessen anwenden zu können, müssten weitere Regeln für die Umformung konjunktiver Verzweigungen und Zusammenführungen, d. h. für die Eröffnung und Synchronisation von Parallelität, eingeführt werden. Das macht die Vorgehensweise noch komplizierter.

4.7.3 Generierung von Steuernetzen durch Rückwärtsverschiebung der Interpretationen der Netzelemente in Prozessnetzen

4.7.3.1 Grundprinzip der Rückwärtsverschiebung der Interpretationen

Aus der Beispielbetrachtung gemäß Abb. 4.43 geht hervor, dass das zugrunde gelegte Prozessnetz und das daraus generierte Steuernetz die gleiche Struktur besitzen. Durch einen Vergleich beider Netze stößt man außerdem auf folgende interessante Eigenschaft: Wenn man davon ausgeht, dass der Prozesszustand $\mathbf{p}_1$ im Prozessnetz der Stelle s_1 im Steuernetz entspricht, sind die entsprechenden Interpretationen im Steuernetz gegenüber

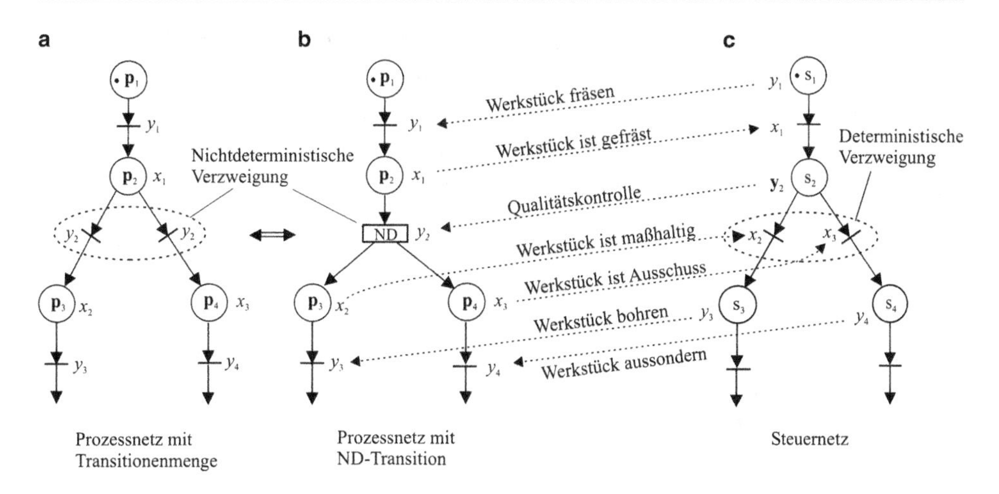

Abb. 4.46 Zusammenspiel zwischen einem Prozessnetz mit Verzweigungen und einem Steuernetz

dem Prozessnetz jeweils um ein Netzelement nach „oben", d. h. entgegen der Kantenrichtung, verschoben. Das der Stelle s_1 des Steuernetzes zugeordnete Stellsignal y_1 bildet im Prozessnetz die Interpretation der Folgetransition q_1 des Prozesszustands $\mathbf{p}_1$. Das zur Folgetransition t_1 von s_1 gehörende Ereignissignal x_1 steht im Prozessnetz neben dem Folgeprozesszustand $\mathbf{p}_2$ von q_1 usw.

Es muss nun untersucht werden, ob diese Eigenschaft auch auf verzweigte Netze zutrifft. Dazu wird das Beispiel gemäß Abb. 4.46 betrachtet. Dabei wird angenommen, dass das herzuleitende Steuernetz die gleiche Struktur besitzt wie das zugrunde gelegte Prozessnetz. Die nichtdeterministische Verzweigung im Prozessnetz ist als Transitionenmenge (Abb. 4.46a) bzw. als ND-Transition (Abb. 4.46b) dargestellt. Der Anschaulichkeit halber sind die Operationen und Ereignisse zusätzlich zu den Symbolen verbal angegeben.

Aus Abb. 4.46 ist anhand der Pfeillinien ersichtlich, dass bei diesem Beispiel die entsprechenden Interpretationen im Steuernetz gegenüber denen im Prozessnetz mit Verzweigungen ebenfalls jeweils um ein Netzelement entgegen der Kantenrichtung verschoben sind. Aus dieser Feststellung ergibt sich der folgende *allgemein Ansatz* für die Herleitung von Steuernetzen aus Prozessnetzen.

> Aus Prozessnetzen können Steuernetze hergeleitet werden, indem man die Interpretationen der Zustände $\mathbf{p}$ und der Transitionen q des Prozessnetzes jeweils um ein Netzelement entgegen der Kantenrichtung verschiebt, die Zustände $\mathbf{p}_i$ bzw. Transitionen q_j des Prozessnetzes durch die Symbole s_i bzw. t_j ersetzt und das so entstehende Netz als Steuernetz deklariert.

Da dieser Ansatz zur Herleitung von Steuernetzen aus Prozessnetzen auf einer gegenüber dem Markenfluss rückwärts gerichteten Verschiebung der Interpretationen beruht, wird von einer *Rückwärtsverschiebung der Interpretationen* eines Prozessnetzes gesprochen [Zan2005], [Zan2007].

4.7.3.2 Erläuterung der Vorgehensweise bei der Rückwärtsverschiebung

Die Rückwärtsverschiebung soll nun anhand des Beispiels gemäß Abb. 4.44a demonstriert werden. Dieses Prozessnetz ist in Abb. 4.47a nochmals dargestellt. Vorher sei nochmals darauf hingewiesen, dass bei Prozessnetzen alle alternativen Verzweigungen nichtdeterministische Verzweigungen sind und dass alle Transitionen einer nichtdeterministischen Verzweigung die gleiche Interpretation aufweisen (s. Abschn. 4.5.4.3).

In einem ersten Schritt erfolgt die Rückwärtsverschiebung aller Interpretationen des Prozessnetzes um ein Netzelement. Wie diese Verschiebung im Einzelnen zu erfolgen hat, ist durch gestrichelte Pfeillinien angegeben. Das Ergebnis wird in Abb. 4.47b durch ein „imaginäres" Netz veranschaulicht. Besonderheiten ergeben sich bei den Verzweigungen und Zusammenführungen.

Bei einer nichtdeterministischen Verzweigung sind von allen alternativen Transitionen die Interpretationen, die systembedingt gleich sind, auf die gemeinsame Vorstelle zu verschieben und dort im Sinne einer Verschmelzung durch eine Interpretation auszuweisen. Bei einer alternativen Zusammenführung ist die Interpretation der Einmündungsstelle auf alle Vortransitionen zu verschieben.

In einem zweiten Schritt entsteht durch Ersetzen der Buchstaben p durch s und q durch t das Steuernetz (Abb. 4.47c). Dieses Ersetzen dient lediglich dazu, Prozessnetze und Steuernetze formal zu unterscheiden. Es ist für einige Fälle durch strichpunktierte Linien angedeutet.

Anhand der Abb. 4.47 wurde zunächst das Vorgehen bei der Rückwärtsverschiebung der Interpretationen der Netzelemente von Prozessnetzen für nichtparallele ereignisdiskrete Prozesse erläutert. Bei parallelen Prozessen sind noch Ergänzungen erforderlich,

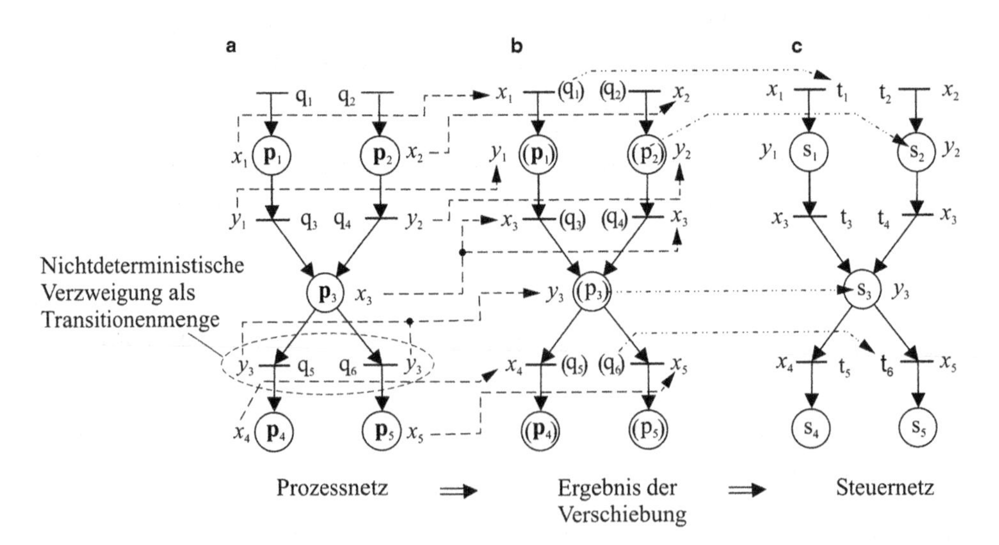

Abb. 4.47 Generelles Vorgehen bei der Generierung eines Steuernetzes durch Rückwärtsverschiebung der Interpretationen im Prozessnetz

die sich aufgrund von Besonderheiten bei der Modellierung dieser Prozessklasse ergeben (s. Abschn. 4.6).

- Eine Besonderheit bei parallelen Prozessen bestehen darin, dass bei konjunktiven Verzweigungen alle Folgestellen $\mathbf{p}'$ der betreffenden Synchronisationstransitionen als Anfangsstellen paralleler Prozesse die gleiche Interpretation $\alpha(\mathbf{p}')$ besitzen (Abschn. 4.6.2, Schlussfolgerung 1). Diese Interpretationen $\alpha(\mathbf{p}')$ sind bei der Generierung der Steuernetze auf die Synchronisationstransition rückwärts zu verschieben und dort zu einer Interpretation zu verschmelzen.
- Eine weitere Besonderheit ergibt sich bei parallelen Prozessen dadurch, dass der zeitbedingte Nichtdeterminismus durch Interpretationen berücksichtigt werden muss, die den in Synchronisationstransitionen einmündenden Kanten zuzuordnen sind (s. Abschn. 4.6.5). Diese Kanteninterpretationen sind auf die jeweiligen Vorzustände der betreffenden Synchronisationstransition rückwärts zu verschieben.

Außerdem muss sowohl bei nichtparallelen als auch bei parallelen Prozessen einbezogen werden, dass bei alternativen Zusammenführungen gegebenenfalls eine Interpretation von Postkanten durchzuführen ist (s. Abschn. 4.6.7). Das ist mitunter dann der Fall, wenn in einem Prozessnetz mehrere Operationen durch das Auftreten unterschiedlicher Ereignissignale zu beenden sind, die eigentlich verschiedenen Prozesszuständen beizuordnen wären, die man aber zu einem gemeinsamen Prozesszustand verschmelzen möchte, um so eine alternative Zusammenführung zu realisieren. Dabei sind dann bei der Modellierung die Ereignissignale, die den Zuständen zugeordnet sind, die zusammengelegt werden sollen, als Interpretationen der Postkanten der jeweiligen Vortransitionen des durch die Zusammenlegung entstandenen Prozesszustandes zu notieren. Diese Kanteninterpretationen sind bei der Generierung des Steuernetzes auf die Vorzustände der Postkanten zu verschieben (s. Beispiel 4.7, Abb. 4.50).

Mit der Rückwärtsverschiebung der Interpretationen des Prozessnetzes sind im Gegensatz zur Methode gemäß Abschn. 4.7.2.2 keine Strukturtransformationen verbunden. Deshalb hat das Steuernetz nach der Rückwärtsverschiebung die gleiche Struktur wie das Prozessnetz. Das Steuernetz kann aber nach seiner Generierung erforderlichenfalls unter Beachtung von Verträglichkeitsrelationen strukturell umgeformt werden (s. Beispiel 4.6, Abb. 4.49).

4.7.3.3 Formale Regeln zur Rückwärtsverschiebung der Interpretationen in Prozessnetzen

Auf der Basis der im Abschn. 4.7.3.2 angegebenen Erläuterungen lässt sich die Rückwärtsverschiebung auch von Hand auf einfache Weise durchgeführt. Wenn es dagegen um die Entwicklung von Algorithmen im Zusammenhang mit einer Softwareerstellung geht, sind formalisierte Darstellungen hilfreich. Deshalb sollen im Folgenden noch entsprechende Regeln angegeben werden, die sowohl für nichtparallele als auch für parallele ereignisdiskrete Prozesse angewendet werden können [Zan2005], [Zan2007].

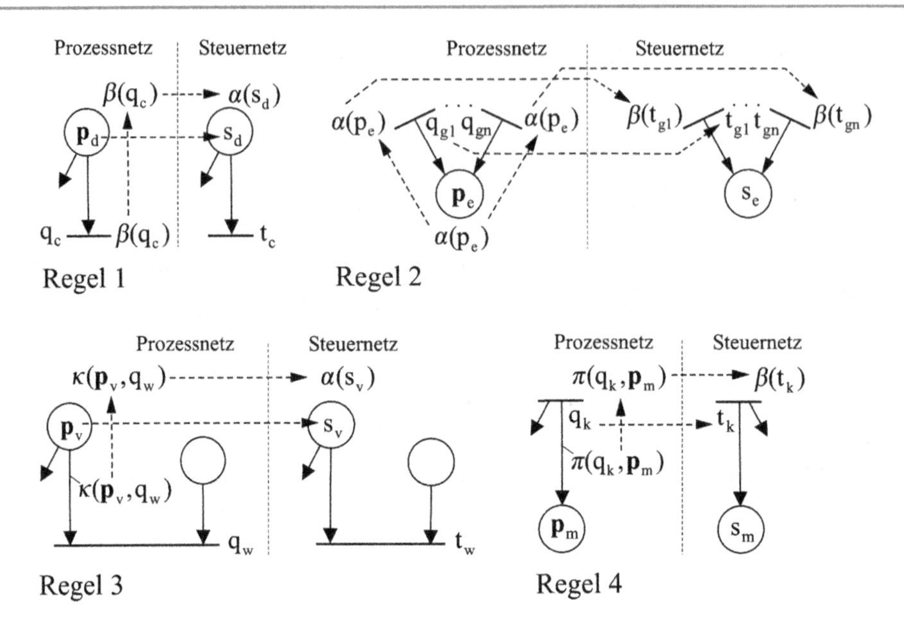

Abb. 4.48 Veranschaulichung der Regeln 1 bis 4 für die Rückwärtsverschiebung der Interpretationen von Prozessnetzen

Regeln für die Rückwärtsverschiebung der Interpretationen in Prozessnetzen
Von einem gegebenen Prozessnetz gelangt man zu einem zugehörigen Steuernetz, indem man im Prozessnetz Folgendes ausführt. (Die Regeln 1 bis 4 sind in Abb. 4.48 veranschaulicht).

Regel 1 (Rückwärtsverschiebung der Interpretation einer Transition auf die Vorstelle)

Besitzt eine Transition q_c des Prozessnetzes eine Interpretation $\beta(q_c)$, dann ist diese auf die Vorstelle $\mathbf{p}_d$ von q_c zu verschieben, die Stelle $\mathbf{p}_d$ des Prozessnetzes als Stelle s_d des Steuernetzes zu bezeichnen und $\beta(q_c)$ als $\alpha(s_d)$ des Steuernetzes zu interpretieren. Diese Regel gilt auch für nichtdeterministische Verzweigungen in *nicht*parallelen Prozessen.

Regel 2 (Rückwärtsverschiebung der Interpretation einer Stelle auf alle Vortransitionen)

Besitzt eine Stelle $\mathbf{p}_c$ des Prozessnetzes eine Interpretation $\alpha(\mathbf{p}_c)$, dann ist diese auf *alle* Vortransitionen q_{gi} von $\mathbf{p}_c$ $(i \in \{1, \ldots, n\})$ zu verschieben, die Transition q_{gi} als Transitionen t_{gi} $(i \in \{1, \ldots, n\})$ des Steuernetzes zu bezeichnen und $\alpha(\mathbf{p}_c)$ als $\beta(t_{gi})$ des Steuernetzes zu interpretieren. Diese Regel gilt auch für die Stellen nach einer Eröffnungstransition in parallelen Prozessen.

Regel 3 (Rückwärtsverschiebung der Interpretationen von Kanten zwischen Stellen und Synchronisationstransitionen zwecks Berücksichtigung des zeitbedingten und funktionsbedingten Nichtdeterminismus)

Besitzt eine Kante $(\mathbf{p}_v, q_w)$ zwischen einer Vorstelle $\mathbf{p}_v$ und einer Synchronisationstransition q_w eines Prozessnetzes eine Interpretation $\kappa(\mathbf{p}_v, q_w)$, dann ist diese auf die Vorstelle

$\mathbf{p}_v$ zu verschieben, die Stelle $\mathbf{p}_v$ als Stelle s_v des Steuernetzes zu bezeichnen und $\kappa(\mathbf{p}_v, q_w)$ als $\alpha(s_v)$ des Steuernetzes zu interpretieren. Diese Regel gilt auch für nichtdeterministische Verzweigungen in parallelen Prozessen (s. Abb. 4.39b).

Regel 4 (Rückwärtsverschiebung der Interpretationen von Kanten zwischen Transitionen und Stellen zwecks Realisierung von alternativen Zusammenführungen)

Besitzt eine Kante $(q_k, \mathbf{p}_m)$ zwischen einer Transition q_k und einer Stelle $\mathbf{p}_m$ eine Interpretation $\pi(q_k, \mathbf{p}_m)$, dann ist diese auf die Transition q_k zu verschieben, die Transition q_k als Transition t_k des Steuernetzes zu bezeichnen und $\pi(q_k, \mathbf{p}_m)$ als $\beta(t_k)$ des Steuernetzes zu interpretieren (s. Abb. 4.40c).

Regel 5 (Verschmelzung von Interpretationen in Netzelementen)

Gelangen bei der Rückwärtsverschiebung mehrere gleiche Interpretationen

1. aufgrund von nichtdeterministischen Verzweigungen (im Zusammenhang mit Regel 1 oder Regel 3) auf eine Stelle s oder
2. aufgrund von konjunktiven Verzweigungen bei der Eröffnung von Parallelität (im Zusammenhang mit Regel 2) an die betreffende Eröffnungstransition,

dann sind diese Interpretationen zu einer Interpretation zu verschmelzen.

Regel 6 Die in der Stelle $\mathbf{p}_a$ des Prozessnetzes vorhandene Anfangsmarkierung ist auf eine Stelle s_a des Steuernetzes zu übertragen.

Am Institut für Automatisierungstechnik der TU Dresden wurde eine Testversion eines Tools zur Generierung von Steuernetzen durch Rückwärtsverschiebung der Interpretationen der Prozessnetze entwickelt und erfolgreich erprobt. Für die Prozessnetze und Steuernetze wurde dabei eine Datenstruktur in XML entworfen. Die Transformation von Prozessnetzen in Steuernetze geschieht mit XSL, einer auf XML basierenden Sprache zur Darstellung und Transformation von XML-Daten.[2]

4.7.3.4 Demonstration der Rückwärtsverschiebung anhand eines Prozessnetzes ohne Parallelität

Die Rückwärtsverschiebung der Interpretationen in einem Prozessnetz ohne Parallelität soll anhand des Beispiels 4.6 (Abschn. 4.5.5) demonstriert werden. In diesem Beispiel war das Prozessmodell für die Rückführbewegung eines Zweikoordinatenschreibers zu bilden und in Form eines Prozessnetzes zu modellieren. Dabei ergab sich das in Abb. 4.36b dargestellte Prozessnetz, das hier nochmals in Abb. 4.49a wiedergegeben ist. Durch gestrichelte Pfeillinien ist angedeutet, wie man gemäß der Vorschrift für die Rückwärtsverschiebung der Interpretationen in einem Schritt zum Steuernetz (Abb. 4.49b) gelangt. Auch aus diesem Beispiel ist ersichtlich, dass das generierte Steuernetz die gleiche Struktur hat wie das

[2] Die Entwicklung dieser Testversion des Tools zur Generierung von Steuernetzen aus Prozessnetzen wurde von Prof. Dr. techn. K. Janschek und Frau PD Dr.-Ing. A. Braune durch die Betreuung von studentischen Arbeiten maßgebend unterstützt.

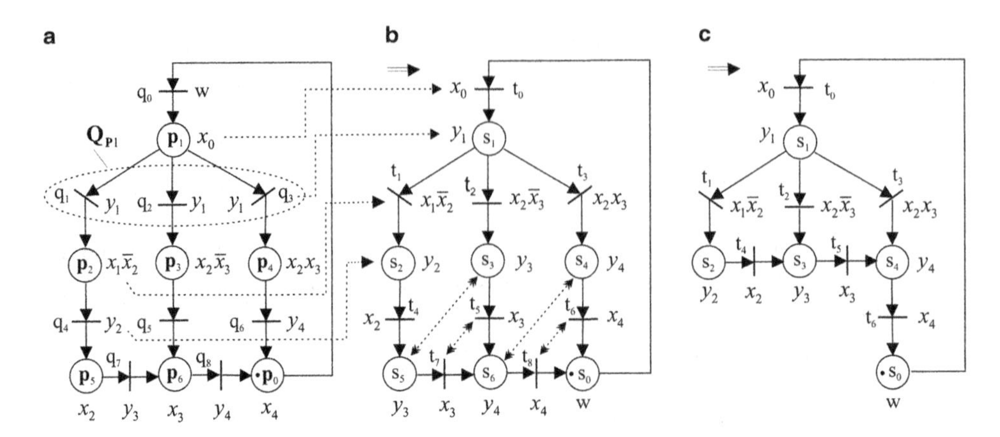

Abb. 4.49 Generierung eines Steuernetzes durch Rückwärtsverschiebung der Interpretationen eines Prozessnetzes ohne Parallelität (Beispiel 4.6). **a** Prozessnetz, **b** Steuernetz, **c** reduziertes Steuernetz

zugrunde gelegte Prozessnetz. Außerdem lässt sich leicht nachvollziehen, dass sich durch das generierte Steuernetz der durch das Prozessnetz modellierte ereignisdiskrete Prozess realisieren lässt.

Fehleranalyse

Das Steuernetz in Abb. 4.49b stellt eine Zustandsmaschine dar. Es gibt eine alternative Verzweigung ausgehend von s_1. Die Interpretationen der Transitionen in der alternativen Verzweigung sind paarweise disjunkt. Das Steuernetz ist stark zusammenhängend. Es ist konfliktfrei. Die Anfangsmarkierung weist eine Marke auf. Das Steuernetz ist also lebendig und sicher (Abschn. 3.6.5).

An diesem Beispiel soll noch gezeigt werden, wie sich generierte Steuernetze erforderlichenfalls durch Zusammenlegen von Stellen und Transitionen vereinfachen bzw. reduzieren lassen. Durch gestrichelte Doppelpfeillinien in Abb. 4.49b ist angedeutet, dass die Stellen s_3 und s_5 sowie die Transitionen t_5 und t_7 jeweils die gleichen Interpretationen besitzen. Deshalb lassen sich die Stellen (s_3,s_5) und die Transitionen (t_5,t_7) zusammenlegen. Das Gleiche gilt für die Stellen s_4 und s_6 sowie die Transitionen t_6 und t_8. Dadurch ergibt sich das in Abb. 4.49c angegebene reduzierte Steuernetz.

4.7.3.5 Demonstration der Rückwärtsverschiebung anhand eines Prozessnetzes mit Parallelität

Die Rückwärtsverschiebung der Interpretationen in einem Prozessnetz mit Parallelität wird anhand des Beispiels 4.7 (Abschn. 4.6.8) demonstriert. In diesem Beispiel war das Prozessmodell von einer Anlage für den Kohletransport (Abb. 4.41) zu modellieren. Dabei ergab sich das in Abb. 4.42b dargestellte Prozessnetz, das hier nochmals in Abb. 4.50a wiedergegeben ist. Durch gestrichelte Pfeillinien ist angedeutet, wie man gemäß der Vor-

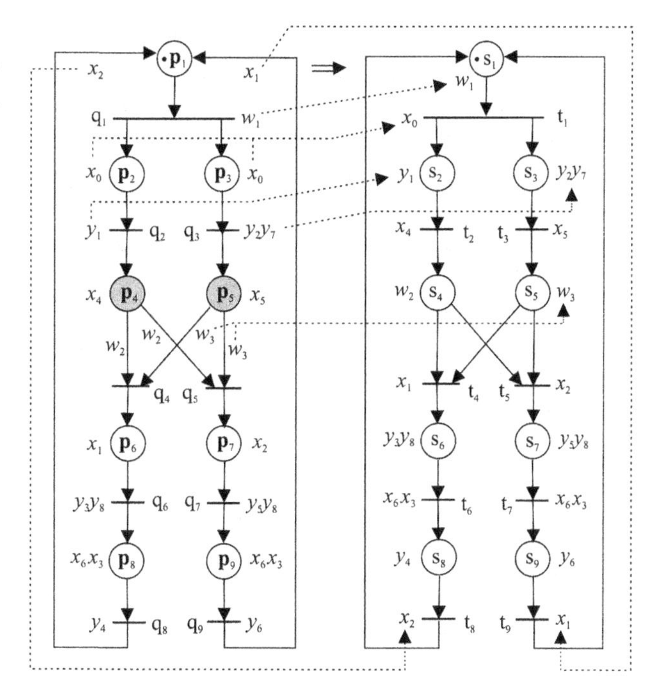

Abb. 4.50 Generierung des Steuernetzes zur Steuerung der Anlage für den Kohletransport. **a** Prozessnetz, **b** Steuernetz

schrift für die Rückwärtsverschiebung der Interpretationen bei parallelen Prozessen zum Steuernetz (Abb. 4.50b) gelangt.

In diesem Beispiel ist insbesondere durch gestrichelte Pfeillinien angegeben, wie bei der durchgeführten alternativen Zusammenführung in den Prozesszustand $\mathbf{p}_1$ die eingeführten Kanteninterpretationen x_1 und x_2 auf die Vortransitionen t_8 bzw. t_9 zu verschieben sind.

Fehleranalyse Die Anfangsmarkierung weist eine Marke auf. Das Steuernetz in Abb. 4.50b enthält eine SG-Komponente (Abschn. 3.6.6) mit der Eröffnungstransition t_1, über die in beide Parallelzweige je eine Marke übergeben wird. Bei der mit einem funktionsbedingten Nichtdeterminismus verbundenen Synchronisation geht die Marke in eine der beiden ZM-Komponenten über. Weil in den beiden ZM-Komponenten keine Verzweigungen existieren, gibt es keine Widersprüche bezüglich der Schaltbedingungen. Insgesamt ergibt sich also, dass das Steuernetz lebendig ist.

4.8 Simulation von Steuer- und Prozessnetzen

Da sich beim Entwurf von Steueralgorithmen Fehler ergeben können, müssen die zugrunde liegenden Steuernetze vor der Inbetriebnahme verifiziert werden. Für die Verifikation können analytische und simulative Methoden genutzt werden. Bei den analytischen Methoden unterscheidet man zwischen netztheoretischen und schaltalgebraischen Methoden. Bei der netztheoretischen Analyse (s. Abschn. 3.6.4) geht es um die Überprüfung bestimmter Eigenschaften von Petri-Netzen, wie Lebendigkeit oder Sicherheit. Ziel der schaltalgebraischen Analyse (s. Abschn. 3.6.8) ist es, spezielle Eigenschaften von steuerungstechnisch interpretierten Petri-Netzen zu untersuchen. Das betrifft z. B. die Widerspruchsfreiheit von Schaltbedingungen und Ausgaben sowie die Stabilität von Stellen. Wenn die Stabilität verletzt ist, können Durchläufe durch Stellen entstehen.

Offen bleibt bei den analytischen Methoden die Überprüfung auf Vollständigkeit eines Steueralgorithmus bezüglicher einer vorgegebenen Aufgabenstellung. Während sich bei den durch analytische Methoden zu überprüfenden Eigenschaften prinzipiell formale Kriterien angeben lassen, ist die Entscheidung über die Vollständigkeit eines Steueralgorithmus eine Ermessensfrage des Entwerfers. Die Überprüfung auf Vollständigkeit kann durch simulative Methoden unterstützt werden.

In der Steuerungstechnik lassen sich im Gegensatz zur Regelungstechnik in Abhängigkeit davon, ob in die Simulation neben den Steueralgorithmen auch geeignete Streckenmodelle einbezogen werden oder nicht, zwei Arten simulativer Vorgehensweisen unterscheiden. Von J. Winkler wurden dafür in [Win1993] die Begriffe *Prozesssimulation* und *Pfadsimulation* eingeführt. Bisher wurde fast ausschließlich die Pfadsimulation genutzt, bei der die Wechselwirkungen mit der Steuerstrecke vernachlässigt werden.

Bei einer rechnergestützten Pfadsimulation auf der Basis von Steuernetzen lassen sich verschiedene Vorgehensweisen vereinbaren. So kann z. B. die Simulation auf der Basis der für Steuernetze definierten Schaltregeln durchgeführt werden [Win1993]. Dabei wird bei jeder erreichten Markierung genau eine Transition geschaltet. Damit lässt sich der Markenfluss im Steuernetz sukzessive verfolgen. Durch Überprüfung der Ausgaben in den markierten Stellen sind die durch das Steuernetz beschriebenen Abläufe nachvollziehbar. Bei der Pfadsimulation lassen sich im Prinzip auch Prozesszeiten nachbilden, die in die Schaltregel einzubeziehen sind. Eine Aussage bezüglich der Vollständigkeit von Steuernetzen ist also schon mit einer Pfadsimulation möglich.

Die Nutzung einer Prozesssimulation, bei der Steuernetz und Prozessnetz über die steuerungstechnischen Signale zu einem Steuerkreis gekoppelt werden, erscheint sinnvoll, wenn bestimmte Eigenschaften der Steuerstrecke einbezogen werden sollen, die dann durch interaktive Veränderung des Steuerstrecken- bzw. Prozessmodells hervorzuheben sind. Das kann u. a. Fehler in der Steuerstrecke, z. B. in den Stell- und Messgliedern, betreffen, deren Einflüsse auf den Steuerungsablauf im Sinne einer Fehlersimulation zu untersuchen sind.

4.9 Fazit

Während die Aufgabenstellung für Ablaufsteuerungen gewöhnlich als verbale Beschreibung der zu steuernden Prozesse in der Ebene der Steuerstrecke vorliegt, werden beim bisher üblichen „intuitiven" Steuerungsentwurf die Steueralgorithmen auf der Basis gedanklicher Transformationen in der Ebene der Steuereinrichtung erstellt. Um diese komplizierten Denkprozesse beim Entwurf zu vermeiden, ist es sinnvoll, zunächst die vorliegenden verbalen Beschreibungen der zu steuernden Prozessabläufe zu formalisieren, um davon ausgehend die Steueralgorithmen systematisch zu generieren.

Das Anliegen des Kap. 4 bestand darin, durch eine allgemein angelegte Struktur- und Verhaltensanalyse von Steuerstrecken und durch Betrachtungen zum Wesen von ereignisdiskreten Prozessen die Voraussetzungen für die formale Beschreibung von Prozessabläufen zu schaffen. Als Mittel für die formale Beschreibung wurden Prozessalgorithmen und Prozessmodelle eingeführt, die mittels speziell definierter Petri-Netze modelliert werden können.

Bei *Prozessalgorithmen*, die sich durch so genannte PA-Netze beschreiben lassen, handelt es sich um eine Prozessbeschreibung, die in der Ebene der Steuereinrichtung erfolgt. Die Prozessalgorithmen können unter Nutzung generischer Eigenschaften der Steuerstrecke, wie z. B. allgemein gültige Strukturen und anwendungsunabhängige Spezifikationen, erstellt werden und lassen sich nach Einbeziehung von Mess- und Stellsignalen auf einfache Weise in Steueralgorithmen in Form von Steuernetzen umwandeln. Dieses Vorgehen, das als *generischer Entwurf* bezeichnet wurde (Abschn. 4.3.5), kann als eine Systematisierung des bisher üblichen intuitiven Steuerungsentwurfs angesehen werden.

Die Bildung von *Prozessmodellen* kann im Sinne eines Abstraktionsprozesses in zwei Stufen erfolgen. In der ersten Stufe kann erforderlichenfalls zunächst ein grobes, objektnahes Modell erstellt werden, bei dem das Prozessverhalten nur auf der Basis der in der Aufgabenstellung angegebenen Abläufe durch Prozessgrößen (Operationen und Schwellwerte bzw. Ereignisse) als so genanntes „Kernmodell" dargestellt und als „Kernnetz" modelliert wird. Es bezieht sich somit lediglich auf den Steuerstreckenkern. Die Netzinterpretationen können dabei auch verbal notiert werden.

Durch Einbeziehung von steuerungstechnischen Signalen als Interpretationen kann dann das eigentliche Prozessmodell gebildet werden, für dessen Modellierung Prozessnetze als prozessinterpretierte Petri-Netze verwendet werden. Aus den Prozessnetzen lassen sich auf einfache Weise die Steueralgorithmen in Form von Steuernetzen generieren. Dafür wurde eine Methode vorgeschlagen, die auf einer Rückwärtsverschiebung der Interpretationen der Prozessnetze basiert. Dieses Vorgehen wird *prozessmodellbasierter Entwurf* genannt.

Der prozessmodellbasierte Entwurf von Ablaufsteuerungen stellt neben dem generischen Entwurf eine neuartige Alternative zum bisher üblichen direkten Steuerungsentwurf dar[3]. Der prozessmodellbasierte Entwurf bietet darüber hinaus noch die Möglichkeit, das erstellte Prozessmodell mit dem generierten Steueralgorithmus über Signale zu koppeln, um so eine echte Ablaufsimulation oder eine Fehlersimulation durchzuführen.

In der Projektierungspraxis würden sich diese Vorteile allerdings erst dann in vollem Umfang auswirken, wenn eine entsprechende Software Bestandteil von Entwurfssyste-

[3] In [Weis2008] wurden für wesentliche Anlagenteile einer Papiermaschine die Prozessmodelle als Prozessnetze erstellt. Daraus wurden die Steueralgorithmen durch Rückwärtsverschiebung der Interpretationen in Form von Steuernetzen generiert und in einer SPS-Ablaufsprache programmiert.

men für SPS ist, die das Editieren von Prozessnetzen, die Generierung von Steuernetzen aus den Prozessnetzen und eine Transformation von Steuernetzen in SPS-Ablaufsprachen ermöglicht.

Literatur

[Abe1990] Abel, D.: Petri-Netze für Ingenieure. Berlin: Springer-Verlag 1990.

[Ald1986] Alder, J.: Aufgabenstellung und Entwurf von Binärsteuerungen. Berlin: Verlag Technik 1986.

[AlPr2007] Alder, J.; Pretschner, A.: Prozess-Steuerungen. Berlin, Heidelberg: Springer-Verlag 2007.

[AlTo1998] Albert, J. und Tomaszanus, J.: Komponentenbasierte Modellbildung und Echtzeitsimulation kontinuierlich-diskreter Prozesse. GMA-Kongress '98. VDI-Berichte 1397. Düsseldorf: VDI-Verlag 1998, S. 273–280.

[Bau1990] Baumgarten, B.: Petri-Netze. Mannheim, Wien, Zürich: Wissenschaftsverlag 1990.

[BiHo2009] Bindel, T.; Hofmann, D.: Projektierung von Automatisierungsanlagen. Wiesbaden: Springer Vieweg 2009/2013.

[BoPo1981] Bochmann, D.; Posthoff, C.: Binäre dynamische Systeme. Berlin: Akademie-Verlag 1981.

[ChSc1998] Chouika, M. und Schnieder, E.: Modellbasierter Steuerungsentwurf mit Petri-Netzen. GMA-Kongress '98. VDI-Berichte 1397. Düsseldorf: VDI-Verlag 1998, S. 319–326.

[Hof1996] Hoffmann, J.: Messen nichtelektrischer Größen. Düsseldorf: VDI-Verlag 1996.

[Hof2007] Hoffmann, J.: Handbuch der Messtechnik. München: Carl Hanser Verlag 2007.

[Hoff1977] Hoffmann, R.: Rechenwerke und Mikroprogrammierung. München, Wien: Oldenbourg-Verlag 1977.

[HoKr1990] Holloway, L. E.; Krogh, B. H.: Synthesis of Feedback Control Logic for a Class of Controlled Petri Nets Representing Discrete Event Systems. IEEE Transaction on Automatic Control, 1990, 5, pp. 514–523.

[Hor1997] Horn, W.: Eine Methode zum modellbasierten Entwurf von Steueralgorithmen. Dissertation TU Dresden 1997.

[Jör1995] Jörns, C.: Steuerungsverifikation auf der Basis einer hybriden Systembeschreibung. In Schnieder, E. (Hrsg.): Entwurf komplexer Automatisierungssysteme. 4. Fachtagung, Braunschweig 1995, S. 479–493.

[Jör1996] Jörns, C.: Ein integriertes Steuerungsentwurfs- und Verifikationskonzept mit Hilfe interpretierter Petri-Netze (Dissertation Univ. Kaiserslautern), VDI-Fortschrittsberichte, Reihe 8, Nr. 641. Düsseldorf: VDI-Verlag 1996.

[Kil1983] Killenberg, H.: Beschreibung komplexer Steueralgorithmen. Dissertation B (Habilitation). TH Ilmenau 1983.

[KöQu1988] Petri-Netze in der Steuerungstechnik. Berlin: Verlag Technik 1988.

[Kow1996] Kowalewski, S.: Modulare diskrete Modellierung verfahrenstechnischer Anlagen zum systematischen Steuerungsentwurf (Dissertation Univ. Dortmund), Schriftenreihe des Lehrstuhls für Anlagensteuerungstechnik, Band 1, Aachen: Verlag Shaker 1996.

[KPST1998] Kowalewski, S., Preißig, J., Stursberg, O. und Treseler, H.: Blockorientierte Modellierung und formale Verifikation von diskret gesteuerten kontinuierlichen Prozessen. GMA-Kongress '98. VDI-Berichte 1397. Düsseldorf: VDI-Verlag 1998, S. 335–342.

[Lie1985] Liermann, G.: Überwachung und Betriebsdiagnostizierung industrieller Steuerungen. Dissertation B (Habilitation), TH Magdeburg 1985.

[Lit1995] Litz, L.: Entwurf industrieller Prozesssteuerungen auf der Basis geeigneter Petri-Netz-Interpretationen. E. (Hrsg.): Entwurf komplexer Automatisierungssysteme. 4. Fachtagung, Braunschweig 1995, S. 417–429.

[Lit2005] Litz, L.: Grundlagen der Automatisierungstechnik. München, Wien: R. Oldenbourg Verlag 2005/2012.

[Lun2005] Lunze, J.: Automatisierungstechnik. München, Wien: Oldenbourg Verlag 2005/2008/2012.

[Lun2008] Lunze, J.: Regelungstechnik 1. Berlin, Heidelberg: Springer-Verlag 1997/2008.

[Neul1969] Neulist, K.; Schaffernak, A.: Der Programmablaufplan – ein Mittel zur Behandlung festverdrahteter Prozeßsteuereinrichtungen. BBC-Nachrichten 51 (1969), H. 12, 674–680.

[Nie2003] Petri-Netze – Ein anschaulicher Formalismus der Nebenläufigkeit. Automatisierungstechnik 51 (2003), H. 3, A5–A8, H. 4, A9–A12.

[Pri2006] Pritschow, G.: Einführung in die Steuerungstechnik. München, Wien: Carl Hanser Verlag 2006.

[Ram1983] Ramadge, P. J.: Control and Supervision of Discrete Event Processes. Ph.D. Thesis, Dept. of Electrical Engineering, Univ. Toronto, Ontario 1983.

[Rau1997] Rausch, M.: Modulare Modellbildung, Synthese und Codegenerierung ereignisdiskreter Steuerungssysteme (Dissertation TU Magdeburg). VDI-Fortschrittberichte, Nr. 613. Düsseldorf: VDI-Verlag 1997.

[RaWo1989] Ramadge, P. J.; Wonham, W. M.: The Control of Discrete Event Systems. Proc. of the IEEE, Vol. 77,1989, No. 1, pp. 81–98.

[Rei2006] Reinschke, K.: Lineare Regelungs- und Steuerungstheorie. Berlin, Heidelberg: Springer 2006.

[Sah1990] Sahner, G.: Digitale Messverfahren. Berlin: Verlag Technik 1990.

[Sche1995] Scheuring, R.: Modellierung, Beobachtung und Steuerung ereignisdiskreter verfahrenstechnischer Systeme (Dissertation). VDI-Fortschrittsberichte, Reihe 8, Nr. 475, Düsseldorf: VDI-Verlag 1995.

[Star1969] Starke, P. H.: Abstrakte Automaten. Berlin: Deutscher Verlag der Wissenschaften 1969.

[Star1990] Starke, P. H.: Analyse von Petri-Netz-Modellen. Stuttgart: B. G. Teubner Verlag 1990.

[TöBe1987] Töpfer, H.; Besch, P.: Grundlagen der Automatisierungstechnik. Berlin: Verlag Technik 1987.

[TöKr1977] Töpfer, H.; Kriesel, W.: Funktionseinheiten der Automatisierungstechnik. Berlin: Verlag Technik 1977/1983.

[TöKr1978] Töpfer, H.; Kriesel, W.: Kleinautomatisierung durch Geräte ohne Hilfsenergie. Berlin: Verlag Technik 1978.

[Uhl2006] Uhlig, R.: SPS – Modellbasierter Steuerungsentwurf für die Praxis. München: Oldenbourg Industrieverlag 2006.

[Weis2008] Weiser, T.: Untersuchungen zur Optimierung von Steueralgorithmen in der Papierindustrie am Beispiel von Papiermaschinen. Diplomarbeit. HTW Dresden 2008 (Betreuer: Prof. Dr. T. Bindel).

[Win1993] Winkler, J.: Ein Beitrag zur Modellierung und Verifikation bei steuerungstechnischen Problemstellungen (Dissertation TU Dresden). Aachen: Verlag Shaker 1993.

[Zan1985] Zander, H.-J.: Modellierung des Gesamtverhaltens von Mikroprogrammsteuerungen. Elektronische Informationsverarbeitung und Kybernetik (EIK), 1985, H.7/8, S. 371–384.

[Zan1989] Zander, H.-J.: Logischer Entwurf binärer Systeme. Berlin: Verlag Technik 1989.

[Zan2005] Zander, H.-J.: Entwurf von Ablaufsteuerungen für ereignisdiskrete Prozesse auf der Basis geeigneter Steuerstreckenmodelle. Automatisierungstechnik 53 (2005), H. 3, S. 140–149.

[Zan2007] Zander, H.-J.: Eine Methode zum prozessmodellbasierten Entwurf von Steueralgorithmen für parallele ereignisdiskrete Prozesse. Automatisierungstechnik 55 (2007), H. 11, S. 580–593.

Entwurfsbeispiele 5

In diesem Kapitel werden weitere Entwurfsbeispiele für Ablaufsteuerungen von ereignisdiskreten Prozessen behandelt. Bei den Beispielen handelt es sich um die Steuerung einer Hebebühne, um eine binäre Steuerung und Regelung eines Mischbehälters und um eine intelligente Steuerung eines Personenaufzugs für vier bzw. für zehn Etagen. Es geht jeweils darum, für einen in der Aufgabenstellung textuell vorgegebenen Ablauf von auszuführenden Operationen einen Steueralgorithmus in Form eines Steuernetzes zu entwerfen. Für jedes Beispiel erfolgt dies als generischer Entwurf unter Zugrundelegung eines Prozessalgorithmus und als prozessmodellbasierter Entwurf. Dabei wird auch der Übergang vom entworfenen Steuernetz zur SPS-Realisierung unter Nutzung von Ablaufsprachen aufgezeigt.

5.1 Steuerung einer Hebebühne

5.1.1 Aufgabenstellung

Eine Zwei-Säulen-Hebebühne mit Spindelantrieben, die durch zwei Motoren mit einem elektronischen Gleichlaufsystem in Bewegung gesetzt werden, soll mittels einer SPS gesteuert werden. Für das Heben und das Senken sind zwei Taster (Schließer) vorgesehen, durch die in der SPS Stellsignale gebildet werden, die zur Ansteuerung einer Dreipunktstelleinrichtung mit zwei Schützen für Links- bzw. Rechtslauf der Motoren dienen. Das Heben bzw. Senken ist auszuführen, wenn Taster 1 bzw. Taster 2 gedrückt wird. Wird Taster 1 bzw. Taster 2 losgelassen, muss die Hebebühne in der Stellung, in der sie sich zu diesem Zeitpunkt befindet, stehen bleiben. Werden beide Taster gleichzeitig gedrückt, muss die Hebebühne in der momentan eingenommenen Stellung verharren. Wenn ein Schütz nach Drücken eines Tasters geschaltet hat, darf das zweite Schütz beim Drücken des anderen Tasters nicht erregt werden. Zwei Endschalter dienen zur Begrenzung des Hubs nach oben bzw. nach unten.

H.-J. Zander, *Steuerung ereignisdiskreter Prozesse*, DOI 10.1007/978-3-658-01382-0_5

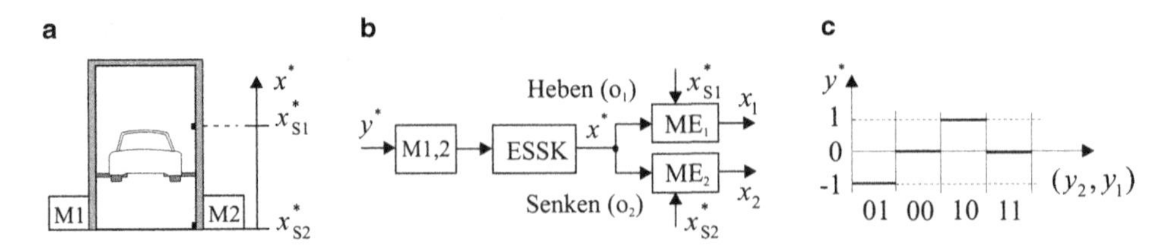

Abb. 5.1 Steuerstrecke *Hebebühne*. **a** Anlagenschema, **b** Strukturschema der Steuerstrecke mit dem Elementarsteuerstreckenkern ESSK, **c** Prozessstellgröße y^* als Funktion von (y_2, y_1)

5.1.2 Prozessanalyse

Abbildung 5.1 zeigt das Anlagen- und das Strukturschema der Steuerstrecke.

Die Steuerstrecke *Hebebühne* besitzt nur eine Steuergröße x^* (Weg der Hebebühne in der Vertikalen nach oben und unten), die durch die Prozessstellgröße y^* als Ausgangsgröße eines Dreipunktstellantriebs (Abschn. 4.2.2) beeinflusst wird (Abb. 5.1c). Diese kann die Werte 1, -1 oder 0 annehmen. Dadurch können die Motoren M1 und M2, die mit einem elektronischen Gleichlaufsystem betrieben werden (deshalb die Bezeichnung M1,2 in der Abbildung), im Linkslauf oder im Rechtslauf bewegt werden. Die erforderliche Drehrichtung kann durch die Bedientaster T_1 und T_2 über die Stellsignale y_1 und y_2 (Abb. 5.1c) vorgegeben werden. Auf diese Weise werden die Operationen *Heben* (o_1) und *Senken* (o_2) durch die M1 und M2 über die Spindelantriebe ausgeführt. Zur Begrenzung der Steuergröße x^* nach oben und nach unten dienen die Schwellwerte x^*_{S1} (oberer Endschalter) bzw. x^*_{S2} (unterer Endschalter). Aufgrund der beiden Spindelantriebe verharrt die Hebebühne bei ausgeschalteten Motoren jeweils in der eingenommenen Stellung.

5.1.3 Generischer Entwurf der Steuerung einer Hebebühne

Erstellen eines Prozessalgorithmus in Form eines PA-Netzes

Der in der Steuerstrecke *Hebebühne* zu realisierenden Prozess soll zunächst durch direkte Umsetzung der in der Aufgabenstellung vorgegebenen Abläufe als Prozessalgorithmus in Form eines PA-Netzes (Abschn. 4.3.5) beschrieben werden. Man kann zunächst abschätzen, dass vier Zustände benötigt werden, denen die Operationen *Heben*, *Senken*, *Verharren nach Heben* (Warten2) bzw. *Verharren nach Senken* (Warten1) zugeordnet sind. Diese Operationen sind den Stellen des PA-Netzes zuzuordnen. Die Ereignisse, die die Operationswechsel auslösen, ergeben sich aus den Bedienhandlungen mittels der beiden Taster und den festgelegten Schwellwerten der Steuergröße. Folgende Ereignisse sind relevant: „Heben starten", „Heben beenden", „Senken starten" und „Senken beenden". Indem man die möglichen Operationen und Ereignisse folgerichtig alternierend aneinander reiht, ergibt sich das in Abb. 5.2 dargestellte PA-Netz.

Die Ereignisse „Heben starten" und „Senken starten" werden durch den Taster 1 bzw. den Taster 2 ausgelöst. Die Ereignisse „Heben beenden" und „Senken beenden" können sowohl durch einen Taster als auch durch einen Schwellwert hervorgerufen werden. Dem-

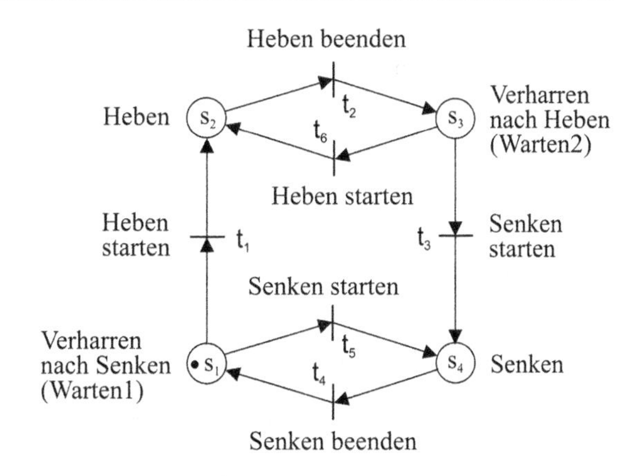

Abb. 5.2 PA-Netz für die Hebebühne zur Veranschaulichung der zu steuernden Abläufe

zufolge können die darauf folgenden Operationen *Warten1* und *Warten2* in beliebigen Stellungen der Hebebühne auftreten. Da in der Stelle s_1 auch das Warten in der unteren Endlage stattfindet, wird dieser Stelle die Anfangsmarkierung zugewiesen.

Umwandlung des PA-Netzes in ein Steuernetz

Dazu müssen die textuell beschriebenen Operationen und Ereignisse des PA-Netzes durch Stellsignalkombinationen bzw. durch Schaltausdrücke in den Bedien- und Messsignalen ersetzt werden.

Wegen des einzusetzenden Dreipunktstellgliedes gilt:

$$\begin{aligned} &\text{Heben } (\mathbf{s}_2): && (y_2, y_1) = 10; \\ &\text{Senken } (\mathbf{s}_4): && (y_2, y_1) = 01; \\ &\text{Warten } (\mathbf{s}_1, \mathbf{s}_3): && (y_2, y_1) = 00. \end{aligned}$$

Den Schwellwertschaltern (s. Abb. 5.1b) und Tastern werden folgende Signale zugeordnet:

$$x_{S1}^* \mathrel{\hat{=}} x_1; \quad x_{S2}^* \mathrel{\hat{=}} x_2; \quad \text{T1} \mathrel{\hat{=}} x_3; \quad \text{T2} \mathrel{\hat{=}} x_4.$$

Damit können die Schaltbedingungen für das Auslösen und Beenden der Operationen wie folgt festgelegt werden (Abb. 5.3b):

- Heben starten (t_1 und t_6):
  Das Heben wird gestartet, wenn Taster T1 gedrückt und Taster T2 nicht gedrückt ist, d. h. wenn gilt: $x_3 = 1$ und $x_4 = 0$; denn das gleichzeitige Drücken beider Taster darf keine Operation auslösen und deshalb keinen Übergang bewirken. Außerdem muss bei t_1 und t_6 verhindert werden, dass der Motor nicht eingeschaltet wird, wenn sich die Hebebühne schon in der oberen Endlage befindet, d. h. es muss gelten: $x_1 = 0$.
  Damit ergibt sich als Bedingung für das Starten der Operation *Heben*: $\bar{x}_4 x_3 \bar{x}_1$.
- Senken starten (t_3 und t_5):
  In analoger Weise erhält man als Bedingung für das Starten der Operation *Senken*: $x_4 \bar{x}_3 \bar{x}_2$.

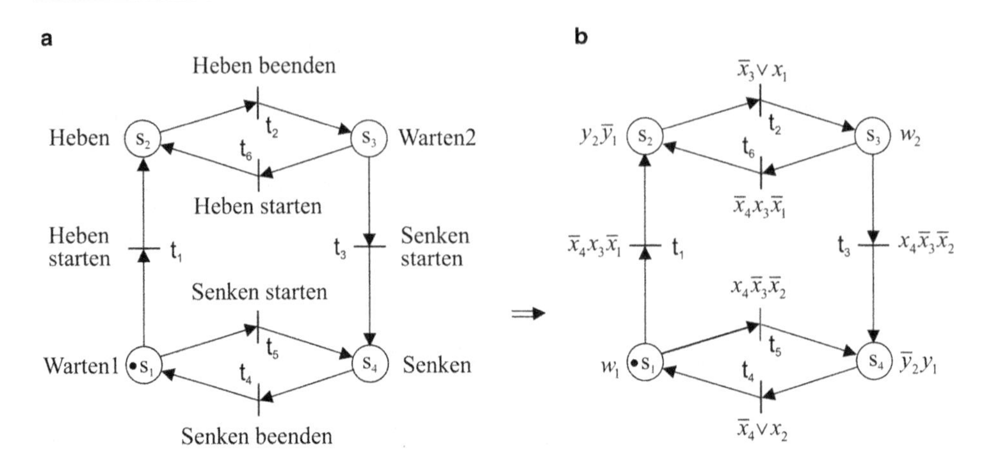

Abb. 5.3 Umwandeln des PA-Netzes für die Hebebühne in ein Steuernetz. **a** PA-Netz (gemäß Abb. 5.2), **b** Steuernetz

- Heben beenden (t_2):
  Das Heben wird unterbrochen, wenn der Taster T1 losgelassen wird, d. h. wenn $x_3 = 0$ ist, oder wenn die obere Endlage erreicht ist.
  Damit ergibt sich als Bedingung für das Beenden der Operation *Heben*: $\bar{x}_3 \vee x_1$.
- Senken beenden (t_4):
  In entsprechender Weise erhält man als Bedingung für das Beenden der Operation *Senken*: $\bar{x}_4 \vee x_2$.

Damit kann die Umwandlung des PA-Netzes in ein Steuernetz ausgeführt werden (Abb. 5.3b).

Anhand des Steuernetzes (Abb. 5.3b) sollen nun die Abläufe der Hebebühne wie folgt nachvollzogen werden. Der Wartezustand s_1 wird verlassen, wenn die Schaltbedingung $\bar{x}_4 x_3 \bar{x}_1$ der Transition t_1 erfüllt ist, d. h. wenn der Taster 1 gedrückt, der Taster 2 nicht gedrückt und der obere Endschalter x_1 nicht erreicht ist. Nach dem Schalten von t_1 gelangt die Marke von der Stelle s_1 in die Stelle s_2. In der markierten Stelle s_2 wird die Stellsignalkombination $(y_2, y_1) = 10$ ausgeben, durch die der Motor M1 das Heben der Bühne bewirkt. Beendet wird die Operation *Heben*, wenn die Schaltbedingung $\bar{x}_3 \vee x_1$ der Transition t_2 erfüllt ist, d. h. wenn entweder die obere Endlage erreicht ist ($x_1 = 1$) oder wenn der Taster 1 vor Erreichen der oberen Endlage losgelassen wird ($x_3 = 0$), sodass in diesem Fall die Hebebühne in einer beliebigen Stellung zwischen oberer und unterer Endlage stehen bleibt usw.

Analyse des Steuernetzes

- Lebendigkeit und Sicherheit:
  Beim Steuernetz für den Mischbehälter handelt es sich um eine Zustandsmaschine, die stark zusammenhängend ist und als Anfangsmarkierung nur eine Marke enthält. Das Steuernetz ist demzufolge lebendig und sicher (s. Abschn. 3.6.5).

- Widersprüche nach Verzweigungen:
  Verzweigung nach s_1: Keine Widersprüche;
  Verzweigung nach s_3: Keine Widersprüche.
- Durchläufe durch Stellen:
  Stelle s_1: $\bar{x}_4$ bedeutet „Taster 1 nicht gedrückt", deshalb kann kein Durchlauf von s_4 nach s_2 auftreten, die Marke bleibt im Wartezustand s_1;
  Stelle s_2: Kein Durchlauf;
  Stelle s_3: $\bar{x}_3$ bedeutet „Taster 2 nicht gedrückt", also kein Durchlauf von s_2 nach s_4, sondern Verharren im Wartezustand s_3;
  Stelle s_4: Kein Durchlauf.

5.1.4 Prozessmodellbasierter Entwurf der Steuerung einer Hebebühne

Modellbildung

Bei einer zweistufigen Modellbildung der Steuerstrecke *Hebebühne* ist ein Kernmodell und ein Prozessmodell zu bilden. Bei der Modellierung des Kernmodells in Form eines Kernnetzes sind im Gegensatz zu PA-Netzen den Stellen die Ereignisse und den Transitionen die Operationen zuzuordnen. Durch direktes Umsetzen der in der Aufgabenstellung gegebenen Operationsfolgen erhält man das in Abb. 5.4a dargestellte Kernnetz.

Umwandlung des Kernnetzes in ein Prozessnetz

Die Zusammenstellung der für die Schwellwerte, Taster und Operationen verwendeten Signale erfolgte bereits beim generischen Entwurf und wird hier übernommen. Indem man die Operationen und Ereignisse durch die entsprechenden Signalkombinationen ersetzt, ergibt sich das Prozessnetz (Abb. 5.4b).

Auch aus dem Prozessnetz geht hervor, dass die Warteoperation w_1 durch Drücken des Tasters 1 über das Ereignissignal $x_3 = 1$ beendet und danach durch das Stellsignal $y_1 = 1$ die Operation *Heben* ausgelöst wird, falls die übrigen Bedingungen erfüllt sind. Die Operation *Heben* wird beendet, wenn der obere Endschalter angesprochen hat ($x_1 = 1$) oder

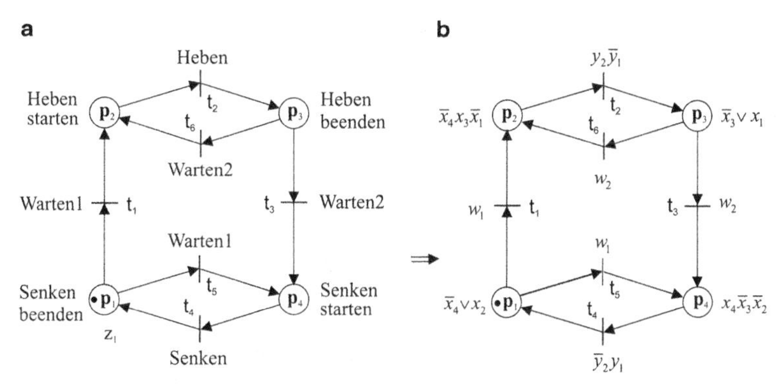

Abb. 5.4 Modellbildung der Steuerstrecke „*Hebebühne*" in zwei Stufen. **a** Kernmodell als Kernnetz (objektnahes Modell), **b** Prozessmodell als Prozessnetz

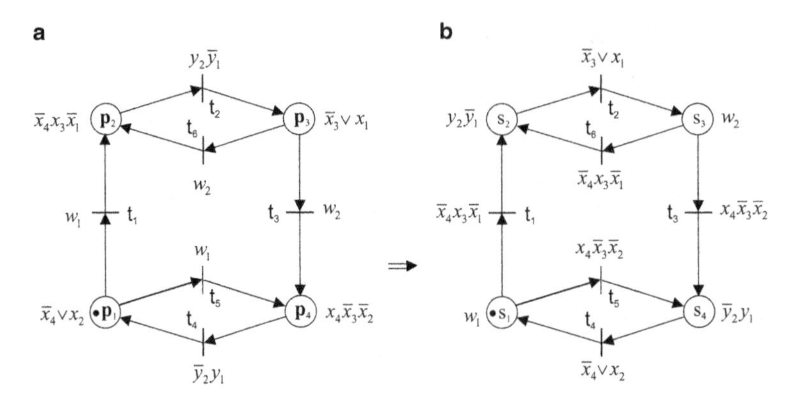

Abb. 5.5 Generierung des Steuernetzes für die Hebebühne aus dem Prozessnetz. **a** Prozessnetz, **b** Steuernetz

wenn der Taster 1 losgelassen wird ($x_3 = 0$). Im zweiten Fall bleibt die Hebebühne in einer beliebigen Stellung zwischen oberer und unterer Endlage stehen usw.

Generierung des Steuernetzes aus dem Prozessnetz
Durch Rückwärtsverschiebung der Interpretationen der Netzelemente des Prozessnetzes ergibt sich das Steuernetz (Abb. 5.5).

5.1.5 Steueralgorithmus für die Hebebühne in der Ablaufsprache für SPS

Das Steuernetz lässt sich direkt in eine Ablaufsprache für die Programmierung einer SPS umsetzen (Abb. 5.6).

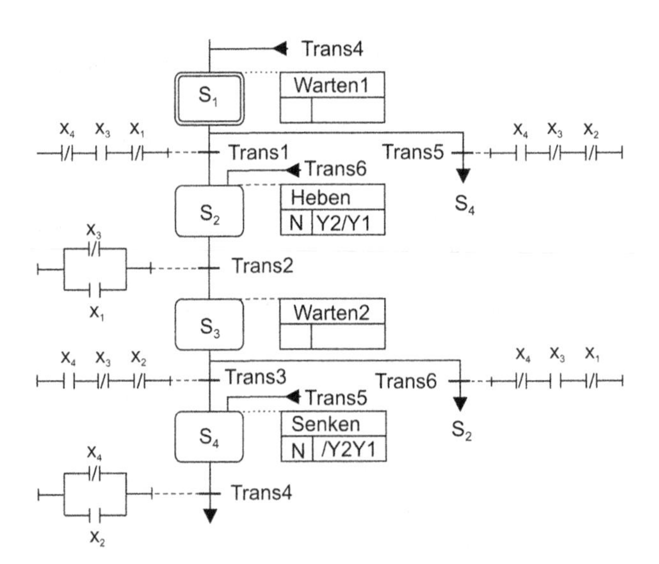

Abb. 5.6 Steueralgorithmus für die Hebebühne in der Ablaufsprache für SPS

5.2 Steuerung und Regelung eines Mischbehälters

5.2.1 Aufgabenstellung

In einen Mischbehälter sind nacheinander zwei Flüssigkeiten einzuleiten. Wenn sich die vorgegebene Menge der Flüssigkeit 1 im Behälter befindet, ist parallel die Flüssigkeit 2 einzuleiten und ein Rührvorgang zur Mischung beider Flüssigkeiten auszuführen. Nachdem sich die gewünschte Menge der Flüssigkeit 2 im Behälter befindet, ist bei weiter laufendem Rührwerk eine Heizung einzuschalten. Hat die Mischung aus beiden Flüssigkeiten die Solltemperatur erreicht, ist diese Temperatur eine vorgegebene Zeitdauer mittels einer Zweipunktregelung konstant zu halten. Mit dem Abschalten der Regelung ist auch das Rührwerk auszuschalten. Danach ist der Behälter zu entleeren. Über eine Bedientaste kann ein neuer Prozessablauf eingeleitet werden. Es ist ein Steuer- und Regelalgorithmus in Form eines Steuernetzes zu entwerfen. Das Steuernetz ist in eine Ablaufsprache zur Programmierung einer SPS umzusetzen.

Zum Einleiten der Flüssigkeit 1 und zum Einleiten der Flüssigkeit 2 sowie zum Leeren des Behälters ist je ein Magnetventil vorgesehen. Zur Messung der Füllstände sind im Behälter Sensoren angeordnet, die ein 1-Signal liefern, wenn sie von Flüssigkeit umgeben sind. Andernfalls führen sie 0-Signal

Für den Mischbehälter wurde bereits im Abschn. 3.6.9 (Beispiel 3.6) ein Steuernetz auf direkte Weise entworfen. In diesem Beispiel ist die Steuerung noch um eine Zweipunktregelung der Temperatur zu erweitern.

5.2.2 Prozessanalyse

Abbildung 5.7 zeigt das für die Lösung zugrunde gelegte Anlagenschema.

Die Steuerstrecke *Mischbehälter* besitzt drei Steuergrößen in folgenden Elementarsteuerstrecken ESS:

- Füllstand F (in ESS1 Flüssigkeitsbehälter),
- Drehwinkel W (in ESS2 Rührwerk),
- Temperatur T (in ESS3 Heizung).

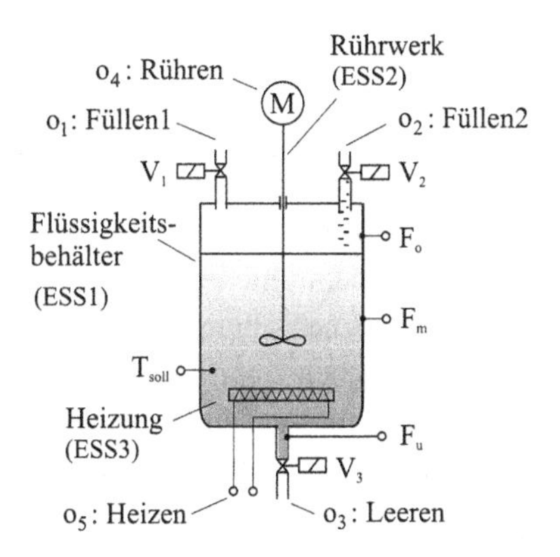

Abb. 5.7 Anlagenschema der Steuerstrecke *Mischbehälter*

Für die Realisierung der Zeitdauer für die Regelung wird ein Zeitglied vorgesehen. Die Operationen und Ereignisse werden wie folgt bezeichnet:

- Operationen:
  o_1 *Füllen*1 bezüglich der Steuergröße F (Einleiten von Flüssigkeit 1),
  o_2 *Füllen*2 bezüglich der Steuergröße F (Einleiten von Flüssigkeit 2),
  o_3 *Leeren* bezüglich der Steuergröße F (Entleeren des Behälters)
  o_4 *Rühren* bezüglich der Steuergröße W
  o_5 *Heizen* bezüglich der Steuergröße T
- Ereignisse (Erreichen von Schwellwerten und Ausführen von Bedienhandlungen)
  - bezüglich der Steuergröße *Füllstand*:
    F_m Schwellwert für *Füllen*1,
    F_o Schwellwert für *Füllen*2,
    F_u Schwellwert für *Leeren*;
  - bezüglich der Steuergröße *Temperatur*
    T_soll Sollwert der Temperatur,
    T_o Oberer Schwellwert für die Zweipunktregelung (Ausschalten der Heizung)
    T_u Unterer Schwellwert für die Zweipunktregelung (Einschalten der Heizung;
  - bezüglich der Zeitdauer für die Zweipunktregelung:
    D Schwellwert für das Zeitglied (Ausschalten der Regelung);
  - bezüglich der Bedienhandlung
    EIN EIN-Taster zum Starten des Prozessablaufs.

Wegen der integrierten Zweipunktregelung ist es bei diesem Entwurfsbeispiel zweckmäßig, sich den zu steuernden ereignisdiskreten Prozess in zeitlich versetzten Koordinatensystemen zu veranschaulichen (Abb. 5.8).

Die Operationen *Füllen*1, *Füllen*2, *Heizen* und *Rühren* laufen so ab, wie das bereits im Beispiel 3.6 (Abschn. 3.6.9) dargestellt ist. Neu in diesem Beispiel ist die Zweipunktregelung der Temperatur, die hier mit der Ablaufsteuerung eines ereignisdiskreten Prozesses gekoppelt werden soll (s. Abschn. 2.3.2).

Bei einer Zweipunktregelung sind zwei Schwellwerte festzulegen, wobei der eine einen gewissen Betrag oberhalb und der andere einen entsprechenden Betrag unterhalb des vorgegebenen Sollwerts liegen muss. Im Zeitdiagramm gemäß Abb. 5.8 sind deshalb für die Temperatur neben dem Sollwert T_Soll ein oberer Schwellwert T_o und ein unterer Schwellwert T_u eingetragen.

Wenn die Temperatur den oberen Schwellwert T_o erreicht hat, wird die Heizung abgeschaltet, sodass ein Abkühlvorgang einsetzt. Beim Erreichen des unteren Schwellwerts T_u wird die Heizung wieder eingeschaltet. Nun pendelt die Temperatur ständig zwischen dem oberen und dem unteren Schwellwert hin und her. Im Mittel stellt sich dabei annähernd die vorgegebene Solltemperatur T_Soll ein

Zur zeitlichen Begrenzung der Zweipunktregelung wird ein Zeitglied verwendet, das gleichzeitig mit ihrer Inbetriebsetzung durch das dem Schwellwert T_o zugeordnete Ereignissignal aktiviert wird. Es lässt sich durch einen RS-Flipflop und ein nachgeschaltetes

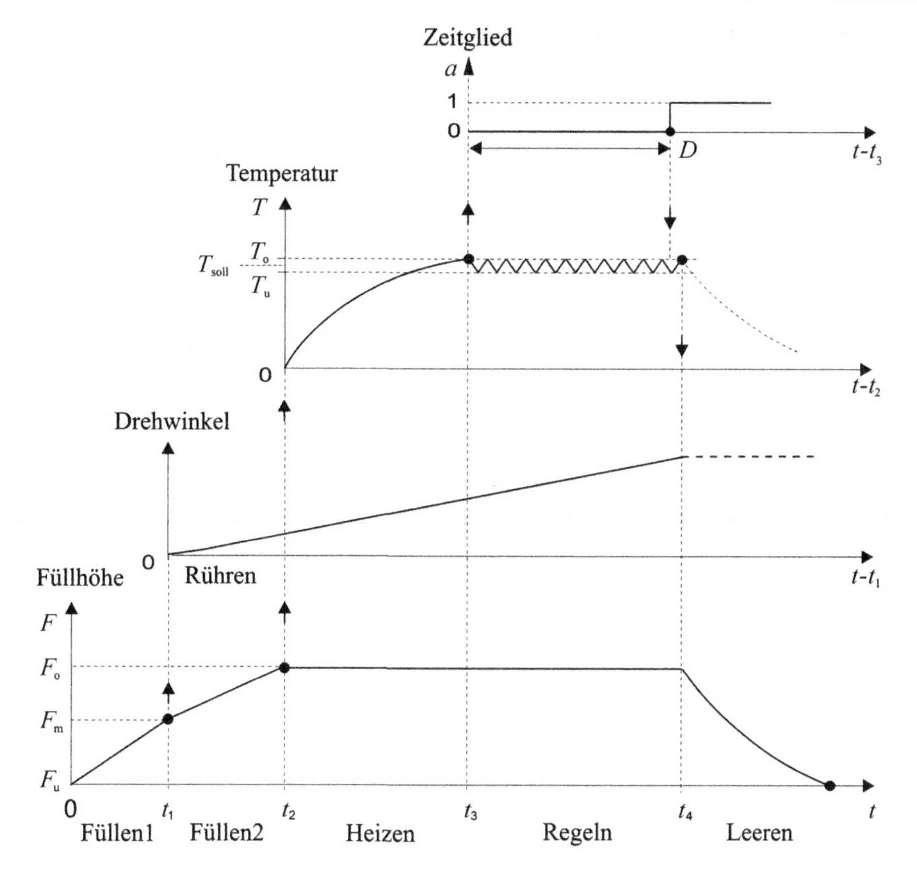

Abb. 5.8 Zeitlicher Ablauf des ereignisdiskreten Prozesses im Mischbehälter

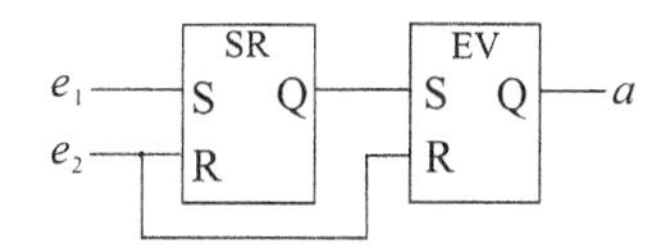

Abb. 5.9 Zeitglied zur zeitlichen Begrenzung der Zweipunktregelung

Einschaltverzögerungsglied EV realisieren (Abb. 5.9). Nach dem Aktivieren des Zeitglieds über den Eingang e_1 ist sein Ausgangssignal null. Wenn der Schwellwert D des Zeitglieds erreicht, d. h. die eingestellte Zeit abgelaufen ist, nimmt das Ausgangssignal a den Wert 1 an.

Solange wie beim Erreichen des oberen Schwellwerts das Ausgangssignal des Zeitglieds null ist, wird die Zweipunktregelung mit einem Abkühlvorgang und einer anschließenden Operation *Heizen* fortgesetzt. Wenn aber während eines solchen Zyklus das Ausgangssignal des Zeitglieds auf den Wert 1 umgeschaltet wurde, wird beim nächsten Erreichen des oberen Schwellwerts T_0 die Regelung beendet und der Ablauf mit der Folgeoperation fortgesetzt.

5.2.3 Generischer Entwurf der Steuerung eines Mischbehälters

Erstellen des PA-Netze

Durch direkte Umsetzung der in der Aufgabenstellung vorgegebenen Abläufe unter Berücksichtigung der Ergebnisse der Prozessanalyse erhält man das in Abb. 5.10 dargestellte PA-Netz. Die Operationen werden dabei entsprechend der in der Aufgabenstellung genannten Reihenfolge als Interpretationen von Stellen in verbaler Form notiert. Die Operationswechsel werden als Interpretationen der Transitionen durch Schwellwerte bzw. durch Bedienhandlungen textuell dargestellt.

Die geforderte Zweipunktregelung beginnt, wenn der Temperaturschwellwerts T_0 während der Operation *Heizen* das erste Mal erreicht wird (s. Abb. 5.8). Dabei ergibt sich eine alternierende Folge des Vorgangs *Abkühlen* (Warten) und der Operation *Heizen*. Wenn beim Heizen der obere Temperaturschwellwert T_0 erneut erreicht wird, hängt der weitere Ablauf davon ab, ob die im Zeitglied eingestellte Verzögerungszeit abgelaufen ist oder nicht. Wenn das noch nicht der Fall ist, wird die Regelung fortgesetzt, andernfalls wird sie beendet.

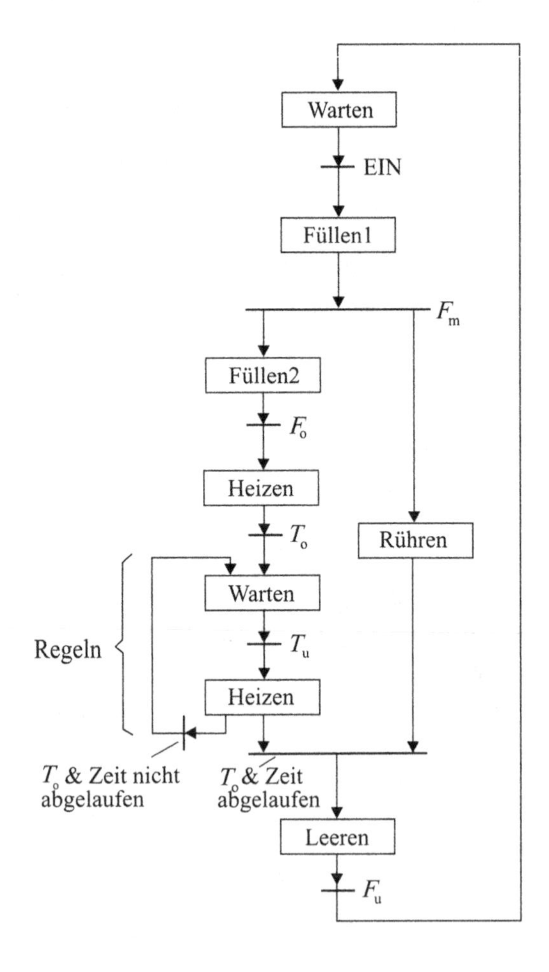

Abb. 5.10 PA-Netz als Darstellung des Prozessalgorithmus

Transformation des PA-Netzes in ein Steuernetz
Zur Transformation des PA-Netzes in ein Steuernetz müssen den verbal angegebenen Operationen bzw. Ereignissen Stell- bzw. Ereignissignale zugeordnet werden.

- Zuordnung von Stellsignalen zu den Operationen:
  y_1 für *Füllen*1 (d. h. Betätigung des Magnetventils V_1 für Flüssigkeit 1)
  y_2 für *Füllen*2 (d. h. Betätigung des Magnetventils V_2 für Flüssigkeit 2)
  y_3 für *Leeren* (d. h. Betätigung des Magnetventils V_3 für Leeren des Behälters)
  y_4 für *Rühren* (d. h. Betätigung des Rührwerks M)
  y_5 für *Heizen* (d. h. Betätigung der Heizung H)
- Zuordnung von Ereignissignalen zu den Ereignissen:
  x_0 für Bediensignal EIN zum Starten des Prozessablaufs
  x_1 für Messsignal vom Füllstandsensor F_m
  x_2 für Messsignal vom Füllstandsensor F_o
  x_3 für Messsignal vom Füllstandsensor F_u
  x_4 für Messsignal vom oberen Temperatursensor T_o
  x_5 für Messsignal vom unteren Temperatursensor T_u
  x_6 für Ausgangssignal a des Zeitglieds zur Signalisierung des Ablaufs der Zeitdauer für die Regelung der Temperatur.

Für die im PA-Netz verbal beschriebenen Bedingungen zur Fortsetzung und zum Beenden der Regelung ergeben sich folgende Schaltausdrücke für das Steuernetz.

- Bedingung für das Fortsetzen der Zweipunktregelung (Zeit nicht abgelaufen) $x_4\bar{x}_6$
- Bedingung für das Beenden der Zweipunktregelung (Zeit abgelaufen): x_4x_6

Die Umsetzung des PA-Netzes in ein Steuernetz ist in Abb. 5.11 dargestellt.

Erläuterungen zum Steuernetz
Ausgehend vom Wartezustand s_1 schaltet beim Drücken der Starttaste x_0 die Transition t_1, und die Marke fließt in die Stelle s_2. Hier wird $y_1 = 1$ ausgegeben und dadurch die Operation *Füllen*1 ausgeführt. Wenn der Schwellwert für *Füllen*1 erreicht und dadurch das Messsignal x_1 gebildet wird, schaltet die Transition t_2, sodass die Stellen s_3 und s_7 markiert und über y_2 bzw. y_4 die Operationen *Füllen*2 und *Rühren* ausgelöst werden (Beginn von Parallelität). Nach Erreichen des Schwellwerts für *Füllen*2 und Bilden des Messsignals x_2 wird in der Stelle s_4 durch y_5 die Operation *Heizen* ausgeführt. Wenn die Temperatur am oberen Schwellwert T_o angelangt ist, wird die Transition t_4 über x_4 geschaltet. Dadurch erfolgt ein Übergang in die Stelle s_5, in der die Heizung ausgeschaltet ist (*Warten*). Dabei wird die Zweipunktregelung aktiviert.

Wenn die Temperatur bis zum unteren Schwellwert T_u abgesunken ist, wird das Messsignal $x_5 = 1$ gebildet. Daraufhin wird durch Schalten von t_5 die Stelle s_6 markiert, sodass die Heizung über y_5 wieder eingeschaltet wird. Solange das Ausgangssignal x_6 des Einschaltverzögerungsgliedes gleich 0 ist, wird beim Erreichen des oberen Schwellwerts T_o

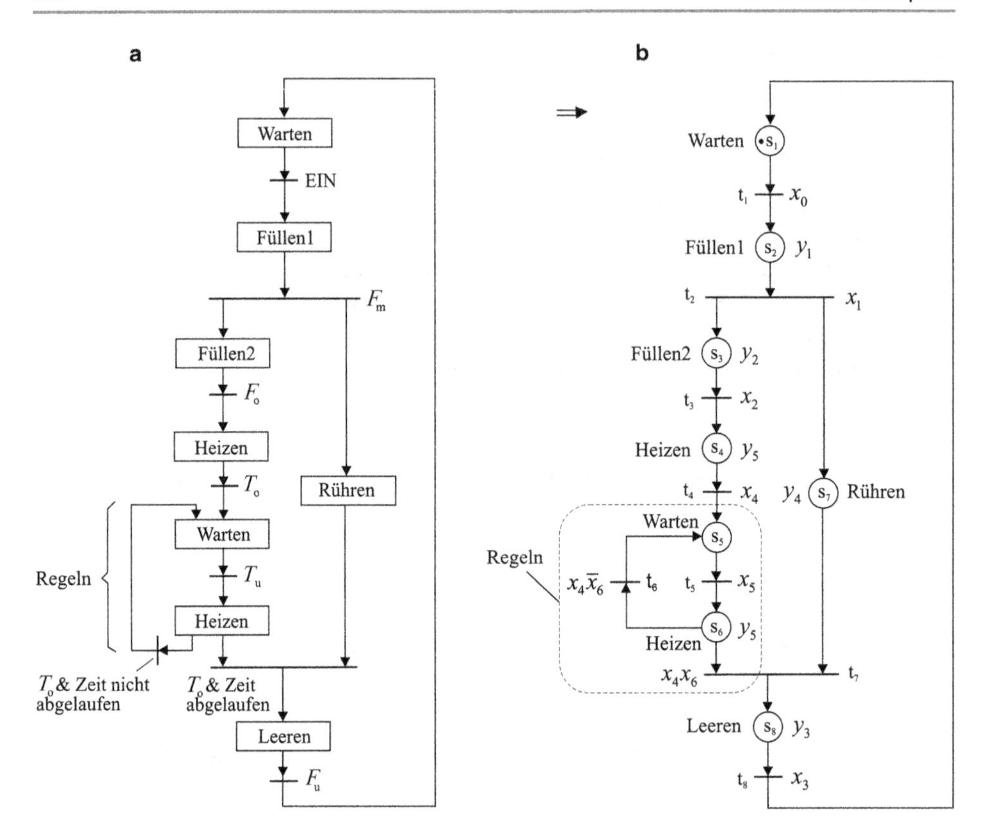

Abb. 5.11 Transformation des PA-Netzes in ein Steuernetz. **a** PA-Netz, **b** Steuernetz

durch die Schaltbedingung $x_4\bar{x}_6$ der Übergang in s_5 vollzogen und die Heizung wieder ausgeschaltet. Wenn $x_6 = 1$ ist, wird beim Erreichen des Schwellwerts T_o durch x_6, d. h. durch die Schaltbedingung x_4x_6, die Parallelität beendet und der Übergang nach s_8 vollzogen. In s_8 wird durch y_3 die Operation *Leeren* aktiviert. Wenn der Behälter leer ist, wird durch das Messsignal x_3 das Zeitglied (Abb. 5.9) über den Eingang e_2 zurück gesetzt und die Stelle s_1 markiert.

Analyse des Steuernetzes gemäß Abb. 5.11b

- Netztheoretische Analyse bezüglich Lebendigkeit und Sicherheit (s. Abschn. 3.6.5): Das Steuernetz basiert auf einem Synchronisationsgraphen, der bei der vorgegebenen Anfangsmarkierung lebendig und sicher ist. In den Synchronisationsgraphen ist eine Zustandsmaschine (gekennzeichnet durch eine gestrichelte Umrandung) eingebettet, die stark zusammenhängend ist und unter der Anfangsmarkierung lebendig und sicher ist.

- Schaltalgebraische Analyse zur Erkennung von Widersprüchen und Durchläufen (s. Abschn. 3.6.8):
  - Widersprüche bezüglich der Schaltbedingungen:
    Die Stelle s_6 ist die einzige Stelle, nach der eine alternative Verzweigung folgt. Sie mündet in die alternativen Transitionen t_6 und t_7. Die zugehörigen Schaltbedingungen lauten $\beta(t_6) = x_4\bar{x}_6$ und $\beta(t_7) = x_4x_6$. Die Schaltbedingungen sind gemäß Definition 3.27 widerspruchsfrei.
  - Widersprüche bezüglich der Ausgaben:
    Innerhalb der beiden parallelen Zweige gibt es keine Widersprüche bezüglich der Ausgaben
  - Durchläufe:
    Da im entworfenen Steuernetz beim Auslösen einer Operation durch ein Sensorsignal aufgrund des zeitlichen Abstands nicht auch schon das Sensorsignal für das Beenden dieser Operation ansteht, existiert keine Belegung der Eingangssignale, die gleichzeitig die Schaltbedingung der Vortransition und die Schaltbedingung der Folgetransition einer Stelle zu 1 macht. Deshalb entstehen keine Durchläufe.

5.2.4 Prozessmodellbasierter Entwurf der Steuerung eines Mischbehälters

Modellbildung

Beim prozessmodellbasierten Entwurf der Steuerung des Mischbehälters wird ebenfalls von der im Abschn. 5.2.2 durchgeführten Prozessanalyse ausgegangen. Auf dieser Basis wird zunächst ein Kernmodell als objektnahes Modell gebildet (Abb. 5.12a). Darin werden die Operationen entsprechend der in der Aufgabenstellung vorgegebenen Reihenfolge als Interpretationen von Transitionen bzw. Kanten in verbaler Form in das Kernnetz eingetragen. Die Operationswechsel werden als Ereignisse (Erreichen von Schwellwerten) den diskreten Prozesszuständen **p** zugeordnet.

Wenn vom Prozesszustand $\mathbf{p}_4$ aus durch die Operation *Heizen* der Temperaturschwellwert T_0 erreicht wird, muss die Heizung abgeschaltet und die Zweipunktregelung in Gang gesetzt werden. Für die Repräsentation des Ereignisses „Temperaturschwellwert T_0 erreicht" kommt der Prozesszustand $\mathbf{p}_5$ in Betracht. Die Heizung muss aber auch abgeschaltet werden, wenn während der Zweipunktregelung das Ereignis „Temperaturschwellwert T_0 erreicht & Zeit nicht abgelaufen" auftritt. Beide Ereignisse können aber nicht ohne weiteres durch den gleichen Prozesszustand dargestellt werden. Es müssten erst weitere Prozesszustände eingeführt werden (s. Beispiel im Abschn. 5.3.4). Wenn man jedoch die in Abschn. 4.6.7 angegebenen Vereinfachungsmöglichkeiten für Zusammenführungen nutzt, d. h. wenn man das eine Ereignisse der Kante $(q_4, \mathbf{p}_5)$ und das andere Ereignis der Kante $(q_6, \mathbf{p}_5)$ zuordnet, können beide Pfade in $\mathbf{p}_5$ zusammengeführt werden.

Im Prozesszustand $\mathbf{p}_6$ tritt eine *nichtdeterministische Verzweigung* auf, weil hier nach jedem Zyklus der Zweipunktregelung zwei Möglichkeiten bestehen, nämlich dass die Regelung entweder fortgesetzt oder eingestellt wird.

Die zweite Möglichkeit bedeutet auch das Beenden der Parallelität durch die Einnahme des Zustands $\mathbf{p}_8$. Dabei sind gleichzeitig die Operationen *Heizen* und *Rühren* zu beenden (zeitbedingter Nichtdeterminismus). Bei der Erstellung des Kern- bzw. des Prozessnetzes können aber nicht beide Operationen der Synchronisationstransition zugeordnet werden. Sie müssen als Interpretationen der einmündenden Kanten notiert werden.

Durch die Zuordnung von Stell- und Ereignissignalen zu den im Kernnetz notierten Prozessgrößen, die aus Abschn. 5.2.3 übernommen werden können, ergibt sich dann das in Abb. 5.12b dargestellte Prozessnetz.

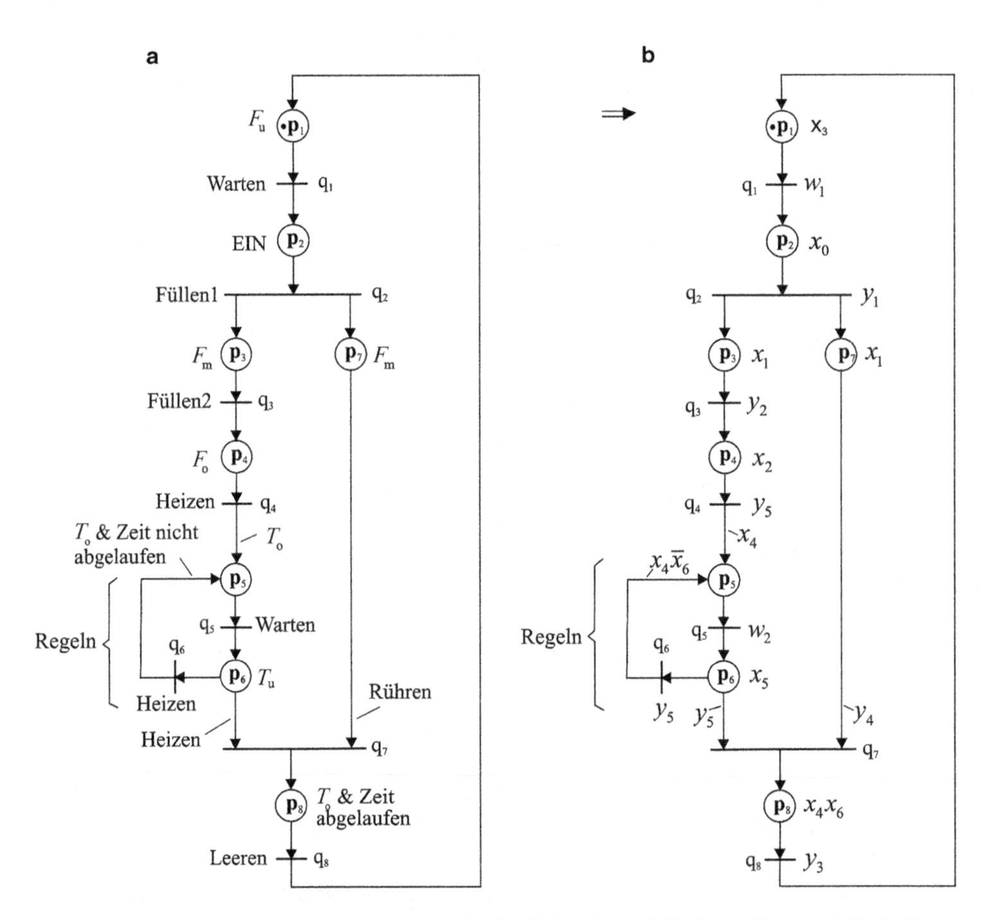

Abb. 5.12 Modellbildung der Steuerstrecke *Mischbehälter* in zwei Stufen. **a** Kernmodell als Kernnetz (objektnahes Modell), **b** Prozessmodell als Prozessnetz

Generierung des Steuernetzes aus dem Prozessnetz
Aus dem Prozessnetz kann durch Rückwärtsverschiebung der Interpretation des Prozessnetzes das Steuernetz generiert werden (Abb. 5.13). Es ergibt sich eine Übereinstimmung mit der beim generischen Entwurf erhaltenen Lösung (s. Abb. 5.11b).

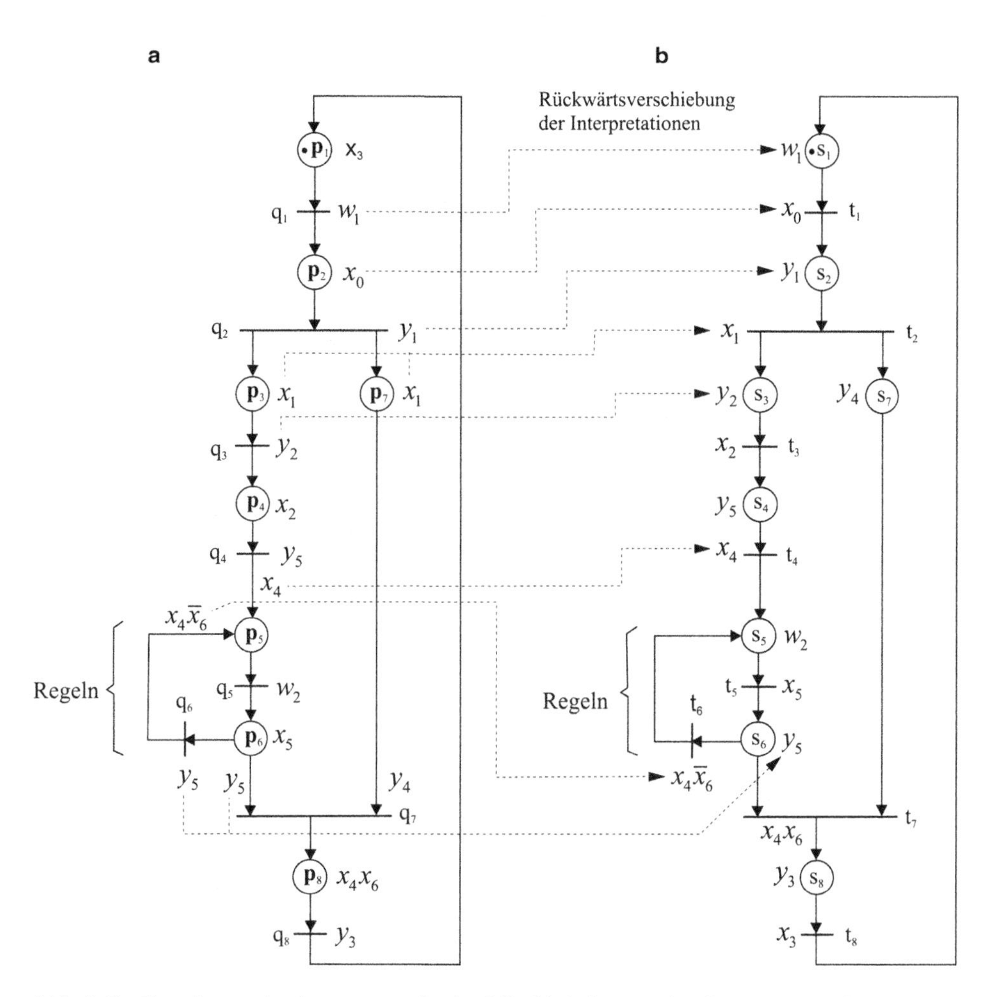

Abb. 5.13 Generierung des Steuernetzes für den Mischbehälter aus dem Prozessnetz. **a** Prozessnetz, **b** Steuernetz

5.2.5 Steueralgorithmus für den Mischbehälter in der SPS-Ablaufsprache

Das Steuernetz für den Mischbehälter (Abb. 5.11b bzw. 5.13b) kann direkt in eine Ablaufsprache für SPS umgesetzt werden (Abb. 5.14).

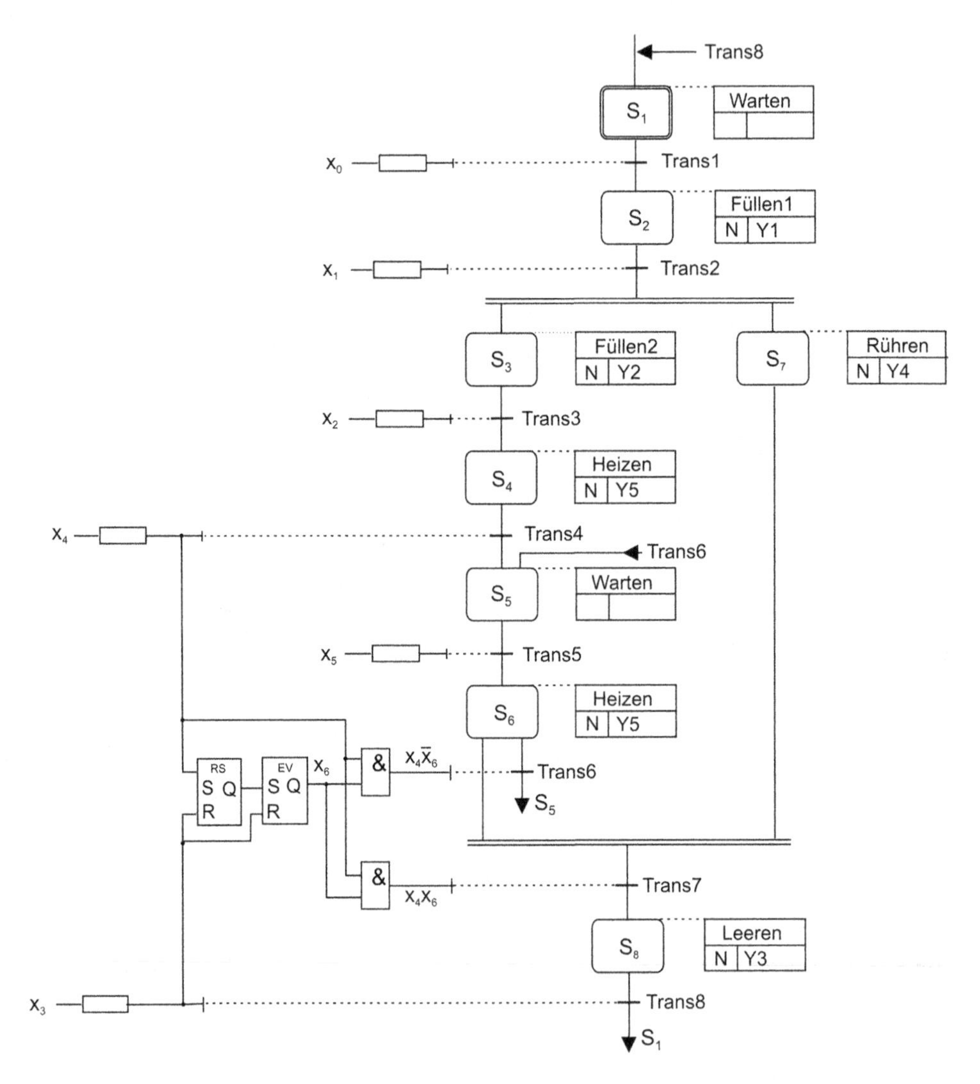

Abb. 5.14 Darstellung des Steuernetzes aus Abb. 5.11b bzw. 5.13b in der SPS-Ablaufsprache

5.3 Steuerung eines Personenaufzugs

5.3.1 Aufgabenstellung

Es ist die Steuerung eines Personenaufzugs für vier Etagen zu entwerfen. Der Aufzug kann von den einzelnen Etagen über Etagentasten angefordert werden. In den Etagen 2 und 3 sind je zwei Tasten vorhanden, über die man neben dem Ruf des Aufzugs auch einen Fahrwunsch nach oben oder nach unten anmelden kann. Von der Kabine aus können über Kabinentasten Etagen als Fahrziele angewählt werden. Die Arbeitsweise der Steuerung hat folgende Bedingungen zu erfüllen:

1) Wenn der Aufzug in einer Etage angehalten hat, darf eine Weiterfahrt erst dann erfolgen, wenn eine Verzögerungszeit verstrichen und die Kabinentür geschlossen ist. Ein Öffnen der Tür während der Fahrt muss ausgeschlossen werden.
2) Befindet sich der Aufzug in Aufwärtsfahrt (bzw. in Abwärtsfahrt), dann sollen zunächst die durch Kabinentasten angewählten Fahrziele zu Etagen und die Rufe von Etagen, die jeweils in Fahrtrichtung liegen, der Reihe nach abgearbeitet werden. Rufe und Ziele, die sich auf Etagen beziehen, die entgegengesetzt zur Fahrtrichtung liegen, werden erst berücksichtigt, wenn in der bisherigen Fahrtrichtung keine Anforderungen mehr anliegen und die Fahrtrichtung entsprechend dem Abarbeitungsprinzip geändert werden kann.
3) Da ein Aufzug ein IT_1-Verhalten besitzt (Abschn. 4.2.3.2), muss wegen der auftretenden Verzögerung bei einem beabsichtigten Halten bereits vor Erreichen des Schwellwerts, der der jeweiligen Etagenposition entspricht, ein kontrollierter Bremsvorgang eingeleitet werden. Dazu sind in jeder Etage zusätzliche Schwellwerte festgelegt, die es ermöglichen, dass das Bremsen rechtzeitig erfolgt und die Kabine in der Etagenposition zum Stehen kommt.

5.3.2 Prozessanalyse

Aufbau der Steuerstrecke

Als Steuerstrecke dient ein physisches Modell eines Personenaufzugs für vier Etagen,[1] in dem viele Details realitätsgetreu nachgebildet sind. Von diesem Modell zeigt Abb. 5.15a die Vorderansicht mit einer SPS und Abb. 5.15b die Rückansicht bei entfernter Rückwand. In der Rückansicht ist die Kabine sichtbar, die sich gerade in der untersten Etage befindet.

[1] Das Aufzugsmodell wurde der TU Dresden für Praktikumszwecke von der Firma Siemens zur Verfügung gestellt. Zum Modell gehört eine speicherprogrammierbare Steuereinrichtung (SPS) der Baureihe SIMATIC.

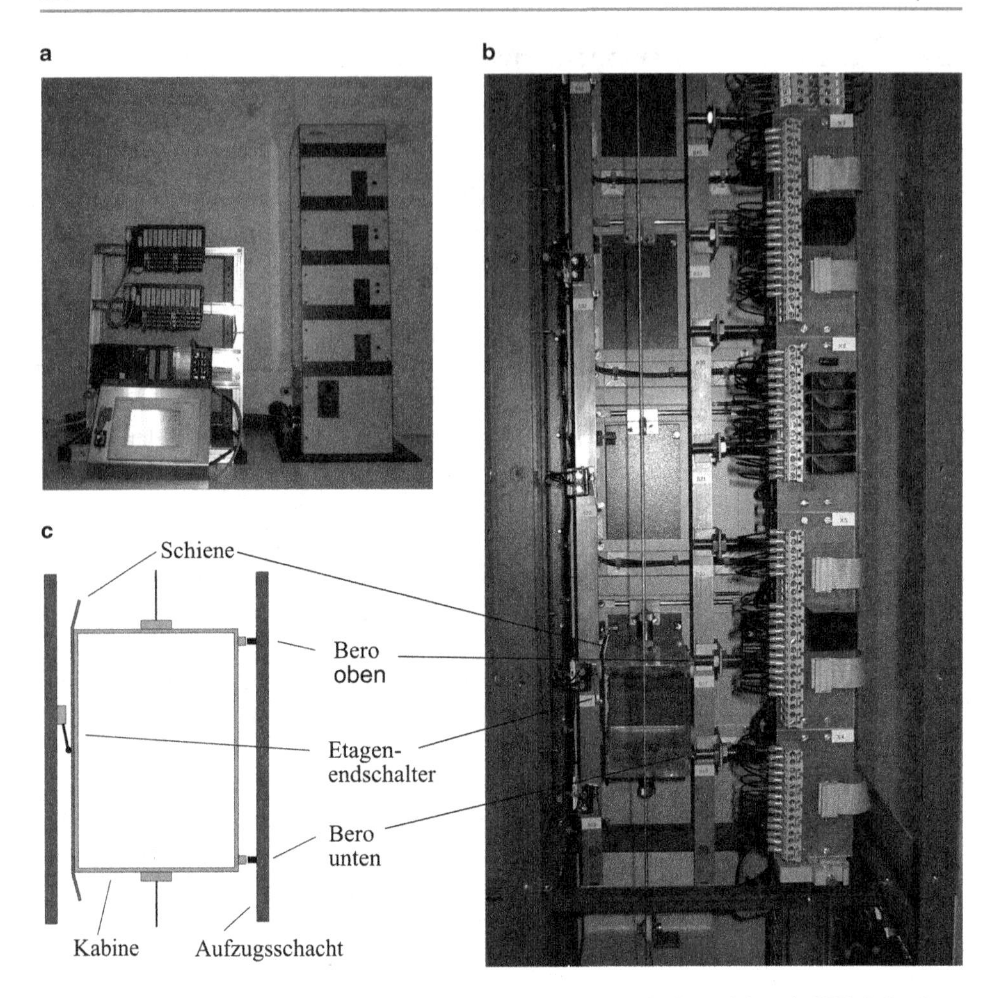

Abb. 5.15 Physisches Modell eines Aufzugs (Fa. Siemens). **a** Vorderansicht mit SPS, **b** Rückansicht: Aufzugsschacht mit Endschaltern und Initiatoren, **c** Detail von **b**

Für den Steuerungsentwurf sind folgende Komponenten des Modells von Bedeutung.

Messeinrichtungen

- Über zwei berührungslose Endschalter mit rückgekoppeltem Oszillator (Bero1 und Bero2), die am unteren und oberen Ende jeder Etage angeordnet sind (Abb. 5.15b), kann die exakte Halteposition ermittelt werden. In Abb. 5.15c ist die Kabine mit den Sensoren nochmals als Skizze dargestellt. Durch Bezugslinien wird auf die Sensoren „Bero unten" und „Bero oben" sowie auf einen Endschalter hingewiesen.
- In jeder Etage ist ein Etagenendschalter installiert (Abb. 5.15b und c). Diese Endschalter haben die Aufgabe, vor dem Einfahren der Kabine in eine Etage jeweils einen Bremsvorgang einzuleiten, der im vorliegenden Modell als Schleichgang nachgebildet

wird. Zum Aktivieren des Schleichgangs dient eine seitlich an der Kabine angebrachte Schiene. Wenn die Kabine von oben oder von unten in eine Etage einfährt, wird der betreffende Endschalter durch das untere bzw. das obere Ende der Schiene herunter gedrückt.
- Die Türen besitzen einen Endschalter für die Position „Tür geöffnet" und „Tür geschlossen".

Stelleinrichtungen
- Zur Ausführung der Aufwärts- und Abwärtsbewegung (Vertikalbewegung) der Kabine dient ein Gleichstrommotor, der über einen Dreipunktstellantrieb angesteuert wird (s. Abschn. 4.2.2, Abb. 4.8b und Abschn. 5.1). Damit kann Rechts- und Linkslauf des Motors für die Aufwärts- und Abwärtsbewegung der Kabine realisiert werden.
- Für die Bewegung der Etagentüren inklusive der Kabinentür ist in jeder Etage ein Motor vorgesehen, der wegen des erforderlichen Rechts- und Linkslaufs ebenfalls über einen Dreipunktstellantrieb betrieben wird.

Bedieneinrichtungen
- Ruftaster in den einzelnen Etagen (in Etage 1 Ruf nur nach oben, in Etage 4 nur nach unten, in Etage 2 und 3 nach oben und nach unten);
- Fahrwunschtaster im Innern der Kabine.

Bei einem Personenaufzug handelt es sich um eine Steuerstrecke, die aus zwei Elementarsteuerstrecken mit je einer Steuergröße besteht:

- Elementarsteuerstrecke „Kabine" mit der Steuergröße x_{K}^* (Vertikalbewegung der Kabine),
- Elementarsteuerstrecke „Etagentür" mit der Steuergröße x_{T}^* (Horizontalbewegung der Etagentüren inklusive der Kabinentür).

Das Strukturschema für die Horizontalbewegung einer Etagentür ergibt sich in analoger Weise wie das Strukturschema der Hebebühne (Abb. 5.1b), nur dass „Heben" durch „Tür öffnen" und „Senken" durch „Tür schließen" zu ersetzen sind. Ein prinzipielles Strukturschema für die Vertikalbewegung der Kabine ist in Abb. 5.16b dargestellt.

In Abb. 5.16a, b ist angedeutet, dass für die Vertikalbewegung der Kabine durch den Motor M1 acht Schwellwerte vorgesehen sind (s. Abb. 5.15). Vier Schwellwerte $x_{\mathrm{S}i,1}^*$ (mit $1 \leq i \leq 4$) kennzeichnen die Haltepositionen in den Etagen und über vier weitere Schwellwerte $x_{\mathrm{S}i,2}^*$ wird das Einfahren der Kabine in die Etagenbereiche signalisiert. Aus dem Strukturschema (Abb. 5.16b) geht hervor, dass das Erreichen der Schwellwerte in den Etagen nur dann rückgemeldet und ausgewertet wird, wenn die auf die Etagen bezogenen Bedingungen $\mathrm{B}_{i,1}$ und $\mathrm{B}_{i,2}$, die aus Signalen von Bedientasten gebildet werden, den Wert eins annehmen (s. Abschn. 4.2.7.1). Auf dieser Basis werden in der Steuereinrichtung die im Abschn. 5.3.3 angegebenen Schaltbedingungen b_j für das Auslösen der Zustandsübergänge gebildet.

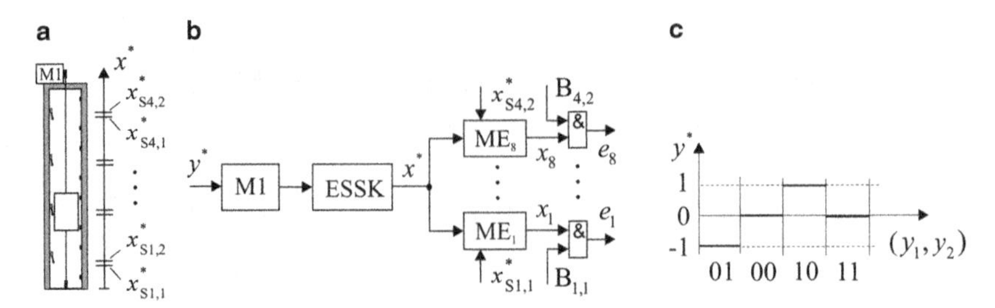

Abb. 5.16 Elementarsteuerstrecke *Kabine* mit Steuergröße *Vertikalbewegung*. **a** Anlagenschema, **b** Strukturschema, **c** Prozessstellgröße y^* als Funktion von (y_1, y_2)

Die zu entwerfende Aufzugsteuerung wird in eine Steuerung für die Vertikalbewegung der Aufzugskabine und in Steuerungen für die Horizontalbewegung der Etagentüren dekomponiert. Beim Halten in einer Etage wird von der zentralen Steuerung aus die Steuerung für die Bewegung der zugehörigen Etagentür aktiviert. Allen Steuerungen der Etagentüren kann dabei der gleiche Steueralgorithmus zugrunde gelegt werden. Die Kabinentür wird durch die jeweilige Etagentür durch mechanische Kopplung bzw. durch Einrasten mitgenommen. Im Abschn. 5.3.3 erfolgt außer dem Entwurf der Steuerung für die Vertikalbewegung der Kabine auch der Entwurf der Steuerung für eine Türbewegung.

5.3.3 Generischer Entwurf der Steuerung eines Personenaufzugs für vier Etagen

Erstellen eines PA-Netzes für die Vertikalbewegung der Aufzugskabine

Beim generischen Entwurf des Steueralgorithmus für die Kabinenbewegung wird als Erstes ein PA-Netz erstellt, mit dem man sich zunächst einen groben Überblick über die erforderlichen Abläufe verschaffen kann. Dabei sind die Operationen, die bei der Bewegung der Kabine auftreten können, und die Schaltbedingungen verbal zu benennen und entsprechend der möglichen Prozessabläufe den Stellen bzw. den Transitionen des PA-Netzes zuzuordnen.

So kann ausgehend von einer Ausgangssituation (Stelle s_1) entweder eine Aufwärtsfahrt oder eine Abwärtsfahrt gestartet werden. Vor einer geforderten Unterbrechung dieser Fahrten muss jeweils erst noch ein Bremsvorgang eingeleitet werden. Nach einer Operation „Bremsen bei Aufwärtsfahrt" bzw. „Bremsen bei Abwärtsfahrt" folgt dann „Unterbrechung Aufwärtsfahrt" bzw. „Unterbrechung Abwärtsfahrt" (Halt) als Warteoperation. Welche Etage das betrifft, spielt dabei zunächst keine Rolle. Das wird erst durch die Spezifizierung der Bedingungen erfasst. Beim Halt bzw. bei einer Fahrtunterbrechung in einer Etage muss eine Übergabe an das jeweilige Steuernetz für die Türöffnung erfolgen. Das betrifft die Stellen s_4, s_7 und s_8. Das dadurch entstandene PA-Netz ist in Abb. 5.17 dargestellt. Darin sind auch die Operationswechsel, d. h. die Übergänge zwischen den Stellen, an den Transitionen verbal bezeichnet.

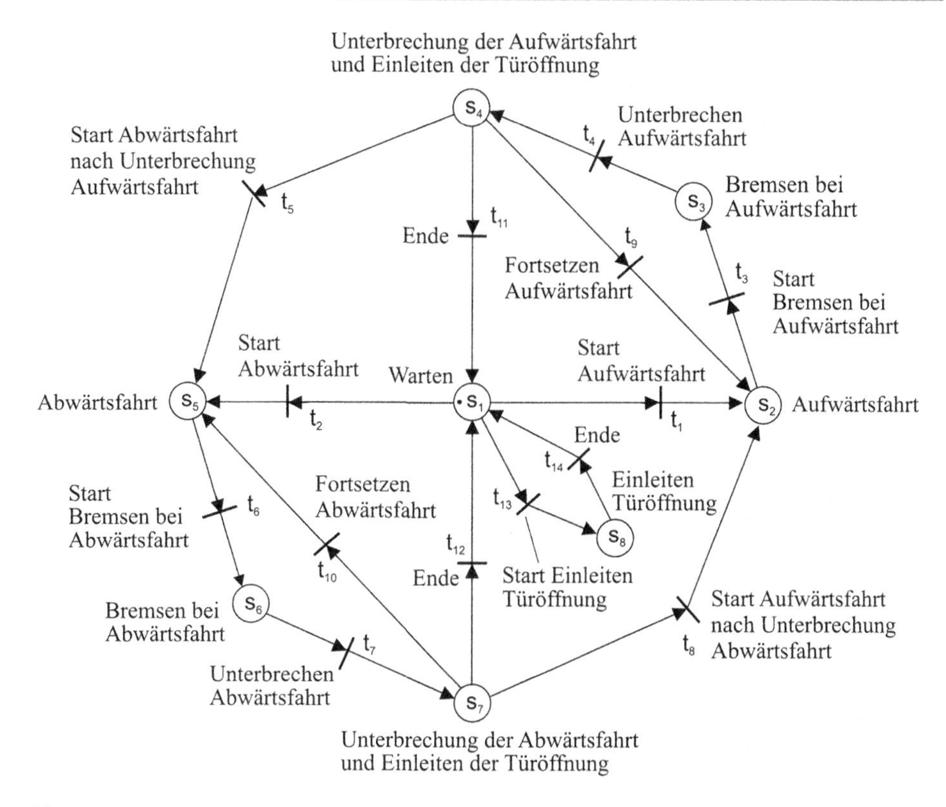

Abb. 5.17 PA-Netz für die Vertikalbewegung der Aufzugskabine

Umwandlung des PA-Netzes in ein Steuernetz

Für die Umwandlung des PA-Netzes in ein Steuernetz sind den verbal angegebenen Operationen Stellsignale und den verbalen Schaltbedingungen Schaltausdrücke in den Sensor- und Bediensignalen zuzuordnen.

Festlegung der Stellsignale für die Bewegung der Kabine

Der für die Aufwärts- und Abwärtsbewegung vorgesehene Gleichstrommotor wird über einen Dreipunktstellantrieb angesteuert, der einen Rechts- und einen Linkslauf des Motors ermöglicht und als Eingangsgrößen die Stellsignale y_1 und y_2 besitzt. Die Langsamfahrt als Nachbildung des Bremsens wird dadurch realisiert, dass über ein Stellsignal y_3 ein Widerstand in den Motorstromkreis zugeschaltet wird. Damit werden für die Antriebe folgende Stellsignalkombinationen festgelegt:

$y_1 \bar{y}_2 \bar{y}_3$ Aufwärtsfahrt,
$\bar{y}_1 y_2 \bar{y}_3$ Abwärtsfahrt,
$y_1 \bar{y}_2 y_3$ Bremsen aufwärts,
$\bar{y}_1 y_2 y_3$ Bremsen abwärts.

Festlegung der Stellsignale für die Bewegung einer Etagentür

Auch für die Tür wird ein Dreipunktstellantrieb verwendet, dessen Eingänge als Stellsignale y_4 und y_5 festgelegt werden. Damit ergibt sich Folgendes:

$y_4\bar{y}_5$ Etagen- und Kabinentür öffnen,
$\bar{y}_4 y_5$ Etagen- und Kabinentür schließen,
$y_{\text{Tö}}$ Türöffnung einleiten,
y_6 Betätigen von Zeitglied 1 mit Ausgang a_6,
y_7 Betätigen von Zeitglied 2 mit Ausgang a_7,
y_8 Betätigen von Zeitglied 3 mit Ausgang a_8.

Festlegung der Sensorsignale

Im Abschn. 5.3.2 wurde auf Sensoren hingewiesen, über die das Erreichen von Schwellwerten festgestellt werden kann (Abb. 5.15 und 5.16). Zur Rückmeldung, dass ein Schwellwert erreicht wurde, sollen nun folgende Sensorsignale vereinbart werden.

$x_{\text{E}i}$ Kabine in Halteposition der Etage i (ermittelt durch das jeweilige Sensorpaar „Bero oben“ und „Bero unten“),
$x_{\text{B}i}$ Kabine im Etagenbereich i (ermittelt durch den Etagenendschalter),
x_{Tz} Kabinentür zu,
$\bar{x}_{\text{Tz}}$ Kabinentür auf.

Festlegung der Bediensignale

$x_{\text{K}i}$ Taster in der Kabine für „Fahrwunsch nach Etage i“,
$x_{i\text{o}}$ Taster in einer Etage i für „Fahrwunsch nach oben“,
$x_{i\text{u}}$ Taster in einer Etage i für „Fahrwunsch nach unten“.

Unter bestimmten Voraussetzungen ist es ausreichend, dass in einer zu formulierenden Schaltbedingung für die Operationswechsel nur zum Ausdruck gebracht wird, ob Fahrwünsche *von der Kabine* aus *in* eine bestimmte Etage i oder *von einer Etage i* aus *nach* oben oder nach unten vorliegen, d. h. also ob der Wunsch besteht, in der Etage i zu halten. In diesem Fall kann man die drei Signale $x_{\text{K}i}$, $x_{i\text{o}}$ und $x_{i\text{u}}$ auch disjunktiv zu einem Signal x_i verknüpfen, das dann lediglich einen *Sammelfahrwunsch* für ein Halten in der Etage i ausdrückt:

$$x_i = x_{\text{K}i} \vee x_{i\text{o}} \vee x_{i\text{u}}.$$

In der Etage i muss aber nur dann tatsächlich gehalten werden, wenn sie in Fahrtrichtung liegt. Das muss durch die für das Unterbrechen der Fahrt geltenden Schaltbedingungen festgelegt werden.

Speichern der Signale für die Fahrwünsche
Die Fahrwünsche müssen gespeichert werden. Dazu werden *Binärspeicher* vorgesehen. Der zugehörige Binärspeicher wird gesetzt, wenn ein Fahrwunsch eingegeben wurde. Er wird rückgesetzt, wenn dieser Fahrwunsch erfüllt ist. So können alle Fahrwünsche sukzessive abgearbeitet werden. Auf eine detaillierte Darstellung dieser Speicherschaltung wird hier verzichtet.

Auf der Basis der eingeführten Sensor- und Bediensignale ist es nun möglich, die in Abb. 5.17 verbal angegebenen Übergangsbedingungen für die Operationswechsel durch Schaltausdrücke zu ersetzen. Das in den Bedingungen b verwendete Signal x_{Tz} wird im Zusammenhang mit der Türöffnung ausführlicher erklärt. Generell gilt: Wenn dieses Signal null ist, wird die betreffende Bedingung blockiert.

Angabe der Schaltbedingungen b für die Operationswechsel (zuzuordnen zu Transitionen)

- *Bedingung* b_1 für „Ende", d. h. für den Übergang in die Anfangssituation s_1 (Transitionen t_{11}, t_{12}, und t_{14}):

  $$b_1 = \bar{x}_1\bar{x}_2\bar{x}_3\bar{x}_4 x_{\mathrm{Tz}} a_6$$

  Erläuterung: Alle Signale sind null, d. h. es liegen keine Fahrwünsche vor und die Kabinentür ist zu ($x_{\mathrm{Tz}} = 1$).
- *Bedingung* b_2 für „Start Aufwärtsfahrt" aus Wartezustand (Transition t_1):

  $$b_2 = \bar{b}_3\bar{b}_{12}(x_{\mathrm{E1}}(x_2 \vee x_3 \vee x_4) \vee x_{\mathrm{E2}}(x_3 \vee x_4) \vee x_{\mathrm{E3}} x_4) x_{\mathrm{Tz}} a_6$$

  Erläuterung: Die Aufwärtsfahrt vom Wartezustand aus ist zu starten, wenn von Etage 1 (Sensorsignal x_{E1}) gemäß $x_2 \vee x_3 \vee x_4$ Fahrwünsche nach oben, d. h. in die Etagen 2, 3 oder 4 vorliegen. Entsprechendes gilt für den Start von den Etagen 2 und 3 aus.
  Aus dem Wartezustand heraus muss sichergestellt werden, dass die Bedingungen b_2 (Start Aufwärtsfahrt) und b_3 (Start Abwärtsfahrt) nicht gleichzeitig aktiviert werden können, was aus schaltalgebraischer Sicht einen „Widerspruch" darstellt. Eine der beiden Bedingungen muss Vorrang erhalten. Aus Sicherheitsgründen wird b_2 (Start Aufwärtsfahrt) durch $\bar{b}_3$ blockiert, um b_3 (Start Abwärtsfahrt) vorrangig freizugeben. Außerdem wird auch der Bedingung b_{12} (Start Türöffnung) der Vorrang gegeben, damit Aufzugbenutzer, die sich im Wartezustand bei geschlossener Kabine noch in ihr aufhalten sollten, Vorrang für das Öffnen der Tür erhalten. Deshalb ist auch $\bar{b}_{12}$ als Konjunktionsglied in der Bedingung b_2 enthalten.
- *Bedingung* b_3 für „Start Abwärtsfahrt" aus Wartezustand (Transition t_2):

  $$b_3 = \bar{b}_{12}(x_{\mathrm{E2}} x_1 \vee x_{\mathrm{E3}}(x_1 \vee x_2) \vee x_{\mathrm{E4}}(x_1 \vee x_2 \vee x_3)) x_{\mathrm{Tz}} a_6$$

  Erläuterung: Die Abwärtsfahrt kann von Etage 1 aus nicht gestartet werden, aber von Etage 2 aus in Etage 1 usw.
  Hier gilt ebenfalls der Vorrang von Bedingung b_{12}.

- *Bedingung* b_4 für „Start Bremsen bei Aufwärtsfahrt" (Transition t_3):

$$b_4 = x_{B2}(x_{K2} \vee x_{2o} \vee x_{2u}\bar{x}_3\bar{x}_4) \vee x_{B3}(x_{K3} \vee x_{3o} \vee x_{3u}\bar{x}_4) \vee x_{B4}(x_{K4} \vee x_{4u})$$

Erläuterung: Das Einfahren in einen Etagenbereich i wird durch die Etagenendschalter über x_{Bi} signalisiert. Bei einer Aufwärtsfahrt von Etage 1 aus ist das erste Mal in Etage 2 bei x_{B2} zu bremsen, und zwar wenn ein Fahrwunsch von der Kabine aus in Etage 2 vorliegt, ein Ruf von Etage 2 nach oben erfolgte oder ein Ruf von Etage 2 in entgegengesetzter Richtung (d. h. nach unten) eingegeben wurde und bei dem zuletzt genannten Fahrwunsch aber kein Fahrziel in eine der darüber liegende Etagen 3 oder 4 existiert. In entsprechender Weise lassen sich die Teilbedingungen für Etage 3 und 4 erklären.

- *Bedingung* b_5 für „Start Bremsen bei Abwärtsfahrt" (Transition t_6):

$$b_5 = x_{B1}(x_{K1} \vee x_{1o}) \vee x_{B2}(x_{K2} \vee x_{2u} \vee x_{2o}\bar{x}_1) \vee x_{B3}(x_{K3} \vee x_{3u} \vee x_{3o}\bar{x}_1\bar{x}_2)$$

Erläuterung: Die Bedingung für „Starten Bremsen bei Abwärtsfahrt" lässt sich in analoger Weise wie die Bedingung für „Start Bremsen bei Aufwärtsfahrt" erklären.
Bedingung b_6 für „Unterbrechen Aufwärtsfahrt" (Transition t_4):

$$b_6 = x_{E2}(x_{K2} \vee x_{2o} \vee x_{2u}\bar{x}_3\bar{x}_4) \vee x_{E3}(x_{K3} \vee x_{3o} \vee x_{3u}\bar{x}_4) \vee x_{E4}(x_{K4} \vee x_{4u})$$

Erläuterung: Das Unterbrechen der Aufwärtsfahrt ist unter den gleichen Bedingungen zu vollführen wie das vorangegangene Bremsen, nur das anstelle von x_{Bi} die Etagenposition x_{Ei} einzusetzen ist. Wenn also die Kabine in Langsamfahrt in eine Etage einläuft, kommt sie beim Erreichen der Etagenposition zum Stillstand.

- *Bedingung* b_7 für „Unterbrechen Abwärtsfahrt" (Transition t_7):

$$b_7 = x_{E1}(x_{K1} \vee x_{1o}) \vee x_{E2}(x_{K2} \vee x_{2u} \vee x_{2o}\bar{x}_1) \vee x_{E3}(x_{K3} \vee x_{3u} \vee x_{3o}\bar{x}_1\bar{x}_2)$$

Erläuterung: Die Bedingung für „Unterbrechen Abwärtsfahrt" lässt sich in analoger Weise wie die Bedingung für „Unterbrechen Aufwärtsfahrt" erklären.

- *Bedingung* b_8 für „Fortsetzen Aufwärtsfahrt" (Transition t_9):

$$b_8 = (x_{E2}(x_3 \vee x_4) \vee x_{E3}x_4)x_{Tz}a_6$$

Erläuterung: Wenn eine Aufwärtsfahrt in Etage 1 eingeleitet wurde, kann sie zum ersten Mal in Etage 2 unterbrochen werden. Von hier aus kann sie dann fortgesetzt werden, wenn ein Fahrwunsch nach Etage 3 oder 4 vorliegt usw.

- *Bedingung* b_9 für „Fortsetzen Abwärtsfahrt" (Transition t_{10}):

$$b_9 = (x_{E2}x_1 \vee x_{E3}(x_1 \vee x_2))x_{Tz}a_6$$

Erläuterung: Bedingung b_9 ergibt sich in analoger Weise wie Bedingung b_8.

- *Bedingung* b_{10} für „Start Abwärtsfahrt nach Unterbrechung Aufwärtsfahrt" (Transition t_5):

$$b_{10} = (x_{E2}x_1\bar{x}_3\bar{x}_4 \vee x_{E3}(x_1 \vee x_2)\bar{x}_4)x_{Tz}a_6$$

  Erläuterung: Wenn eine Aufwärtsfahrt in Etage 1 gestartet wurde, kann sie zum ersten Mal in Etage 2 unterbrochen werden. Von hier aus kann eine Abwärtsbewegung eingeleitet werden, wenn ein Fahrwunsch nach Etage 1 besteht, aber keine Fahrwünsche zur Etage 3 oder 4 vorliegen usw.
- *Bedingung* b_{11} für „Start Aufwärtsfahrt nach Unterbrechung Abwärtsfahrt" (Transition t_8):

$$b_{11} = (x_{E2}(x_3 \vee x_4)\bar{x}_1 \vee x_{E3}x_4\bar{x}_1\bar{x}_2)x_{Tz}a_6$$

  Erläuterung: Bedingung b_{11} ergibt sich in analoger Weise wie Bedingung b_{10}.
- *Bedingung* b_{12} für „Start Türöffnung" (Transition t_{13}):

$$b_{12} = x_{E1}x_1 \vee x_{E2}x_2 \vee x_{E3}x_3 \vee x_{E4}x_4$$

  Erläuterung: Wenn der Aufzug sich in einer beliebigen Etage in einer Anfangssituation befindet (d. h. es liegen keine Fahraufträge vor), dann kann die Kabinentür dadurch geöffnet werden, dass man von außen einen Fahrwunsch nach oben oder unten und in der Kabine einen Fahrwunsch zu dieser Etage eingibt.

Indem man die im PA-Netz gemäß Abb. 5.17 verbal formulierten Übergangsbedingungen durch die entsprechenden Schaltausdrücke b ersetzt, ergibt sich das in Abb. 5.18 dargestellte Steuernetz.

Analyse des Steuernetzes für die Vertikalbewegung der Kabine

Bei dem Steuernetz für die Aufzugsteuerung handelt es sich um eine stark zusammenhängende Zustandsmaschine. Es muss überprüft werden, ob Widersprüche in alternativen Verzweigungen existieren (s. Abschn. 3.6.8). Alternative Verzweigungen kommen nach den Stellen s_1, s_4 und $s_7$vor.

- Stelle s_1: Die alternative Verzweigung nach s_1 hat die Folgetransitionen t_1 mit b_2, t_2 mit b_3 und t_{13} mit b_{12}. Durch die Festlegung der Prioritäten für diese Bedingungen in der Reihenfolge b_{12}, b_3, b_2 (s. oben) sind auch die Widersprüche beseitigt.
- Stellen s_4 und s_7: In diesen Stellen geht es nach einer Fahrtunterbrechung um Verzweigungen in Aufwärtsfahrt und Abwärtsfahrt. Bei der Formulierung der Schaltbedingungen für die Folgetransitionen dieser Verzweigungen wurde das Prinzip zugrunde gelegt, dass erst alle Rufe in Fahrtrichtung abgearbeitet werden müssen, bevor die Fahrwünsche in entgegengesetzter Richtung berücksichtigt werden. Deshalb hat in einer Verzweigung nach einer Aufwärtsfahrt ein Fahrwunsch in Aufwärtsrichtung Priorität und umgekehrt, sodass keine Widersprüche auftreten können.

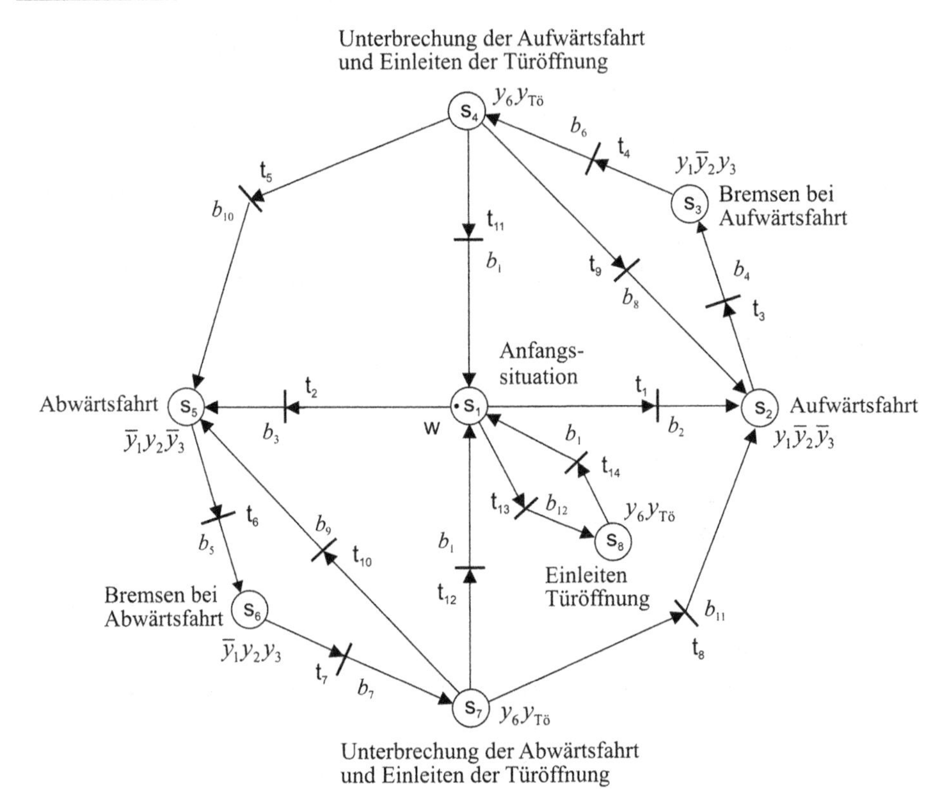

Abb. 5.18 Steuernetz für die Vertikalbewegung der Aufzugskabine (aus dem PA-Netz gemäß Abb. 5.17 durch Formalisierung der Schaltbedingungen abgeleitet)

In dem Steuernetz sind keine Durchläufe durch Stellen möglich. Da die Anfangsmarkierung in der Stelle s_1 nur eine Marke enthält und keine Widersprüche vorhanden sind, ist das Steuernetz für die Vertikalbewegung der Kabine lebendig und sicher.

Erstellen eines PA- und eines Steuernetzes für die Horizontalbewegung einer Etagentür

Wenn die Kabine nach einer Aufwärts- oder Abwärtsbewegung in einer Etage hält, wird in den betreffenden Stellen s_4 und s_7 des Steuernetzes für die Vertikalbewegung der Kabine jeweils ein Signal $y_{Tö}$ ausgegeben. Das Gleiche gilt auch für die Stelle s_8. Das Signal $y_{Tö}$ dient dazu, den Steueralgorithmus für die Horizontalbewegung, d. h. für das Öffnen und Schließen der betreffenden Etagentür, zu aktivieren. Um dies mit einer ausreichenden Sicherheit auszuführen, müssen zusätzlich Zeitverzögerungen realisiert werden. In Abb. 5.19a ist dies in Form eines PA-Netzes dargestellt. Indem man die verbal angegebenen Operationen und Schaltbedingungen durch die eingangs dieses Unterabschnitts vereinbarten Symbole ersetzt, ergibt sich das in Abb. 5.19b dargestellte Steuernetz.

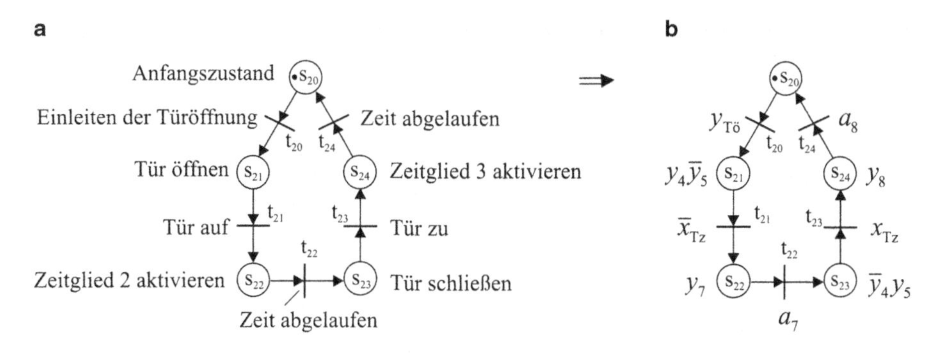

Abb. 5.19 PA-Netz (**a**) und Steuernetz (**b**) zur Steuerung der Bewegung einer Etagentür

Erläuterung des Steuernetzes gemäß Abb. 5.19b

Bei der Einnahme bzw. Markierung der Stellen s_4, s_7 und s_8 im Steuernetz für die Vertikalbewegung der Aufzugskabine wird jeweils das Stellsignal $y_{Tö}$ ausgegeben. $y_{Tö}$ wirkt dann als Schaltbedingung in der Transition t_{20} des Steuernetzes für die Horizontalbewegung der betreffenden Etagentür. Beim Schalten von t_{20} fließt die Marke von s_{20} nach s_{21}. In s_{21} wird die Stellsignalkombination $y_4\bar{y}_5$ ausgegeben und dadurch der Motor für die Öffnung der Etagentür (inklusive der Kabinentür) betätigt. Wenn die Tür geöffnet ist, wird dies der SPS durch $x_{Tz} = 0$ rückgemeldet. Das Signal x_{Tz} wird zur Blockierung der Schaltbedingungen b_1, b_2, b_3, b_8, b_9, b_{10} und b_{11} benötigt, damit eine Weiterfahrt der Kabine im Prinzip nicht möglich ist. Es wird allerdings mit einer gewissen Verzögerung gegenüber $y_{Tö}$ gebildet. Deshalb wird gleichzeitig mit $y_{Tö}$ noch ein Signal y_6 ausgelöst (s. Abb. 5.18), durch das ein Zeitglied 1 mit Einschaltverzögerung (in den Steuernetzen nicht dargestellt) aktiviert wird, dessen Ausgang a_6 dabei sofort auf den Wert 0 gesetzt wird. Das Signal a_6 wird konjunktiv mit x_{Tz} verknüpft. Die Konjunktion $a_6 x_{Tz}$dient zur Blockierung der aufgezählten Schaltbedingungen, wobei zunächst nur das Signal a_6 wirksam wird und erst etwas später dann das Signal x_{Tz} die Blockierung übernimmt.

Durch $\bar{x}_{Tz}$ (Tür auf) wird der Übergang in die Stelle s_{22} des Steuernetzes für die Türbewegung herbeigeführt. Ein Zeitglied 2 mit dem Eingang y_7 und dem Ausgang a_7 gibt nun die Öffnungsdauer der Tür vor. Wenn $a_7 = 1$ ist, wird der Motor durch $\bar{y}_4 y_5$ zum Schließen der Tür in Gang gesetzt. Durch x_{Tz} wird dann signalisiert, dass die Tür zu ist. Bei $x_{Tz} = 1$ würden die blockierten Schaltbedingungen wieder freigegeben werden. Wenn durch $x_{Tz} = 1$ auch sofort ein Übergang in den Anfangszustand s_{22} ausgelöst würde, könnte es passieren, dass sich die Kabine noch nicht aus dem Haltezustand s_4 (Abb. 5.18) herausbewegt hat und dort noch $y_{Tö}$ ausgegeben wird. Dadurch würde im Steuernetz für die Türbewegung (Abb. 5.19b) über $y_{Tö}$ erneut die Türöffnung aktiviert werden, obwohl die Weiterfahrt der Kabine bereits eingeleitet wurde. Durch ein Zeitglied 3 mit y_8 und a_8 wird verhindert, dass durch das Signal $y_{Tö}$ noch vor der Weiterfahrt erneut eine Türöffnung erfolgt.

5.3.4 Prozessmodellbasierter Entwurf der Steuerung eines Personenaufzugs für vier Etagen

Beim prozessmodellbasierten Entwurf der Steuerung des Personenaufzugs wird ebenfalls von der im Abschn. 5.3.2 durchgeführten Prozessanalyse ausgegangen. Im Gegensatz zur Darstellung der PA-Netze und Steuernetze sind bei der hier auszuführenden Modellbildung den Transitionen die Operationen und den Stellen die Ereignisse (Bedienhandlungen und Erreichen von Schwellwerten) zuzuordnen, und zwar bei den Kernnetzen in verbaler Form und bei den Prozessnetzen als Stellsignalkombinationen und als Schaltausdrücke. Abbildung 5.20 zeigt das Kernnetz.

Beim Kernnetz für die Kabinenbewegung sind zwei Besonderheiten zu beachten

- Nach den Zuständen $\mathbf{p}_4$ und $\mathbf{p}_7$ ergeben sich *nichtdeterministische Verzweigungen*. $\mathbf{p}_4$ hat die Folgetransitionen t_5, t_9 und t_{11}. $\mathbf{p}_7$ besitzt die Folgetransitionen t_8, t_{10} und t_{12}. Allen Folgetransitionen von $\mathbf{p}_4$ ist die Operation „Unterbrechung der Aufwärtsfahrt und Einleitung der Türbewegung" und allen Folgetransitionen von $\mathbf{p}_7$ die Operation „Unterbrechung der Abwärtsfahrt und Einleitung der Türbewegung" zuzuordnen.

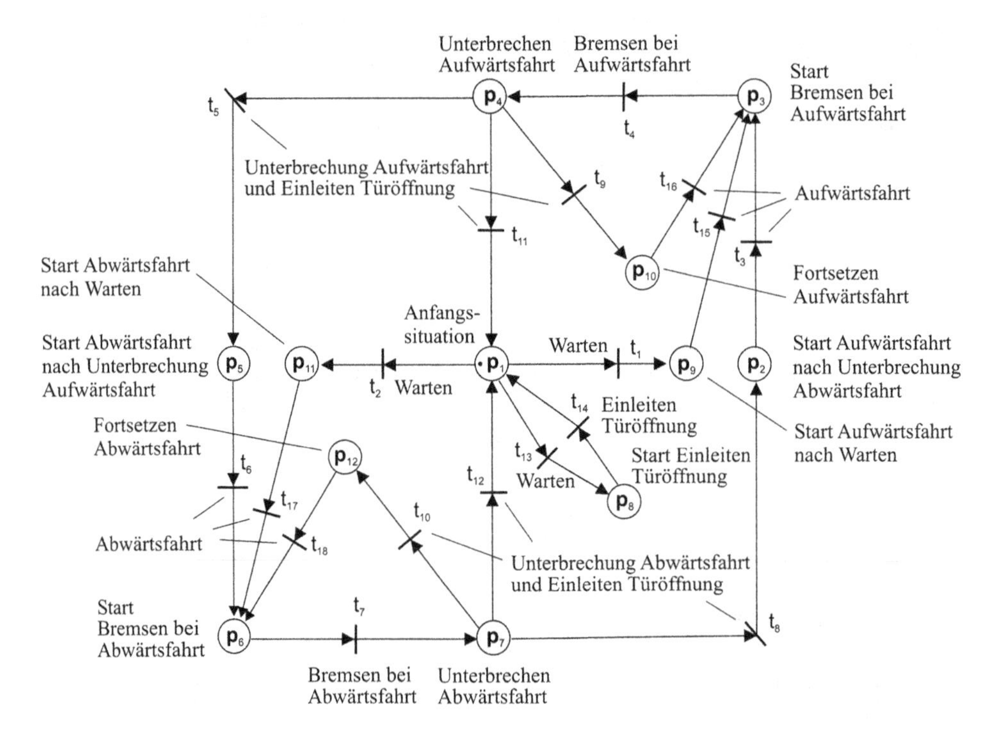

Abb. 5.20 Kernnetz für die Vertikalbewegung der Kabine

- Die Aufwärts- und die Abwärtsfahrten sind jeweils über verschiedene Pfade auszulösen. Für die Aufwärtsfahrt ist das
  1. der Pfad über den Prozesszustand $\mathbf{p}_9$ mit dem Ereignis „Start Aufwärtsfahrt nach Warten“,
  2. der Pfad über den Prozesszustand $\mathbf{p}_{10}$ mit dem Ereignis „Fortsetzung der Aufwärtsfahrt,
  3. der Pfad über den Prozesszustand $\mathbf{p}_2$ mit dem Ereignis „Start Aufwärtsfahrt nach Unterbrechung der Abwärtsfahrt“.

Die drei Pfade mit den drei Transitionen, in denen die gleiche Operation *Aufwärtsfahrt* ausgeführt wird, können in den gemeinsamen Prozesszustand $\mathbf{p}_3$ zusammengeführt werden. Bei der Abwärtsfahrt ergibt sich eine entsprechende Zusammenführung in den Zustand $\mathbf{p}_6$.

Indem man im erstellten Kernnetz die verbal formulierten Operationen und Ereignisse durch Stellsignalkombinationen bzw. die Ereignissignalkombinationen b (Abschn. 5.3.3) ersetzt, erhält man das in Abb. 5.21 dargestellte Prozessnetz. Die Ereignissignalkombinationen entsprechen dabei den beim generischen Entwurf angegebenen Schaltbedingungen.

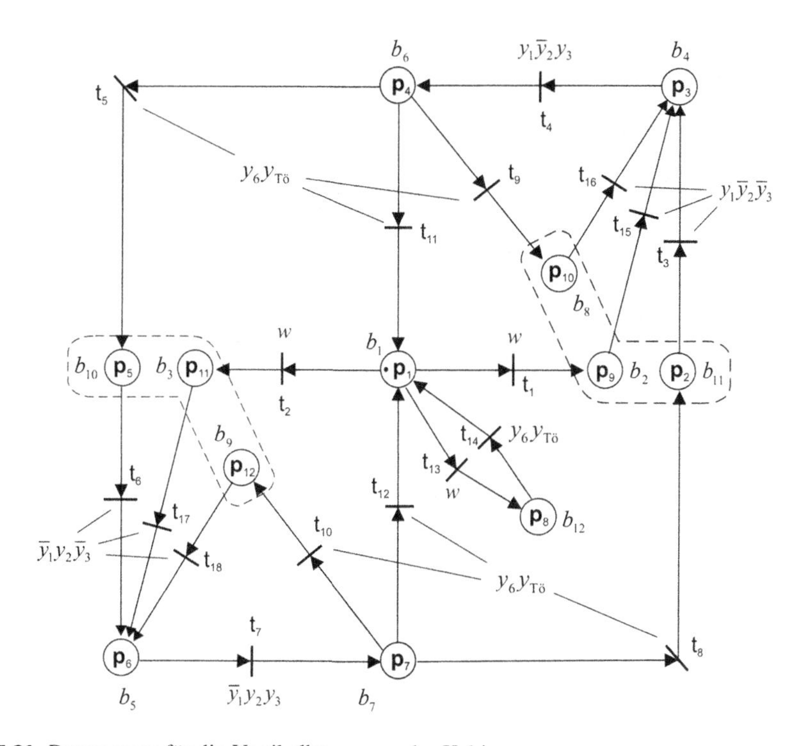

Abb. 5.21 Prozessnetz für die Vertikalbewegung der Kabine

Die im Abschn. 5.3.3 hergeleiteten Schaltbedingungen b für Steuernetze werden hier nochmals als Ereignisse in Form von Schaltausdrücken für Prozessnetze zusammengestellt, die den Prozesszuständen zuzuordnen sind:

- *Ereignis* b_1 für den Übergang in die Anfangssituation s_1

$$b_1 = \bar{x}_1\bar{x}_2\bar{x}_3\bar{x}_4 x_{\mathrm{Tz}} a_6$$

- *Ereignis* b_2 für „Start Aufwärtsfahrt" aus Wartezustand (Transition t_1)

$$b_2 = \bar{b}_3\bar{b}_{12}(x_{\mathrm{E1}}(x_2 \vee x_3 \vee x_4) \vee x_{\mathrm{E2}}(x_3 \vee x_4) \vee x_{\mathrm{E3}} x_4) x_{\mathrm{Tz}} a_6.$$

- *Ereignis* b_3 für „Start Abwärtsfahrt" aus Wartezustand (Transition t_2)

$$b_3 = \bar{b}_{12}(x_{\mathrm{E2}} x_1 \vee x_{\mathrm{E3}}(x_1 \vee x_2) \vee x_{\mathrm{E4}}(x_1 \vee x_2 \vee x_3)) x_{\mathrm{Tz}} a_6.$$

- *Ereignis* b_4 für „Start Bremsen bei Aufwärtsfahrt" (Transition t_3)

$$b_4 = x_{\mathrm{B2}}(x_{\mathrm{K2}} \vee x_{2\mathrm{o}} \vee x_{2\mathrm{u}}\bar{x}_3\bar{x}_4) \vee x_{\mathrm{B3}}(x_{\mathrm{K3}} \vee x_{3\mathrm{o}}\bar{x}_4) \vee x_{\mathrm{B4}}(x_{\mathrm{K4}} \vee x_{4\mathrm{u}}).$$

- *Ereignis* b_5 für „Start Bremsen bei Abwärtsfahrt"

$$b_5 = x_{\mathrm{B1}}(x_{\mathrm{K1}} \vee x_{1\mathrm{o}}) \vee x_{B2}(x_{\mathrm{K2}} \vee x_{2\mathrm{u}} \vee x_{2\mathrm{o}}\bar{x}_1) \vee x_{B3}(x_{\mathrm{K3}} \vee x_{3\mathrm{u}}) \vee x_{3\mathrm{o}}\bar{x}_1\bar{x}_2)$$

- *Ereignis* b_6 für „Unterbrechen Aufwärtsfahrt" (Transition t_4)

$$b_6 = x_{\mathrm{E2}}(x_{\mathrm{K2}} \vee x_{2\mathrm{o}} \vee x_{2\mathrm{u}}\bar{x}_3\bar{x}_4) \vee x_{\mathrm{E3}}(x_{\mathrm{K3}} \vee x_{3\mathrm{o}} \vee x_{3\mathrm{u}}\bar{x}_4) \vee x_{\mathrm{E4}}(x_{\mathrm{K4}} \vee x_{4u}).$$

- *Ereignis* b_7 für „Unterbrechen Abwärtsfahrt" (Transition t_7)

$$b_7 = x_{\mathrm{E1}}(x_{\mathrm{K1}} \vee x_{1\mathrm{o}}) \vee x_{\mathrm{E2}}(x_{\mathrm{K2}} \vee x_{2\mathrm{u}} \vee x_{2\mathrm{o}}\bar{x}_1) \vee x_{\mathrm{E3}}(x_{\mathrm{K3}} \vee x_{3\mathrm{u}} \vee x_{3\mathrm{o}}\bar{x}_1\bar{x}_2).$$

- *Ereignis* b_8 für „Fortsetzen Aufwärtsfahrt" (Transition t_9)

$$b_8 = (x_{\mathrm{E2}}(x_3 \vee x_4) \vee x_{\mathrm{E3}} x_4) x_{\mathrm{Tz}} a_6.$$

- *Ereignis* b_9 für „Fortsetzen Abwärtsfahrt" (Transition t_{10})

$$b_9 = (x_{\mathrm{E2}} x_1 \vee x_{\mathrm{E3}}(x_1 \vee x_2)) x_{\mathrm{Tz}} a_6.$$

- *Ereignis* b_{10} für „Start Abwärtsfahrt nach Unterbrechung Aufwärtsfahrt" (Transition t_5)

$$b_{10} = (x_{\mathrm{E2}} x_1\bar{x}_3\bar{x}_4 \vee x_{\mathrm{E3}}(x_1 \vee x_2)\bar{x}_4) x_{\mathrm{Tz}} a_6.$$

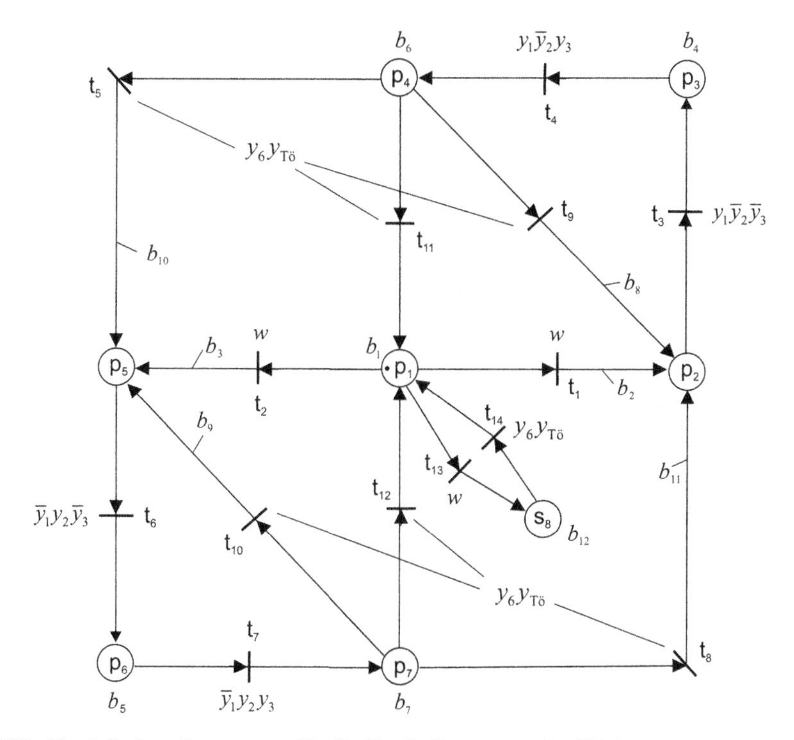

Abb. 5.22 Vereinfachtes Prozessnetz für die Vertikalbewegung der Kabine

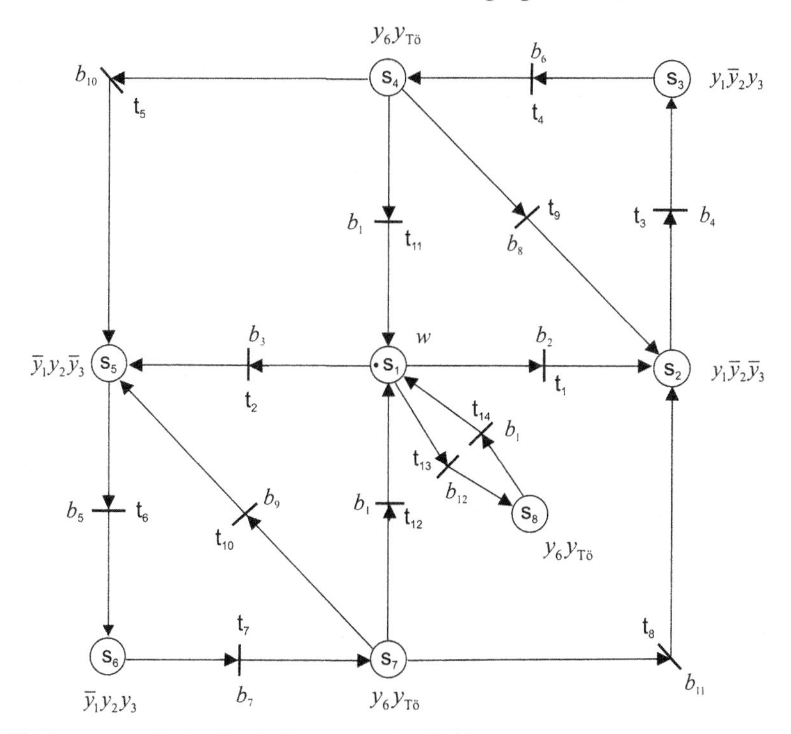

Abb. 5.23 Steuernetz für die Vertikalbewegung der Kabine

- *Ereignis* b_{11} für „Start Aufwärtsfahrt nach Unterbrechung Abwärtsfahrt" (Transition t_8)

$$b_{11} = (x_{E2}(x_3 \vee x_4)\bar{x}_1 \vee x_{E3}x_4\bar{x}_1\bar{x}_2)x_{Tz}a_6.$$

- *Ereignis* b_{12} für „Start Türöffnung" (Transition t_{13})

$$b_{12} = x_{E1}x_1 \vee x_{E2}x_2 \vee x_{E3}x_3 \vee x_{E4}x_4.$$

Die Stellsignalkombinationen für die Operation lauten (s. Abschn. 5.3.3)

- Aufwärtsfahrt: $y_1\bar{y}_2\bar{y}_3$;
- Abwärtsfahrt: $\bar{y}_1 y_2\bar{y}_3$;
- Bremsen Aufwärtsfahrt: $y_1\bar{y}_2 y_3$;
- Bremsen Abwärtsfahrt: $\bar{y}_1 y_2 y_3$.
- Einleiten Türöffnung: $y_6 y_{Tö}$;

Aus dem Prozessnetz gemäß Abb. 5.21 könnte durch Rückwärtsverschiebung der Interpretationen ein Steuernetz generiert werden. Es sollen aber vorher noch Vereinfachungsmöglichkeiten genutzt werden, da bei den Zusammenführungen in die Zustände $\mathbf{p}_3$ und $\mathbf{p}_6$ offensichtlich noch Zustände eingespart werden können (s. Abschn. 4.6.7).

Die Zusammenführung in den Prozesszustand $\mathbf{p}_3$ erfolgt über die drei Transitionen t_3, t_{15} und t_{16}. Diesen Transitionen ist jeweils die gleiche Stellsignalkombination $y_1\bar{y}_2\bar{y}_3$ zugeordnet. Deshalb ist es möglich, die Zustände $\mathbf{p}_2$, $\mathbf{p}_9$ und $\mathbf{p}_{10}$ zusammenzulegen, wenn man die Zugehörigkeit der zu diesen drei Zuständen gehörende Ereignisse b_{11}, b_2 bzw. b_8 dadurch ausdrückt, dass man sie z. B. den in diese Zustände einmündenden Kanten zuordnet. In entsprechender Weise ist bei der Zusammenführung in den Prozesszustand $\mathbf{p}_6$ zu verfahren.

Das so vereinfachte Prozessnetz für die Vertikalbewegung der Aufzugskabine ist in Abb. 5.22 dargestellt. Durch Rückwärtsverschiebung der Interpretationen der Elemente dieses Netzes ergibt sich das Steuernetz (Abb. 5.23). Es stimmt mit dem aus dem PA-Netz abgeleiteten Steuernetz (Abb. 5.18) überein.

5.3.5 Steueralgorithmus für den Personenaufzug in S7-Graph

Der hier auf zwei verschiedene Arten entworfene Steueralgorithmus zur Steuerung eines Aufzugs für vier Etagen diente bereits als Beispiellösung im Laborpraktikum „Steuerung diskreter Prozesse" an der TU Dresden.[2] Die Erprobung dieses Steueralgorithmus erfolgte

[2] Zander, H.-J.; Winkler, J.; Horn, W.: Aufgabenstellungen und Beispiellösungen zum Laborpraktikum Steuerung diskreter Prozesse. Institut für Automatisierungstechnik der TU Dresden 1987. Teil 1 des Praktikums: Realisierung mit VPS mittels Logiksteckfeldern; Teil 2 des Praktikums (ab 1991): Realisierung mit der SPS TSX und der Ablaufsprache Grafcet der Fa. Telemecanique (Verwendung eines einfachen Aufzugmodells).

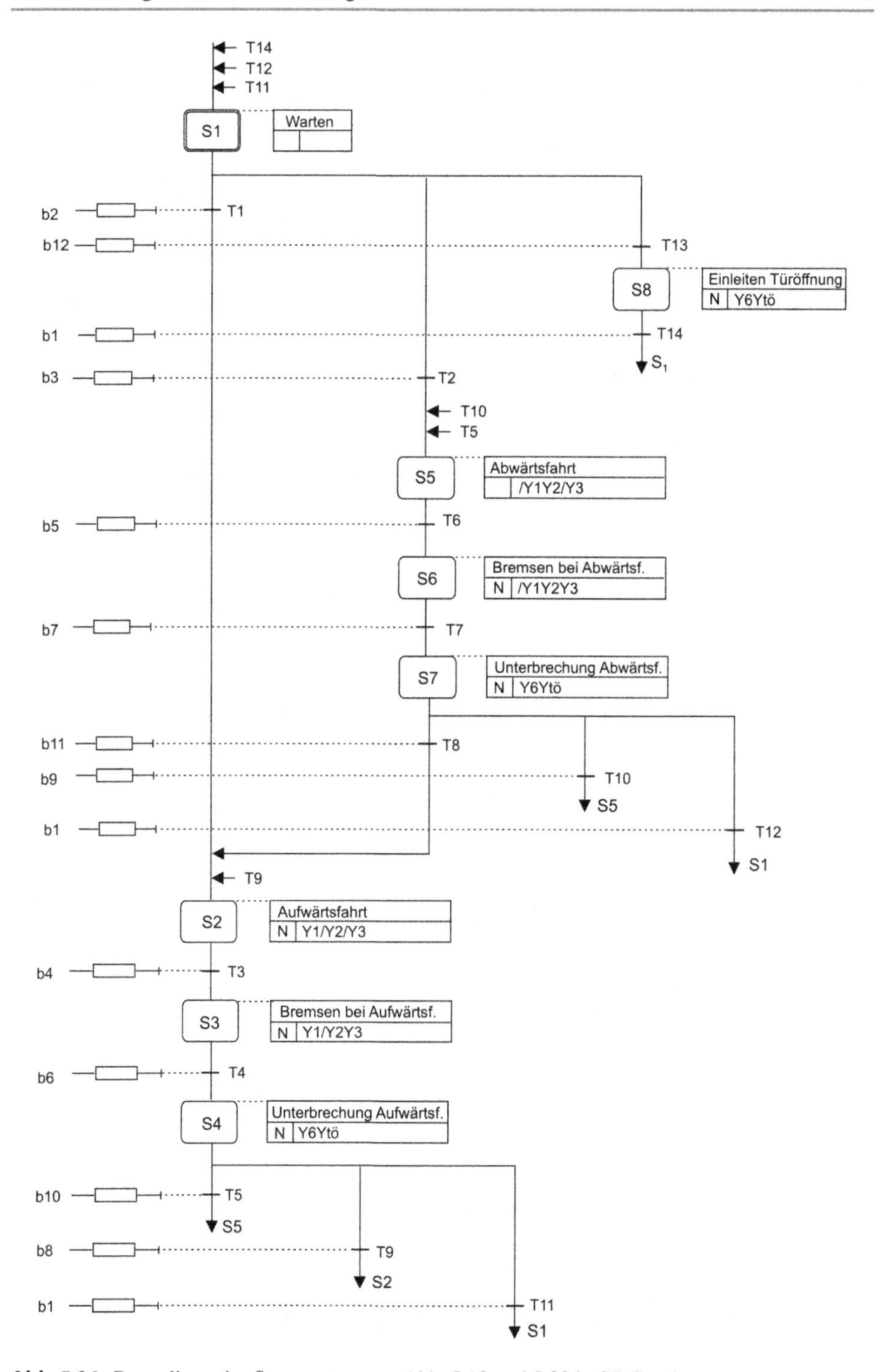

Abb. 5.24 Darstellung des Steuernetzes aus Abb. 5.18 und 5.23 in S7-Graph

später auch mit einer SPS der Baureihe SIMATIC und der Fachsprache S7-Graph der Firma Siemens auf der Basis des im Abschn. 5.3.2 beschriebenen Aufzugmodells unter Verwendung der Fachsprache S7-Graph.[3]

Abbildung 5.24 zeigt den Steueralgorithmus für die Aufzugssteuerung in S7-Graph. Man erkennt, dass diese Darstellung wesentlich unübersichtlicher ist als die Darstellung in Form eines Steuernetzes.

5.3.6 Erweiterung der Steuerung des Personenaufzugs auf zehn Etagen

Das zur Steuerung der Vertikalbewegung einer Aufzugskabine entworfene Steuernetz gemäß Abb. 5.18 bzw. Abb. 5.23 gibt die Prozessabläufe in einem Personenaufzug als Folgen von auszuführenden Operationen wieder. Die Ereignisse bzw. Schaltbedingungen, die die Operationswechsel auslösen, sind darin durch allgemeine Symbole b_i dargestellt. Durch eine Ausformulierung dieser Bedingungen erfolgte im Abschn. 5.3.3 ein Zuschnitt auf vier Etagen.

Aus den Erläuterungen zu diesen Bedingungen ist eine Gesetzmäßigkeit erkennbar, die es ermöglicht, die angegebenen 12 Schaltbedingungen so zu erweitern, dass sie für eine beliebig wählbare Anzahl von Etagen gelten. Im Folgenden werden Schaltbedingungen für die Steuerung eines Aufzugs mit zehn Etagen formuliert. Dafür kann dann ebenfalls das in Abb. 5.18 und Abb. 5.23 in allgemeiner Form angegebene Steuernetz zugrunde gelegt werden. Das Steuernetz für das Öffnen und Schließen der Türen (Abb. 5.19) kann dabei direkt übernommen werden.

Schaltbedingungen bzw. Ereignisse in Form von Schaltausdrücken für zehn Etagen

- *Bedingung* b_1 für den Übergang in die Anfangssituation s_1

$$b_1 = \bar{x}_1\bar{x}_2\bar{x}_3\bar{x}_4\bar{x}_5\bar{x}_6\bar{x}_7\bar{x}_8\bar{x}_9\bar{x}_9\bar{x}_{10}x_{\mathrm{Tz}}a_6$$

- *Bedingung* b_2 für „Start Aufwärtsfahrt“ aus Wartezustand (Transition t_1)

$$\begin{aligned} b_2 = \bar{b}_3\bar{b}_{12}[&x_{\mathrm{E1}}(x_2 \vee x_3 \vee x_4 \vee x_5 \vee x_6 \vee x_7 \vee x_8 \vee x_9 \vee x_{10}) \\ &\vee x_{\mathrm{E2}}(x_3 \vee x_4 \vee x_5 \vee x_6 \vee x_7 \vee x_8 \vee x_9 \vee x_{10}) \\ &\vee x_{\mathrm{E3}}(x_4 \vee x_5 \vee x_6 \vee x_7 \vee x_8 \vee x_9 \vee x_{10}) \\ &\vee x_{\mathrm{E4}}(\vee x_5 \vee x_6 \vee x_7 \vee x_8 \vee x_9 \vee x_{10}) \vee x_{\mathrm{E5}}(x_6 \vee x_7 \vee x_8 \vee x_9 \vee x_{10}) \\ &\vee x_{\mathrm{E6}}(x_7 \vee x_8 \vee x_9 \vee x_{10}) \vee x_{\mathrm{E7}}(x_8 \vee x_9 \vee x_{10}) \\ &\vee x_{\mathrm{E8}}(x_9 \vee x_{10}) \vee x_{\mathrm{E9}}x_{10}]x_{\mathrm{Tz}}a_6 \end{aligned}$$

[3] Klemm, C.: Entwicklung, Aufbau und Erprobung ereignisdiskreter Prozesskomponenten für Entwurf und Validierung binärer Steueralgorithmen. Diplomarbeit, TU Dresden, Institut für Automatisierungstechnik 2007; Betreuer. PD Dr.-Ing. D. Hofmann.

- *Bedingung* b_3 für „Start Abwärtsfahrt" aus Wartezustand (Transition t_2)

$$\begin{aligned} b_3 = \bar{b}_{12}[&x_{E2}x_1 \vee x_{E3}(x_1 \vee x_2) \vee x_{E4}(x_1 \vee x_2 \vee x_3) \vee x_{E5}(x_1 \vee x_2 \vee x_3 \vee x_4) \\ &\vee x_{E6}(x_1 \vee x_2 \vee x_3 \vee x_4 \vee x_5) \vee x_{E7}(x_1 \vee x_2 \vee x_3 \vee x_4 \vee x_5 \vee x_6) \\ &\vee x_{E8}(x_1 \vee x_2 \vee x_3 \vee x_4 \vee x_5 \vee x_6 \vee x_7) \\ &\vee x_{E9}(x_1 \vee x_2 \vee x_3 \vee x_4 \vee x_5 \vee x_6 \vee x_7 \vee x_8) \\ &\vee x_{E10}(x_1 \vee x_2 \vee x_3 \vee x_4 \vee x_5 \vee x_6 \vee x_7 \vee x_8 \vee x_9)]x_{Tz}a_6 \end{aligned}$$

- *Bedingung* b_4 für „Start Bremsen bei Aufwärtsfahrt" (Transition t_3)

$$\begin{aligned} b_4 = &x_{B2}(x_{K2} \vee x_{2o} \vee x_{2u}\bar{x}_3\bar{x}_4\bar{x}_5\bar{x}_6\bar{x}_7\bar{x}_8\bar{x}_9\bar{x}_{10}) \\ &\vee x_{B3}(x_{K3} \vee x_{3o} \vee x_{3u}\bar{x}_4\bar{x}_5\bar{x}_6\bar{x}_7\bar{x}_8\bar{x}_9\bar{x}_{10}) \vee x_{B4}(x_{K4} \vee x_{4o} \vee x_{4u}\bar{x}_5\bar{x}_6\bar{x}_7\bar{x}_8\bar{x}_9\bar{x}_{10}) \\ &\vee x_{B5}(x_{K5} \vee x_{5o} \vee x_{5u}\bar{x}_6\bar{x}_7\bar{x}_8\bar{x}_9\bar{x}_{10}) \vee x_{B6}(x_{K6} \vee x_{6o} \vee x_{6u}\bar{x}_7\bar{x}_8\bar{x}_9\bar{x}_{10}) \\ &\vee x_{B7}(x_{K7} \vee x_{7o} \vee x_{7u}\bar{x}_8\bar{x}_9\bar{x}_{10}) \vee x_{B8}(x_{K8} \vee x_{8o} \vee x_{8u}\bar{x}_9\bar{x}_{10}) \\ &\vee x_{B9}(x_{K9} \vee x_{9o} \vee x_{9u}\bar{x}_{10}) \vee x_{B10}(x_{K10} \vee x_{10u}) \end{aligned}$$

- *Bedingung* b_5 für „Start Bremsen bei Abwärtsfahrt" (Transition t_6)

$$\begin{aligned} b_5 = &x_{B1}(x_{K1} \vee x_{1o}) \vee x_{B2}(x_{K2} \vee x_{2u} \vee x_{2o}\bar{x}_1) \vee x_{B3}(x_{K3} \vee x_{3u} \vee x_{3o}\bar{x}_1\bar{x}_2) \\ &\vee x_{B4}(x_{K4} \vee x_{4u} \vee x_{4o}\bar{x}_1\bar{x}_2\bar{x}_3) \vee x_{B5}(x_{K5} \vee x_{5u} \vee x_{5o}\bar{x}_1\bar{x}_2\bar{x}_3\bar{x}_4) \\ &\vee x_{E6}(x_{K6} \vee x_{6u} \vee x_{6o}\bar{x}_1\bar{x}_2\bar{x}_3\bar{x}_4\bar{x}_5) \vee x_{E7}(x_{K7} \vee x_{7u} \vee x_{7o}\bar{x}_1\bar{x}_2\bar{x}_3\bar{x}_4\bar{x}_5\bar{x}_6) \\ &\vee x_{E8}(x_{K8} \vee x_{8u} \vee x_{8o}\bar{x}_1\bar{x}_2\bar{x}_3\bar{x}_4\bar{x}_5\bar{x}_6\bar{x}_7) \\ &\vee x_{E9}(x_{K9} \vee x_{9u} \vee x_{9o}\bar{x}_1\bar{x}_2\bar{x}_3\bar{x}_4\bar{x}_5\bar{x}_6\bar{x}_7\bar{x}_8) \end{aligned}$$

- *Bedingung* b_6 für „Unterbrechen Aufwärtsfahrt" (Transition t_4)

$$\begin{aligned} b_6 = &x_{E2}(x_{K2} \vee x_{2o} \vee x_{2u}\bar{x}_3\bar{x}_4\bar{x}_5\bar{x}_6\bar{x}_7\bar{x}_8\bar{x}_9\bar{x}_{10}) \\ &\vee x_{E3}(x_{K3} \vee x_{3o} \vee x_{3u}\bar{x}_4\bar{x}_5\bar{x}_6\bar{x}_7\bar{x}_8\bar{x}_9\bar{x}_{10}) \vee x_{E4}(x_{K4} \vee x_{4o} \vee x_{4u}\bar{x}_5\bar{x}_6\bar{x}_7\bar{x}_8\bar{x}_9\bar{x}_{10}) \\ &\vee x_{E5}(x_{K5} \vee x_{5o} \vee x_{5u}\bar{x}_6\bar{x}_7\bar{x}_8\bar{x}_9\bar{x}_{10}) \vee x_{E7}(x_{K7} \vee x_{7o} \vee x_{7u}\bar{x}_8\bar{x}_9\bar{x}_{10}) \\ &\vee x_{E8}(x_{K8} \vee x_{8o} \vee x_{8u}\bar{x}_9\bar{x}_{10}) \vee x_{E9}(x_{K9} \vee x_{9o} \vee x_{9u}\bar{x}_{10}) \vee x_{E10}(x_{K10} \vee x_{10u}) \end{aligned}$$

- *Bedingung* b_7 für „Unterbrechen Abwärtsfahrt" (Transition t_7)

$$\begin{aligned} b_7 = &x_{E1}(x_{K1} \vee x_{1o}) \vee x_{E2}(x_{K2} \vee x_{2u} \vee x_{2o}\bar{x}_1) \vee x_{E3}(x_{K3} \vee x_{3u} \vee x_{3o}\bar{x}_1\bar{x}_2) \\ &\vee x_{E4}(x_{K4} \vee x_{4u} \vee x_{4o}\bar{x}_1\bar{x}_2\bar{x}_3) \vee x_{E5}(x_{K5} \vee x_{5u} \vee x_{5o}\bar{x}_1\bar{x}_2\bar{x}_3\bar{x}_4) \\ &\vee x_{E6}(x_{K6} \vee x_{6u} \vee x_{6o}\bar{x}_1\bar{x}_2\bar{x}_3\bar{x}_4\bar{x}_5) \vee x_{E7}(x_{K7} \vee x_{7u} \vee x_{7o}\bar{x}_1\bar{x}_2\bar{x}_3\bar{x}_4\bar{x}_5\bar{x}_6) \\ &\vee x_{E8}(x_{K8} \vee x_{8u} \vee x_{8o}\bar{x}_1\bar{x}_2\bar{x}_3\bar{x}_4\bar{x}_5\bar{x}_6\bar{x}_7) \\ &\vee x_{E9}(x_{K9} \vee x_{9u} \vee x_{9o}\bar{x}_1\bar{x}_2\bar{x}_3\bar{x}_4\bar{x}_5\bar{x}_6\bar{x}_7\bar{x}_8) \end{aligned}$$

- *Bedingung* b_8 für „Fortsetzen Aufwärtsfahrt" (Transition t_9)

$$\begin{aligned} b_8 = [&x_{E2}(x_3 \vee x_4 \vee x_5 \vee x_6 \vee x_7 \vee x_8 \vee x_9 \vee x_{10}) \\ &\vee x_{E3}(x_4 \vee x_5 \vee x_6 \vee x_7 \vee x_8 \vee x_9 \vee x_{10}) \vee x_{E4}(x_5 \vee x_6 \vee x_7 \vee x_8 \vee x_9 \vee x_{10}) \\ &\vee x_{E5}(x_6 \vee x_7 \vee x_8 \vee x_9 \vee x_{10}) \vee x_{E6}(x_7 \vee x_8 \vee x_9 \vee x_{10}) \\ &\vee x_{E7}(x_8 \vee x_9 \vee x_{10}) \vee x_{E8}(x_9 \vee x_{10}) \vee x_{E9}x_{10}]x_{Tz}a_6 \end{aligned}$$

- *Bedingung* b_9 für „Fortsetzen Abwärtsfahrt" (Transition t_{10})

$$\begin{aligned} b_9 = [&x_{E2}x_1 \vee x_{E3}(x_1 \vee x_2) \vee x_{E4}(x_1 \vee x_2 \vee x_3) \vee x_{E5}(x_1 \vee x_2 \vee x_3 \vee x_4) \\ &\vee x_{E6}(x_1 \vee x_2 \vee x_3 \vee x_4 \vee x_5) \vee x_{E7}(x_1 \vee x_2 \vee x_3 \vee x_4 \vee x_5 \vee x_6) \\ &\vee x_{E8}(x_1 \vee x_2 \vee x_3 \vee x_4 \vee x_5 \vee x_6 \vee x_7) \\ &\vee x_{E9}(x_1 \vee x_2 \vee x_3 \vee x_4 \vee x_5 \vee x_6 \vee x_7 \vee x_8)]x_{Tz}a_6 \end{aligned}$$

- *Bedingung* b_{10} für „Start Abwärtsfahrt nach Unterbrechung Aufwärtsfahrt" (Transition t_5)

$$\begin{aligned} b_{10} = [&x_{E2}x_1\bar{x}_3\bar{x}_4\bar{x}_5\bar{x}_6\bar{x}_7\bar{x}_8\bar{x}_9\bar{x}_{10} \vee x_{E3}(x_1 \vee x_2)\bar{x}_4\bar{x}_5\bar{x}_6\bar{x}_7\bar{x}_8\bar{x}_9\bar{x}_{10} \\ &\vee x_{E4}(x_1 \vee x_2 \vee x_3)\bar{x}_5\bar{x}_6\bar{x}_7\bar{x}_8\bar{x}_9\bar{x}_{10} \vee x_{E5}(x_1 \vee x_2 \vee x_3 \vee x_4)\bar{x}_6\bar{x}_7\bar{x}_8\bar{x}_9\bar{x}_{10} \\ &\vee x_{E6}(x_1 \vee x_2 \vee x_3 \vee x_4 \vee x_5)\bar{x}_7\bar{x}_8\bar{x}_9\bar{x}_{10} \\ &\vee x_{E7}(x_1 \vee x_2 \vee x_3 \vee x_4 \vee x_5 \vee x_6)\bar{x}_8\bar{x}_9\bar{x}_{10} \\ &\vee x_{E8}(x_1 \vee x_2 \vee x_3 \vee x_4 \vee x_5 \vee x_6 \vee x_7)\bar{x}_9\bar{x}_{10} \\ &\vee x_{E9}(x_1 \vee x_2 \vee x_3 \vee x_4 \vee x_5 \vee x_6 \vee x_7 \vee x_8)\bar{x}_{10}]x_{Tz}a_6 \end{aligned}$$

- *Bedingung* b_{11} für „Start Aufwärtsfahrt nach Unterbrechung Abwärtsfahrt" (Transition t_8)

$$\begin{aligned} b_{11} = [&x_{E2}(x_3 \vee x_4 \vee x_5 \vee x_6 \vee x_7 \vee x_8 \vee x_9 \vee x_{10})\bar{x}_1 \\ &\vee x_{E3}(x_4 \vee x_5 \vee x_6 \vee x_7 \vee x_8 \vee x_9 \vee x_{10})\bar{x}_1\bar{x}_2 \\ &\vee x_{E4}(x_5 \vee x_6 \vee x_7 \vee x_8 \vee x_9 \vee x_{10})\bar{x}_1\bar{x}_2\bar{x}_3 \\ &\vee x_{E5}(x_6 \vee x_7 \vee x_8 \vee x_9 \vee x_{10})\bar{x}_1\bar{x}_2\bar{x}_3\bar{x}_4 \\ &\vee x_{E6}(x_7 \vee x_8 \vee x_9 \vee x_{10})\bar{x}_1\bar{x}_2\bar{x}_3\bar{x}_4\bar{x}_5 \vee x_{E7}(x_8 \vee x_9 \vee x_{10})\bar{x}_1\bar{x}_2\bar{x}_3\bar{x}_4\bar{x}_5\bar{x}_6 \\ &\vee x_{E8}(x_9 \vee x_{10})\bar{x}_1\bar{x}_2\bar{x}_3\bar{x}_4\bar{x}_5\bar{x}_6\bar{x}_7 \vee x_{E9}x_{10}\bar{x}_1\bar{x}_2\bar{x}_3\bar{x}_4\bar{x}_5\bar{x}_6\bar{x}_7\bar{x}_8]x_{Tz}a_6 \end{aligned}$$

- *Bedingung* b_{12} für „Start Türöffnung" (Transition t_{13})

$$\begin{aligned} b_{12} = &x_{E1}x_1 \vee x_{E2}x_2 \vee x_{E3}x_3 \vee x_{E4}x_4 \vee x_{E5}x_5 \vee x_{E6}x_6 \vee x_{E7}x_7 \vee x_{E8}x_8 \\ &\vee x_{E9}x_9 \vee x_{E10}x_{10} \end{aligned}$$

5.4 Fazit

Anliegen dieses Kapitels war es, die in diesem Buch vorgestellten Methoden für den Entwurf von Ablaufsteuerungen ereignisdiskreter Prozesse anhand weiterer Entwurfsbeispiele zu demonstrieren. Die Aufgabenstellung wurde dabei jeweils in Form einer verbalen Beschreibung des zu steuernden Prozesses vorgegeben, wie das auch in der Praxis der Fall ist. Da der direkte Übergang von dieser verbalen Beschreibung zum Steueralgorithmus, der auch als intuitiver Entwurf bezeichnet wird, meist mit komplizierten Denkprozessen verbunden ist, ist es zweckmäßig, die vorgegebene verbale Prozessbeschreibung zunächst algorithmisch zu erfassen. Dafür kam bei jedem Beispiel sowohl die Methode des generischen Entwurfs, bei der die Generizität der Steuerstrecke genutzt wird, als auch die Methode des prozessmodellbasierten Entwurfs zum Einsatz. Die Erstellung des PA-Netzes bzw. des Kernmodells kann ggf. auch ausgelassen werden.

Für die Demonstration wurden drei Beispiele mit unterschiedlichem Schwierigkeitsgrad ausgewählt. Der Schwierigkeitsgrad bzw. die Komplexität einer Steuerung kann anhand folgender Größen grob charakterisiert werden: Anzahl der Steuergrößen, Anzahl der Stellsignale, Anzahl der Ereignissignale (Sensorsignale, Bediensignale und Signale von Zeitgliedern) und Anzahl der Prozesszustände. Als ein weiteres Kriterium wird die gegenseitige „Verknüpfung" bzw. „Verflechtung" dieser Größen einbezogen, die aber nur qualitativ eingeschätzt werden kann. Im industriellen Bereich sind Steuerungen mit mehreren hundert Sensor- und Stellsignale die Regel. Der „Verknüpfungsgrad" ist dabei im Allgemeinen aber nicht sehr hoch.

Bei dem Entwurfsbeispiel „Steuerung einer Hebebühne" existiert nur eine Steuergröße. Es gibt vier Ereignissignale (zwei Sensor- und zwei Bediensignale), zwei Stellsignale und vier Prozesszustände. Die gegenseitige Verknüpfung ist gering. Es handelt sich um eine einfache Steuerung.

Das Beispiel „Steuerung eines Mischbehälter" umfasst drei Steuergrößen, sieben Ereignissignale, fünf Stellsignale und acht Prozesszustände. Die gegenseitige „Verknüpfung" der Signale ist sehr gering. Bei der eigentlichen Ablaufsteuerung des Mischbehälters handelt es sich um eine einfache Steuerung. Bei dieser Art von Steuerungen, bei denen lediglich nacheinander Operationen durch einzelne Stellsignale ausgelöst werden, ändert sich der Schwierigkeitsgrad auch nicht wesentlich, wenn eine größere Anzahl von Steuergrößen und Signalen einzubeziehen ist. Die Schwierigkeit bei diesem Beispiel ergibt sich dadurch, dass in die Ablaufsteuerung eine Zweipunktregelung mit einer Regelgröße involviert ist.

Bei dem Beispiel „Steuerung eines Personenaufzugs für vier (bzw. zehn) Etagen" gibt es zwei Steuergrößen, zehn (bzw. 22) Sensorsignale, zehn (bzw. 28) Bediensignale, neun Stellsignale und 13 Prozesszustände. Die gegenseitige „Verknüpfung" der Signale ist sehr hoch. Das macht den hohen Schwierigkeitsgrad bei „intelligenten" Aufzugssteuerungen aus.

Insgesamt kann geschlussfolgert werden, dass die beiden verwendeten Entwurfsmethoden nicht nur für einfache Beispiele, sondern auch für komplexe Steuerungen mit vertretbarem Aufwand effizient angewendet werden können.

Sachverzeichnis

H.-J. Zander, *Steuerung ereignisdiskreter Prozesse*, DOI 10.1007/978-3-658-01382-0

Printed in the United States
By Bookmasters